U0162981

Thirteen years of
Yongzheng
Furniture

下册

周默　编著

雍心家具十三年

雍正朝家具与香事
档案辑录

江苏凤凰美术出版社

图书在版编目(CIP)数据

雍正家具十三年：雍正朝家具与香事档案辑录. 下
册 / 周默编著. —南京：江苏凤凰美术出版社，
2021.12
　ISBN 978 - 7 - 5580 - 9384 - 5

　Ⅰ. ①雍… Ⅱ. ①周… Ⅲ. ①家具－档案资料－中国
－清代 Ⅳ. ①TS666.204.9

中国版本图书馆 CIP 数据核字(2021)第 241789 号

出 品 人　陈　敏

责任编辑　孙　悦
扉页题字　徐天进
封面设计　马海云
责任校对　吕猛进
责任监印　生　嫄

书　　名	雍正家具十三年：雍正朝家具与香事档案辑录. 下册
编　　著	周　默
出版发行	江苏凤凰美术出版社(南京市湖南路1号　邮编:210009)
制　　版	江苏凤凰制版有限公司
印　　刷	南京新世纪联盟印务有限公司
开　　本	718 mm×1000 mm　1/16
总 印 张	67.5
版　　次	2021 年 12 月第 1 版　2021 年 12 月第 1 次印刷
标准书号	ISBN 978 - 7 - 5580 - 9384 - 5
总 定 价	320.00 元(全套二册)

营销部电话　025 - 68155675　营销部地址　南京市湖南路1号
江苏凤凰美术出版社图书凡印装错误可向承印厂调换

雍正十一年

1. 木作

正月

101. 初五日,首领太监夏安持来楠木折叠桌一张,说太监马鉴传旨:着照样做二张。钦此。

于本月二十三日,照样做得楠木折叠桌二张随黄布面毡套二件,柏唐阿富拉他交首领夏安持去讫。

102. 初七日,膳房太监吕进善持来朱油方盘桌一张,说总管太监王太平传:着照此桌样式改折叠活腿靠木油方盘桌,做二张,俱各配做黄布面白布里毡套,系出外用。记此。

于本月二十日做得靠木油折叠活腿方盘桌二张,并原样桌一张,各随黄布面白布里毡套,催总五十八、柏唐阿富拉他交太监吕进朝持去讫。

103. 初九日,太监范国用来说,首领太监潘凤传:养心殿宝座地平上着换做楞木一根。记此。

于二月初六日做得杉木楞木一根,司库常保带领木匠头目邓连芳持进养心殿宝座地平上换讫。

104. 十二日,司库常保持来三眼孔雀翎四个,二眼孔雀翎一个,珐琅翎管五个,说太监王常贵传:着配做木匣,发报用。记此。

于正月十六日做得糊黄纸杉木匣一个,内盛孔雀翎五个,珐琅翎管五个,柏唐阿富拉他交公苏巴希里领去讫。

105.1. 十四日,司库常保请来圣祖御笔心经二十部 随锦袱二十件,说总管太监王太平传旨:每部各做黄缎包袱紫檀木匣盛,匣盖上刻"圣祖御笔心经",其字填石青,外再做一大匣总盛。钦此。

本日总管太监王太平传:将此经袱用黄妆缎做,其匣盖上着刻隶字,俟告成之日交原任监察御史沈嵛请去。记此。

于二月二十六日做得紫檀木插盖匣二十个,上刻"圣祖御笔心经"八份,画隶字六个,填扫青,黄妆缎面,红纺绿裹经袱二十件,靠木油箱一件随黄布面毡套一件,并原圣祖御笔心经二十部,随原锦红袱二十个,交原任监察御史沈嵛请去讫。

105.2. 十四日,太监赵朝凤来说,宫殿监督领侍苏培盛传:做杉木卷杆五十根,椴木栽板一块。记此。

于本月十九日做得杉木卷杆五十根,椴木栽板一块,交太监赵朝凤持去讫。

106. 十六日,司库常保来说,宫殿监督领侍苏培盛传:做杉木大表匣一件 随表案,杉木小表匣五十件 各随表案。记此。

于二月初四日做得刷黄杉木大表匣一件,长一尺,见方三寸,各随表案五十件,刷黄杉木小表匣五十件,长八寸,见方二寸六分,随表案五十件,柏唐阿富拉他交首领太监马温良持去讫。

107. 十八日,太监赵朝凤来说,宫殿监督领侍苏培盛传:做杉木卷杆一百五十根。记此。

于二月初八日做得杉木卷杆一百五十根,系糊黄堵头白纸护杆,柏唐阿富拉他交太监赵朝凤持去讫。

108. 十九日,司库常保来说,宫殿监督领侍苏培盛传:做杉木大表匣一件 随表案,杉木小表匣五十件 各随表案。记此。

于二月初四日做得刷黄色杉木大表匣一件,长一尺,见方三寸,随表案一件,刷黄色杉木小表匣五十件,长八寸,见方二寸六分,随表案五十件,柏唐阿富拉他交首领太监夏安持去讫。

109. 二十日,司库常保持来瓷胎画珐琅碟一对,瓷胎画珐琅碗一对,绿玻璃盖碗一对,瓷炉一件,玻璃水丞三件 随匙三件,说总管太监王太平传旨:着各配做合牌匣,瓷炉添做紫檀木座,外做一杉木总匣盛装。钦此。

于本月二十二日做得黄纸面红杭细里合牌匣五件,紫檀木炉座一件,黄纸面大木匣一件并原珐琅碟碗等十件,柏唐阿富拉他交太监范国用持去交总管太监王太平收讫。

110. 二十一日,首领太监夏安持来楠木圆香几一件 随铜板一块,铜丝香罩一件,铜条二根,木匣布套一份,楠木折叠桌一张 随木匣布套一份,黄毡氆拜垫一份,说宫殿监副侍陈福、刘玉传旨:着照样做香几一份,折叠桌一张。钦此。

于本月二十四日做得楠木圆香几一件,随烧古铜板一块,烧古铜丝香罩一件,铅条二根,木箱二件,黄布套二件,并原楠木香几一件,随铜板一块,铅条二根,木匣布套七份,铜丝香罩一件,另改做妥随黄布面毡套一件,木匣一件并原楠木折叠桌一张,随木匣布套一份,黄毡氆拜垫一份随黄布挖单并原毡氆拜垫一份,催总五十八、柏唐阿富拉他交首领太监夏安持去讫。

111. 二十一日,首领太监夏安来说,宫殿监副侍陈福、刘玉传:做杉木匣二个 安隔断毡里。记此。

于二十八日做得杉木匣二个,交首领太监夏安持去讫。

二月

112. 初一日,太监赵朝凤持来楠木折叠桌二张 内一张破坏,说宫殿监督领侍苏培盛传:着照样做一张,其破坏桌粘补收拾。记此。

于三月初五日做得楠木折叠桌一张并收拾得桌二张,交太监赵朝凤持去讫。

113.1. 初三日,太监王进孝来说,宫殿监督领侍苏培盛、副侍陈福传:紫檀木窝龛一座。记此。

本日将备用紫檀木窝龛一座,随黄缎垫一件,玻璃欢门,柏唐阿富拉他交宫殿监督领侍苏培盛、副侍陈福收讫。

113.2. 初三日,司库常保来说,为做盛斗坛内供器等件杉木箱三件等语,员外郎满毗、三音保:准做。记此。

于二十日做得杉木箱三件,司库常保交道官娄金亘讫。

114. 初七日,首领太监李久明传:做柳木牙杖二千根。记此。

本月初八日买办得柳木牙杖二千根,柏唐阿苏尔迈交首领太监李久明收讫。

115. 二十六日,据圆明园来帖内称,司库常保,首领太监李久明、萨木哈来说,太监刘沧洲传旨:着做水钟架一件随匣。钦此。

于本月二十四日做得紫檀木钟架一件,随糊黄纸木匣一件,司库常保持去交太监刘沧洲收讫。

三月

116. 初二日,员外郎满毗、三音保,司库常保传:做备用紫檀木佛龛四座。记此。

于四月初六日做得紫檀木佛龛二座,入深四寸六分,系玻璃欢门,司库常保交太监吕进朝持去交太监陈璜转交太监刘沧洲收讫。

十二月二十九日做得备用紫檀木佛龛二座,内供佛二尊,交太监张文保持去讫。

117. 初五日,员外郎满毗、三音保同传:备用紫檀木佛龛十二座。记此。

于四月初七日做得备用紫檀木佛龛三座,内供佛三尊,司库常保、首领萨木哈持至九洲清晏佛堂内供讫。

于四月初八日做得备用紫檀木佛龛九座,内供佛九尊,员外郎满毗差催中正殿交太监喇嘛罗卜藏吹丹格隆供讫。

118. 十七日,据圆明园来帖内称,首领太监马温良来说,宫殿监督领侍苏培盛传旨:着做表匣五十一件,随表案。记此。

于本月二十日做得杉木小表匣五十一件,随表案五十一件,司库常保交太监荣世昌持去讫。

119. 二十六日，员外郎满毗、三音保，司库常保传：做紫檀木书桌一张，其腿内安进簧独梃帽架一件。记此。

于五月初七日做得紫檀木书桌一张，司库常保、首领太监萨木哈呈进讫。

120.1. 二十九日，太监焦进朝传旨：着做供菩萨紫檀木龛二十一座。钦此。

四月初七日据圆明园来帖内称，做得备用紫檀木镶嵌龛三座，内供原佛三尊，紫檀木窝龛九座，内供原佛九尊，司库常保、首领太监萨木哈呈览，奉旨：镶嵌龛佛三尊供在九洲清晏佛堂内，紫檀木窝龛佛九尊供在中正殿。钦此。

本日将紫檀木镶嵌垂钟龛一座，内供原查汉达拉克佛一尊，随佛衣垫子，玻璃欢门，紫檀木镶嵌垂八宝龛一座；内供原宗喀巴佛一尊，随佛衣垫子，玻璃欢门，紫檀木镶嵌垂八宝龛一座；内供原满洲世里佛一尊，随佛衣垫子，玻璃欢门。司库常保、首领太监萨木哈请至圆明园九洲清晏佛堂同太监焦进朝安供讫。

于本月初八日将紫檀木窝龛九座，内供原迈达里佛一尊，阿岳世佛一尊，鄂绰里巴呃佛一尊，卓克索满洲世里佛一尊，阿贝达博尔汉佛一尊，世格牟尼博尔汉佛一尊，爱岳世佛一尊，卓克索活母书母博得肯都佛一尊，随佛衣垫子，玻璃欢门，员外郎满毗差催总五十八，笔帖式瑞保请呈中正殿，同太监喇嘛罗卜藏吹丹格隆安供讫。

于本月十一日做得紫檀木龛大小三座，柏唐阿苏尔迈交首领太监张文保持去讫。

120.2. 二十九日，司库常保、首领太监萨木哈奉旨：照尔造办处做过的紫檀木书桌尺寸，将一块玉紫檀木桌、楠木胎洋漆桌每样各做几张，漆面紫檀木边腿桌亦做几张，钦此。

于四月十四日做得紫檀木圆腿圆枨书桌二张，各长二尺二寸，宽一尺二寸五分，高一尺二寸，司库常保、首领太监萨木哈持去交太监刘沧洲转呈进讫。

于五月初一日做得紫檀木圆腿圆枨书桌一张，横枨长一寸六分，竖枨长二寸四分,司库常保、首领太监萨木哈呈进讫。随奉旨:此桌再做时,横枨放长二寸,竖枨放长五分。钦此。

于八月十三日做得紫檀木圆腿圆枨书桌一张,横枨长二寸六分,竖枨长二寸九分,司库常保、首领太监萨木哈呈进讫。

四月

121. 十九日,据圆明园来帖内称,太监赵朝凤持来御笔"溪山"匾文一张,说宫殿监副侍李英传旨:着做匾。钦此。

于五月初十日做得紫檀木边楠木心匾一面,上刻"溪山"字,填石青,随红油铁桯钩四根,柏唐阿六达子、富拉他持进圆明园头所新街口外两间房悬挂讫。

122. 二十三日,员外郎满毗、三音保同传,做盛锭子药杉木盘子十二个,五副见方黄布挖单十二块。记此。

于四月二十八日做得糊黄纸杉木盘子十二个,黄布挖单十二块随锭子药,司库常保、首领太监萨木哈持去交宫殿监督领侍苏培盛呈进讫。

123.1. 二十七日,据圆明园来帖内称,首领太监萨木哈持来茶条挂杖一根,刺榆木挂杖一根,说太监王常贵、高玉传旨:着收拾。钦此。

于五月二十日收拾得茶条挂杖一根,刺榆木挂杖一根,司库常保,首领太监萨木哈、李久明呈进讫。

123.2. 二十七日,据圆明园来帖内称,首领太监萨木哈来说,太监王常贵、高玉传旨:着常保将好挂杖做几根。钦此。

于五月二十日做得鸂鶒木挂杖一根随黄杭细套一件,万年藤式木挂杖一根随黄杭细套一件,司库常保,首领太监萨木哈、李久明呈进讫。随奉旨:着将洋漆挂杖,鸂鶒木挂杖亦多做几件,俱要文雅。钦此。

于五月二十五日做得鸂鶒木挂杖一根随黄杭细套一件,司库常保,首领太监萨木哈、李久明持去交太监郑进朝收讫。

于六月二十六日做得鸂鶒木挂杖三根随黄杭细套三件,洋漆竹式挂杖二根随黄杭细套二件,司库常保、首领太监萨木哈持去转交太监刘沧洲呈进讫。

于七月二十四日做得鸂鶒木拄杖二根随黄杭细套二件,司库常保,首领太监萨木哈、李久明交太监刘沧洲转呈进讫,随传旨:将双枝有节拄杖做几根。钦此。

八月十三日做得洋漆连枝拄杖四根随黄杭细套四件,司库常保、首领太监萨木哈呈进讫。

于十二月二十一日做得洋漆拄杖六根各随黄杭细套一件,首领太监萨木哈持去交太监刘沧洲呈进讫,随传旨:拄杖套俟后不必做。钦此。

124. 二十九日,据圆明园来帖内称,司库常保传:做杉木盘子二十个。记此。

于五月初二日做得杉木盘子二十个盛端阳节活计,司库常保、首领太监萨木哈呈进讫。

五月

125. 十六日,据圆明园来帖内称,笔帖式宝善持来三眼孔雀翎一根,二眼孔雀翎二根,一眼孔雀翎一根,说内大臣海望奉旨:赏贝勒特古思三眼孔雀翎一根,公罗卜藏策卜登齐旺二眼孔雀翎二根,头等台吉孙多卜一眼孔雀翎一根。钦此。

本日内大臣海望传:着配木匣盛装发报。记此。

于本月十七日做得杉木匣一件,内用棉花塞垫外裹黑毡,并原孔雀翎四根,司库常保交笔帖式宝善持去讫。

126. 十七日,据圆明园来帖内称,笔帖式宝善持来锭子药四匣,说内大臣海望奉旨:赏刘于义、二格、许容、许容之父等。钦此。

本日内大臣海望传:着配木匣盛装发报。记此。

本日做得杉木匣三个,内用棉花塞垫外裹黑毡,并原锭子药四匣,司库常保交笔帖式宝善持去讫。

127. 十八日,据圆明园来帖内称,笔帖式宝善持来蟒缎一匹,上用各色缎七匹,银二百两,红牛皮杂花大雅器法都一件,红牛皮大药葫芦一件,黑子儿皮硬胎烘药葫芦一件,说内大臣海望奉旨:着赏投诚前来之厄鲁忒达克巴。钦此。

本日内大臣海望着配箱盛装发报。记此。

于本月十九日做得杉木箱二个,内用棉花塞垫西纸包裹外随黑毡套,并原蟒缎一匹,上用缎七匹,银二百两,雅器法都一件,大药、烘药葫芦各一件,司库常保交笔帖式宝善持去讫。

128. 二十七日,据圆明园来帖内称,司库常保来说,太监刘沧洲传旨:皓月清风亭东北角屋内着安围屏四扇,糊米色绢石青绫边。钦此。

于六月初一日做得糊米色绢石青绫边杉木围屏四扇,司库常保持进圆明园皓月清风亭东北角屋内安讫。

六月

129. 十五日,据圆明园来帖内称,司库常保、首领太监萨木哈来说,宫殿监副侍李英传旨:佛城内供的汝窑花瓶上着配紫檀木座一件,高香几一件。钦此。

于六月二十日做得紫檀木座一件,高香几一件,司库常保、首领太监萨木哈持去同宫殿监副侍李英安在圆明园佛城内讫。

130. 十七日,据圆明园来帖内称,首领太监萨木哈持来白瓷胎画珐琅黑牡丹酒圆一对,白瓷胎画珐琅芍药花饭碗一对,白瓷胎画珐琅青山水酒圆一对,乌拉石盒砚一方,桦木乂把黑子儿皮鞘活底束小刀一把 随小式家伙全,铜胎珐琅红地白梅花鼻烟壶一个,镶亮蓝玻璃面带头红皮蛤蟆傍带一副 随青马尾带一条,系玛瑙圈,铜渗金佛九尊 随葫芦式紫檀木龛一座,雨过天晴色玻璃瓶一对,呆黄玻璃乳炉一件,说太监刘沧洲传旨:着配匣盛装,赏河道总督嵇曾筠,此内铜渗金佛,雨过天晴色玻璃花瓶,呆黄玻璃乳炉,赏嵇曾筠之母。钦此。

于本月二十日做得黄杭细面合牌匣大小六件,杉木匣三件,内盛原画珐琅酒圆二对,饭碗一对,石盒砚一方,小刀一把,鼻烟壶一个,青马尾带一副,铜渗金佛九尊,玻璃瓶一对,乳炉一件,首领太监萨木哈持去交太监王常贵、高玉收讫。

131. 二十一日,据圆明园来帖内称,司库常保持来御笔"心月斋"绢匾文一张,说宫殿监督领侍苏培盛传旨:照"安宁居"匾的尺寸做。钦此。

于七月初三日做得花梨木边石青字"心月斋"匾一面,司库常保持至安宁房悬挂讫。

七月

132. 初六日,据圆明园来帖内称,笔帖式宝善持来既济丹三十包,说内大臣海望奉旨:着配匣赏蒙古王衣达穆查布。钦此。

本日做得楠木小匣一件,内盛原既济丹三十包,用油纸包裹,司库常保交笔帖式宝善持去讫。

133. 初十日,据圆明园来帖内称,司库常保传:做杉木盘十个。记此。

于八月十三日做得杉木盘子十个,随中秋节活计,司库常保、首领太监萨木哈呈进讫。

八月

134. 初六日,据圆明园来帖内称,大臣海望传:赏明慧和尚佛,着配杉木匣三个。记此。

于本月初七日做得糊黄纸杉木匣三个,外用黄布黑毡包裹,内用棉花塞垫,司库常保交和尚明慧收讫。

135. 十九日,据圆明园来帖内称,太监焦进朝交青花白地瓷缸一件,传旨:着配糊纱缸盖一件,内安暖炉、水抽各一件,缸架一件。钦此。

于八月二十四日做得楠木缸架一件,竹胎黑漆水抽一件,并原青花白地瓷缸一件,楠木雕花缸盖一件,里糊官用鹅黄纱,随铜烧古熏炉一件,司库常保、首领太监萨木哈持去交太监焦进朝收讫。

九月

136. 十一日,据圆明园来帖内称,宫殿监副侍李英交腰圆桃花笔洗四件,传旨:着配紫檀木座四件。钦此。

于本月二十三日做得紫檀木座四件并原腰圆笔洗四件,司库常保,首领太监萨木哈、李久明呈进讫。

137.十二日,据圆明园来帖内称,首领太监马温良来说,宫殿监督领侍苏培盛传旨:着做表匣一百五十三份,黄油木伞架二件。钦此。

于二十五日做得表匣一百五十三份,黄油木伞架二件,交首领太监马温良持去讫。

138.十四日,催总吴花子来说,内大臣海望传:安宁宫板房后开一门,再平台板房下亦开一门,门上贴画假古玩书格画。钦此。

于二十九日画得假古玩书格画一张,催总吴花子持进贴讫。

139.十六日,据圆明园来帖内称,笔帖式宝善来说,内大臣海望传:赏副将军塔尔岱棉甲、皮棉、衣服等件,配箱盛装,发报用。记此。

于本月十九日将原杉木箱二件,内盛原交出棉甲一副,皮棉、衣服等十七件,用棉花塞垫外用黑毡包裹,柏唐阿巴蓝泰持去当内大臣海望发报,赏副将军塔尔岱讫。

140.十九日,据圆明园来帖内称,柏唐阿巴蓝泰持来《御选语录》一套,《上谕》一本,《永明寿禅师赋》一本,说内大臣海望奉旨:赏平郡王。钦此。

本日做得杉木匣一件,内盛原《御选语录》一套,《上谕》一本,《永明寿禅师赋》一本,外用黑毡包裹,柏唐阿巴蓝泰持去当内大臣海望发报,赏平郡王讫。

141.二十三日,据圆明园来帖内称,笔帖式亮玉持来一眼孔雀翎三个,说办理军需事务公丰盛额等奉旨:赏总兵杨鋐,台吉罗卜藏、丁扎拉锡。钦此。

于本月二十四日做得杉木匣一个,内盛一眼孔雀翎三个,用棉花塞垫黑毡包裹,笔帖式亮玉持去当内大臣海望发报,赏总兵杨鋐,台吉罗卜藏、丁扎拉锡讫。

十月

142.1.初五日,据圆明园来帖内称,笔帖式宝善持来《大方广圆觉修多罗了义经》一套,说内大臣海望奉旨:着赏平郡王。钦此。

于本月初六日做得杉木匣一件,内盛原经一套,外用黑毡黄布包裹,柏唐阿六十五持去交笔帖式宝善收讫。

142.2. 初五日,据圆明园来帖内称,笔帖式宝善持来三眼孔雀翎一个,二眼孔雀翎一个,说内大臣海望奉旨:着赏贝勒成衮扎布三眼孔雀翎一个,赏公敏珠尔二眼孔雀翎一个。钦此。

于本月初六日做得杉木匣一件,内盛原孔雀翎二个外用黑毡包裹,柏唐阿六十五持去交笔帖式宝善收讫。

143. 初六日,据圆明园来帖内称,笔帖式亮玉持来汉字帖,内开大学士伯鄂尔泰等谨奏,为遵旨议奏事署大将军查郎阿等奏请,赏给药丸、人参备用等因一折,查黎洞丸、三黄宝蜡丸二种,前经各制五千丸,于九月十一日发往西路军营讫。其平安丸一种,臣等将五千丸先行发往至查郎阿等,奏请赏给人参之处,臣等拟请赏给人参十斤一并发往备用等因,奉旨:依议。钦此。今拟平安丸五千丸,人参十斤配箱发报。记此。

于本月十一日做得杉木箱二件,内盛原平安丸五千丸,人参十斤,用棉花塞垫,外用黑毡包裹,司库常保持去当内大臣海望交办理军需事务处发报讫。

144. 二十八日,据圆明园来帖内称,办理军需事务公丰盛额等奉上谕:着赏给达赖喇嘛珐琅满达一件,巴令十四件,轮杵一份。钦此。

本日笔帖式宝善持来自内廷交出珐琅满达一件,巴令大小十四件,果干四匣,说内大臣海望传:将造办处现有之珐琅轮杵一份添入,俱配箱盛装发报用。记此。

于十二月十三日做得杉木箱二个,内盛原珐琅满达一件,大小巴令各七件,果干四匣,并造办处添珐琅轮杵一份,内用棉花塞垫外用黑毡包裹,司库常保交理藩院笔帖式六十三持去讫。

十一月

145. 初九日,员外郎满毗、三音保同传:做盛活计糊黄纸杉木盘十二个,随黄纺丝挖单,见方一副四块,一副半四块,二副四块。记此。

初十日做得杉木匣子十二个,随活计用讫。

146. 二十五日,笔帖式宝善持来《御选语录》一套,说内大臣海望奉旨:赏大将军平郡王。钦此。

于本月二十六日做得杉木匣一件,内盛原交语录一套,用棉花塞垫,外随黑毡套,柏唐阿巴蓝泰持去当内大臣海望发报讫。

十二月

147.1. 初二日,笔帖式宝善持来朱批谕旨一套 第四函,说内大臣海望奉旨:赏大将军平郡王。钦此。

于本月初三日做得杉木匣子一个,内盛原朱批谕旨一套,用棉花塞垫,外用黑毡包裹,柏唐阿巴蓝泰持去当内大臣海望发报赏大将军平郡王讫。

147.2. 初二日,太监赵朝凤来说,宫殿监督领侍苏培盛传:做杉木卷杆一百根。记此。

于二十一日做得杉木卷杆一百根,交太监赵朝凤持去。

148. 初三日,笔帖式宝善持来办理军需事务处印文内开,着做印匣一全份。记此。

于本月二十日做得红油楠木胎印匣大小二件,随黄布棉套一件,熟牛皮套一件,黄布挖单一件,红绸棉垫一件,盛印色锡盒一件,柏唐阿巴蓝泰持去交办理军需事务处笔帖式宝善收讫。

149. 初六日,员外郎满毗、三音保,司库常保同传:做杉木盘子十个,随黄杭细挖单见方二副四块,三副二块。记此。

于二十五日做得杉木盘子十个,交司库常保盛活计呈进讫。

150. 初八日,太监王常贵传旨:着做杉木匣十个。钦此。

本日做得糊黄绢杉木匣十个,外包黑毡,首领太监李久明持去交太监王常贵收讫。

151. 二十二日,员外郎满毗、三音保,司库常保传:做备用楠木胎漆拄杖二十根。记此。

于十二年三月初二日做得楠木胎漆拄杖十根,司库常保交太监李久明讫。

九月初六日做得楠木胎漆拄杖十根,司库常保交太监陈璜讫。

152.1. 二十四日,太监王常贵、高玉交释迦牟尼佛像一尊,传旨:此佛像开的光不好,着李正方另开光,再配一紫檀木龛供在安宁宫佛堂。钦此。

于二十九日做得备用紫檀木佛龛一件并佛一尊,交太监张文保讫。

152.2. 二十四日,太监王常贵、高玉交嘛来子佛一尊,传旨:着照斗坛内现供紫檀木佛龛样式配龛一座,供在花园斗坛内。钦此。

于二十九日将佛一尊配做得紫檀木佛龛一件,司库常保持进交讫。

2. 玉作

五月

201. 二十九日,据圆明园来帖内称,司库常保、首领太监萨木哈来说,太监瑞格传旨:着将赏用念佛装严数珠配假记念做几盘。钦此。

于六月十六日做得念佛装严六道木数珠一盘,蜜蜡佛头塔,玻璃记念、钱、豆等件,六道木数珠二盘随玻璃记念、钱、豆等件,换子数珠一盘,玛瑙佛头,玻璃塔记念、钱、豆,菩提数珠一盘,玻璃佛头、塔、记念、豆、钱,郁李核数珠一盘,蜜蜡佛头、塔,玛瑙记念、钱、豆,司库常保交太监刘沧洲讫。

于七月二十四日做得念佛装严菩提数珠二盘,六道木数珠二盘,俱系玻璃记念、钱、豆,司库常保交太监刘沧洲讫。

十月

202. 二十三日,据圆明园来帖内称,太监王常贵交蜜蜡数珠一盘 系珊瑚佛头、塔、背云、记念、坠角,伽楠香数珠一盘 系珊瑚佛头、塔、背云、记念、坠角,珊瑚数珠一盘 系青金佛头,珊瑚塔、背云,松石记念,红宝石坠角一个,蓝宝石坠角一个,碧玺坠角一个,黄水晶坠角一个,广东巡抚杨永斌进,传旨:着另配装严。钦此。

于十二月二十八日做得蜜蜡数珠一盘,原珊瑚佛头、塔、记念、背云,添换碧玺坠角,伽楠香数珠一盘,原珊瑚佛头、塔、背云、记念,添换碧玺坠角,珊瑚数珠一盘,原青金佛头、塔、背云,松石记念,红蓝宝石碧玺,黄水晶坠角,司库常保、首领太监萨木哈呈进讫。

203. 二十七日,据圆明园来帖内称,太监王常贵、高玉交伽楠香数珠一盘 珊瑚佛头、塔、背云、记念、坠角,金星玻璃数珠一盘 珊瑚佛头、塔、背云、记念、坠角,珊瑚数珠一盘 青金佛头、塔、背云、记念,蓝宝石大坠角一个,红宝石小坠角三个,古勇石数珠一盘 珊瑚佛头、塔、背云、记念、坠角,俱随穿碎珠珊瑚珠盒子五件,系毛克明、郑五塞进,传旨:俱配上用装严。钦此。

于十月二十八日做得伽楠香数珠一盘,原珊瑚佛头、塔、记念,换得蓝宝石背云一个,小坠角三个,碧玺大坠角一个,蜜蜡数珠一盘,原珊瑚佛头、塔,换得蓝宝石大坠角一个,青金石记念、背云,红宝石小坠角三个,珊瑚数珠一盘,原青金石佛头、塔,换得假松石记念,蓝宝石背云.红宝石大坠角一个,小坠角三个,古勇石数珠一盘,原珊瑚佛头、塔、记念、背云,换得红宝石大坠角一个,蓝宝石小坠角三个,金星玻璃数珠一盘,原珊瑚佛头、塔、记念、背云,换得红宝石大坠角一个,蓝宝石小坠角三个,俱随原交穿珠盒五件,司库常保、首领太监萨木哈呈进讫。

3. 杂活作

正月

301. 二十三日,司库常保、首领太监萨木哈来说,宫殿监副侍李英传旨:上乘车内着安有卡子闲余板一份,盒一件。钦此。

于本月二十七日做得紫檀木闲余板一份,烧古红铜透花盒一件,司库常保、催总吴花子持去上乘车内安讫。

二月

302. 初三日,首领太监萨木哈来说,宫殿监副侍陈福传:做独梃支棍帽架一对。记此。

于五月十七日做得象牙支棍紫檀木独梃帽架一对,司库常保交太监田义禄持去讫。

303.初十日,据圆明园来帖内称,太监胡全忠来说,太监高玉传旨:着将赏用凹面腰刀、雅器法都、大药、烘药葫芦、火镰包等件,预备些赏总兵张朝良用。钦此。

本日将备用黑子儿皮鞘镀金饰件大凹面腰刀一把,红羊皮鞘黑牛角夹把大单刀一把,象牙墙绣假面火镰包一件,红牛皮剜花雅器法都一件,红牛皮硬胎大药葫芦一件,牛角烘药葫芦一件,红羊皮套象牙日晷一件,红羊皮套刮鳔一件,红羊皮套马尾眼罩一件,黑撒林皮大火镰包一个,红羊皮带腰刀圈一件,又将此内腰刀一把,大单刀一把缠黄布配做得杉木匣盛装,棉花塞垫黑毡包裹,员外郎三音保、司库常保、刘山久交太监范国用持去交太监高玉赏总兵张朝良讫。

304.十二日,员外郎满毗、三音保,司库常保同传:做备用活底活束单小刀二十把。记此。

于五月二十日做得桦木乂把黑子儿皮鞘单小刀三把,高丽木把黑子儿皮鞘单小刀三把,黑牛角把黑子儿皮鞘单小刀四把,俱系活底活束小式家伙全,司库常保,首领李久明、萨木哈呈进讫。

于六月十六日做得黑牛角把黑子儿皮鞘单小刀四把,高丽木把黑子儿皮鞘单小刀四把,桦木乂黑子儿皮鞘单小刀二把,俱系活底活束小式家伙全,司库常保、首领萨木哈持去交太监刘沧洲转呈进讫。

三月

305.初一日,员外郎满毗、三音保,司库常保传:做象牙支棍紫檀木独梃帽架四份。记此。

于三月二十九日做得象牙支棍紫檀木独梃帽架四份,司库常保、首领太监萨木哈呈进讫。

306.十二日,据圆明园来帖内称,司库常保、首领太监萨木哈来说太监高玉传旨:着照赏过总兵张朝良年例,将腰刀、火镰包等预备一份出来赏陕西凉州总兵杨鋐。钦此。

本日将黑子儿皮鞘铜镀金饰件大凹面腰刀一把,红羊皮鞘黑牛角夹把大单刀一把，象牙墙绣缎面火镰包一件，红牛皮杂花雅器法都一件，白鹿皮软胎大药葫芦一件，牛角烘药葫芦一件，红羊皮套象牙日晷一件，红羊皮套刮鳔一件，红羊皮套马尾眼罩一件，黑撒林皮双盖大火镰包一件，红羊皮带腰刀圈一件，呆绿玻璃鼻烟壶一件，绣红缎小荷包一件 系里边交出，俱用西纸油纸包裹，配做得杉木匣一个盛装，棉花塞垫包裹黑毡，催总吴花子交太监马进忠持去，交太监高玉赏陕西总兵杨铉讫。

四月

307. 二十三日，据圆明园来帖内称，太监王常贵、高玉交大块沉香一块，随楠木匣一件 系毛克明、郑五塞进，传旨：着应配何物配何物用。钦此。

五月

308. 十一日，据圆明园来帖内称，司库常保、首领太监萨木哈持来桂花香如意一件，随锦匣一件，说宫殿监督副侍李英传旨：着将如意匣上配木盒玻璃镜面一件。钦此。

于本月十三日做得楠木腰圆盒玻璃镜一面并原桂花香如意一件，锦匣一件，司库常保、首领太监萨木哈呈进讫。

309. 二十二日，据圆明园来帖内称，司库常保传：做活底束单小刀二十把，备用。记此。

于九月初三日做得子儿皮鞘高丽木把，桦木把活底束小刀十把，司库常保、首领萨木哈呈进讫。

于十月十一日做得子儿皮鞘花羊角把活底束小刀十把，司库常保、首领萨木哈呈进讫。

六月

310. 二十九日，据圆明园来帖内称，内大臣海望传：着做紫檀木、黄杨木帽架四对。记此。

于八月十三日做得紫檀木夔龙式帽架二对，紫檀木瓜式帽架一对，黄杨木瓜式帽架一对随紫檀木座，司库常保、首领太监萨木哈呈进讫。

七月

311. 初八日,圆明园来帖内称,司库常保持来双枝茶条拉杖一根,葡萄根拉杖一根,说太监王常贵、高玉传旨:着将茶条拉杖配挂珞香袋挑杆,其下面配一铜座,再葡萄根杖下铜箍拆去,分中安一紫檀木梃杆,亦配一铜座。钦此。

于十二年五月初二日将葡萄根拉杖配做得彩金紫漆座紫檀木衣架杆一件,双枝拉杖配做得彩金紫漆座挑杆香袋一件,司库常保、首领太监萨木哈呈进讫。

312. 二十八日,据圆明园来帖内称,内大臣海望奉旨:着赏平郡王鸟枪、腰刀、软带小刀、大药葫芦、烘药葫芦、火镰包、折叠桌、伞灯、拆卸火盆、帽盒等件。钦此。

于八月初一日将红牛皮剜花雅器法都一件,红牛皮剜花插梁袋一件,黑子儿皮硬胎大药葫芦一件,红牛硬胎烘药葫芦一件,红牛皮鞘弯把撩刃刀一把,白鹿皮软胎药大药葫芦一件,牛角烘药葫芦一件,红牛皮双盖大火镰包一件,绣黄缎面象牙墙火镰包一件,黑羊皮套圈子火镰包一件 随珊瑚底盖珠,绣石青缎套刮鳔一件 随珊瑚盖珠,绣红缎面罩盖火镰包一件 随珊瑚盖珠,红羊皮套署文房一件 随松石盖珠荷叶,黄羊角解锥一件 随珊瑚盖珠,千里眼大小二件 随黑子儿皮套,红羊皮套象牙日晷一件,红羊皮套马尾眼罩一件,红银纱伞灯一份 随铁支棍一件,红羊皮彩金帽盒一件 内盛玻璃镜小式家伙全随黑撒林皮套,铜烧古拆卸火盆一份 随花梨木架一件,黑牛皮折叠书桌一张 内有红羊皮包二件计盛,铜烧古暖砚一方,鞔红羊皮彩金笔筒一件,寿山石灵芝笔架一件,年年余长紫檀木墨床一件,穿山甲痒痒挠一件,紫檀木算盘一件,象牙梃红羊皮转轴帽架一件,铜烧古书灯一件,铜烧古座压纸一件,黑羊皮彩金花玻璃镜一件,千里眼一件,象牙日晷一件,绣红羊皮卷包火镰包一件,玳瑁把火镜一件,黄铜镀金火印一件,珐琅鼻烟壶一件,规矩一匣计十一件,鞔红羊皮盒绿端石砚一方,玻璃水丞一件,裁纸刀一件,鞔红羊皮彩金臂搁一件,鞔红羊皮痰盒一件,象牙双喜压纸一件,担子式帽架一件,象牙管貂毫笔二支,黑红墨二锭,绣缎小荷包二件,蓝玻璃鼻烟壶一件,黄地珐琅鼻烟壶一件,鼻烟一瓶,交枪一杆随红毡氆一件,油单套一件,黄丝线带一根,黑皮掺叉一个,火绳一条,铅子一百个,铅子模一个,大药五斤,烘药二包,黄布口袋大小三个,黄鹿皮口袋一个,线枪一杆随红毡氆一件,油单套一件,黄丝线带一根,黑皮掺叉一个,火绳一条,砂子十口袋,大药五斤,烘药三包,黄布口袋大小三个,黄鹿皮口袋一个,黑撒林皮画洋金花鞘腰刀一口,金黄软带一条随铜镀金圈穿金丝嵌珊瑚黑撒林皮蛤蟆一对,黄条丝黄绦豆黑撒林皮荷包一对,白春绸手巾一对,铜镀金嵌松石手巾束一对,员外郎三音保送去赏平郡王讫。

十月

313. 初七日,据圆明园来帖内称,诚亲王、宝亲王、和亲王奉上谕:尔等师傅,大学士张廷玉现今造假回南,尔等应送之小式物件,可传知海望向造办处取用。钦此。

于本月初九日将桦木叉把黑子儿皮鞘活底活束单小刀一把,高丽木把黑子儿皮鞘活底活束单小刀一把,黑牛角把黑子儿皮鞘活底活束单小刀一把,黑羊皮扇面式署文房一件,红羊皮彩金套署文房一件,黑撒林皮套署文房一件,红羊皮罩套火镰包三件,红羊皮套马尾眼罩二件,红羊皮筒马尾眼罩一件,象牙镶嵌活底开其里一件,象牙镶嵌开其里一件,象牙雕花开其里一件,红玻璃鼻烟壶一件,呆黄玻璃鼻烟壶一件,呆绿玻璃鼻烟壶一件,呆金黄玻璃鼻烟壶二件,呆蓝玻璃鼻烟壶一件,司库常保呈诚亲王、宝亲王、和亲王收讫。

十一月

314. 十六日,首领太监萨木哈来说,太监王守贵、高玉传旨:着照赏科尔沁郡王、罗卜藏,拉锡活计例预备一份。钦此。

本日将铜镀金饰件黑子儿皮鞘大凹面腰刀一把,红牛皮杂花雅器法都一件,黑子儿皮硬胎大药葫芦一件,红牛皮硬胎烘药葫芦一件,红牛皮软大药葫芦一件,黑羊皮彩金鞘弯把撩刃刀一把,高丽木把黑子儿皮鞘半攒小刀一把,黑撒林皮套署文房一件,黑撒林皮彩金双盖火镰包一件,红羊皮套象牙日晷一件,红羊皮套刮鳔一件,红羊皮筒马尾眼罩一件,红羊皮蛤蟆一对,黑撒林皮蛤蟆一对,红羊皮带腰刀圈一件,黑撒林皮带腰刀圈一件,首领太监萨木哈持去交奏事太监王常贵赏额驸达尔马达都讫。

4. 皮作

正月

401. 初五日,太监焦进朝交来黄绫佛箱一件 随黄缎套一件,油单套一件,黄布套一件,灯炉匣十件 黄布套十件,铜丝炉罩一件,楠木折叠桌一张 随黄布套一件,纱灯一对,传:佛箱另糊黄绫面,其缎布套另换做,油单套收拾,灯炉等匣亦收拾,其布套俱另换做,铜丝炉罩配做黄杭细套黄布套,楠木桌亦配做套,随黑秋毛毡一块,纱灯另换黄纱,再添做黄布幔子二块。记此。

于二月二十四日做得黄绫佛箱十一件,黄缎套一件,黄布套一件,油单套一件,黄杭细套一件,黄布幔子二块,黑毡一块,楠木桌一张,铜丝炉罩一件,纱灯一对,交太监焦进朝讫。

402. 二十一日,太监段起明持来白檀香雕刻如意一件,说宫殿监督领侍苏培盛传:着配黄线穗子。记此。

于二十日做得黄绿线穗一件,并原白檀香雕刻如意一件,催总五十八交太监段起明持去讫。

五月

403. 十九日,据圆明园来帖内称,笔帖式宝善持来紫檀木龛无量寿佛一尊,说内大臣海望奉旨:赏投诚前来之厄鲁忒达克巴。钦此。

本日内大臣海望着做黄缎软带盛装挡玻璃欢门用木板一块。记此。

于本月二十一日做得黄缎软套一件,上安黄缎带一根随挂玻璃欢门木板一块,并紫檀木龛无量寿佛一尊,司库常保交笔帖式宝善持去讫。

5. 铜作

三月

501. 初五日,员外郎满毗、三音保,司库常保传:做铜渗金佛四十五尊。记此。

于五月初一日做得铜渗金佛四十五尊,随紫檀木葫芦龛五座,首领太监萨木哈呈进讫。

502. 初七日,员外郎满毗、三音保,司库常保传:做铜渗金佛九尊。记此。

于六月二十日做得铜渗金佛九尊,随紫檀木龛一件,司库常保呈进讫。

七月

503. 十六日,据圆明园来帖内称,宫殿监副侍李英传旨:着照张家胡图克图喇嘛画像造铜渗金像十尊,各添奔巴。钦此。

于十月初八日拨得张家胡图克图喇嘛像蜡样一尊,司库常保、首领太监萨木哈呈览,奉旨:准做。钦此。

于十二月二十七日造成张家胡图克图喇嘛铜渗金像十尊,各随紫檀木窝龛一座,司库常保、首领太监萨木哈呈进讫。

十一月

504. 十八日,员外郎满毗、三音保,司库常保传:做铜渗金番像佛九尊,各随紫檀木小窝龛一座。记此。

于十二月二十七日做得铜渗金佛九尊,随菊花龛九座,司库常保呈进讫。

6. 镶嵌作

正月

601. 二十五日,司库常保、首领太监萨木哈持来瓷胎画珐琅山水橄榄式花瓶一对 紫檀木座,说太监刘沧洲传旨:着配象牙瓶花一对。钦此。

于二月十五日做得象牙茜色莲艾瓶花一对并原交瓷瓶一对,司库常保持进交太监刘沧洲讫。

五月

602. 初一日,据圆明园来帖内称,司库常保、首领太监萨木哈持来白瓷胎画珐琅碧桃花橄榄式瓶一对 随象牙茜色梅花一对,金菊花一束,紫檀木座,白瓷胎画珐琅祭红橄榄式瓶一件 随楠木架一件,说太监刘沧洲传旨:碧桃花瓶内瓶花不好,着另配做好款式红白莲花二束,枝叶不必做密了,再原梅花将枝叶放开些,配在祭红瓶内用,其金菊花亦改做。钦此。

于六月十六日做得象牙茜色彩红莲花一束,改做得白莲花一束并原画碧桃花瓶一对,象牙茜色梅花一束并原画祭红瓶一件,司库常保持进交太监刘沧洲呈进讫。

603. 初七日,据圆明园来帖内称,员外郎三音保、司库常保传:做紫檀木边玻璃罩镶嵌长春福寿盆景一件。记此。

于十月二十八日做得紫檀木边玻璃罩镶嵌长春福寿盆景一件,司库常保、首领太监萨木哈呈进讫。

八月

604. 二十三日,据圆明园来帖内称,司库常保传:做紫檀木边玻璃罩福寿万年盆景一对,眉寿盆景一对。记此。

于十月二十八日做得紫檀木边玻璃罩福寿万年盆景一对,眉寿盆景一对,司库常保、首领太监萨木哈呈进讫。

7. 牙作 附砚作

二月

701. 二十四日,员外郎三音保传:做紫檀木边雕象牙笔筒一件。记此。

于五月初一日做得紫檀木边雕象牙笔筒一件,司库常保、首领萨木哈呈进讫。

三月

702. 二十七日,员外郎满毗传:做紫檀木边玻璃罩雕五毒龙油珀盆盆景一件。记此。

于五月初一日做得紫檀木边玻璃罩雕五毒龙油珀盆盆景一件,司库常保、首领萨木哈呈进讫。

8. 裱作

正月

801. 十八日,太监赵朝凤持来御笔挑山五张,对三副,说总管太监王太平传:着托裱,各配木卷杆。记此。

于本月二十二日托裱得御笔挑山五张,对三副,俱随杉木卷杆,领催马学尔交太监王守志持去讫。

二月

802. 十三日,员外郎三音保传:糊杉木盘子十个。记此。
于本日糊得盘子十个进活计用讫。

十一月

803.二十七日,宫殿监督领侍苏培盛交楞严佛绢字一张,传旨:着安铜倒环壁子二面。钦此。

于十二月初四日做得安铜镀金倒环楠木边壁子二块,并原交楞严佛绢字一张,司库常保持至安宁宫安讫。

9. 雕銮作

六月

901.二十日,员外郎满毗、三音保传:做年例备用香斗二十份。记此。

于八月十五日做得香斗一份随白檀香八两,紫降香八两,副领催赵老格交首领太监王国用、李兴泰持去讫。

于九月初一日做得香斗一份随白檀香八两,紫降香八两,副领催赵老格交首领太监王国用、李兴泰持去讫。

于九月十五日做得香斗一份随白檀香八两,紫降香八两,副领催赵老格交首领太监王国用、李兴泰持去讫。

于十月初一日做得香斗一份随白檀香八两,紫降香八两,副领催赵老格交首领太监王国用、李兴泰持去讫。

于十月十五日做得香斗一份随白檀香八两,紫降香八两,副领催赵老格交首领太监王国用、李兴泰持去讫。

于十一月初一日做得香斗一份随白檀香八两,紫降香八两,副领催赵老格交首领太监王国用、李兴泰持去讫。

于十一月十五日做得香斗一份随白檀香八两,紫降香八两,副领催赵老格交首领太监王国用、李兴泰持去讫。

于十二月初一日做得香斗一份随白檀香八两,紫降香八两,副领催赵老格交首领太监王国用、李兴泰持去讫。

于十二月十五日做得香斗一份随白檀香八两,紫降香八两,副领催赵老格交首领太监王国用、李兴泰持去讫。

10. 油作

三月

1001. 初十日,员外郎三音保传:做备用楠木胎黑洋漆画洋金花帽架二对。记此。

于五月初一日做得楠木胎黑洋漆画洋金花帽架二对,内衬香囊,司库常保、首领太监萨木哈呈进讫。

五月

1002. 初七日,据圆明园来帖内称,员外郎三音保、司库常保传:做楠木胎洋漆银口长方盒二对。记此。

于八月十四日做得洋漆银口长方盒二对,司库常保、首领太监萨木哈呈进讫。

11. 炉作

正月

1101. 十九日,太监焦进朝传:做铜烧古一统樽式炉二件,随紫檀木座。记此。

于本月二十八日做得铜烧古一统樽式炉二件,随紫檀木座二件,柏唐阿寿山交太监焦进朝持去讫。

二月

1102. 十九日,员外郎满毗、司库常保传:做铜烧古小乳炉四件 随铜丝炉罩四件,紫檀木香几四件,象牙茜色匙箸瓶四份,铜匙箸四份。记此。

于五月初一日做得铜烧古小乳炉四个随座四件,铜丝烧古炉罩四件,紫檀木香几四件,象牙茜色盆景式匙箸瓶四份,铜烧老鹳翎色匙箸四份,司库常保、首领太监萨木哈呈进讫。

五月

1103. 二十一日,据圆明园来帖内称,司库常保传:做铜烧古小乳炉十件 随铜座十件,铜丝罩十件,洋漆香几十件,象匙箸瓶香盒十份,铜匙箸十份。记此。

于十月二十八日做得铜烧古小乳炉六件随铜烧古座六件,铜丝烧古罩六件,洋漆香几三件,紫檀木香几三件,象牙茜色盆景式匙箸瓶香盆六份,铜炕老鹳翎色匙箸六份,司库常保、首领太监萨木哈呈进讫。

于十二月二十七日做得铜烧古小乳炉四件随铜烧古座四件,铜丝烧古罩四件,洋漆香几三件,紫檀木香几一件,象牙茜色盆景式匙箸瓶香盒四份随铜炕老鹳翎色匙箸四份,司库常保、首领太监萨木哈呈进讫。

九月

1104. 初六日,据圆明园来帖内称,司库常保传:做得铜烧古小乳炉十件 随铜座十个,铜丝罩十件,紫檀木香几十件,象牙匙箸瓶香盒十件随铜匙箸十份,备用。记此。

于十二月二十七日做得铜烧古乳炉二个随铜烧古座二件,铜丝罩二个,紫檀木香几二件,象牙茜色铜匙箸香盒,司库常保、首领太监萨木哈呈进讫。

于十二月二十七日做得铜烧古乳炉八件随铜座八件,铜丝罩八件,象牙茜色香盒八件,洋漆香几八件,铜匙箸八件,司库常保、首领太监萨木哈呈进讫。

12. 旋作

二月

1201. 初三日,太监范进忠持来顶圆紫青玻璃瓶一对,说宫殿监督领侍苏培盛传:着配紫檀木圆座。记此。

于本月初五日做得紫檀木圆座一对并玻璃瓶一对,太监王玉持去交宫殿监督领侍苏培盛收讫。

13. 自鸣钟

九月

1301. 初十日,据圆明园来帖内称,办理军机事务处交来汉字帖内称,副将军查郎阿差员送来岳钟琪存留未缴敕书,并朱批、奏折等件,谨开单奏闻:交送各该处查收等,因于雍正十一年九月初八日奉旨依议钦此今交去嵌金刚石金自鸣钟一个查收。记此。

本日将嵌金刚石金自鸣钟一个径一寸六分,系金表盘,锁子上嵌金刚石十块,内里镶子有坏处,随嵌金刚石铜镀金胎套一件,黑子儿皮外套一件,花梨木匣一件,交自鸣钟处首领太监赵进忠同太监杨进忠持去讫。

14. 花儿作

正月

1401. 二十一日,太监段起明持来五彩葫芦瓷瓶一件,说宫殿监督领侍苏培盛传:着配做寿意通草瓶花一束,木架一件。记此。

于二十二日做得福寿长春通草瓶花一件,紫檀木架一件并原五彩葫芦瓷瓶一件,交太监段起明持去讫。

二月

1402. 初五日,首领太监萨木哈持来宜兴胎红洋漆飞脊花觚一件,呆绿玻璃八棱瓶一对,说宫殿监督领侍苏培盛传:着各配做通草花一束,再将八楞瓶配紫檀木座一对。记此。

于本月初六日做得蟠桃九熟通草花一束,紫檀木座二件并原花觚一件,玻璃瓶一对,太监吕进朝持去交宫殿监督领侍苏培盛收讫。

15. 撒花作

十一月

1501. 十八日,员外郎满毗、三音保,司库常保传:做紫降香轮三份。记此。

于十月二十七日做得紫降香轮三份,司库常保、首领太监萨木哈呈进讫。

十二月

1502. 二十五日,首领太监萨木哈来说,太监王常贵、高玉传旨:降香轮俟后不必做,再做镀金轮六件,龙油珀轮一件,银母轮一件,珊瑚轮一件。钦此。

于十二年五月初一日做得银母轮一件,珊瑚轮一件,龙油珀轮一件,镀金轮六件,司库常保、首领太监萨木哈呈进讫。

16. 库贮

四月

1601. 二十三日,据圆明园来帖内称,太监高玉、王常贵交伽楠香大小四块 重五十一两三钱,随楠木匣一件,小沉香二块 重六斤八两,随楠木匣一件,系毛克明、郑五塞进,传旨:着交造办处做材料用。钦此。

十月

1602. 二十三日,据圆明园来帖内称,太监王常贵交伽楠香一块 重一百两,系广东巡抚杨永斌进,传旨:着有用处用。钦此。

1603. 二十五日,据圆明园来帖内称,宫殿监督领侍苏培盛交色木根大小二块 系热河总管太监薛保库进,传旨:着有用处用。钦此。

1604. 二十五日,据圆明园来帖内称,宫殿监督领侍苏培盛交色木根大小二块,香根子一块,桦木义压纸二块,色木根压纸二块,桦木义刀把四块,色木包刀把四块,香根子刀把四块,山檀木根刀把二块 系热河总管太监薛保库进,传旨:着有用处用。钦此。

1605.1. 二十七日,据圆明园来帖内称,太监高玉、王常贵交紫檀木边框玻璃灯五对 系毛克明、郑五塞进,传旨:此玻璃灯拆下有用处用,玻璃分位补换画片,或有赏用之处赏用,或有应用之处应用。钦此。

1605.2. 二十七日,据圆明园来帖内称,太监高玉、王常贵交伽楠香四块 重七十八两,系毛克明、郑五塞进,传旨:着配平安丸用。钦此。

17. 四所等处档

正月

1701. 二十九日,领催白世秀来说,总管太监陈九卿传:圆明园头所用糊黄绢木盘二个。记此。

于二月初一日做得黄绢杉木盘二个,领催白世秀交总管太监陈九卿讫。

五月

1702. 二十日,领催白世秀持来汉字帖内开总管太监陈九卿传:圆明园紫碧山房用椴木一块,杉木架黄纸牌位十座,黄布团桌一个。记此。

于五月二十五日做得杉木架黄纸牌位十座,黄布团桌一件,椴木一块,领催白世秀交总管太监陈九卿讫。

七月

1703. 二十三日,领催白世秀持来汉字帖内开首领太监王守贵传:圆明园深柳读书堂用黄绢杉木盘二个,黄杭细挖单见方三尺三块,见方一尺三块,见方六寸三块,黄布挖单见方三尺三块。记此。

于本月二十六日做得黄绢杉木盘三个,黄杭细挖单九块,黄布挖单三块,领催白世秀交首领太监王守贵讫。

十月

1704. 十六日,圆明园来帖内称,领催白世秀持来汉字帖内开首领太监王守贵传:圆明园深柳读书堂用糊黄纸杉木盘四个。记此。

于本日做得糊黄纸杉木盘四个,领催白世秀持去交首领太监王守贵讫。

18. 雍正十一年三月杂项买办库票

环字十三号

光明殿作。为造布扎衣二份,买硼砂三斤八两 每斤银三钱,合银一两〇五分,松香八十斤 每斤银四分,合银三两二钱,灯油二十五斤 每斤银四分五厘,合银一两一钱二分五厘,红铜油丝一斤八两 每斤银四钱,合银六钱,铁油丝五斤 每斤银一钱六分,合银八钱,以上共用买办银六两七钱七分五厘。

初二日,刘山久领银六两七钱七分五厘,德都发。

以上用本库材料照数发给交清宁、刘山久、花善。

雍正十一年三月初二日,档子房八十三发。

环字五十九号

旋作。为旋紫檀木满达座三份,做倒头,买梨木长五寸见方七寸一块,银一钱四分五厘,松香二斤,银八分,土粉二斤,银二分,黄蜡一斤,银二钱二分,白牛皮长六尺宽一寸二条,银一钱四分四厘,共银七钱九厘。

初九日杨七儿领银七钱九厘,官保、格尔希发。

以上用本库材料照数发给交常海、赵老格。

雍正十一年三月初七日,档子房保常发。

环字六十二号

木作。为做圆香几等件买榆木穿带 长一尺三寸,见方一寸五分 五根 折见方一百四十六寸,用银七分三厘,鱼鳔一斤八两,用银二钱一分,黄蜡十二两,用银一钱六分五厘,羊油蜡六斤,用银三钱八分四厘,共用银八钱三分二厘。

初十日,邓连芳领银八钱三分二厘,官保、格尔希发。

以上用本库材料照数发给交五十八、苏尔迈。

雍正十一年三月初七日,档子房八十三发。

环字一百〇四号

圆明园漆作。为做楠木胎黑洋漆圆角方盒二件,黑漆长方圆角盒二件,长方包袱盒二件,又长方包袱盒二件,红洋漆长方罩盖数珠盒四件,杉木卷胎黑洋漆五瓣盒二件,红洋漆圆盒二件用,买金家见方三寸一份,红飞金一千五百八十八张,银十一两一钱一分六厘,黄飞金一百七十三张,银一两三分八厘,飞银七十四张,银四分四厘,时单纸五张,银五厘,潮脑二两,银八分七厘,白退光漆二两,银一钱八分七厘,共银十二两四钱七分九厘,李元查收。

十六日,六达子领银十二两四钱七分九厘,德都发。

以上用本库材料照数发给交左世恩、六达子、富拉他。

雍正十一年三月十六日,档子房保常发。

六十四号

环字一百〇五号

油漆作。为漆楠木胎黑洋漆嵌龙油珀长方砚盒四件,磨金扇面盒二件,磨金长方盒二件,磨金圆角盒二件,方角盒四件,长方砚盒十二件,嵌玻璃银口长方盒二件,磨金书式盒二件,竹节式双圆笔筒一对,长方圆角盒二件,长方包袱盒二件,腰圆盒二件,长方圆角罩盖盒二件,长方圆角盒二件,小腰圆盒二件,磨金腰子式盒二件,长方砚盒四件,长方罩盖数珠盒四件,以上共买严生漆四斤十五两,银二两九钱六分二厘,土子灰二斤七两,银三厘九毫,退光漆一斤十两,银一两八钱六分八厘,洋生漆五斤十五两,银七两一钱二分五厘,笼罩漆六两二钱,银二钱七分一厘,厚银箔五百〇六张,银一两五钱一分八厘,漆朱一两九钱,银七分一厘,白棉花一斤七两,银一钱七分二厘,时单纸六十三张,银九分四厘五毫,共银十四两八分五厘四毫,李元查收。

十六日,六达子领银十四两八分五厘四毫,德都发。

以上用本库材料照数发给交左世恩、六达子。

雍正十一年三月十六日,档子房保常发。

环字一百〇七号

光明殿。为成造享殿香几一份,买生桐油二十六斤七两一钱六分 每斤银六分,合银一两五钱八分六厘八毫,白干面二十六斤七两一钱六分 每斤银一分三厘,合银三钱四分三厘八毫,麻三斤四两八钱九分 每斤银七分八厘,合银二两五分七厘八毫,夏布十三丈二尺二寸四分 每尺银一分八厘,合银二两三钱八分三毫,退光漆六斤九两七钱九分 每斤银九钱,合银五两九钱五分六毫,笼罩漆五斤十三两三钱六分 每斤银七钱,合银四两八分四厘五毫,漆朱九斤十四两六钱八分 每斤银六钱,合银五两九钱五分五毫,严生漆一斤一两三钱四分 每斤银六钱,合银五两一钱九分二厘一毫,红金八百六十七张一分 每千张银七两,合银六两六分九厘七毫,黄金八百六十七张一分 每千张银六两,合银五两二钱二厘六毫,潮脑五两七钱八分 每斤银七钱,合银二钱五分二厘八毫,黄丹一斤十两 每斤银五分,合银八分一厘二毫,土子一斤十两 每斤银一分,合银一分六厘二毫,木柴十三斤六两 每斤银二厘五毫,合银三分三厘四毫,白石灰十三斤六两 每斤银二厘,合银二分六厘七毫,砖灰三斗九升 每升银一分五厘,合银五分八厘五毫,共买办银十三两四钱八分七厘五毫,李元查收。

二十日,花善领银十三两四钱八分七厘五毫,官保、格尔希发。

以上用本库材料照数发给交刘山久、花善。

雍正十一年三月十六日,档子房保常发。

九号

环字十号

匣作。为做独梃支棍帽架四份,用本库象牙 见方一寸 四块,长四寸五分,见方二分 二十根,见方四分 二十块,黄铜 长二寸五分,宽三分,厚一分 二十块,长二寸三分,宽一寸一分,厚一分 四块,长二寸五分,宽二寸六分,厚一分 四块,见方八分,厚三分 四块,长八分,宽四分,厚二分 二十块,长三分,见方二分 二十块,长五分,见方三分 四块,攒焊帽架每份 用四六银焊叶五份,共用 四六银焊叶二钱,合实银一钱二分。

本日,九儿领黄铜叶二斤一两六分,李元、宝住同发土槽黄铜一斤三分。

初二日,朱九领银一钱二分,德都发。

初三日,九儿领行取象牙一斤三两,李元、宝住同发。

以上用本库材料照数发给交常保、刘山久。

雍正十一年三月初二日,档子房八十三发。

二十六号

环字四十号

木作。为做满达座三件,用紫檀木 长六寸,宽二寸,厚一寸 三十六块,长四寸一分,宽一寸八分,厚一寸 三十六块,长六尺,见方三尺 三块,见方四寸,厚七分 三块,再做佛龛四座,用紫檀木 长六寸,宽四寸五分,厚一寸二分 四块,长五寸,宽四寸,厚五分 四块,长七寸,宽二寸,厚七分 二十块,长六寸,宽一寸五分,厚七分八块，长四寸，宽一寸五分，厚七分　八块，长五寸，宽一寸二分，厚五分　八块，长三寸五分，宽一寸二分，厚五分　八块，长七寸，宽六分，厚四分　十二块，长五寸，宽四寸，厚一寸五分　四块，玻璃门心　长五寸五分，宽二寸五分玻璃　四块，见方一寸玻璃　八块，锉草六两，细白布二尺。

本日，邓连芳领玻璃片见方五寸五分二片，见方一寸回残玻璃八片，德保、格尔希发。

初十日，邓连芳领细布二尺，格尔希、李元发。

满达座用紫檀木六十六斤八两一钱　折耗十三斤四两八钱，佛龛用紫檀木四十六斤十四两八分　折耗九斤六两一钱。

以上用本库材料照数发给交五十八、苏尔迈。

雍正十一年三月初五日，档子房保常发。

环字五十九号

旋作。为做紫檀木满达座三份，用锉草十两。

初九日，杨七儿领锉草十两，官保、格尔希发。

以上用本库材料照数发给交常海、赵老格。

雍正十一年三月初七日，档子房保常发。

四十六号
环字六十二号

木作。为做圆香几一件，用楠木　见方一尺六寸，厚一寸五分　一块，长一尺，宽三寸，厚一寸五分　十二块，长一尺，宽四寸，厚三寸　六块，长二尺五寸，见方三寸　三根，长一尺，宽三寸，厚一寸五分　六块，再做折叠桌一张，用楠木边　长三尺，宽三寸，厚一寸二分　二块，长一尺三寸，宽三寸，厚一寸二分　二块，长二尺五寸，宽九寸，厚七分　一块，长二尺五寸，见方二寸　四根，长三尺，宽四寸，厚八分　二块，长一尺三寸，宽四寸，厚八分　二块，长一尺，见方一寸　十根。又做盛圆香几匣二件，用杉木　长三尺，宽八寸，厚七分　十块。再做盛香罩匣一件，用杉木　长二尺八寸，宽八寸，厚七分　四块。又盛香炉匣四个，用杉木　长二尺，宽八寸，厚七分　十四块。又做盛蜡台匣二件，用杉木　长二尺八寸，宽八寸，厚七分　十五块，锉草八两,细布四尺。再做铜丝香罩旋奎子一件,用杉木 长一尺,径一尺 一块。

四月初三日,邓连芳领楠木八十九斤,李元发。

初十日,邓连芳领锉草八两,细布四尺,李元发。

以上用本库材料照数发给交富拉他。

雍正十一年三月初七日,档子房八十三发。

四十八号

环字六十三号

木作。为做佛龛四座,用紫檀木 长八寸,宽五寸,厚一寸三分□块,长七寸五分,宽四寸五分,厚四分 四块,长九寸,宽二寸五分,厚八分 二十块,长八寸,宽二寸,厚八分 八块,长五寸,宽二寸,厚八分□块,长五寸,宽一寸二分,厚七分 八块,长四寸,宽一寸二分,厚七分 八块,长八寸,宽七分,厚五分 十二条,长七寸,宽四寸五分,厚二寸 四块。再做佛龛八座,用紫檀木 长六寸,宽四寸五分,厚一寸二分 八块,长五寸五分,宽四寸,厚四分 八块,长七寸,宽二寸,厚六分 四十块,长五寸,宽一寸五分,厚七分 十六块,长四寸,宽一寸五分,厚七分 十六块,长四寸五分,宽一寸二分,厚七分 十六块,长三寸,宽一寸二分,厚七分 十六块,长六寸,宽六分,厚四分 二十四条,长五寸五分,宽四寸,厚一寸五分 八块,杉木 长五尺,宽八寸五分 二块,玻璃 长七寸,宽三寸六分 四块,长五寸五分,宽二寸五分 八块,见圆一寸二分八块,见圆一寸十六块,锉草八两,细白布八尺。

初十日,李元、宝住发紫檀木二百一十斤三两二钱,邓连芳领讫。

初十日,邓连芳领锉草八两,细面八尺,格尔希、李元发。

十三日,邓连芳领紫檀木 长七寸四分,宽五寸八分 一块。

四月十三日,邓连芳领□号玻璃片 长五寸五分,宽五寸五分 二块,长七寸四分,宽五寸六分 三块,见圆一寸二分八块,见圆一寸十块,武格发。

以上用本库材料照数发给交五十八、富拉他。

雍正十一年三月初七日,档子房八十三发。

环字七十六号

裱作。为做紫檀木佛龛四座,里用黄片金长六寸八分,宽九寸二分四块,顶底用黄片金长五寸,宽三寸八块,黄杭细长三寸,宽一幅一条,再做满达三份,用黄绫见方六寸四分六块,长三寸五分,宽一尺八寸五分三条,清水连四纸一张。

初九日,杨七儿领上用片金一尺七寸六分,杭细三寸,绫二尺五寸八分,连四纸一张,宝住、李元发。

以上用本库材料照数发给交寿山。

雍正十一年三月初九日,档子房保常发。

环字一百〇五号

油漆作。为做各式样楠木胎盒匣等件,用高丽夏布二尺三寸,绵子六两七钱,生黄绢六尺七寸,白粗布六尺七寸,李元查收。

十七日,六达塞领夏布二尺三寸,绵子六两七钱,生黄绢六尺七寸,白粗布六尺七寸,石住、官保发。

以上用本库材料照数发给交左世恩、六达塞。

雍正十一年三月十六日,档子房保常发。

环字一百〇七号

光明殿。为成造享殿香几一份,用漆匠六十六工一份 每工合银一钱六分六厘,银十两九钱七分二厘六毫,描金匠四十四工四份,银七两三钱七分四毫,共工银十八两三钱四分三厘,李元查收。

二十日,花善领银十八两三钱四分三厘,官保、格尔希发。

以上用本库材料照数发给交刘山久、花善。

雍正十一年三月十六日,档子房保常发。

环字一百四十五号

圆明园木作。为做发报匣用杉木 长四尺,宽四寸,厚五分 二块, 长三尺三寸,宽八寸,厚五分 二块。

十六日,六达子领杉木一尺四寸,四达子发。

以上用本库材料照数发给交六达塞、富拉他。

雍正十一年三月二十日,档子房八十三发。

环字一百四十八号

圆明园玉作。为做番像佛头号紫檀木葫芦佛龛一件,做欢门用薄玻璃 长八寸五分,宽六寸五分 一块,二号葫芦佛龛一件,做欢门用薄玻璃 长七寸四分,宽五寸二分 一块。

十八日,佛保实领玻璃 长七寸四分,宽五寸八分 二片。

以上用本库材料照数发给交佛保。

雍正十一年三月二十日,档子房八十三发。

环字一百四十九号

圆明园木作。为做表匣五十一个,随案用本库杉木 长四尺二寸,宽三寸,厚三分 五十一块,长三尺一寸八分,宽三寸,厚三分 五十一块。

十八日,六达子领杉木三千三百八十七寸 折耗一丈一尺二寸九分,四达子发。

以上用本库材料照数发给交六达塞、富拉他。

雍正十一年三月二十日,档子房八十三发。

环字一百七十号

裱作。为裱御笔□破娘生挑山一轴,用鹅黄绫六尺,淡葵黄裱绫五尺,一寸小榜纸三张,鹅黄衣线三钱,黄铜三两,紫檀木径一寸八分,长三寸二块,杉木楣杆一副 径一寸三分,长三尺三寸,再做一轮明月挑山一轴,鹅黄裱梭七尺,淡鹅黄裱绫六尺,小榜纸三张,鹅黄衣线四钱,黄铜三两,紫檀木径二寸,长三寸二块,杉木楣杆一副 径一寸四分,长三尺六寸,李元查收。

杉木折耗八寸四分。

二十六日,马学尔领鹅黄绫六尺,淡葵黄裱绫一丈一尺一寸,鹅黄裱绫七尺,黄丝线七钱,黄铜六两,棉榜纸六张,紫檀木二斤六两四分,折耗七两六分,官保、李元发。

以上用本库材料照数发给交寿山、马学尔、强锡。

雍正十一年三月二十五日,档子房六十三发。

环字二百〇六号

漆作。为做香色彩漆皮碗座十二件,十二工,楠木胎黑洋漆透花帽架四件,十八工,外雇漆匠傅吉先自三月初一日起至三月三十日止共做过三十工,每工银一钱八分,共用银五两四钱,李元查收。

四月初六日,六达子领银五两四钱,李元、桂少希同发。

以上用本库材料照数发给交六达塞。

雍正十一年三月三十日,档子房普昌发。

环字二百〇八号

雕銮作。为做楠木香几十件,腿子五十根,雕宝石草三十工,再做紫檀木满达座子三件,四十五工二宗,招募雕銮匠李大等四名自三月初一日做起三十日止,共做过七十五工 每工饭银七分,共饭银五两二钱五分,李元查收。

四月十四日,常海领银五两二钱五分,格尔希、官保发。

以上用本库材料照数发给交常海、赵老格。

雍正十一年三月三十日,档子房八十三发。

环字二百〇九号

木作。为做紫檀木佛龛四座七十二工,再做杉木表案五十一个十七工,共做过八十九工 每工饭银七分,共用银六两二钱三分,李元查收。

四月十七日,汪元功领银六两二钱三分,格尔希、官保发。

以上用本库材料照数发给交六达子、富拉他。

雍正十一年三月三十日,档子房八十三发。

环字二百一十号

雕銮作。为做紫檀木佛龛四座,雕夔龙毗卢帽挂面绦环牙子圈口门每一座十六工,共四座 共六十四工,招募雕銮匠贾明等四名共做六十四工,每一工饭银七分,共银四两四钱八分,李元查收。

四月十九日,李二格领银四两四钱八分。

以上用本库材料照数发给交常海。

雍正十一年三月三十日,档子房八十三发。

19. 雍正十一年五月杂项买办库票

指字六十四号

牙作。为做象牙盒六对,买梨木 长一尺五寸,见方四寸 一块,用银二钱四分,牛斤叶一两 用银五分,香油一斤 用银四分八厘,共银三钱三分八厘,李元查收。

本月十一日,鲁国兴领银三钱三分八厘,李元、马清阿发。

以上用本库材料照数发给交杨文杰。

雍正十一年五月初十日,档子房溥惠发。

指字七十八号

旋作。为旋二次满达六份,做倒头,买梨木长五寸,见方七寸一块,银二钱四分五厘,松香二斤,银八分,土粉二斤,银二分,黄蜡一斤,银二钱二分,共用银五钱六分五厘,李元查收。

本月十五日,林文魁领银五钱六分五厘,李元、马清阿发。

以上用本库材料照数发给交常海、赵老格。

雍正十一年五月十四日,档子房保常发。

指字八十九号

香袋作。为做各样香袋一千一百九十个,买檀香细末一百〇二两二钱四分 用银一两七钱八分九厘,丁香细末二十两四钱五分 用银三两三钱二分三厘,白芷细末三十八两二分 用银一钱九分,独活细末三十八两二分 用银二钱八分五厘,甘松细末三十八两二分 用银二钱三分七厘,凌零细末三十八两二分 用银一两二分二厘,木香细末二十五两五钱六分 用银一两二分二厘,玫瑰花末二十五两五钱六分 用银二两五钱五分六厘,排草细末五十一两一钱二分 用银一两五钱三分三厘,麝香一两二钱八分 用银三两二钱,冰片二两五钱六分 用银七两六钱八分,共领银二十二两二分八厘,李元查收。

本月十五日,老格领银二十二两二分八厘,李元、马清阿发。

以上用本库材料照数发给交赵老格、常安。

雍正十一年五月十四日,档子房保常发。

指字九十一号

木作。为做楠木胎黑退光漆灵芝套箱一份,买严生漆二十五斤九两,银十五两三钱三分七厘,土子十二斤十二两,银六分三厘,退光漆七斤十两,银八两七钱六分八厘,金家见方三寸一份,红飞金三十四张,银二钱三分八厘,共银二十四两四钱六厘,李元查收。

十七日,富拉他领银二十四两四钱六厘,德邻发。

以上用本库材料照数发给交六达塞、富拉他。

雍正十一年五月十五日,档子房保常发。

指字九十三号

木作。为做龙油珀轮大小六件,买金家见方三寸一份,红飞金一百二十张,银八钱四分,再紫檀木葫芦式佛龛四座,买金家见方三寸一份,红飞金八十张,银五钱六分,再做帖金小顺刀十二把,买金家见方三寸一份,红飞金四十八张,银三钱三分六厘,三宗共银一两七钱三分六厘,武格查收。

本月十九日,六达子领银一两七钱三分六厘,李元、马清阿发。

以上用本库材料照数发给交六达塞、富拉他。

雍正十一年五月十五日,档子房保常发。

指字九十四号

木作。为做楠木胎红漆大香几十件,买严生漆三十六斤十二两,银二十二两五分,土子十八斤六两,银九分一厘,退光漆十斤十二两,银十二两三钱六分,笼罩漆二斤十一两,银一两八钱八分一厘,白退光漆二斤十一两,银四两三分一厘,漆朱十六斤三两,银九两七钱一分二厘,共银五十两一钱二分五厘,武格查收。

本月十九日,六达子领银五十两一钱二分五厘,李元、马清阿发。

以上用本库材料照数发给交六达塞、富拉他。

雍正十一年五月十五日,档子房保常发。

指字九十六号

木作。为做楠木胎黑洋漆长方小香几十件,买严生漆二斤一两,银一两二钱三分七厘,土子一斤,银五厘,退光漆九两五钱,银六钱八分二厘,洋生漆二斤六两,银二两八钱五分,时单纸二十四张,银三分六厘,共银四两八钱一分,李元查收。

本月十九日,六达子领银四两八钱一分,李元、马清阿发。

以上用本库材料照数发给交六达塞、富拉他。

雍正十一年五月十五日,档子房保常发。

指字九十七号

木作。为做黑洋漆帽架四件,香盒四件,严生漆十四两,银五钱二分五厘,土子七两,银二厘,退光漆四两,银二钱八分,洋生漆一斤三两五钱,银一两四钱六分,时单纸八张,银一分二厘,金家见方三寸一份,红飞金五百三十六张,银三两七钱五分二厘,黄飞金二百二十七张,银一两三钱六分二厘,飞银三十三张,银一分九厘,共银七两四钱一分二厘,武格查收。

本月十九日,六达子领银七两四钱一分二厘,李元、马清阿发。

以上用本库材料照数发给交六达塞、富拉他。

雍正十一年五月十五日,档子房保常发。

指字九十八号

木作。为做镶嵌银母牙花垂钟窝龛一座,镶嵌铜镀金撒花垂八宝窝龛一座,垂八宝窝龛一座,买金家见方三寸一份,红飞金一百一十张,银七钱七分。再做杉木卷胎红洋漆腰圆盘二件,圆盘二件,买严生漆七两,银二钱六分二厘,土子灰三两五钱,银一厘,退光漆二两三钱,银一钱六分五厘,洋生漆九两四钱,银七钱五厘,漆朱三两,银一钱一分二厘,用银一两二钱四分五厘。二共银二两一分五厘,武格查收。

本月十九日,六达子领银二两一分五厘,李元、马清阿发。

以上用本库材料照数发给交六达子、富拉他。

雍正十一年五月十五日,档子房保常发。

指字九十九号

木作。为做紫檀木黑洋漆矮书桌一张,买金家见方三寸一份,红飞金九十七张,银六钱七分九厘,武格查收。

本月十九日,六达子领银六钱七分九厘,李元、马清阿发。

以上用本库材料照数发给交六达塞、富拉他。

雍正十一年五月十五日,档子房保常发。

指字一百十九号

木作。为做盛活计杉木盘二十个,买鱼鳔八两,二号雨点钉二百个,夜里做买羊油蜡一斤八两,共银二钱二分一厘。

鱼鳔八两,银二分五厘,二号雨点钉二百个,银六分,羊油蜡一斤八两,银九分六厘。

本月二十三日,邓连芳领银二钱二分一厘,武格、马清阿发。

以上用本库材料照数发给交六达塞、富拉他。

雍正十一年五月十六日,档子房八十三发。

指字一百二十一号

漆作。为画黑退光漆彩漆宝座一座,买朱砂二两 用银一钱八分七厘五毫,雄黄二两 用银五分,潮脑三两 用银一钱三分一厘二毫,白退光漆三两 用银二钱八分一厘二毫,笼罩漆三两 用银一钱三分一厘二毫,双料红花水十两 用银二钱八分一厘二毫,石黄二两 用银二分七厘五毫,广靛花二两 用银七分五厘,时单

纸二十张 用银三分,飞银七百五十六张 用银四钱五分三厘六毫,共银一两六钱四分八厘四毫,李元查收。

本月十九日,六达子领银一两六钱四分八厘四毫,李元、马清阿发。

以上用本库材料照数发给交六达塞。

雍正十一年五月十七日,档子房八十三发。

指字一百二十二号

漆作。为做各式样大小盒匣三十二件,买严生漆四斤一两 合银二两四钱三分七厘,土子二斤 合银一分,退光漆一斤五两 合银一两五钱九厘,洋生漆五斤八两 合银六两六钱,漆朱四两六钱 合银一钱七分二厘,糊胎子用时单纸十五张,拧漆用时单纸三十三张,二宗共用时单纸四十八张 合银七分四厘,共合用银十两八钱,李元查收。

本月十九日,六达子领银十两八钱,李元、马清阿发。

以上用本库材料照数发给交六达塞。

雍正十一年五月十七日,档子房八十三发。

指字一百二十三号

玉作。为作碧玉鹦鹉蟠桃盘一件,买铁门叶一张,松香半斤,土粉四两,生扎牛皮条宽五分,长五尺一条,马尾箩一只,绢箩一只,共银一两四分七厘五毫,李元查收。

门叶银四分,松香银二分,土粉银二分五厘,牛皮银二分五厘,马尾箩银二分,绢箩银四分。

本月十九日,王士英领银一两四分七厘五毫,马清阿发。

以上用本库材料照数发给交福保。

雍正十一年五月十七日,档子房八十三发。

指字一百三十四号

珐琅作。为做八供的珐琅碟坯子二分用,买硼砂一两,银 一分八厘七毛五丝,铁油系三两,银 三分,梅子一斤,银 六分四厘,旋此碟用黄蜡半斤,

银　一钱一分，土粉六两，银　一厘七毫五丝，松香五两，银　一分五厘，以上共银二钱四分一厘五毫，李元查收。

本月二十日，张自成领银二钱四分一厘五毫，德都、马清阿发。

以上用本库材料照数发给交张自成。

雍正十一年五月二十日，交档子房八十三发。

指字一百三十五号

圆明园木作。为做临湖楼一块玉匾一面，买榆木　长一尺七寸，见方一寸五分　三根，余暇静室匾一面，买榆木　长二尺二寸，见方一寸八分　三根，接秀山房匾一面，买榆木　长一尺七寸，见方一寸五分　三根，揽翠亭匾一面，买榆木　长一尺七寸，见方一寸五分　三根，极乐世界匾一面，买榆木　长二尺，见方二寸　四根，绛雪陋室匾一面，买榆木　长一尺四寸，见方一寸五分　二根，贵织山堂匾一面，买榆木　长一尺六寸，见方一寸五分　三根，杏园春色匾一面，买榆木　长一尺六寸，见方一寸五分　三根，西山入画匾一面，买榆木　长一尺六寸，见方一寸五分　三根，铺翠环流匾一面，买榆木　长一尺七寸，见方二寸　三根，湖山在望匾一面，买榆木　长一尺七寸，见方二寸　三根，秋襟畅远匾一面，买榆木　长一尺八寸，见方二寸　三根，冬秀屏山匾一面，买榆木　长一尺八寸，见方二寸　三根，乾惕堂匾一面，买榆木　长二尺，见方二寸　三根，临镜匾一面，买榆木　长一尺七分，见方一寸五分　二根，春宇舒和匾一面，买榆木　长一尺八寸，见方二寸　三根，畅观轩匾一面，买榆木　长一尺八寸，见方二寸　二根，学圃匾一面，买榆木　长一尺八寸，见方二寸　二根，四达亭匾一面，买榆木　长一尺八寸，见方二寸　二根，传妙匾一面，买榆木　长一尺九寸，见方二寸　二根，欢喜佛场匾一面，买榆木　长二尺，见方二寸　四根，引溪匾一面，买榆木　长一尺七寸，见方二寸　三根，夏馆含清匾一面，买榆木　长一尺八寸，见方二寸　三根，静通斋匾一面，买榆木　长二尺，见方二寸　三根，神清志喜匾一面，买榆木　长二尺，见方二寸　四根，碧桐书院匾一面，买榆木　长二尺，见方二寸　四根，一天喜色匾一面，买榆木　长二尺，见方二寸　四根，清宁斋匾一面，买榆木　长二尺三寸，见方二寸　三根，鱼跃鸢飞匾一面，买榆木　长二尺四寸，见方二寸　四根。以上匾二十九面，买鱼鳔三斤十两，三寸枣核钉四斤。

榆木折见方寸五千七百五十三寸四分,合银二两八钱七分六厘七毫,鱼鳔三斤十两,合银五钱七厘五毫,枣核钉四斤,合银一钱二分。

本月二十三日,邓连芳领银三两五钱四厘二毫,武格、马清阿发。

以上用本库材料照数发给交六达塞、富拉他。

雍正十一年五月十八日,档子房八十三发。

指字一百四十号

匣作。为做盛菩提叶冠旧盒四个,买金家 见方二寸七份,黄飞金五十张,银二钱,白面十六两,银一分五厘,共用本库银二钱一分五厘,李元查收。

本日,达子领银二钱一分五厘,李元、马清阿发。

以上用本库材料照数发给交寿山。

雍正十一年五月二十九日,交档子房八十三发。

指字二百十三号

光明殿。为成造布扎盔头二份,买蘡龙藤七斤,银二两一钱;鱼子金一千五百〇五张,银四两五钱一分五厘;羊角片径过六寸五分八块,银八钱,径过五寸八块,银五钱六分,径过二寸五分四块,银四分;红缨片一百九十四片,银十五两七钱六分二厘五毫;黑尾五十片,银二两五钱;椴木罗圈六块,银三钱;竹板二百八十八根,银七钱二分;二号鱼眼钉一千一百五十二个,银二钱五分三厘四毫;合竹信子六根,银一钱二分;大料松木二料〇五厘,银三两七分五厘;竹瓦十五块,银一两二钱;一号鱼眼钉三百个,银六分六厘,鱼鳔八两,银七分。共银三十二两八分一厘九毫。李元查收。

二十七日,刘山久领银三十二两八分一厘九毫,德都发。

以上用本库材料照数发给交刘山久。

雍正十一年五月二十七日,档子房福寿发。

指字二百三十号

珐琅作。为做巴令七盘,买红铜绿豆条丝一丈七尺七寸,共重一斤,银一钱五分,红铜黄米丝十二两,银二钱四分,硼砂六两,银一钱一分二厘五毫,铁花丝四两,银一钱五厘,梅子五斤,银三钱二分,灯油三斤,银一钱二分,梨木见方一尺厚三寸一块,银三钱,共银一两三钱四分七厘五毫,李元查收。

六月初二日,张自成领银一两三钱四分七厘五毫,德都发。

以上用本库材料照数发给交张自成。

雍正十一年五月二十九日,档子房福寿发。

指字二百四十六号

牙作。为做㯉鹅木拃杖十根,楠木拃杖十根,买牛筋叶四两二钱,白蜡四两,木锉四把,共银五两一钱二厘五毫。

牛筋叶四两二钱,银二两;白蜡四两,银一两一分二厘五毫;木锉四把,银二钱。

二十九日,鲍誉领去。

以上用本库材料照数发给交来存、傅有。

雍正十一年五月二十九日,档子房保常发。

指字二十五号

裱作。为裱身中有一物挑山二张,用鹅黄裱绫 长七尺,宽一幅 二块,葵黄裱绫 长七尺,宽一幅 二块,小榜纸四张,鹅黄衣线一两,黄铜 长五寸,宽三分,厚一分 八条,紫檀木 长三寸,见方二寸 四块,杉木楣杆 长三尺八寸,圆一寸六分 二副,李元查收。

初四日,马小二领裱绫二丈八尺,棉榜纸四张,衣线一两,李元、官保、德都发。

初七日,马小二领紫檀木三斤九两六钱 折耗十一两五钱,德都、武格发。

二十五日,杨二格领黄铜叶八两,宝住、李元发,杉木折一尺三寸四分。

以上用本库材料照数发给交马学尔。

雍正十二年五月初四日,档子房保常发。

指字七十六号

杂活作。为做菩提叶冠四顶,蚕茧冠四顶,暂领蚕茧二十个,菩提叶五百张,银十两,李元查收。

此票于十二月劲字一百十五号入实用讫。

本日,赵老格领银十两,李元、马清阿同发。

本日,赵老格、寿山领菩提叶五百张,蚕茧一千四百个,武格、马清阿发。

十三日,赵老格、寿山交回菩提叶五百张,武格、李元同收。

十三日,赵老格领蚕茧六百个,德都、武格发。

以上用本库材料照数发给交赵老格、寿山。

雍正十一年五月十二日,档子房保常发。

指字九十四号

木作。为做大香几等十件,用绵子十两八钱,高丽夏布二十二丈六尺八寸,生黄绢二丈一尺六寸,粗白布二丈一尺六寸,武格查收。

十七日,富拉他领高丽夏布二十二丈六尺一寸,生绢二丈一尺六寸,粗布二丈一尺六寸。

以上用本库材料照数发给交六达塞、富拉他。

雍正十一年五月十五日,档子房保常发。

指字九十五号

木作。为做楠木胎透花夔龙式漆黑洋漆画洋金花帽架二对,再做楠木胎黑洋漆小香几十件,用外雇漆匠傅吉先一名,自四月初一日起至本月二十九日止,共做过二十九工 每工银钱八分,共银五两二钱二分,武格查收。

本月十九日,六达子领银五两二钱二分,李元、马清阿发。

以上用本库材料照数发给交六达子、富拉他。

雍正十一年五月十五日,档子房保常发。

指字九十六号

木作。为做黑洋漆长方小香几十件,用高丽夏布一丈二尺四寸,绵子二两三钱,生黄绢二尺三寸,粗白布二尺三寸,武格查收。

十七日,富拉他领高丽夏布一丈二尺四寸,绵子二两三钱,生绢二尺三寸,粗布二尺三寸,武格、德邻发。

以上用本库材料照数发给交六达塞、富拉他。

雍正十一年五月十五日,档子房保常发。

指字九十七号

木作。为做洋漆帽架四件随香盒四件,用高丽夏布一尺四寸,绵子二两,生黄绢一尺,粗白布一尺,武格查收。

十七日,富拉他领高丽夏布一尺四寸,绵子二两,生绢一尺,粗布一尺,武格、德都发。

以上用本库材料照数发给交六达塞、富拉他。

雍正十一年五月十五日,档子房保常发。

指字九十八号

木作。为做杉木卷胎红洋漆腰圆盘二件,圆盘二件,用高丽夏布三尺,绵子一两,生黄绢一尺,白粗布一尺,武格查收。

十七日,富拉他领高丽夏布三尺,绵子一两,生绢一尺,粗布一尺,武格、德都发。

以上用本库材料照数发给交六达塞、富拉他。

雍正十一年五月十五日,档子房保常发。

指字一百十一号

玉作。为做楠木胎洋漆银口上玻璃镜,用玻璃长三寸二分,宽二寸二分四块。

本日,玉匠姚富仁领见方五寸玻璃二片,格尔希发。

以上用本库材料照数发给交福保。

雍正十一年五月十六日,档子房八十三发。

指字一百二十号

杂活作。为做楠木香几石座五个,每个用外雇石匠做十七工,共做八十五工 每工银一钱五分四厘,共领工银十三两九分。

二十七日,九儿领银十三两九分,德都发。

以上用本库材料照数发给交常保。

雍正十一年五月十六日,档子房八十三发。

指字一百十九号

木作。为做盛活计杉木盘二十个,用杉木 长二尺六寸,宽一尺六寸,厚五分 十块,长二尺三寸,宽一尺三寸,厚五分 十块,长二尺六寸,宽二寸五分,厚五分 二十块,长一尺六寸,宽二寸五分,厚五分 二十块,长二尺三寸,宽二寸五分,厚五分 二十块,长一尺三寸,宽二寸五分,厚五分 二十块,长一尺五寸,宽一寸,厚八分 四十根。

本日,富拉他领杉木见方六千〇五寸,径七寸,长二丈,官保、格尔希同发。

以上用本库材料照数发给交六达塞、富拉他。

雍正十一年五月十六日,档子房八十三发。

指字一百四十八号

裱作。为托裱轴像四件,用鹅黄绫长二丈六尺二寸,宽一幅一块,浆黄绫长二丈二尺四寸,宽一幅一块,清水连四纸三十二张,竹料连四纸三十二张,鹅黄衣线二两二钱,黄铜长五寸,宽三分,厚一分十六条,紫檀木长三寸,见方二寸八块,杉木杆子四副,长四尺五寸一副,长三尺五寸一副,长三尺三寸二副,小榜纸四张,托绫又用清水连四纸十五张,李元查收。

紫檀木重七斤三两二钱,折耗一斤七两,杉木二尺〇五分。

二十日,马小二领绫四丈八尺六寸,连四纸七十九张,棉榜纸四张,丝线二两二钱,黄铜叶十五两三钱,武格、李元发。

以上用本库材料照数发给交寿山。

雍正十一年五月二十日,档子房福寿发。

指字一百八十三号

雕銮作。为做紫檀木窝凳三座 每座十六工,共四十八工,再做楠木圆香几五件 每一件三工,共十五工,搁炉瓶三方香几一件 三工,再做紫檀木如意桌腿起线绦环随帽架一份下铜 四工,再做紫檀木玻璃罩上雕夔龙式 四工,每工饭银七分,共做过七十四工,领工银五两一钱八分,武格查收。

二十四日,李二格领银五两一钱八分,德都发。

以上用本库材料照数发给交常海、赵老格。

雍正十一年五月二十四日,档子房八十三发。

指字一百八十五号

木作。为做楠木圆香几五件做过六十工,又做楠木方香几一个八工,又做紫檀木佛凳三座五十四工,紫檀木书桌三张五十五工,又做盛锭子药发报杉木箱八个八工,又做楠木心镶紫檀木边线匾一面三工,又做杉木盘子二十个十工,以上招募南木匠方昇等七名,共做过一百五十八工,每工饭银七分,共领银十一两六分,李元查收。

二十四日,邓连芳领银十一两六分,德都发。

以上用本库材料照数发给交六达塞。

雍正十一年五月二十四日,档子房普昌发。

指字一百九十号

炮枪作。为每日打做活计用松木墩长一尺八寸,粗八寸一个,李元查收。

二十七日,千佛保领松木一分二厘,李元发。

以上用本库材料照数发给交千佛保、和尚。

雍正十一年五月二十五日,档子房八十三发。

指字二百四十一号

匣作。为做潲鹕木拉杖套十件,用黄杭细 长六尺五寸,宽一尺 十块,黄
衣线一钱。

二十五日,张三领杭细三丈四尺二寸,衣线一两,官保发。

以上用本库材料照数发给交张三。

雍正十一年五月二十九日,档子房保常发。

指字二百四十三号

圆明园匣作。为做潲鹕木拉杖套一件,再做双梳连枝拉杖套一件,再
做万年藤拉杖套一件,共用黄杭细 长三尺,宽一分 一块,长七尺五寸,宽一分
一块,再做盛东珠盒子一个,用红铜 长二寸三分,宽一寸六分,厚五厘 二块,攒
焊用四六银焊药五分,红羊皮 长二寸三分,宽一寸六分 二块,再做黄杭细包
袱四块,用黄杭细 长九尺,宽一分 一块,长一尺,宽一分 一块。

十一月十七日,常保领银三分,焊药银三分,马清阿发。

二十五日,韩国玉领杭细二丈五寸,红铜叶二两七钱,红羊皮七寸,衣
线五分,官保发。

以上用本库材料照数发给交韩国玉。

雍正十一年五月二十九日,档子房保常发。

指字二百四十六号

牙作。为做潲鹕木拉杖十根,楠木拉杖十根,用锉草四两,细白布五
尺,象牙长一寸见方八分十块。

二十七日,封□领锉草一斤四两,细布五尺,象牙一斤十二两,马清
阿发。

以上用本库材料照数发给交来存、傅用。

雍正十一年五月二十九日,档子房保常发。

指字二百四十八号

杂活作。为做小刀二十把,用水牛角 长四寸,宽八分,厚五分 八块,桦木义子 长四寸,宽八分,厚五分 六块,高丽木 长四寸,宽八分,厚五分 □块,桦木 长六寸五分,宽九分,厚六分 二十块,黄铜薄叶□十两,黄铜高粮条三尺,黄铜小米条 三尺,四六银焊药 四钱,象牙 长五分五厘,宽四分,厚二分 十二块,长二寸六分,见方一分五厘 四十块,锉草二两。

二十七日,刘天禄领黄铜薄叶二斤十两八钱,锉草二两,象牙六两三钱,收贮高丽木九两,马清阿发。

以上用本库材料照数发给交张三。

雍正十一年五月二十九日,档子房保常发。

指字二百五十四号

木作。为做楠木拄杖十六根,用楠木 长六尺三寸,宽二寸,厚一寸 十根,再做鹨鹩木拄杖六根,用鹨鹩木 长六尺三寸,宽二寸,厚一寸 三根,长六尺三寸,宽一寸五分,厚一寸 三根,锉草八两。

五月二十九日,邓连芳领楠木五十一斤 折耗十斤三两二钱。

六月初一日,方昇领锉草八两,马清阿发。

以上用本库材料照数发给交六达塞、富拉他。

雍正十一年五月二十九日,档子房八十三发。

20. 雍正十一年六月杂项买办库票

薪字八号

雕銮作。为旋皮钵盂子四个,买梨木长三尺二寸,见方七寸一块,银一两五钱六分八厘,李元查收。

初三日,常海领银一两五钱六分八厘,德都发。

以上用本库材料照数发给交常海。

雍正十一年六月初一日,档子房福寿发。

薪字三十五号

旋作。为旋菩提数珠二盘,用买牛筋叶二两,银一钱,李元查收。

本月十三日,杨七儿领银一钱,武格、马清阿发。

以上用本库材料照数发给交常海、赵老格。

雍正十一年六月初三日,档子房保常发。

薪字六十九号

木作。为做挑杆挂幡上合竹宝盖八个,买南檀木 长五寸,见方四寸 八块,银 一两一钱五分二厘,毛竹瓦 长七尺 二十块,银 一两四钱,鱼鳔三斤,银四钱二分,熟牛筋 十二两,银 六钱,线麻绳 四斤,银 四钱八分,榆木 长一尺五寸,宽三寸,厚一寸五分 四块,银 一钱三分五厘,桐皮杉槁 长一丈二尺,径三寸 八根,银 一两九钱二分,好毛竹 长一丈二尺,径三寸 十六根,银 三两八钱四分,鱼鳔十六斤,银 二两二钱四分,熟牛筋 四斤十二两,银 三两八钱,线麻绳四斤,银 四钱八分,共银十六两四钱六分七厘,李元查收。

初六日,邓连芳领银十六两四钱六分七厘,德都发。

以上用本库材料照数发给交六达塞。

雍正十一年六月初六日,档子房八十三发。

薪字一百二十五号

锭子作。为做年例锭子药太乙紫金锭六料,蝉酥锭四十料,离宫锭一百料,盐水锭六料,买文蛤细末 十二斤,银 九钱六分,山茨茹细末 八斤四两,银 二两八钱八分七厘五毫,千金子肉 三斤十二两,银 一两八钱七分五厘,大戟细末 六斤,银 一两五钱,朱砂细末 二十三斤十二两五钱,银 七十六两一钱,雄黄细末 二十二斤五两五钱,银 十三两四钱〇六厘二毫五丝,麝香 四斤九两,银 一百八十二两五钱,蝉酥 四斤六两,银 十四两五钱,徽墨细末 六斤四两,银 三两一钱二分五厘,胆矾细末 一斤十四两,银 三两六钱,血竭细末 一斤十四两,银 一两八钱七分五厘,盆硝 九十斤,银 四两五钱,飞矾细末 三斤十二两,银 七钱五分,黄丹

细末 四两五钱,银 三分三厘七毫五丝,大黄 五十斤,银 六两,共银三百〇九两六钱一分二厘五毫。避暑香珠十料,买香薷十两,银 三钱七分五厘,甘菊 一斤四两,银 一钱五分,黄柏 五两,银 二分一厘八毫七丝五忽,黄连 五两,银 一两八钱七分五厘,连翘 十两,银 五分,蔓荆子 十两,银 四分三厘七毫五丝,香白芷 五两,银 二分五厘,朱砂 五两,银 一两,白芨细末 三两,银 一分五厘,白檀香细末 十两,银 一钱七分五厘,花芷石细末 十两□□□□,银 五钱,川芎细末 十两,银 九分三厘七毫五丝,寒水石细末 十两,银 三钱,梅花冰片 十五两,银 四十五两,香白芷细末 十两,银 五分,玫瑰花细末 十两,银 一两,雄黄细末 五两,银 一钱八分七厘五毫□□□□,银 八分七厘五毫,共银五十两九钱四分九厘三毫七丝五忽。再做太乙紫金锭六料,蝉酥锭四十料,离宫锭一百料,盐水锭六料,买文蛤细末 十二斤,银 九钱六分,山茨茹细末 八斤四两,银 二两八钱八分七厘五毫,千金子肉 三斤十二两,银 一两八钱七分五厘,大戟细末 六两,银 一两五钱,朱砂细末 二十三斤十二两五钱,银 七十六两一钱,雄黄细末 二十二斤五两五钱,银 十三两四钱〇六厘二毫五丝,麝香 四斤九两,银 一百八十二两五钱,蝉酥 四斤六两,银 十两五钱,徽墨细末 六斤四两,银 三两一钱二分五厘,胆矾细末 一斤四两,银 三两六钱,血竭细末 一斤十四两,银 一两八钱七分五厘,盆硝 九十斤,银 四两五钱,飞矾细末 三斤十二两,银 七钱五分,黄丹细末 四两五钱,银 三分三厘七毫五丝,共银三百两六钱一分二厘五毫。三共银六百六十四两一钱七分四厘三毫七丝五忽。

本日,苏尔迈、罗福同领银六百六十四两一钱七分四厘三毫七丝五忽,德邻、马清阿发。

以上用本库材料照数发给交苏尔迈。

雍正十一年六月十二日,档子房八十三发。

薪字一百四十八号

旋作。为打磨收拾六道木数珠六盘,兰芝核子数珠二盘,金线菩提数珠一盘,共九盘,买牛筋叶四两,银二钱,李元查收。

本月十六日,杨七儿领银二钱,马清阿发。

以上用本库材料照数发给交常海、赵老格。

雍正十一年六月十五日,档子房八十三发。

薪字一百五十二号

镶嵌作。为镶嵌紫檀木大巴令一份,计七盘,珐琅小巴令一份,计七盘,做花叶买金珀 长六分,宽四分,厚一分 二百二十块 重五两二钱八分,合银十两五钱六分,长五分,宽三分,厚一分 四百五十二块 重六两七钱八分,银十三两五钱六分,长四分,宽三分,厚一分 二百块 重二两四钱,银四两八钱,长六分,宽三分半,厚一分 九十六块 重二两一分六厘,银四两三分二厘,长三分,宽二分,厚一分 八十七块 重五钱二分二厘,银一两四分四厘,长二分半,宽一分半,厚一分 二十五块 重九分三厘七毫五丝,银一钱八分七厘五毫,黄蜡十二两,银 一钱六分五厘,白蜡四两,银 一钱一分二厘,芸香二两,银六分,标朱五钱,银 一分八厘七毫五丝,松花绿二两五钱,银 一钱二分五厘,块子青五钱,银 二钱五分,共银三十四两九钱一分四厘二毫五丝。

十六日,潘义明领银三十四两九钱一分四厘二毫五丝,李元发。

以上用本库材料照数发给交潘义明。

雍正十一年六月十五日,档子房八十三发。

薪字一百五十九号

旋作。为做朝装严菩提数珠十盘,买牛筋叶四两,银二钱,李元查收。

本月二十八日,杨七儿领银二钱,马清阿发。

以上用本库材料照数发给交常海。

雍正十一年□月□日,档子房保常发。

薪字一百六十二号

雕銮作。做香斗二十份,买香面 二百斤,银 二十两,榆树面 四十斤,银三两二钱,火硝 五斤,银 一钱七分五厘,红棉榜纸 四张,银 五分六厘,红黄棉榜纸 四张,银 四分八厘,共银二十三两四钱七分九厘,李元查收。

本日,常海领银二十三两四钱七分九厘,马清阿发。

以上用本库材料照数发给交常海、赵老格。

雍正十一年六月十九日,档子房保常发。

薪字一百九十二号

木作。为做盘香四十盘,买黄烟香二十三两二钱,银四钱六分五厘,石花一百五十三两,银一两五钱三分,青□香十七两二钱五分,银四钱三分一厘二毫五丝,丁香十九两五钱,银二两九钱二分五厘,白蜂蜜二十一两,银二钱一分,榆树面二十一两,银一钱五厘,冰片十三两五钱,银三十三两七钱五分,火硝十三两五钱,银二分九厘五毫,排草二十一两,银六钱三分,苏荷油三十两,银二两六钱二分五厘,木香二十一两,银五钱二分五厘,麝香二十三两二钱五分,银四十五两五钱,白芨三十四两五钱,银三钱四分五厘,乳香十五两,银六钱,黑香二十三两二钱五分,银一两八钱六分,共银九十二两五钱三分七毫五丝,李元查收。

本月二十四日,富拉他领银四十三两五钱三分七毫五丝,马清阿发。

以上用本库材料照数发给交富拉他。

雍正十一年六月□□日,档子房福寿发。

薪字二百七号

杂活作。为做铜镀金抱月带头皮蛤蟆傍带十副,铜镀金腰圆带头皮蛤蟆傍带十副,买硼砂三钱,铁油丝一两,水银三两二钱,黑撒林皮 长四寸,宽一寸二分 十六块,长二寸五分,宽二寸 三十块,鱼鳔二两,青马尾带三十条,花玛瑙圈七副,共合银九两九钱四分八毫。

硼砂,银五厘六毫,铁油丝,银一分,水碾银一钱一分,黑撒林皮,银三钱三分九厘,鱼鳔,银一分六厘二毫,青马尾带,银七两五钱,花玛瑙圈,银一两九钱六分。

七月初六日,朱九领银九两九钱四分八毫,马清阿发。

以上用本库材料照数发给交张三。

雍正十一年六月二十七日,档子房八十三发。

薪字七号

玉作。做菩提叶冠顶子,用本库径六分半珊瑚珠四个,武格查收。

本日,周维德领收贮珊瑚珠四个,重二两五钱,李元、武格发。

以上用本库材料照数发给交周维德。

雍正十一年六月初一日,档子房福寿发。

薪字十三号

玉作。为做镶嵌大巴令一份七盘,珐琅小巴令一份七盘,用本库砗磲 径三分 一百二十六块,径八分,厚二分 十四块,径四分,厚一分五厘 十二块,青金 径四分,厚一分五厘 十六块,长八分,宽三分,厚二分 三块,长五分,宽二分,厚一分 五块,紫英 径四分,厚一分五厘 二十九块,珊瑚 长五分,宽二分,厚一分 四块,李元查收,再用青金 径四分,厚一分五厘 十块。

六月十八日,佛保领行取珊瑚枝二两六分,收贮碎青金一两九钱,四达子、李元发。

六月十八日,佛保领行取砗磲一斤十四两,四达塞、李元发。

十月初八日,周维德领紫英石二两六钱,四达子、李元发。

以上用本库材料照数发给交周维德、佛保。

雍正十一年六月初一日,档子房保常发。

薪字二十四号

木作。为做雨神牌,用楠木 长一尺二寸,宽八寸,厚二寸 一块,长二尺,宽四寸,厚二寸 三块,长一尺,宽八寸,厚二寸 三块,共做过木匠十工,饭银七钱,雕銮匠四十工 饭银二两八钱,共领银三两五钱,李元查收。

初二日,邓连芳领银三两五钱,德都发。

折楠木三十四斤九两,折耗六斤四两六钱。

十七日,邓连芳领楠木四十一斤七两六钱,马清阿、李元发。

以上用本库材料照数发给交富拉他。

雍正十一年六月初二日,档子房保常发。

薪字三十二号

旋作。为旋蚕茧冠顶盔子二个,用椴木 长一尺四寸,见方七寸 一块,李元查收。

初四日,林文魁领椴木一尺四寸,李元发。

以上用本库材料照数发给交常海、赵老格。

雍正十一年六月初三日,档子房保常发。

薪字三十三号

旋作。为旋海灯翻砂木样碗子一件,座子一件,瓶子一件,用椴木 一尺二寸,见方七寸 一块,李元查收。

初四日,李元发椴木一尺二寸,林文魁领去。

以上用本库材料照数发给交常海、赵老格。

雍正十一年六月初三日,档子房保常发。

薪字三十四号

旋作。为旋翻砂炉样一个,用椴木长四尺,见方七寸一块,李元查收。

初四日,李元发椴木三尺三寸,林文魁领去。

以上用本库材料照数发给交常海、赵老格。

雍正十一年六月初三日,档子房保常发。

薪字三十五号

旋作。为旋菩提数珠二盘,用细白布二尺,锉草四两,再暂借菩提子五百个,李元查收。

初八日,武格、李元发菩提子五百个,细布二尺,锉草四两,杨七儿领去。

十二年二月二十七日,步字二百十三号入实用讫。

以上用本库材料照数发给交常海、赵老格。

雍正十一年六月初三日,档子房保常发。

薪字三十六号

玉作。为做朝装严伽楠香数珠一盘,用鹅黄格漏絾二钱五分,杂色绒一钱五分,黄衣线八分,李元查收。

初三日,佛保领丝线八分,绒一钱五分,武格、李元发。

六月初四日,佛保领絾二钱五分,德邻发。

以上用本库材料照数发给交佛保。

雍正十一年六月初三日,档子房保常发。

薪字四十号

玉作。为做念佛装严菩提数珠二盘,用珊瑚珠 径四分五厘 八个,松石 长四分,径三分 二块,径三分,厚二分 珊瑚二十块,白玉二十块,碧玉二十块,珊瑚 长四分,宽三分,厚一分五厘 二块,松石 径四分,厚一分五厘 二块,白玉 长三分,径二分 二块,墨晶二块,鹅黄格漏絾三钱,杂色绒三钱,黄衣线二钱六分。

本日,佛保领收贮珊瑚珠十九个,重二两三钱六分,松石十七钱,絾三钱,绒三钱,线二钱六分。

收贮白玉带板一块半,德邻、格尔希、李元发。

六月初三日,周维德领收贮碧玉一两八钱,武格、李元发。

以上用本库材料照数发给交佛保。

雍正十一年六月初四日,档子房溥惠发。

薪字四十一号

玉作。为做念佛装严换子数珠一盘,菩提数珠一盘,六道木数珠一盘,用鹅黄格漏絾四钱五分,杂色绒四钱五分,黄衣线二钱四分,李元查收。

本日,佛保领絾四钱五分,绒四钱五分,衣线二钱四分,李元、德都发。

以上用本库材料照数发给交□□。

雍正十一年六月初四日,档子房溥惠发。

薪字六十四号

裱作。为做糊杉木盘二个,用黄杭细 长三尺七寸,宽四寸二分 二条,长二尺四寸,宽七寸五分 一块,清水连四纸一张。

本月初三日,张芝贵领杭细二尺七寸二分,清水连四纸一张,马清阿发。

以上用本库材料照数发给交张三。

雍正十一年六月初五日,档子房八十三发。

薪字六十九号

木作。为做挑杆挂幡上合竹宝盖八个,用楠木 长七寸,宽四寸,厚一寸五分 六十四块,椴木 长二尺,凑宽二尺,厚一寸五分 二块,楠木 长一尺八寸,宽八寸,厚四寸 八块,李元查收。

折楠木二百一十八斤十四两,折耗四十三斤十二两四钱,折椴木四尺。

十七日,邓连芳领楠木二百六十二斤十两四钱,马清阿、李元发。

以上用本库材料照数发给交六达塞、富拉他。

雍正十一年六月初六日,档子房八十三发。

薪字七十号

木作。为做葫芦式佛龛四座,菊花顶小佛龛九座,用紫檀木 长一尺,宽四寸,厚一寸五分 八块,长六寸,宽二寸,厚一寸五分 四块,长九寸,宽六寸,厚四分 四块,长五寸,宽三寸,厚二寸 九块,长二寸,宽二寸,厚一寸五分 十八块,李元查收。

折紫檀木一百三十四斤六两四钱,折耗二十六斤十四两。

于十月十三日邓连芳俱领去讫。

以上用本库材料照数发给交六达塞。

雍正十一年六月初六日,档子房八十三发。

薪字七十三号

木作。为做盛活计外套箱二个,用楠木 长一尺,宽九寸,厚六分 十六块,再做起火二千枝,用西纸三百张,武格查收。

初七日,李元发西纸三百张,邓连芳领去讫。

折楠木二十五斤十四两七钱,折耗五斤二两九钱五分。

十七日,邓连芳领楠木三十一斤一两六钱,马清阿、李元发。

以上用本库材料照数发给交苏尔迈。

雍正十一年六月初七日,档子房八十三发。

薪字八十六号

玉作。为打念佛装严六道木数珠二盘上记念结子二份,用鹅黄格漏絍三钱,杂色绒三钱,穿数珠用黄衣线一钱六分,武格查收。

初十日,佛保领絍二钱,绒三钱,衣线一钱六分,李元、德都发。

以上用本库材料照数发给交福保。

雍正十一年六月初八日,档子房八十三发。

薪字八十七号

镀金作。为镀金备用念佛菩提数珠上面敖七里二份,用金叶五厘,再镀六道木的换子的数珠上的敖其里二份,用金叶五厘,共用金叶一分,李元查收。

初十日,王德俊领金条一分,德都发。

以上用本库材料照数发给交花善、五□□。

雍正十一年六月初九日,档子房八十三发。

薪字九十一号

铜作。为做楠木箱铜饰件二份,用黄铜叶 长二寸八分,宽二寸五分,厚五厘 一块,长二寸五分,宽二寸,厚五厘 一块,长二寸五分,宽一寸七分,厚五厘 一块,长二寸,宽一寸四分,厚五厘 一块,长二寸七分,宽一寸一分,厚五厘 二块,长二寸四分,宽一寸,厚五厘 二块,长二寸,宽二分,厚一分 十六块,见圆五分,厚五厘 十二块,长八寸,见圆一分五厘 一条,长六分,见方一分 二十四块,长五寸,见方一分五厘 四块,武格查收。

本月初十日,杨二格领黄叶一斤五两,李元、马清阿发。

以上用本库材料照数发给交张四、四达子。

雍正十一年六月初九日,档子房八十三发。

薪字九十七号

圆明园木作。为做钵胎子二个,用楠木长六寸,径七寸五分二块。

发楠木十五斤二两,折耗三斤一两六钱。

以上用本库材料照数发给交六达塞。

雍正十一年六月初十日,档子房福寿发。

薪字一百二十二号

漆作。为做楠木胎黑退光漆灵芝箱一份,里外二件,外雇漆匠共做过二十六工,每工银一钱八分,共工银四两六钱八分,李元查收。

本日,六达子领银四两六钱八分,德邻、马清阿发。

以上用本库材料照数发给交六达子、富拉他。

雍正十一年六月十二日,档子房八十三发。

薪字一百二十四号

木作。为做紫檀木边腿楠木桌二张,楠木洋漆胎书桌四张,共做二十二工,紫檀木书桌一张,五工,盛孔雀翎杉木匣一个,装锭子药匣三个,共四个,二工,做杉木箱二个,二工,做杉木牌位十座,三工,杉木盘子二个,一工,做杉木围屏四扇,八工,做紫檀木佛龛五座,九十工,招募南木匠方昇、汪元功等六名,五月初一日起至二十九日止,共做过一百三十三工,每工饭银七分,共银九两三钱一分,李元查收。

本日,六达子领银九两三钱一分,德邻、马清阿发。

以上用本库材料照数发给交六达塞。

雍正十一年六月十二日,档子房八十三发。

薪字一百三十三号

雕銮作。为做紫檀木窝龛三座 每座二十二工,共六十六工,做紫檀木满达座子一件,十五工,两宗共做过八十一工 每工饭银七分,共饭银五两六钱七分,武格查收。

本日,常海领银五两六钱七分,武格、马清阿发。

以上所用材料照数发给交常海、赵老格。

雍正十一年六月十三日,档子房八十三发。

薪字一百四十四号

旋作。为做备用数珠暂领凤眼菩提五百个,李元查收。

十六日,林文魁领收贮菩提子五百个,格尔希、李元发。

此票于十二年二月二十四日步字一百八十七号入实用讫。

以上用本库材料照数发给交常海、赵老格。

雍正十一年六月十五日,档子房八十三发。

薪字一百四十八号

旋作。为打磨收拾六道木数珠六盘,兰芝核数珠二盘,金线菩提数珠一盘共九盘,用锉草六两,细白布三尺,李元查收。

本月十六日,杨七儿领锉草六两,细白布三尺,李元、马清阿发。

以上用本库材料照数发给交常保、赵老格。

雍正十一年六月十五日,档子房八十三发。

薪字一百四十九号

玉作。为打念佛装严菩提数珠二盘上□子二分,用鹅黄格漏絍三钱,杂色绒三钱,穿数珠用黄衣线一钱六分,李元查收。

本月十九日,佛保领鹅黄格漏絍三钱,杂色绒三钱,黄衣线一钱六分,武格、马清阿发。

以上用本库材料照数发给交佛保、福保。

雍正十一年六月十五日，档子房八十三发。

薪字一百五十一号

雕銮作。雕紫檀木龛五座，招募雕銮匠贾明等四名，自五月初一日起至二十九日止共做过八十工，每工饭钱七分，共饭银五两六钱，李元查收。

十五日，李元发银五两六钱，李格领去讫。

以上所用本库材料照数发给交常保、赵老格。

雍正十一年六月十五日，档子房八十三发。

薪字一百五十七号

玉作。为朝装严菩提数珠十盘，做佛头用珊瑚珠 径五分 四十个，松石 长五分，径三分 十块，碧玺 长五分，下径四分 四十块，鹅黄格漏絖 一两二钱五分，石青格漏絖 一两二钱五分，杂色绒 一两五钱，鹅黄衣线 四钱，石青衣线□□，李元查收。

十八日，佛保领收贮松石一两，四达子、李元发。

十八日，佛保领行取珊瑚珠四十个，重七两，碧玺四十块，重九两七钱，四达塞、马清阿、李元发。

本月十九日，佛保领鹅黄格漏絖一两二钱五分，石青格漏絖一两二钱五分，杂色绒一两五钱，衣线八钱，李元、武格、马清阿同发。

以上用本库材料照数发给交周维德、佛保。

雍正十一年六月十八日，档子房保常发。

薪字一百五十八号

旋作。为做数珠暂领凤眼菩提子二千个，李元查收。

二十四日，杨七儿领菩提子六百五十个，李元、官保发。

二十五日，杨七儿领菩提子一千三百五十个，李元、官保发。

十二年二月二十七日步字二百十三号入实用讫。

以上用本库材料照数发给交常海。

雍正十一年六月十八日,档子房保常发。

薪字一百五十九号

旋作。为做朝装严菩提数珠十盘,用锉草六两,细白布三尺,李元查收。

二十五日,杨七儿领锉草六两,细布三尺,石住、官保发。

以上用本库材料照数发给交常海。

雍正十一年六月十八日,档子房保常发。

薪字一百六十二号

雕銮作。为做香斗二十份,用白檀香丁十斤,降香丁十斤,西纸四十张,李元查收。

七月十四日,李二格领白檀香丁十斤,降香丁十斤,西纸四十张,武格、官保发。

以上用本库材料照数发给交常保、赵老格。

雍正十一年六月十九日,档子房保常发。

薪字一百六十八号

珐琅作。为做享殿供黄铜烧古五供一份,安稳炉一座,用红铜 径二寸五分,厚二分 三块,见方三寸,厚一分 三块,径一尺六寸,厚五厘 一块,径九寸五分,厚二分 二块,见方三寸,厚一分 六块,长九寸,宽五寸,厚一分 五块,长九寸,宽三寸五分,厚一分 五块,见方四分 二十块,四六银焊药 一两三钱三分六厘,合实银八钱一厘六毫,椴木 径七寸,长四尺 一块。武格查收。

八月初三日,张自成领铜叶四十九斤五两九钱,武格、李元发。

本月二十一日,张自成领银□厘六毫,马清阿发。

七月初九日,张自成领椴木四尺,武格、李元发。

以上用本库材料照数发给交李元、韩国玉。

雍正十一年六月二十日,档子房保常发。

薪字一百七十四号

旋作。为做朝装严菩提数珠五盘,于十年十月初七日暂领过龙眼菩提子三百个,凤眼菩提子五百个,今做龙眼菩提数珠二盘,用二百一十六个,交回八十四个,凤眼菩提数珠三盘,用三百二十四个,交回一百七十六个。再十年十二月初八日,暂领过龙眼菩提子一千五百个,凤眼菩提子一千五百个,今做龙眼数珠四盘,用一百三十二个,交回一千三百六十八个,凤眼数珠二盘,用二百一十六个,交回一千二百八十四个。

二十四日,杨七儿交回残菩提子二千六百一十二个,李元、官保收。

以上用本库材料照数发给交常海。

雍正十一年六月二十一日,档子房福寿发。

薪字一百八十七号

玉作。为做念佛装严菩提数珠二盘,用珊瑚 径四分五厘 八个,松石 长四分,径三分 二块,珊瑚 径三分,厚二分 二十块,白玉 径三分,厚二分 二十块,碧玉 径三分,厚二分 二十块,珊瑚 长四分,宽三分,厚一分五厘 二块,松石 径四分,厚一分五厘 二块,白玉 长三分,径二分 二块,墨晶 长三分,径二分 二块,鹅黄格漏绒三钱,杂色绒三钱,黄衣线一钱六分,李元查收。

本日,周维德领行取珊瑚珠二十九个,重二两一钱六分,收贮松石五钱,绒三钱□□□□□□□,武格、官保发。

七月初三日,周维德领碧玉一两八钱,武格、李元发。

以上用本库材料照数发给交周维德、佛保。

雍正十一年六月二十一日,档子房保常发。

薪字一百八十九号

木作。为做备用起火箭二千根竹,溜子四十个,盛大起火箱十六个,用杉木 长三尺,宽一尺,厚七分 十块,西纸八百张,油呈文纸五十张,粗白布十尺,李元查收。

七月初八日,邓连芳领杉木一万五千七百五十寸,李元发。

八月二十九日,马藤文领西纸八百张,武格、李元发。

九月二十七日,邓连芳领粗布一丈,李元发。

以上用本库材料照数发给交六达塞、富拉他。

雍正十一年六月二十一日,档子房福寿发。

薪字一百九十二号

木作。为做盘香四十盘,用沉香块二百二十四两,檀香二百三十二两五钱,李元查收。

二十五日,富拉他领白檀香十四斤八两五钱,武格、官保发。

七月初五日,富拉他行取领沉香二百两,武格、官保发。

以上用本库材料照数发给交富拉他。

雍正十一年六月二十二日,档子房福寿发。

薪字二百〇五号

圆明园木作。为做汝窑花瓶上紫檀木座一个,用紫檀木 长六寸,宽二寸七分,厚二寸二分 六块,见方七寸,厚七分 一块,做香几一件,用紫檀木 长一尺五分,宽二寸二分,厚一寸六分 四块,见方六寸,厚七分 一块,长九寸,宽九分,厚七分 四块,长二尺六寸,见方一寸七分 四块,长一尺五寸,宽一寸七分,厚一寸二分 四块,长八寸,宽二寸七分,厚七分 四块,长一尺五分,宽一寸二分,厚一寸二分 四块,锉草四两。

本日,六达子领紫檀木做瓶座用十八斤九两七钱,折耗三斤六两四钱,香几用五十九斤四两三钱,折耗十一斤十三两六钱,锉草四两,格尔希发。

以上用本库材料照数发给交六达塞、富拉他。

雍正十一年六月二十七日,档子房八十三发。

薪字二百一十号

本房。为盛十年分月折,做杉木插盖匣一个 外口高七寸八分,面宽九寸八分,进深九寸六分,用杉木 长一尺,宽八寸,厚五分 六块,包月折底稿做四幅见方黄布包袱一个,用黄细布一丈六尺,糊夹折子合牌夹板五副,用黄笺纸一张,连四纸三张。

本日,费杨古领细布一丈六尺,笺纸一张,连四纸三张,武格、宝住同发。

杉木八寸。

以上用本库材料照数发给交达素、常保。

雍正十一年六月二十五日,档子房福寿发。

薪字二百二十七号

广木作。领六月份钱粮人:牙匠陈祖章、木匠梁义、林彩、霍五,以上每人每日银三两,共银十五两。

21. 雍正十一年七月杂项买办库票

修字一号

漆作。为做楠木胎香几二份,计十件 每一件十三工,共一百三十工 每工银一钱八分,共银二十三两四钱。

本日,六达子领银一十三两四钱,马清阿发。

九月初六日,六达子领银十两,宝住发。

以上用本库材料照数发给交六达子、富拉他。

雍正十一年七月初一日,档子房八十三发。

修字四十八号

木作。为做楠木胎黑洋漆书桌四张,紫檀木边书桌二张,用高丽夏布七丈二寸,绵子八两,生黄绢八尺,粗白布四尺,李元查收。

本月初十日,富拉他领高丽夏布七丈二寸,绵子八两,生黄绢八尺,粗白布四尺,李元、马清阿发。

以上用本库材料照数发给交富拉他。

雍正十一年七月初六日,档子房福寿发。

修字四十九号

木作。为做起火箭箱样,用杉木长七尺,宽八寸,厚五分十六块,长五尺,见方一寸五分五根,再买办杂项材料暂用银十两,李元查收。

本日,苏尔迈领银十两,马清阿发。

杉木五千〇四十二寸折一丈六尺八寸。

初七日,邓连芳领杉木五千四十二寸,李元藏,杉木保实用。

此银未用,于十二年三月初八日邓连芳交回银十两,四达子、李元同收。

以上用本库材料照数发给交苏尔迈。

雍正十一年□□月□□日,档子房福寿发。

修字五十号

木作。为做九龙匾三面用椴木 长七尺八寸,宽八寸,厚五寸 六块, 长七寸,见方三寸 三十块,长三尺七寸,宽八寸,厚五寸 六块,杉木 长六尺五寸,宽二尺三寸,厚一寸五分 三块,如如不动匾一面用杉木 长五尺五寸,宽一尺八寸,厚二寸 一块,椴木 长五尺五寸,宽三寸,厚五分 六块,心月斋匾一面用花梨木 长三尺二寸,宽一尺四寸,厚一寸五分 一块,再做备用活计套箱四个,用楠木 长一尺二寸,宽八寸,厚六分 二十八块,李元查收。

九月初八日,邓连芳领椴木二万九千九百八十五寸,杉木八千七百〇七寸,李元发。

十三年二月初九日,六达子领花梨木四十五斤十二两八钱,折耗九斤二两五钱,杉木八千七百〇七寸,李元发。

以上用本库材料照数发给交苏尔迈、富拉他。

雍正十一年七月初七日,档子房保常发。

修字七十八号

油作。为做黑紫洋漆拄杖十四根,楠木胎黑洋漆钵二件,烫胎黑洋漆钵二件,楠木胎黑洋漆桌四张,紫檀木边书桌二张,外雇漆匠傅吉先、熊日生二名自六月初一日起至六月三十日止,共做过四十七工,每工银一钱八分,共银四两四钱六分,李元查收。

本日,六达子领银四两四钱六分,官保、宝住发。

以上用本库材料照数发给交六达塞。

雍正十一年七月十二日,档子房福寿发。

修字九十三号

木作。为做佛龛三座,每座十八工,共五十四工,降香轮六个三工,杉木缸架二个二工,花梨木圌一面三工,杉木正子二个一工,汝窑瓶座一个三工,紫檀木高香几一件十一工,杉木匣子三个二工,棕竹叶一张二十工,紫檀木三号佛龛一座十八工,招募南木匠方昇、汪元功等六名,自六月初一日起至六月三十日止,共做过一百一十七工,每工饭银七分,共银八两一钱九分,李元查收。

本日,方昇领银八两一钱九分,宝住发。

以上用本库材料照数发给交六达塞。

雍正十一年七月十五日,档子房福寿发。

修字一百二十五号

镀金作。为做随备用活计杉木箱二个,用黄细布长二尺一寸,宽一尺一寸八块,长一尺一寸,宽一尺一寸八块,长三尺,宽一尺一寸八块,长二尺一寸,宽一尺一寸八块。棉套九个用黄细布九丈,见方五尺,黄布挖单二块,用黄细布五丈,黄衣线二两。

二十二日,花善领细布二十丈八尺二寸,武格、李元发。

以上用本库材料照数发给交花善。

雍正十一年七月二十一日,档子房福寿发。

修字一百二十七号

木作。为做紫檀木佛龛四座,七十二工,杉木盘子十二个,七工,盛知帖杉木匣二个,三工,楠木套箱二件,十工,楠木套箱四件,二十工,第三次紫檀木巴令架二份,十工,第三次紫檀木錾花满达座三件,二十四工,招募南木匠许定等六名自五月初一日起至六月三十日止,共做过一百四十六工,每工饭银七分,共银十两二钱二分。

二十二日,邓连芳领银十两二钱二分,宝住发。

以上用本库材料照数发给交苏尔迈。

雍正十一年七月二十一日,档子房福寿发。

修字一百三十六号

成衣作。为做楠木胎等钵囊四个,用香色锦 长一尺九寸,宽九寸六分 四块,见方六寸五分 四块,长一尺五寸,宽七分 四块,蓝纺丝 长一尺九寸,宽九寸六分 四块,见方六寸五分 四块,香色纺丝 见方五寸 四块,做夹套用红青布二丈四寸,净钵用蓝高丽布见方一副八块 长三尺八寸,宽二副 四块,丝线三钱二分。

二十四日,六十五领行取锦四尺五寸一分,纺丝六尺二寸四分,桌多贺布二丈四寸,高丽布四丈,衣线三钱二分,官保发。

以上用本库材料照数发给交白虎。

雍正十一年七月二十二日,档子房保常发。

修字一百七十五号

玉作。为做头号紫檀木葫芦式佛龛二座上欢门用玻璃 长四寸三分,宽四寸 二块,长四寸,宽五寸六分 二块,做二号紫檀木葫芦式佛龛式座上欢门用玻璃 长三寸九分,宽三寸六分 二块,长三寸五分,宽五寸三分 二块,做三号紫檀木葫芦式佛龛九座上欢门用玻璃 长二寸七分,宽二寸 九块。

二十三日,周维德领 长六寸五分,宽四寸 七块,官保发。

以上用本库材料照数发给交佛保。

雍正十一年七月□□日,档子房□□发。

修字一百七十八号

匣作。为糊杉木盘大小三个,用黄杭细 长一尺一寸,宽七寸 三块, 长三寸,宽一幅 一块,长一尺,宽六寸 一块,长六寸,宽一尺六寸 一块,长八寸,宽四寸 一块,长六寸,宽一尺二寸 一块,清水连四纸一张,黄布挖单见方三尺 三个,用黄油墩布 三丈一尺五寸 一块,黄杭细挖单 见方六寸 三块,黄衣线五分。

二十四日,韩国玉领杭细一丈七尺九寸三分,细布三丈一尺五寸,清水连四纸一张,官保发。

以上用本库材料照数发给交□□。

雍正十一年七月二十八日,档子房保常发。

修字一百八十七号

雕銮作。为雕紫檀木三号匦一座,夔龙毗卢帽挂面绦环牙子圈门一座 十八工,再雕菊花顶紫檀木窝匦九座 六工,再雕楠木腰圆竹式挂杖二根 四工,再雕降香轮六个 每个四工,二十四工,共五十二工,共银三两六钱四分,李元查收。

本日,常海领银三两六钱四分,宝住发。

以上用本库材料照数发给交常海。

雍正十一年七月二十九日,档子房八十三发。

修字一百九十号

木作。为做围屏四扇用杉木 长六尺,宽二寸,厚一寸五分 八根, 长二尺,宽二寸,厚一寸五分 八根,长六尺,宽一寸五分,厚一寸 二十根, 长二尺,宽一寸五分,厚一寸 四十八根。

本日,六达子领用杉木□□,折 径七寸 一丈七尺二寸,四达子发。

以上用本库材料照数发给交六达子。

雍正十一年七月二十九日,档子房保常发。

修字一百九十一号

木作。为做书桌二张,用紫檀木 长二尺四寸,宽一尺三寸,厚七分 二块, 长一尺三寸,宽一寸五分,厚七分 四块,长一尺二寸,见方一寸 八根,长二尺四寸,见 方六分 八根,锉草四两,粗白布二尺。

本日,六达子领用紫檀木□□,折四十九斤二两,折耗九斤十三两,锉 草四两,粗布二尺,四达子发。

以上用本库材料照数发给交六达子。

雍正十一年七月二十九日,档子房保常发。

修字一百九十五号

木作。为旋盔子样用椴木 长五尺,径七寸 一段,做牌位十座,用杉木 长一尺五寸,宽七寸,厚八分 十块,长一尺,宽三寸,厚二寸 十块,再做盘子二个, 用杉木 长一尺二寸,宽八寸,厚五分 四块,再做缸架二个,用杉木 长四尺,见方 二寸五分 八根,再做正子二个,用杉木 长六尺,见方二寸 四根,长三尺,见方二 寸 四根。

本日,六达子领用椴木五尺,杉木折径七寸,二丈八寸八分,四达 子发。

以上用本库材料照数发给交六达子。

雍正十一年七月二十九日,档子房保常发。

修字四十八号

木作。为做楠木胎黑洋漆书桌四张,紫檀木边书桌二张,买严生漆八 斤十两,银五两一钱七分五厘,土子四斤五两,银二分一厘,退光漆二斤一 两,银二两三钱七分一厘,洋生漆八斤六两,银十两五分,时单纸六十六 张,银九分九厘,共银十七两七钱一分六厘,李元查收。

初十日,富拉他领银十七两七钱一分六厘,石住、官保发。

以上用本库材料照数发给交富拉他。

雍正十一年七月初六日,档子房福寿发。

修字五十号

木作。为做九龙匾三面,如如不动匾一面,心月斋匾一面,买榆木 长三尺七寸,见方二寸五分 十二根,银 一两三钱八分七厘五毫,榆木 长一尺六寸,见方二寸 六根,银 一钱九分二厘,鱼鳔三斤,银 四钱二分,三寸枣核钉三手,银九分,黄蜡二两,银 二分七厘五毫,二号雨点钉一百个,银 三分,共银二两一钱四分七厘,再做备用活计套箱四个,买鱼鳔 八两,银 七分,二共银二两二钱一分七厘,李元查收。

本日,邓连芳领银二两二钱一分七厘,马清阿发。

以上用本库材料照数发给交苏尔迈、富拉他。

雍正十一年七月初七日,档子房保常发。

修字一百四十七号

杂活作。为做眼镜匣子,买撒林皮二张,银六钱。

本日,赵雅图领银六钱,宝住发。

以上用本库材料照数发给交赵雅图。

雍正十一年七月二十三日,档子房福寿发。

修字一百七十四号

匣作。为做洋漆箱内的汝窑盘二十八件的锦匣十六个,买鱼鳔二十四两,高白面六十四两,黄笺纸三张,二官绢一丈一尺,牛筋叶二两,共领银九钱八分五厘。鱼鳔二十四两,银一钱五厘;白面六十四两,银一钱四分;黄笺纸三张,银一钱五分;二官绢一丈一尺,银三十八分五厘;牛筋叶二两,银一钱。共银九钱八分。

二十五日,杨七儿领银九钱八分,宝住发。

以上用本库材料照数发给交韩国玉。

雍正十一年七月二十七日,档子房八十三发。

修字一百九十号

木作。为做围屏四扇,买鱼鳔八两,羊油蜡一斤八两,共银一钱六分六厘。鱼鳔八两,银七分;羊油蜡一斤八两,银九分六厘。

九月十二日,方昇领银一钱六分六厘,四达子、官保发。

以上用本库材料照数发给交六达子。

雍正十一年七月二十九日,档子房保常发。

修字一百九十一号

木作。为做书桌二张,买鱼鳔四两,银三分五厘;黄蜡二两,银二分七厘五毫。共银六分二厘五毫。

九月十二日,方昇领银六分二厘五毫,四达子、官保发。

以上用本库材料照数发给交六达子。

雍正十一年七月二十九日,档子房保常发。

22. 雍正十一年九月杂项买办库票

永字三十八号

油漆作。为画泥金紫檀木葫芦佛龛四座,买金家见方三寸一份,红飞金八十张,银五钱六分;再画泥金龙油珀轮六件,买金家见方三寸一份,红飞金一百二十张,银八钱四分;再做贴金里羊皮火镰包十件,买金家见方三寸一份,红飞金二十张,银一钱四分。共银一两五钱四分,李元查收。

本日,富拉他领银一两五钱四分,官保、宝住发。

以上用本库材料照数发给交六达子。

雍正十一年九月初六日,档子房保常发。

永字六十四号

木作。为做花梨木经版六块,买黄蜡二两,共银二分七厘五毫。

本月十二日,方昇领银二分七厘五毫,四达子、官保发。

以上用本库材料照数发给交六达塞、富拉他。

雍正十一年九月十一日,档子房八十三发。

永字一百十五号

油漆作。为做杉木胎刷栀子广胶表匣一百五十三份,随表案一百五十三个,买栀子二斤十四两,广胶一斤六两。再做油黑油铁八卦仙炉一个,买白前火油六两,烟子六两,李元查收。

栀子二斤十四两,银二钱八分七厘五毫,广胶一斤六两,银九钱六厘三毫五丝,白煎油六两,银二钱二厘五毛,烟子六两,银二分六厘二毫五丝,共银一两四钱二分二厘六毫。

于二十一日富拉他领去,官保、四达子发。

以上用本库材料照数发给交六达子、富拉他。

雍正十一年九月十八日,档子房八十三发。

永字一百二十五号

木作。为做紫檀木香几等,买鱼鳔七两,黄蜡二两,共银八分七厘五毫。

鱼鳔七两,银六分;黄蜡二两,银二分七厘五毫。

本日,富拉他领银八分七厘五毫,四达子、官保发。

以上用本库材料照数发给交富拉他。

雍正十一年九月二十一日,档子房福寿发。

永字三十二号

木作。为作挑杆石座下木心六个,用杉木 长八寸,见方一尺 六块,李元查收。

杉木四千八百寸 径七寸,一丈六尺。

以上用本库材料照数发给交苏尔迈。

雍正十一年九月初五日,档子房保常发。

永字六十二号

玉作。为装严念佛菩提数珠二盘,用珊瑚珠 径四分五厘 八个,松石 长四分,径三分 二块,径四分,厚一分五厘 二块,珊瑚 径三分,厚二分 二十块,白玉 径三分,厚二分 二十块,碧玉 径三分,厚二分 二十块,珊瑚 长四分,宽三分,厚一分五厘 二块,白玉 长三分,厚二分 二块,墨晶 长三分,厚二分 二块,黄格漏紝三钱,杂色绒三钱,黄衣线一钱六分,李元查收。

初十日,佛保领行取珊瑚珠十九个,重二两五钱六分。

收贮松石六钱四分,白玉笔管一支,李元、武格发。

本月十五日,佛保领黄格漏紝三钱,绒三尺,衣线一钱六分,武格、马清阿发。

以上用本库材料照数发给交佛保。

雍正十一年九月初十日,档子房保常发。

永字六十三号

圆明园木作。为做缸架六个,用杉木 长四尺一寸,宽二寸五分,厚二寸二分 共二十四根,长二尺,见方丈十二分 二十四根。

本月初一日,方昇领径六寸杉木二丈五尺七寸,马清阿发。

以上用本库材料照数发给交六达塞、富拉他。

雍正十一年九月十一日,档子房八十三发。

永字六十四号

圆明园木作。为做花梨木经版六块,用花梨木长九寸五分,宽四寸五分,厚九分六块,锉草二两。

九月初五日,方昇领花梨木十五斤三两,锉草二两,马清阿发。

以上用本库材料照数发给交六达塞、富拉他。

雍正十一年九月十一日,档子房八十三发。

永字六十六号

圆明园匣作。为糊楠木缸盖,用本库官用鹅黄芝麻粒漏地纱,见方一尺一寸五分一块。

本月初五日,韩国玉领官用纱七寸,马清阿发。

以上用本库材料照数发给交韩国玉。

雍正十一年九月十四日,档子房八十三发。

永字九十号

鋄作。为做安宁宫门上中闩用红铜 长二尺五寸,宽二寸七分,厚五厘 一块,长二寸五分,宽五分,厚五厘 三条,紫檀木 长二尺五寸,宽一寸,厚七分 一根,李元查收。

九月十四日,吴花子领红铜叶一斤二两七钱,武格、李元发。

紫檀木一斤五两,折耗四两二钱。

以上用本库材料照数发给交吴花子。

雍正十一年九月十四日,档子房八十三发。

永字九十五号

雕銮作。为雕紫檀木龛三座 每一座十六工,共四十八工,再雕楠木缸架一座 一工,雕楠木缸盖一个 四工,共五工,以上共五十三工。六月、七月行过三号龛二座除四工,下剩四十九工 每工饭银七分,共饭银三两四钱三分,李元查收。

本日,赵老格领银三两四钱三分,四达子、官保发。

以上用本库材料照数发给交赵老格。

雍正十一年九月十五日,档子房八十三发。

永字九十六号

木作。为做紫檀木葫芦龛一座 十二工,再做菩萨龛四座 每座十六工,共六十四工,再做活计盘子十三个 五工,再做杉木正子二个 一工,再做杉

553

木缸架四个 四工,再做杉木匣子一个 一工,再做杉木匣子一个 一工,再做棕竹边锦匣抱棕竹 一工,再做杉木匣子三个 一工,再做楠木龙牌一座 九工,再做楠木缸架一件随缸盖一件 三工,共自八月初一日起至三十日止,招募南木匠匠方昇、汪元功等五名,共做过一百〇四工,每工饭银七分,领过做菩萨龛十六工的工钱外,今领八十八工的饭银六两一钱六分,李元查收。

本日,汪元功领银六两一钱六分,四达子、官保发。

以上用本库材料照数发给交六达子。

雍正十一年九月十五日,档子房保常发。

永字一百五号

木作。为做起火箭箱、竹溜子等用杉木 长六尺五寸,宽五寸,厚六分 六十四块,长一尺一寸,宽五寸,厚六分 一百二十八块,长四尺五寸,宽五寸,厚六分 一百二十八块,长一尺一寸,宽五寸,厚六分 二百五十六块,二号高丽纸三百五十二张,西纸一万〇六百五十张,油呈文纸一百五十张,乱丝一斤八两,粗白布五丈,李元查收。

二十七日,邓连芳领杉木四万二千四百三十二寸,德邻、李元发。

二十七日,邓连芳领二号高丽纸三百五十二张,西纸一万六百五十张,油呈文纸一百五十张,德邻、李元发。

粗布五丈,生丝一斤八两,李元发。

以上用本库材料照数发给交苏尔迈。

雍正十一年九月十六日,档子房八十三发。

永字一百二十五号

木作。为做紫檀木香几十件,用紫檀木长八寸,宽四寸五分,厚五分十块,长九寸,宽七分,厚五分十块,长二尺五寸,宽七分,厚五分十块,长八寸八分,见方七分十块,长二尺五寸,宽六分,厚四分十块,再做罗汉床二张,用紫檀木长一尺,宽七寸,厚六分二块,长一尺四寸,宽一寸,厚六分二块,长三尺四寸,宽九分,厚七分二块,长八寸,见方一寸二块,长三尺四寸,宽一寸,厚四分二块,长一尺,宽五寸,厚五分二块,长七寸,宽二寸五分,厚五分四块,长六尺,宽一寸,厚六分一块,锉草十二两,细白布二尺。

本日,富拉他领做香几十件,紫檀木四百寸,折重三十斤 折耗三斤十一两二钱,内有库内收贮碎匣板十一斤半发讫,不必入账。

做罗汉床二件,紫檀木三百四十九寸八分,折重二十三斤七两,折耗四斤九两六钱,库使德邻发讫。

以上用本库材料照数发给交富拉他。

雍正十一年九月二十一日,档子房福寿发。

永字一百三十三号

木作。为做桃花笔洗座子四个,用紫檀木长五寸七分,宽四寸二分,厚一寸四块。再做表匣一百五十三分,用杉木长四尺五寸,宽三寸,厚三分一百五十三块。小案一百五十三个,用杉木长三尺,宽三寸,厚三分一万五十三块。

本日,富拉他领紫檀木九十五寸七分,折重七斤二两八钱,折耗一斤九两六钱,杉木 长七尺,宽七寸,厚一寸 四块,长七尺,宽七寸,厚一寸 四块,长八尺,宽七寸,厚一寸 四块,长八尺,宽八寸,厚一寸五分 四块。

以上用本库材料照数发给交富拉他。

雍正十一年九月二十一日,档子房福寿发。

永字一百五十三号

木作。为做攒竹挑杆六根二十四工,合竹幡宝盖六件三十六工,九龙匾三面二十四工,退光漆胎匾一面一工,梨木印版十一块二工,盛印版箱二个二工,招募木匠许定等八名,共做过八十九工,每工银七分,共银六两二钱三分,李元查收。

本日,邓连芳领银六两二钱三分,四达子、官保发。

以上用本库材料照数发给交苏尔迈。

雍正十一年九月二十二日,档子房福寿发。

永字一百八十七号

圆明园木作。为做杉木匣一个，用杉木长三尺五寸，宽五寸，厚五分一块，长二尺，宽七寸五分，厚五分一块。

本日，刘仁领杉木板 长五尺五寸，宽五寸，厚五分 一块，德都发，折五寸四分。

以上用本库材料照数发给交六达子。

雍正十一年九月二十七日，档子房保常发。

永字一百九十九号

匣作。为糊盛匾对本文双连杉木匣一件，用黄绫长五尺九寸，宽四寸一条，长二尺八寸，宽五寸五分一条，红杭细长二尺九寸五分，宽三寸七条，李元查收。

本日，杨七儿领绫二尺三寸，杭细三尺二寸，四达子发。

以上用本库材料照数发给交寿山。

雍正十一年九月二十八日，档子房八十三发。

永字二百十四号

木作。为做盛铜镀金"忠纸诒范"匾字四个，对子字二十二个，杉木箱六件，领杉木长二尺，宽一尺六寸，厚七分十八块，长二尺，宽五寸，厚七分十二块，长一尺六寸，宽五寸，厚七分十二块，长二尺五寸，见方一寸三十六根做盛匾钉梃钩匣一件，用杉木长二尺五寸，宽八寸，厚七分四块，做盛本文匣一件，用杉木长二尺六寸，宽四寸，厚五分四块，德邻查收。

以上用本库材料照数发给交苏尔迈。

雍正十一年九月三十日，档子房保常发。

23. 养心殿造办处收贮物件清册

雍正十一年正月初一日至十二月三十日止

旧存

嵌玉紫檀木砚匣二件,雕白檀香笔管二支,女儿香数珠一盘,紫檀木匣沅州石砚一方,伽楠香数珠一串,沉香数珠九十九个,黑香数珠一串,香面珠七十件,菩提数珠五串,砗磲数珠五串,玻璃心花梨木边围屏二十二扇 玻璃内长二尺五寸,宽一尺五寸三分 四十四块,玻璃面锡里矮桌一张,玻璃面楠木矮桌一张,伽楠香七块 重四十二斤十三两九钱,安南香七块 重五斤,女儿香一块 重三斤,大沉香二根 重五十三斤,沉香七块 重四十四斤七钱二分五厘,沉香花插一件 重六斤四两,沉香山子一座 重十斤,速沉香山子二座 重十四斤六两,降真香一根 重十九斤,交趾马蹄香二十斤,香木筒一件 重五斤八两,香木一根 重一斤六两,漆小盘二件,漆吊屏五件,漆桌一张,漆椅一张,漆桌腿垫子八个,漆 挥翰忘照食,研精待夕阳 对一面,旧油匣一件,粉油案一件,豆瓣楠木二十九斤七两六钱,花楠木一千三百五十六斤十二两三钱,楠木板三块 重四百三十三斤,高丽木二百三十四斤三两六钱,黄杨木四百九十六斤八两二钱,潆鹅木一千五百二十八斤七两九钱,栗子木二斤八两,樟木板二块,广东木二十根,乌拉松木八段,云楸木二十三块,白果木三块,花榆木六十三块,白草木 长六尺五寸 一根,牛筋木七十块,凤眼木一根,蛇木二十根,杏木根八百三十四块,瘿木根三百十六块,桦木根一百二十九块,桦木刀鞘坯二十六件,桦木刀把坯五十三件,狗奶子根三块,瘿木刀鞘坯二件,柏木包刀鞘坯二件,木碗坯八十四块,掐尔掐木二根,黑桃棍六百十九根,潆鹅木嵌瓷角云圆心矮桌一张,花梨木马吊桌一张,花梨木马吊桌一张,花梨木边藤屈椅面一件,花梨木小板凳一件,紫檀木嵌珐琅背轿身一件,紫檀木嵌玉寿字圆盒一件,紫檀木扁盒一件,紫檀木笙斗七件 破坏,紫檀木镜架一件,楠木矮桌二张,楠木高旋床一张,凤眼木心桌二张,凤眼木杌子六件,凤眼木盘子十八件 内破坏三件,花榆木面桌四张,棕木琴桌二张 破坏,豆瓣楠木茶盘一件,瘿木盥盆一件,瘿木碟子二件,瘿木钟子二件,瘿木螺丝盒二对,不灰木火盆三件 随铁丝罩,天然木如意二件,黄杨木西洋萧二件……盛烟袋梨木筒子一件,椰子六十八个 内小尖椰子九个,椰瓢一百三十七个,木腰子七百二十五个,盛墨罐瘿木套一件,拉固里木碗六个,菩提叶五百一十张,木根香几二件,各色木座子九件,木根山子一件,一头圆一头方楠木案一张,梨木桌腿垫子四个,各色木匣二十六件——万年青树皮四十九块,木变石火绒一包,孙他哈木板七副——菩提子三万五千二百四十八个,未去皮菩提子三百七十四个。

新进

嵌玉紫檀木压纸二件,砗磲道冠一件,伽楠香数珠一盘 孔雀石佛头四个,塔一个,蜜蜡背云一个,荷叶一个,珠二个,坠角三个,假蜜蜡坠角三个,银母豆二个,珠二个,珊瑚记念三十个,柏木根数珠一盘 蜜蜡佛头四个,塔一个,背云一个,大坠角一个,催生石坠角三个,珊瑚记念三十个,砗磲数珠一盘 珊瑚佛头四个,塔一个,记念三十个,银母背云一个,烧红石坠角二个,蓝玻璃坠角一个,椰子数珠一盘 珊瑚佛头二个,砗磲佛头二个,菩提数珠两串,砗磲珠一百〇七个,伽楠香九块 重十四斤五两三钱,沉香二块 重六斤八两,色木根九块,香木根五块,桦木六块,山檀木二块,花梨木嵌玉炉盖一件,菩提叶一千二百六十七张。

实用

沉香二斤十二两,高丽木七斤四两四钱,黄杨木一斤九两,鸂鶒木三十九斤一两四钱,桦木刀把坯十二件,菩提叶六张,菩提子一千五百十二个。

下存

嵌玉紫檀木压纸二件,白玉三镶紫檀木压纸二件,木变石五十二块,紫檀木匣沉洲石砚一方,嵌玉紫檀木砚匣二件,雕白檀香笔管二支,女儿香数珠一盘 珊瑚佛头记念坠角三个,玻璃背云坠角一个,伽楠香数珠一盘 孔雀石佛头四个,塔一个,蜜蜡背云一个,荷叶一个,珠二个,坠角二个,假蜜蜡坠角三个,银母豆二个，珠二个，珊瑚记念三十个，柏木根数珠一盘 蜜蜡佛头四个，塔一个，背云二个，大坠角一个，催生石坠角三个，珊瑚记念三十个，砗磲数珠一盘 珊瑚佛头四个，塔一个，记念三十个，银母背云一个，烧红石坠角二个，蓝玻璃坠角一个，椰子数珠一串 珊瑚佛头二个，砗磲佛头二个，东莞香数珠二串，伽楠香数珠一串，沉香珠九十九个，黑香数珠一串，香面珠七十个，菩提数珠七串，砗磲珠二百十五个，玻璃心花梨木边围屏二十二扇 玻璃长二尺五寸，宽一尺五寸三分 四十四块，玻璃面锡里高桌一张，玻璃面楠木矮桌一张，伽楠香十六块 重五十七斤三两二钱，安南香一块 重五斤，女儿香一块 重三斤，大沉香二根 重五十三斤，沉香九块 重四十七斤二两七钱二分五厘，沉香花插一件 重六斤四两，沉香山子一座 重十斤，泡沉香山子二座 重十四斤六两，降真香一根 重十九斤，香木筒一件 重五斤八两，香木一根 重一斤六两，西洋黑香四两，玫瑰花面一瓶，米汉雯赋屏一架，老人星赋插屏一架，美人插屏一座，美人围屏一副，洒金插屏架二座，扫金蟠龙柱架一件，洋漆座合牌宝箱一件，洋漆双六盘漆墙合牌锦面螺丝腿桌二张 虫蛀讫，假洋漆折叠腰圆式黑漆堆金桌一张，洋漆半圆人角小盒三件，洋金匣一件 有裂纹，洋漆长方匣一个 无钥匙，洋漆长方匣二个 内有屉子，洋漆长方套盒一件，洋漆轴头四对，洋漆屉子十件 内裂坏二件，漆碗二件，漆小盘二件，漆吊屏五件，漆桌一张，漆椅一张，漆桌腿垫子八个，漆 挥翰忘朝食，研精待夕阳 对一副，旧油匣一件，粉油案一张，砗磲道冠一件，豆瓣楠木二十九斤七两六钱，花楠木一千三百五十六斤十二两三钱，楠木板三块 重四百三十三斤，高丽木二百二十六斤十五两二钱，黄杨木四百九十四斤十五两二钱，鸂鶒木一千四百八十九斤六两五钱，栗子木二斤八两，樟木板二块，广东木二十根，乌拉松木八段，云楸木二十三块，白果木三块，花榆木六十三块，白草木 长六尺五寸 一根，牛筋木七十根，凤眼木一根，蛇木二十根，杏木根八百三十四块，瘿木根三百十六块，桦木根一百二十九块，色木根九块，香木根五块，桦木六块，山檀木二块，桦木刀鞘坯二十六件，桦木刀把坯四十一件，狗奶子根三块，瘿木刀鞘坯二件，柏木包刀鞘坯二件，骨头坯九十七块，木碗坯八十四块，掐尔掐木二根，黑桃棍六百十九根，鸂鶒木嵌瓷角云圆心矮桌一张，花梨木嵌玉炉盖一件，花梨木马吊桌一张，花梨木边藤屉椅面一件，花梨木小板凳一件，紫檀木嵌珐琅背轿身一件，紫檀木嵌玉寿字圆盒一件，紫檀木扁盒一件，紫檀木笔斗七件 破坏，紫檀木镜架一件，楠木矮桌二张，楠木高旋床一件，凤眼木心桌二张，凤眼木杌子六件，凤眼盘子十八件 内破坏三件，花榆木面桌四张，棕木琴桌二张 破坏，藤屉靠背二件，豆瓣楠木茶盘一件，瘿木盥盒一件，瘿木碟子二件，瘿木钟子二件，瘿木螺丝盒二对，不灰木火盆三件 随铁丝罩，天然木如意二件，黄杨木西洋萧二件，盛烟袋梨木筒子一个，椰子六十八个 内有尖椰子九个，椰瓢一百三十七个，木腰子七百二十五个，盛墨罐瘿木套一件，拉固里木碗六个，菩提叶一千七百七十一张，木根香几二件，各色木座子九件，木根山子一件，一头圆一头方楠木案一张，梨木桌腿垫子四个，各色木匣二十六件，万年青树皮四十九块，木变石火绒一包，孙他哈木板七副。

24. 养心殿造办处行取物件清册
雍正十一年正月初一日至十二月三十日止

旧存

白檀香七十五斤八两六钱二分五厘，紫降香二十四斤一两，紫檀木二万七千四百九十八斤四两二钱 内碎块回残六百九十三斤，乌木三十九斤七两九钱五分，楠木二万三千一百六十四斤五两，柏木九千一百五十一斤十二两五钱，杉木九百十三丈一尺二寸三分，椴木六丈七尺九分，松木一料五分六厘六丝。

新进

白檀香十斤，紫降香十斤，沉速香十八斤十二两，杉木二百丈，椴木一百丈。

实用

砗磲五斤十两五钱，象牙二百七十一斤十五两九钱三分，白檀香二十五斤三钱五分,紫降香十斤一钱,沉速香十四斤六两四钱六分,鹿皮二十一张三十五寸六分,海龙皮二百十张,锉草三十二斤一两二钱,紫檀木七千〇三斤十三两一钱,楠木三千八百八斤十一两九钱,杉木二百十三丈八寸三分,椴木六十七丈七尺八寸七分,松木一分二厘。

下存

珊瑚枝二十四两一钱七分,砗磲六两五钱,象牙一百四十四斤五两六钱 俱系碎块四钱,虬角四斤十五两六钱,犀角三斤十五两六钱,蚕茧六百三十个 俱系剪碎回残,白檀香六十斤八两二钱七分五厘,紫降香二十四斤九钱,沉速香四斤五两五钱四分,鹿皮十一张十五寸一分,锉草七斤二两二钱五分,西纸一万九千六百九十二张,油西纸七十张,台连纸二千〇四张,紫檀木二万四百九十四斤七两一钱 内有碎块回残六百九十三斤,乌木三十九斤七两九钱五分,楠木一万九千三百五十五斤九两一钱,柏木九千一百五十一斤十二两五钱,杉木九百丈四寸,椴木三十八丈九尺二寸二分,松木一料四分四厘六丝。

雍正十二年

1. 木作

正月

101.1. 初七日,司库常保传:做安宁居楠木闲余板一份,乐志山村楠木闲余板一份,西峰秀色楠木闲余板一份。记此。

于五月二十四日做得楠木闲余板三份,司库常保持进安讫。

101.2. 初七日,首领太监李久明、萨木哈持来白玻璃海灯一件,说太监焦进朝传旨:着配紫檀木架座。钦此。

于本月十二日将白玻璃海灯配得紫檀木架一件,首领太监李久明持去交太监焦进朝收讫。

102. 初十日,太监焦进朝传旨:着做高二尺六寸,面径一尺一寸楠木圆杌二件。钦此。

于本月十二日照尺寸做得楠木圆杌二件,太监马进忠、王进孝持去交太监焦进朝收讫。

103. 二十七日,笔帖式宝善来说,内大臣海望奉旨:着赏尚书职衔查克丹平安丸一千丸,带往军前应用。钦此。

于本月二十八日将药配做得杉木箱一件,外包裹黑毡内棉花塞垫,交笔帖式宝善持去讫。

二月

104.1. 初五日,太监段起明来说,宫殿监督领侍苏培盛传旨:着将紫檀木佛龛送进一座来。钦此。

于本日将做得备用紫檀木佛龛一座,首领太监李久明持去交苏培盛收讫。

104.2. 初五日,笔帖式亮玉持来汉字帖内开正月二十九日军需处拟赏公巴素佛一尊,轮一件,小数珠一盘,珐琅翎管一件,二眼孔雀翎一个,圆狐冠一顶,上用缎四匹,官用缎四匹,火镰包一件,小刀一件,小荷包一件,鼻烟壶一件,赏扎萨克头等台吉诚衮扎布珐琅翎管一个,孔雀翎一个,上用大缎二匹,官用缎二匹,火镰包一件,小刀一把,鼻烟壶一个,小荷包一个,赏管旗副章京达拉珐琅翎管一个,孔雀翎一个,官用缎二匹,火镰包一件,小刀一把,小荷包一件,本日奉旨:依议。钦此。

本日,随拟除圆狐冠一顶,小荷包三个系内廷发出,缎匹系行取缎库处,其余物件相应造办处预备赏给可也等语。遵此。

于本日随选得各样小式活计,交委署主事宝善持赴军机处,呈大人看过,交造办处配箱盛装发报。记此。

于初七日将赏公巴素物件一份,扎萨克台吉诚衮扎布物件一份,管旗副章京达拉物件一份,配做得杉木箱三件,用黑毡包裹棉花塞垫,交理藩院员外郎吉达母,笔帖式巴图鲁持去讫。

105. 初七日,委署主事宝善持来汉字帖内开军需处拟赏贝勒颇罗鼐瓷靶碗二件,玻璃碟四件,鼻烟壶二件,鼻烟壶小荷包二个,小刀二把,雅器法都一件,大药葫芦一件,烘药葫芦一件,本日奉旨:依议。钦此。

本日,随拟除瓷靶碗二件,玻璃座四件,鼻烟二瓶,小荷包二个系内廷发出,其余物件相应造办处预备赏给。记此。

于本月初九日将以上物件配得杉木箱盛装,黑毡包裹棉花塞垫,交理藩院员外郎巴查拉持去讫。

106. 二十二日,据圆明园来帖内称,司库常保、首领太监萨木哈持来楠木架半出腿玻璃镜一件,说宫殿监副侍李英传旨:着另配做楠木窄边玻璃镜一架,其式样花纹仍照旧样做,玻璃镜往下落二三寸。钦此。

于三月初三日做得楠木窄边玻璃镜一架,司库常保交宫殿监副侍李英收讫。

107.1. 二十三日,据圆明园来帖内称,司库常保、首领太监萨木哈持来各色大小瓷鱼缸六十七件,说宫殿监副侍李英传旨:着配做楠木架、漆架或各色木架,紫檀木、花梨木不必做。钦此。

于九月十二日做得楠木、榆木、黑漆鱼缸架大小六十七件,司库常保交宫殿监副侍李英收讫。

107.2. 二十三日,司库常保,首领太监萨木哈、李久明持来嘛来子佛像一尊,说太监王常贵、高玉传旨:着照斗坛内圆龛样式配做紫檀木龛一座,供在花园斗坛内。钦此。

于四月初二日做得紫檀木圆龛一件,司库常保供在斗坛内讫。

三月

108. 二十四日,据圆明园来帖内称,首领太监沈禹功来说,宫殿监督领侍苏培盛传:平安院用长一尺一寸,宽一尺,高三寸九分杉木托一件。记此。

于本日照尺寸做得杉木托一件,交首领太监沈禹功持去讫。

109. 二十六日,据圆明园来帖内称,司库常保来说,首领太监郑爱贵传旨:着安宁居西间西墙上做高四尺五寸五分,高五尺三寸二分里糊绢壁子四扇。钦此。

于九月三十日做得二面安铜镀金倒环楠木壁子四扇,司库常保持进安在安宁居讫。

四月

110. 初一日,据圆明园来帖内称,委署主事宝善来说,内大臣海望交丹药一匣,传旨:着配匣发报赏散秩大臣达奈。钦此。

于本月初四日做得杉木匣一件,外包黑毡,交柏唐阿巴蓝泰持去讫。

111. 初三日，员外郎满毗、三音保同传：安宁居用的羊皮帐一架，着做木箱一件盛装收贮。记此。

于八月二十日做得杉木箱一件，交催总五十八讫。

于乾隆十二年十一月十七日司库白世秀、七品首领萨木哈来说，太监胡世杰传旨：将羊皮帐送进呈览。钦此。

于本日司库白世秀、七品首领萨木哈将白羊皮帐一份随围墙二块持进，交太监胡世杰呈览，奉旨：着留下。钦此。

112. 初九日，据圆明园来帖内称，司库常保传：做盛活计杉木盘十个，黄杭细挖单二幅八块，三幅二块。记此。

于五月初七日做得糊黄纸杉木盘十个，黄杭细挖单十块，交司库常保持去陆续呈进活计用讫。

113.1. 十七日，据圆明园来帖内称，首领太监萨木哈持来番像铜佛一尊 随佛衣一件，说宫殿监督领侍苏培盛传旨：着配紫檀木龛一座。钦此。

于五月初三日做得紫檀木龛一座，衣一件并番像佛一尊，首领太监萨木哈持进交苏培盛讫。

113.1. 十七日，据圆明园来帖内称，司库常保传：做备用紫檀木佛龛二座。记此。

于五月初九日做得紫檀木佛龛二座，司库常保交太监焦进朝讫。

114. 十九日，据圆明园来帖内称，太监庞贵来说，小太监俗格交汝釉观音瓶一件，传旨：着配做紫檀木座。钦此。

于二十日做得紫檀木座一件，司库常保交太监张保持去讫。

115. 二十四日，据圆明园来帖内称，司库常保传：做西峰秀色楠木闲余板三份。记此。

于五月二十四日做得楠木闲余板二份，司库常保持进安在安宁居九洲清晏西峰秀色讫。

116. 二十六日，据圆明园来帖内称，司库常保来说，宫殿监副侍李英交汝窑瓶一件，蜜蜡九苓一件，传旨：着配紫檀木座。钦此。

于本日二十七日将瓶配得紫檀木座，司库常保交宫殿监副侍李英讫。

五月

117. 初八日,据圆明园来帖内称,首领太监萨木哈来说,太监刘保卿传旨:着做锡里杉木盆一件。钦此。

于本月初十日照尺寸做得锡里杉木盆一件,随黄布棉套,司库常保交太监刘保卿十一日呈览,奉旨:照此样再做一件,高放一寸五分,口径过放五分。钦此。

于十五日照尺寸做得锡里杉木盆一件,随黄布棉套,司库常保交太监刘保卿讫。

118. 初九日,据圆明园来帖内称,司库常保来说太监刘沧洲传旨:着将安宁居东暖阁北面方床改做楠木床口。钦此。

于本日司库常保带领匠役进内将床口改讫。

119. 十一日,据圆明园来帖内称,柏唐阿索柱来说,军需处交赏总督刘于义扇子、香袋、锭子、药香珠等件,内大臣海望着做匣盛装用毡包裹。记此。

于本月十二日配得杉木匣盛装,棉花塞垫黑毡包裹,领催赵雅图持去交军需处讫。

120. 二十五日,据圆明园来帖内称,宫殿监副侍刘玉传旨:着将紫檀木佛龛送进一座来。钦此。

于本日将紫檀木佛龛一件,司库常保交太监吕进朝持去交宫殿监副侍刘玉讫。

六月

121. 初二日,内大臣海望奉旨:着赏班禅额尔德尼器皿等件。钦此。

于初三日内大臣海望拟得玻璃罩珐琅碟八供一份,珐琅本巴壶一件,珐琅拉固里碗一个,珐琅嘛呢一件,哈达一件,玻璃花瓶一对,红鱼白瓷靶碗一对。记此。

于初八日柏唐阿索柱来说内大臣海望传旨:赏班禅额尔德尼珐琅器皿,着做木匣盛装,外用黑毡包裹。记此。

于本月十七日做得杉木箱子一个,内盛器皿,棉花塞垫黑毡包裹,副领催韩起龙持去交中书明善收讫。

122. 初六日,柏唐阿索柱持来黑狐皮帽一顶,猞猁狲面羊皮裹马褂一件,蓝缎面白狐裹袍一件,一眼孔雀翎一件,珐琅翎管一件,各色缎四匹,说内大臣海望奉旨:着赏台基德勒克旺舒克,配木箱盛装,黑毡包裹棉花塞垫发报。钦此。

于初九日将黑狐皮帽等配做得杉木箱一件,黑毡包裹,笔帖式达素持去交军需处讫。

123. 十五日,司库常保传:做备用紫檀木佛龛十座。记此。

于七月初三日做得紫檀木佛龛一座,太监马进忠持去交总管苏培盛讫。

于八月二十二日做得紫檀木佛龛一座,太监马进忠持去交总管苏培盛讫。

于十二月初六日做得紫檀木龛二座,首领萨木哈持进养心殿安供讫。

于十二月初七日做得紫檀木龛一座,首领太监萨木哈持去交总管李英讫。

于十三年二月二十五日做得紫檀木佛龛一座,太监吕进朝持去交太监阿墩讫。

三月初三日做得紫檀木佛龛一座,司库常保持去交太监阿墩讫。

四月十八日做得紫檀木佛龛二座,交首领太监周世辅持去讫。

124. 二十日,笔帖式达素来说,六月十六日军需处奉旨:赏阿巴海王占尔扎卜佛一尊,轮一件,小念珠鼻烟壶火镰包各一件,赏乌朱沁公彭苏克拉布坦佛一尊,轮一件并缎匹发报。钦此。

于二十九日将赏阿巴海王占尔扎卜铜渗金无量寿佛一尊,随紫檀木小菊花龛一座,镶嵌降香轮一件,椰子念佛数珠一盘,铜锭金敖其里一份,玻璃鼻烟壶一件,火镰包一件,各色缎八匹,赏乌朱沁公彭苏克拉布坦铜渗金无量寿佛一尊,随紫檀木小菊花龛一座,镶嵌龙油珀一件,各色缎四匹,配做得杉木匣两件,棉花塞垫黑毡包裹,交笔帖式达素持去交中书傅峻讫。

125. 二十四日,笔帖式达素来说,军需处大学士伯鄂尔泰奉旨:赏都统依礼布等平安丸、黎铜丸、寸金丹、锭子药,着配木箱盛装发报。钦此。

于本月二十六日将平安丸一千丸,黎铜丸二百丸,寸金丹三斤,锭子药二斤,配做得杉木箱一件,黑毡包裹棉花塞垫,司库常保交笔帖式达素持去交军需处中书明善收讫。

七月

126. 初三日,太监左玉来说,宫殿监督领侍苏培盛传旨:将紫檀木佛龛送进一座来。钦此。

于本日将紫檀木佛龛一座,司库常保着太监马进忠持去,交宫殿监督领侍苏培盛收讫。

127. 初七日,司库常保传:做备用紫檀木佛龛十座。记此。

于十二月初六日做得紫檀木窝龛二座,司库常保、首领太监萨木哈持进安在养心殿佛堂内讫。

八月

128. 初四日,据圆明园来帖内称,司库常保传:做盛活计杉木盘十四个。记此。

于十二日做得盛活计杉木盘十四个呈进活计用讫。

129. 初五日,据圆明园来帖内称,军需处大学士伯鄂尔泰等奏准,侍郎傅代带去给噶尔丹、策凌等官用缎五十匹,哈达五条,着配匣盛装,棉花塞垫毡皮包裹发报。记此。

于初二日做得杉木箱四个,内盛缎五十匹,哈达五条,棉花塞垫黑毡包裹,交柏唐阿索柱持去交军需处讫。

130.1. 十九日,据圆明园来帖内称,笔帖式达素来说,军需处内大臣海望交赏台吉鄂齐尔一眼孔雀翎一个,珐琅翎管一个,上用缎二匹,官用缎二匹,着配匣盛装发报。记此。

于二十二日做得杉木箱一个,内盛缎四匹,外包牛皮黑毡,副领催张三持去交军需处讫。

130.2. 十九日,据圆明园来帖内称,首领太监萨木哈来说太监高玉交赏总督尹吉善洋漆银口盒一件,洋漆盒绿端砚一方,朝装严香数珠一盘,各色瓷盘十二件,传:着配木匣盛装发报。记此。

于二十日做得杉木箱一件,内盛洋漆银口盒等件,外包黑毡,太监马进忠持去交太监高玉讫。

131. 二十二日,据圆明园来帖内称,太监左玉来说宫殿监督领侍苏培盛传旨:着将紫檀木佛龛送进一座来。钦此。

于本日将紫檀木佛龛一座,交太监马进忠持去交总管太监苏培盛讫。

九月

132. 二十三日,据圆明园来帖内称,司库常保持来汉字帖一张,内开都统莽古里奏称:旃檀佛并宝座皆光俱已交中正殿铸造,于十月二十日前告竣,其佛龛应交造办处工细雕做等因,奉旨:交该处造办。钦此。

于十月二十七日做得紫檀木佛龛一件,司库常保交都统莽古里讫。

十月

133. 初二日,柏唐阿索柱来说军需处奉旨:赏大将军平郡王朱批谕旨四套,着配匣盛装发报。钦此。

于初六日做得杉木箱一个,内盛谕旨四套,交柏唐阿索柱持去交军需处讫。

134. 初七日,据圆明园来帖内称,本月初六日总管李英交花梨木案一张,随新楠木香几二个,传旨:着照安宁宫陈设案样式,另做花梨木几二个安在花梨木案上,其交出新楠木几二个另配楠木面,改做香几用。钦此。

于十三年二月十二日将花梨木案一张配得花梨木几二件,改做得楠木香几二件,司库常保持进交总管太监李英讫。

十一月

135. 初十日,太监赵朝凤来说,宫殿监督领侍苏培盛传:杉木匣一个用铁包角。记此。

于二十八日做得铁包角杉木匣一个，柏唐阿罗福交太监赵朝凤讫。

136. 十一日，太监高玉、王常贵交阿育王刑玛铜渗金佛一尊，传旨：着配紫檀木佛龛供在养心殿。钦此。

于十二月初六日配做得紫檀木佛龛一座，内安渗金佛，司库常保持进养心殿供讫。

137. 二十二日，笔帖式达素来说，人参等药说办理军需处事务英诚，公丰盛额等奉旨：着赏将军塔尔岱人参，其别样药材照平郡王所请之数目赏给发报。记此。

于十一月二十三日将人参等药做得杉木匣，交笔帖式达素持去交军需处讫。

138. 二十六日，催总存柱持来安宁宫后殿陈设楠木包镶床三张，说原系总理监修做的，今总理监修处工程已完，无处可收等语，回明内大臣海望，着交造办处，俟明年春季安设。记此。

于十三年二月二十八日将楠木包镶床三张仍交催总存柱持去安讫。

139. 二十九日，首领太监萨木哈持来铜渗金佛一尊 系班禅额尔德尼进，说太监高玉传旨：着做紫檀木佛龛，得时供在养心殿。钦此。

于十二月初六日配做得紫檀木佛龛一座，司库常保、首领太监萨木哈持赴养心殿安讫。

十二月

140. 初六日，宫殿监督副领侍李英传旨：将观音菩萨龛送进一座来。钦此。

于初七日将做得备用紫檀木龛一座，首领太监萨木哈持进交总管李英讫。

141. 十七日，笔帖式达素持来千年达一斤，仙人掌十四两五钱，说内大臣海望着配匣盛装发报。记此。

于二十五日做得杉木匣一个内盛千年达、仙人掌，黑毡包裹，交笔帖式达素持去讫。

142. 十八日，监察御史沈嵛、员外郎满毗传：做杉木二号盘六个，三号盘四个，俱糊黄纸面。记此。

于十二月二十八日做得杉木盘十个呈进活计用讫。

143. 二十四日，宫殿监副侍李英传旨：将供佛的洋漆桌子下做一木架支顶。钦此。

于二十七日做得榆木架子一件，太监吕进朝持进交总管李英讫。

2. 玉作

正月

201. 十三日，宫殿监督领侍苏培盛，监副侍刘玉、李英交来巴尔撒木香数珠一盘 松石佛头，珊瑚塔、记念，玻璃背云，碧玺大坠角一个，蓝宝石小坠角三个，加间珊瑚珠八个，青金豆二个，珊瑚数珠一盘 做松石佛头，青金背云、记念，碧玺坠角，传旨：着将巴尔撒木香数珠上松石佛头拆下配在珊瑚数珠上，其巴尔撒木香数珠上另配珊瑚佛头。钦此。

于本月十八日将巴尔撒木香数珠一盘，系原随珊瑚记念，红玻璃背云，碧玺大坠角，蓝宝石小坠角，青金夹间豆二个，新添珊瑚佛头，松石塔，珊瑚数珠一盘，系原随青金背云、记念，碧玺坠角，珊瑚塔，巴尔撒木香数珠上拆下松石佛头，鹅黄辫子，并拆下假松石佛头青金塔，交首领太监萨木哈持去交宫殿监督领侍苏培盛呈进讫。

十月

202. 二十四日，据圆明园来帖内称，司库常保、首领太监萨木哈来说，太监高玉、王常贵交碧玺数珠一盘 青金佛头、塔、背云，孔雀石记念，珊瑚坠三个，红宝石坠一个，衬红玻璃盒盛，珠一盘 珊瑚佛头、记念、背云，碧玺坠角，衬红玻璃盒盛，蜜蜡数珠一盘 珊瑚佛头、塔、背云、记念，碧玺坠角，鹤顶红盒盛，珊瑚数珠一盘 青金佛头、塔、记念，蓝宝石背云，碧玺坠角，镶蜜蜡盒盛，伽楠香数珠一盘 珊瑚佛头、塔、记念，碧玺坠角，系毛克明、郑五塞进，传旨：伽楠香数珠甚好，着配上装严朕用,尔做楠木胎锡里盒盛装,碧玺、金星玻璃、蜜蜡、珊瑚数珠,着配做上用装严,做赏用。钦此。

于十二月十四日司库常保同柏唐阿花善、领催周维德此五盘内拆下金累丝大宝盖五个,小宝盖十五个,共重一两一钱,交柏唐阿花善改做领去讫。

于十二月二十日改做得金卡子二个,圈子十个,大宝盖三个,小宝盖九个,共重九钱二分,下剩回残金一钱八分,司库常保收贮活计房库讫。

于十二月二十八日改做得碧牙数珠一盘,青金佛头,孔雀石记念,珊瑚背云,红宝石坠角一个,珊瑚佛头、背云,碧玺坠角,金星玻璃数珠一盘,珊瑚佛头、记念,青金背云,碧玺坠角,随玻璃面盒四个,珊瑚数珠一盘,青金佛头、塔、记念,蓝宝石背云,碧玺坠角,司库常保,首领太监萨木哈、李久明呈进讫。

十一月

203. 初四日,司库常保、首领太监萨木哈持来紫檀木三面玻璃匣一件 内安玻璃寿桃盆景一座,说太监高玉传旨:此匣上玻璃有一面破坏,着另换玻璃一块,供在福佑寺。钦此。

于初八日安得玻璃一块,司库常保持去送到福佑寺交达赖喇嘛讫。

3. 杂活作

正月

301. 初七日,司库常保奉旨:着做供关夫子、关平、周仓安象牙栏杆地平一件,前面安踏跺,画样呈览,再五供之内有八供,可照八供样式做一件,随玻璃罩珐琅碟,再将掐丝珐琅海灯做一份,其盖不必做腰圆。钦此。

于十二月二十一日做得楠木胎玻璃罩一件,掐丝珐琅海灯一件,泥银黑漆地平一件随踏跺,司库常保、首领太监萨木哈呈进讫。

于十三年四月三十日做得银累丝八供一份,司库常保,首领太监萨木哈、李久明呈进讫。

302. 正月初八日,员外郎满毗、三音保,司库常保同传旨:做铜渗金佛四十五尊,随葫芦紫檀木龛大小四座,小菊花龛九座。钦此。

于十月二十七日做得紫檀木葫芦龛四座,内供铜渗金长寿佛三十六尊,紫檀木小菊花龛九座,内各供铜渗金长寿佛九尊,司库常保,首领太监李久明、萨木哈呈进讫。

二月

303. 十七日,太监高玉、王常贵传旨:着将小刀一把送进来。钦此。

于本日将桦木义把活底活束拴蓝辫子小刀一把,交太监靳九十一持去讫。

304. 二十三日,司库常保传:做紫檀木象牙支棍帽架八份。记此。

于五月初二日做得紫檀木象牙支棍铜镀金箍帽架四份,司库常保,首领太监李久明、萨木哈呈进讫。

于十三年闰四月三十日做得紫檀木象牙支棍帽架四件,司库常保,首领太监李久明、萨木哈呈进讫。

三月

305.1. 十四日,据圆明园来帖内称,首领太监萨木哈来说,宫殿监副侍李英交花梨木边架铜镜一件,紫檀木架玻璃镜一件,传旨:着将铜镜应磨洗,玻璃镜收拾。钦此。

于本月十九日收拾得铜镜一件,交首领太监马温良持去讫。

于四月二十五日收拾得玻璃镜一件,首领太监萨木哈持去交总管太监李英讫。

305.2. 十四日,太监张文持来红漆盘大巴令七盘 随木盘三件,布罩三件,珐琅盘铜丝五供五盘,铜丝供罩大小十件,铜丝海灯罩大小六件 随荷叶,璎珞一对,玻璃灯一对,铜丝木罩一件 随花,铜丝金爵盖一件,铜丝供托三层,紫檀木架一件,银八供十五件,八吉祥十五件,珐琅花一束,珐琅碗盖一件,杉木盘四件,黄杭细挖单四块,说太监焦进朝传:着粘补收拾。记此。

于五月二十八日除巴令七盘,其余俱交催总张自成交佛堂太监祁尚英持去讫。

于六月十七日收拾得巴令七盘,催总张自成交佛堂太监祁尚英持去讫。

306. 二十六日,据圆明园来帖内称,首领太监李久明、萨木哈来说宫殿监副侍李英交汞金大小四百一十块 重一千五百〇二两,系广法,传旨:着将此汞金铸造骑马关夫子、从神等一份。钦此。

于十三年十一月二十四日做得汞金骑马关夫子一份,随紫檀木座,交宫殿监副侍李英呈览,奉旨:着供在雍和宫。钦此。

本日随交柏唐阿六达子请去供奉雍和宫讫。

四月

307. 初一日,据圆明园来帖内称,宫殿监副侍李英传旨:着照拨蜡样关夫子之像,将香胎、漆胎、增胎各造一份,俱上颜色。钦此。

于十二月二十四日做得香胎关夫子一份,从神六位,漆胎关夫子一份,从神六位,增胎关夫子一份,从神六位,俱随紫檀木描金座三件,黄缎套三件,并钦天监谨择十二月二十八日安佛,吉日折片一件,司库常保,首领太监李久明、萨木哈呈进讫。

308. 十二日,据圆明园来帖内称,首领太监萨木哈来说,太监高玉交象牙小盒二件,传旨:着交给常保、萨木哈,照此样放大些安屉香盒做几件,再将巴尔撒木香球亦做几件。钦此。

于本月十四日将西洋香面六两,龙涎香五钱,麝香五份,巴尔撒木油四两,避风巴尔撒木香二钱,配做得香球六个,每个重一两七钱,做得象牙盒二件并原样,首领太监萨木哈交太监高玉讫。

309. 十六日,据圆明园来帖内称,首领太监萨木哈来说,太监高玉传旨:着将巴尔撒木香球再做四个。钦此。

于十七日将西洋香八两,巴尔撒木油四两,龙涎香四钱,麝香五份,避凤巴尔撒木香二钱,做得香球四个,每个重一两八钱,首领太监萨木哈持进交太监高玉讫。

310. 二十五日,据圆明园来帖内称,柏唐阿索柱来说,内大臣海望传旨:着赏宁夏将军阿鲁腰刀火镰包等件。钦此。

于本日将做得备用黑子儿皮鞘铜镀金饰件大凹面腰刀一把,红羊皮铜嘴硬胎大药葫芦一件,黑子儿皮铜嘴硬胎烘药葫芦一件,红羊皮杂花牙七法都一件,红羊皮鞘花羊角把小顺剑一把,红羊皮套象牙日晷一件,红羊皮套马尾眼罩一件,红羊皮鞘花羊角单小刀一把,高丽木把三件小刀一把,黄羊角解锥一件,红羊皮双盖火镰包一件,黑子儿皮铜小千里眼一件,红羊皮套刮鳔一件,红羊皮套署文房一件,红羊皮蛤蟆一对,黑撒林皮蛤蟆一对,红羊皮带刀圈一件,黑撒林皮带腰刀圈一件,绣缎面硬墙火镰包一件,一眼孔雀翎一件,随珐琅翎管一件,玻璃鼻烟壶二件,内大臣海望赏将军阿鲁讫。

五月

311. 初四日,据圆明园来帖内称,司库常保传:做盆景香盒匙箸一份。记此。

于八月十四日做得画洋金山水小洋漆香几二件,紫檀木小香几四件,各随烧古铜炉,铜座丝罩,象牙香盒匙箸瓶,司库常保交首领太监萨木哈呈进讫。

于十月二十七日做得洋漆画洋金花卉长方小香几三件,紫檀木小香几三件,各随烧古铜炉,铜座丝罩,象牙香金匙箸瓶,司库常保、首领太监萨木哈呈进讫。

于十二月二十八日做得洋漆香几三件,紫檀木小香几三件,各随烧古铜炉,铜座丝罩,象牙香盒匙箸瓶,司库常保、首领太监萨木哈呈进讫。

六月

312. 初五日,司库常保传:做备用铜镀金丝束小刀五把。记此。

于八月初一日做得高丽木把小刀五把,首领太监萨木哈持去交太监瑞格讫。

八月

313. 初一日,据圆明园来帖内称,太监陈进忠来说,小太监瑞格传旨:着将玻璃面、玻璃圈、皮蛤蟆、青马尾带并小刀子送进些来。钦此。

本日将各色玻璃面铜镀金板带头,各色玻璃圈皮蛤蟆带十副,随青马尾带十条,高丽木把,桦木把,羊角把,三道束,活底活束小刀十把,内盛小式家伙,首领太监萨木哈持进交小太监瑞格讫。

九月

314. 二十九日,监察御史沈崙,员外郎满毗、三音保,司库常保同传:做备用铜漆金佛四十五尊,随葫芦式龛四座,小菊花龛九座,再将高二寸五分铜渗金佛九尊各随小菊花龛。记此。

于十二月二十八日做得紫檀木葫芦龛四座随佛三十六尊,紫檀木菊花龛九座随佛九尊,司库常保、首领太监萨木哈呈进讫。

4. 皮作

四月

401. 十二日,据圆明园来帖内称,司库常保、首领太监萨木哈来说,首领太监谢成传旨:着做罗圈靠背一件,迎手一件,内用青布包裹外鞔香色春绸。钦此。

于本月十三日做得杉木胎罗圈靠背一件,迎手一件,内用青布包裹外鞔香色春绸,司库常保、首领太监萨木哈交首领太监谢成呈览,奉旨:此靠背做的甚大,再收小些,将楠木胎的做一件。

于本月十四日做得楠木胎罗圈靠背一件,迎手一件,内用青布包裹外鞔香色春绸,司库常保交太监范国用持进交首领太监谢成讫。

十月

402. 二十五日,司库常保传:做万寿节活计盘子十个,二副见方黄杭细挖单五块。记此。

于本月二十七日做得糊黄纸杉木盘十个,黄杭细挖单五块,交司库常保呈进活计用讫。

十二月

403. 二十四日,监察御史沈嵛、员外郎满毗等传:做包盖年节活计,黄杭细见方二副半挖单二块,见方二副四块,见方副半四块,见方一副二块,再做杉木盘五个。记此。

于二十六日做得杉木盘五个,黄杭细挖单十二块,随活计进讫。

5. 珐琅作

十二月

501. 二十八日,监察御史沈嵛、员外郎满毗等传:做备用珐琅满达二份,随紫檀木座。记此。

6. 镶嵌作

二月

601. 初九日,员外郎满毗、三音保传:做五福寿光盆景一对,随紫檀木边玻璃罩白端石盆。记此。

于四月初六日做得玻璃罩白端石盆景一件,首领太监李久明持去交宫殿监督领侍苏培盛讫。

7. 牙作 附砚作

三月

701. 十三日,据圆明园来帖内称,司库常保来说,宫殿监副侍李英交紫檀木边架玻璃镜一件,传旨:着将此镜另摆锡,紫檀木边架俱不必动。钦此。

于九月二十八日摆得紫檀木边玻璃镜一件,司库常保持进仍交宫殿监副侍李英讫。

十月

702. 二十五日,宫殿监副侍李英交阿哥里四十块,香根木二根,桦木乂刀把四根,香木刀把二根,传旨:山檀木根交与海望,配做好端砚。钦此。

于本日交司库常保,库使石住收库讫。

8. 匣作

三月

801. 二十一日,据圆明园来帖内称,内大臣海望交丹药四匣,传旨:着配匣发报赏署理大将军查郎阿,副将张广泗,参赞穆克登,提督樊廷。钦此。

于本月二十五日将丹药四匣配得杉木箱一件,黑毡包裹棉花塞垫,领催赵雅图交柏唐阿巴蓝泰持去讫。

9. 裱作

七月

901. 二十九日,监察御史沈嵛,员外郎满毗、三音保同传:糊太阴像杉木架子一份。钦此。

于八月十四日画得太阴像一份,糊得架子一件,司库常保交首领太监马温良持去讫。

十一月

902. 二十九日,笔帖式达素持来《淳化阁帖》一部 随楠木提梁匣盛,《淳化阁帖》一部 系锦套,说太监郑爱贵传旨:将此锦套内帖照楠木匣内帖样式另裱锦套,其帖上白边往窄里裁去些,裱时亦照样,做楠木壳面配匣盛装。钦此。

于十三年八月十五日裱得《淳化阁帖》二部,八品官李毅持进交太监郑爱贵讫。

10. 雕銮作

五月

1001. 初六日,员外郎满毗、三音保同传:做香斗二十份。记此。

于十五日做得香斗一份随白檀、紫降香各八两,领催赵老格交首领太监李兴泰持去讫。

于六月初一日做得香斗一份随白檀、紫降香各八两,领催赵老格交首领太监李兴泰持去讫。

于十五日做得香斗一份随白檀、紫降香各八两,领催赵老格交首领太监李兴泰持去讫。

于七月初一日做得香斗一份随白檀、紫降香各八两,领催赵老格交首领太监李兴泰持去讫。

于十五日做得香斗一份随白檀、紫降香各八两,领催赵老格交首领太监李兴泰持去讫。

于八月初一日做得香斗一份随白檀、紫降香各八两,领催赵老格交首领太监李兴泰持去讫。

于十五日做得香斗一份随白檀、紫降香各八两,领催赵老格交首领太监李兴泰持去讫。

于九月初一日做得香斗一份随白檀、紫降香各八两,领催赵老格交首领太监李兴泰持去讫。

于十五日做得香斗一份随白檀、紫降香各八两,领催赵老格交首领太监李兴泰持去讫。

于十月初一日做得香斗一份随白檀、紫降香各八两,领催赵老格交首领太监李兴泰持去讫。

于十五日做得香斗一份随白檀、紫降香各八两,领催赵老格交首领太监李兴泰持去讫。

于十一月初一日做得香斗一份随白檀、紫降香各八两,领催赵光格交首领太监李兴泰持去讫。

于十五日做得香斗一份随白檀、紫降香各八两,领催赵老格交首领太监李兴泰持去讫。

于十二月初一日做得香斗一份随白檀、紫降香各八两,领催赵老格交首领太监李兴泰持去讫。

于十五日做得香斗一份随白檀、紫降香各八两,领催赵老格交首领太监李兴泰持去讫。

于十三年正月初一日做得香斗二份随白檀、紫降香各八两,领催赵老格交首领太监李兴泰持去讫。

于十五日做得香斗一份随白檀、紫降香各八两,领催赵老格交首领太监李兴泰持去讫。

11. 油漆作

十月

1101. 二十三日，据圆明园来帖内称,司库常保持来宫殿监副侍李英交洋漆炕桌四张 系高其倬进,洋漆书桌二张 系准太进,传旨:洋漆桌六张着接做紫檀木腿高桌,漆水不可伤损。钦此。

于十一月初十日将洋漆书桌一张接得椴木雕卧蚕腿高桌样洋漆炕桌一张,配接得椴木雕如意云腿高桌样,首领太监萨木哈持进呈览,奉旨:准做。钦此。

于十三年正月二十四日将洋漆桌六张配接做得紫檀木活腿高桌六张,首领太监李久明、萨木哈呈览,奉旨:好,将此桌留下二张,其余四张送至圆明园,交园内总管陈设之处陈设。钦此。

于二十六日改得洋漆桌四张,柏唐阿六达子送至圆明园交总管王进玉收讫。

十一月

1102. 初四日,司库常保、首领太监萨木哈持来洋漆亭二座,说宫殿监副侍李英传旨:洋漆亭每座着配楠木图塞尔根桌一张。钦此。

于初八日配做得楠木图塞尔根桌二张随洋漆亭,首领太监萨木哈持进交总管李英呈进讫。

十二月

1103. 二十八日,监察御史沈嵛、员外郎满毗等传:做备用铜渗金佛四十五尊随葫芦龛四座,菊花龛九座。钦此。

于十三年闰四月十七日柏唐阿六达子来说,司库常保传:除造成佛四十五尊外,再添造佛九尊,菊花龛九座。记此。

于三十日做得紫檀木菊花龛九座,铜渗金佛九尊,司库常保、首领太监萨木哈呈进讫。

12. 铜作

十一月

1201. 初九日,太监焦进朝传旨:着做紫檀木独梃炉架一件,黄铜八角勺匙二件。钦此。

于本月二十六日做得独梃炉架一件,黄铜八角勺匙二件,催总张四交太监焦进朝讫。

13. 炉作

三月

1301. 二十二日,据圆明园来帖内称,二十一日司库常保、首领太监萨木哈来说,宫殿监副侍李英交豆绿瓷双管瓶一对,传旨:着配做通草供花一对,再将一统樽式炉送进一件来。钦此。

于本月二十三日配做得通草供花一对,瓷瓶一对,着太监吕进朝交宫殿监副侍李英收讫。

于二十四日将备用一统樽炉一件随紫檀木座一件,交太监左玉持去讫。

14. 旋作

正月

1401. 十七日,首领太监萨木哈来说,宫殿监副侍李英、刘玉交金漆大影木碗二件,扎布扎牙木碗一件,传:着收拾。记此。

于三月初八日收拾得木碗三件,首领太监萨木哈持去交总管太监李英讫。

五月

1402. 初八日,据圆明园来帖内称,首领太监萨木哈来说,太监高玉交扎布扎牙木碗二件,拉固里木碗二件 系胡图克图敏准儿进,传旨:着交造办处收拾。钦此。

于十六日收拾得扎布扎牙木碗二件,拉固里木碗二件,首领太监萨木哈交太监高玉讫。

1403. 初十日,太监高玉交扎布扎牙木碗一件 贝子颇罗鼐进,传旨:交造办处收拾。钦此。

于本月二十五日收拾得木碗一个,首领太监萨木哈持去交太监高玉讫。

十一月

1404. 十一日,太监王常贵、高玉交扎布扎牙木碗一件 系贝子颇罗鼐进,扎布扎牙木碗一件 系头等台吉诺尔米那木扎尔进,扎布扎牙木碗一件 系公诸尔马特车布登进,扎布扎牙木碗一件 系公那木札尔塞布登进,传旨:交造办处收拾。钦此。

于十二月初五日收拾得扎布扎牙木碗四件,太监杨文杰交太监王常贵讫。

15. 自鸣钟

四月

1501. 二十五日,据圆明园来帖内称,首领太监赵进忠来说,太监王常贵交紫檀木边座嵌玻璃门风琴时钟一架,传旨:着收拾陈设在九洲清晏。钦此。

于八月十二日收拾得西洋花喜风琴时钟一座,随黄布挖单三块,木箱一件,首领太监赵进忠持进安讫。

九月

1502. 三十日,领催白世秀来说,首领太监赵进忠将库贮紫檀木架钟二座,欲改做插屏钟安设等语,回明内大臣海望,着做。记此。

于十二月二十八日改做得插屏钟一件,小表一件,司库常保、首领太监萨木哈呈进讫。

16. 花儿作

八月

1601. 二十四日,据圆明园来帖内称,太监左玉来说,宫殿监督、领侍苏培盛交仿祭红瓷瓶一件,绿瓷观音瓶一件,传旨:着配做通草花二束,紫檀木座一件。钦此。

于二十六日做得福寿三多、九九长春通草花二束并瓷瓶二件,紫檀木座一件,交太监左玉持去讫。

17. 撒花作

正月

1701. 初一日,司库常保来说,宫殿监副侍刘玉传旨:将中正殿供的高香几满达一份赏张家胡图克图,再照样补做一份。钦此。

于本月初七日司库常保为补做中正殿供的高香几满达一份,认看得原系金的,今或做金的,或做铜镀金的奏闻,奉旨:着做金的,上嵌珠宝。钦此。

于十二年十二月二十六日做得金满达一件,随紫檀木高香几一件,司库常保、首领太监萨木哈呈进讫。

18. 库贮

四月

1801. 二十五日,据圆明园来帖内称,司库常保、首领太监萨木哈来说,太监王常贵、高玉交玻璃镜 每块长五尺四寸五分,宽四尺三寸五分 二块,每块长五尺六寸,宽三尺七寸 二块 系毛克明、郑五塞进,传旨:着交造办处。钦此。

于本月二十六日司库常保来说,宫殿监副侍李英传旨:着将此玻璃俱做半出腿插屏,漆的二件,楠木的二件。钦此。

于六月十四日将长五尺四寸五分,宽四尺三寸五分玻璃镜一件,配得半出腿楠木架,司库常保、首领太监萨木哈带匠役等持至皓月清风安讫。

十月

1802. 1. 二十三日,据圆明园来帖内称,司库常保、首领太监萨木哈来说,太监高玉、王常贵交伽楠香一块 重二斤十两,女儿香一块 重十斤,伽楠香数珠一盘 珍珠装严,金星玻璃数珠一盘 珍珠装严,蜜蜡数珠一盘 珍珠装严,系广东巡抚杨永斌进,传旨:女儿香一块,认看是伽楠香,做平安丸用,若是沉速香,尔造办处有用处用,如无用处着配一座,陈设在畅春园或西花园,其伽楠香有用处用,蜜蜡、金星玻璃、伽楠香数珠着配装严赏蒙古王子用。钦此。

于十二月十四日司库常保同柏唐阿花善、领催周维德将此三盘内拆下银镀金累丝大宝盖三个,小宝盖九个共重二钱五分领去改造讫。

于十二月二十八日改做得伽楠香数珠一盘,随珊瑚佛头、塔、记念、背云,蓝玻璃坠角三个,金星玻璃数珠一盘,珊瑚佛头塔、记念、蓝玻璃背云,黄玻璃坠角一个,伽楠香一块,旋得伽楠香数珠二盘,珊瑚佛头、塔、记念、碧玺背云、坠角,蜜蜡数珠一盘,珊瑚佛头、塔、背云,玻璃记念,珊瑚坠角三个,蓝玻璃坠角一个,司库常保、首领太监萨木哈呈进讫。

1802.2. 二十三日,据圆明园来帖内称,司库常保、首领太监萨木哈来说,太监高玉、王常贵交伽楠手串九盘 每盘随珊瑚佛头一件,紫檀木边玻璃罩匣一件 系广东总督鄂弥达进,传旨:手串好,着配做朝装严数珠,紫檀木边玻璃罩匣尔造办处有用处用。钦此。

于十三年闰四月三十日内大臣海望、司库常保将伽楠香手串九盘认看得系平常香,所以未敢擅动装严等语具奏,奉旨:着留在里边。钦此。

1803. 二十四日,司库常保、首领太监萨木哈来说,太监高玉、王常贵交玻璃镜四面 长五尺一寸,宽四尺一寸三分一块;长五尺九寸二分,宽四尺一寸三分一块;长五尺九寸二分,宽三尺五寸五分二块。伽楠香一块 重四斤,伽楠香二块 重一斤一块,重一斤半一块。千里眼五件,紫檀木边镶玻璃罩匣一件 系毛克明、郑五塞进,传旨:着将玻璃镜配做半出腿插屏,伽楠香交造办处有用处用,千里眼认看,玻璃罩匣尔造办处有盛装之物盛装。钦此。

十三年四月二十日做得紫檀木玻璃镜插屏一件,洋漆玻璃镜一件,司库常保安在乐志山村处讫。

于四月二十四日做得楠木边座雕夔龙整腿玻璃镜二架,司库常保、柏唐阿邓八格持至西峰秀色安讫。

19. 六所

正月

1901. 十二日,领催白世秀持来汉字帖,内开总管太监陈九卿传:圆明园六所用长一尺,宽六寸糊黄绢杉木盘四个。记此。

于本月十八日做得杉木黄绢盘四个,领催白世秀交总管陈九卿收讫。

二月

1902. 初九日,领催白世秀持来汉字帖,内开总管太监陈九卿传:圆明园新盖板房处用糊黄纸杉木盘四个。记此。

于初十日做得黄纸杉木盘四个,领催白世秀交总管太监陈九卿收讫。

1903. 二月十七日,领催白世秀持来汉字帖,内开首领太监王守贵传:圆明园深柳读书堂用杉木黄绢盘四个。记此。

本日照尺寸做得黄绢杉木盘四个,领催白世秀交首领太监王守贵讫。

五月

1904. 二十二日,领催白世秀持来汉字帖,内开总管太监陈九卿传:圆明园四所用糊黄绢杉木盘四个,黄杭绸见方一尺挖单四个,黄布见方二尺挖单二个。记此。

于本月二十四日做得黄杭绸见方一尺挖单四个,黄布见方二尺挖单二个,黄绢杉木盘四个,领催白世秀交总管太监陈九卿讫。

20. 记事录

二月

2001. 初六日,内大臣海望奉旨:据额附策凌奏称,巴尔撒木油军前为边用,尔将此油多多料理些,用盛郑宅茶锡瓶盛装,务期坚固,包裹带与额附策凌应用。钦此。

于初七日做得锡瓶样大小二件,交柏唐阿陈六达子持赴军机处呈大人看过,着各样做二三十件。记此。

内大臣海望向大殿要来巴尔撒木油二十斤,清茶房盛郑宅茶锡瓶五十一件。

于本月初九日司库常保将巴尔撒木油二十斤盛在造办处,做得大锡瓶二十件,小锡瓶四件,盛郑宅茶锡瓶十六件,以上共瓶四十件配得杉木箱二件,棉花塞垫外用黑毡牛皮包裹,催总五十八送赴军机处发报讫。

八月

2002. 初一日,据圆明园来帖内称,柏唐阿索柱来说,内大臣海望交赏台吉噶尔丹、策凌各色缎十匹,着配做木匣盛装,油纸包裹外包牛皮。遵此。

于初二日做得杉木箱一个,内盛缎十匹,油纸包裹外包牛皮,交柏唐阿索柱持去讫。

21. 养心殿造办处收贮物件清册
雍正十二年正月初一日至十二月三十日止

旧存

嵌玉紫檀木压纸二件,紫檀木匣沅洲石砚一方,花榆木匣瀹石砚十方 内一方无匣,嵌玉紫檀木砚匣二个,雕白檀香笔管二支,女儿香数珠一盘 珊瑚佛头、记念、坠角三个,玻璃背云、坠角一个,伽楠香数珠一盘 孔雀石佛头四个,塔一个,蜜蜡背云一个,荷叶一个,珠二个,坠角二个,假蜜蜡坠角三个,银母豆二个,珠二个,珊瑚记念三十个,柏木根数珠一盘 蜜蜡佛头四个,塔一个,背云一个,大坠角一个,催生石坠角三个,珊瑚记念三十个,东莞香数珠二串,伽楠香数珠一串,沉香珠九十九个,黑香数珠一串,香面珠七十一个,菩提数珠七串,砗磲珠二百五十个,玻璃心花梨木边围屏二十二扇 玻璃长二尺五寸,宽一尺五寸三分 四十四块,玻璃面楠木矮桌一张,伽楠香十六块 重五十七斤三两二钱,安南香一块 重五斤,女儿香二块 重三斤,大沉香二根 重五十三斤,沉香九块 重四十七斤十二两七钱二分五厘,沉香花插一件 重六斤四两,沉香山子一座 重十斤,泡沉香山子二座 重十四斤六两,降真香一根 重十九斤,交趾马蹄香二十斤,香木筒一件 重五斤八两,香木一根 重一斤六两,西洋小香碟三件,西洋黑香四两,米汉雯赋屏一架,老人星赋插屏一架,美人插屏一座,洒金插屏架二座,扫金蟠龙柱架一件,洋漆座合牌宝箱一件,洋漆盘线灯一件,洋漆竹节式杆子四根 破坏,洋漆盒盖一件,洋漆双陆盘漆墙合牌锦面螺丝腿桌两张 虫蛀讫,假洋漆折叠腰圆式黑漆堆金桌一张,洋漆半圆入角小盒三件,洋金匣一件 有裂纹,洋漆扇面式盒一件 无钥匙,内盛小匣三件,小盘一件,洋漆长方匣一个 无钥匙,洋漆长方匣两个 内有屉子,洋漆长方套盒一件,洋漆轴头四对,洋漆屉子十件 内裂坏两件,漆碗两件,漆小盘二件,漆吊屏五件,漆桌一张,漆椅一张,漆桌腿垫子八个,漆 挥翰忘朝食,研精待夕阳 对一副,旧油匣一件,粉油案一张,砗磲道冠一件,豆瓣楠木二十九斤七两六钱,花楠木一千三百五十六斤十二两三钱,楠木板三块 重四百三十三斤,高丽木二百二十六斤十五两二钱,黄杨木四百九十四斤十五两二钱,鹨鹆木一千四百八十九斤六两五钱,栗子木二斤八两,樟木板二块,广东木二十根,乌拉松木八段,云楸木二十三块,白果木三块,花榆木六十三块,白草木 长六尺五寸 一根,牛筋木七十块,凤眼木一根,蛇木二十根,杏木根八百三十四块,瘿木根三百十六块,桦木根一百二十九块,色木根九块,香木根五块,桦木六块,山檀木二块,桦木刀鞘坯二十六件,桦木刀把坯四十一件,狗奶子根三块,瘿木刀鞘坯二件,柏木包刀鞘坯二件,掐尔掐木二根,鹨鹆木嵌瓷角云圆心矮桌一张,花梨木嵌玉炉盖一件,花梨木马吊桌一张,花梨木边藤屈椅面一件,花梨木小板凳一件,紫檀木嵌珐琅背轿身一件,紫檀木嵌玉寿字圆盒一件,紫檀木扁盒一件,紫檀木笙斗七件 破坏,紫檀木镜架一件,楠木矮桌二张,楠木高旋床一件,凤眼木心桌二张,凤眼木杌子六件,凤眼木盘子十八件 内破坏三件,花榆木面桌四张,棕木琴桌二张 破坏,藤屈靠背二件,豆瓣楠木茶盘一件,双陆一份哥窑小毂盘一件,掐丝提梁盒一对,掐丝手卷匣一对,瘿木盥盆一件,瘿木碟子二件,瘿木钟子二件,瘿木螺丝盒二对,粉油地堆彩匾一面,不灰木火盆三件 随铁丝罩,铜泡子钉小箱子两个,川芎扇器十一件,天然木如意二件,黄杨木西洋萧二件,盛烟袋梨木筒子一件,椰子六十八个 内有小尖椰子九个,椰瓢一百三十七个,盛木罐瘿木套一件,拉固里木碗六个,菩提叶一千七百七十一张,阿格里五斤十三两九钱,各色木座子九件,木根香几二件,木根山子一件,一头圆一头方楠木案一张,梨木桌腿垫子四个,各色木匣二十六件,万年青树皮四十九块,木变石火绒一包,孙他哈木板七副,菩提子三万三千七百三十六个,未去皮菩提子三百七十四个。

新进

伽楠香四块 重九斤二两,山檀木根一块,香木根二块,香木刀把坯二件,桦木刀鞘坯二件,桦木刀把坯四件,色木根一块,色木刀鞘坯一件,色木刀把坯四件,菩提叶九百〇七张。

实用

高丽木十两三钱,黄杨木一斤十两,桦木把坯六件,菩提叶三百二十八张,菩提子二千二百六十八个。

下存

镶玉紫檀木压纸二件,白玉三镶紫檀木压纸二件,木变石五十二块,紫檀木匣沉洲石砚一方,花榆木匣瀹石砚十方 内一方无匣,嵌玉紫檀木砚匣二个,雕漆长方匣二件 内贮玉砚一件,墨一锭,画笔十支,瓷盘两个,诗韵一册,裁纸刀一把,小剪子一把,虫蛀讫,雕白檀香笔管二支,女儿香数珠一盘 珊瑚佛头、记念、坠角三个,玻璃背云,坠角一个,伽楠香数珠一盘 孔雀石佛头四个,塔一个,蜜蜡背云一个,荷叶一个,珠二个,坠角二个,假蜜蜡坠角三个,银母豆二个,珠二个,珊瑚记念三十个,柏木根数珠一盘 蜜蜡佛头四个,塔一个,背云一个,大坠角一个,催生石坠角三个,珊瑚记念三十个,砗磲数珠一盘 珊瑚佛头四个,塔一个,记念三十个,银母背云一个,烧红石坠角二个,蓝玻璃坠角二个,椰子数珠一串 珊瑚佛头二个,砗磲佛头二个,东莞香数珠二串,伽楠香数珠一串,沉香数珠九十九个,黑香数珠一串,香面珠七十一个,菩提数珠七串,玻璃心花梨木边围屏式二十二扇 玻璃长二尺五寸,宽一尺五寸三分 四十块,玻璃面锡里高桌一张,玻璃面楠木矮桌一张,伽楠香二十块 重六十六斤五两二钱,安南香一块 重五斤,女儿香一块 重三斤,大沉香二根 重五十三斤,沉香九块 重四十七斤二两七钱二分五厘,沉香花插一件 重六斤四两,沉香山子一座 重十斤,泡沉香山子二座 重十四斤六两,降真香一根 重十九斤,交趾马蹄香 二十斤,香木筒一件 重五斤八两,香木一根 重一斤六两,西洋小香碟三件,西洋黑香四两,玫瑰花面一瓶,南烟一瓶,米汉雯赋屏一架,老人星赋插屏一架,美人插屏一座,美人围屏一副,莲花合牌样一件,洒金插屏架二座,扫金蟠龙柱架一件,洋漆座合牌宝箱一件,洋漆盘线灯一件,洋漆竹节式杆子四根 破坏,洋漆盒盖一件,洋漆双陆盘漆墙合牌锦面螺丝腿桌二张 虫蛀讫,假洋漆折叠腰圆式黑漆堆金桌一张,洋漆半圆入角小盒三件,洋金匣一件 有裂纹,洋漆扇面式盒一

件 无钥匙,内盛小匣三件,小盘一件,洋漆长方匣一件 无钥匙,洋漆长方匣二件 内有屉子,洋漆长方套盒一件,洋漆轴头一对,洋漆屉子十件 内裂坏二件,漆碗二件,漆甲身一件 绊子破坏,漆小盘二件,漆吊屏五件,漆桌一张,漆椅一张,漆桌腿垫子八个,漆 挥翰忘朝食,研精待夕阳 对一副,旧油匣一件,粉油案一张,小水牌三件,砗磲道冠一件,豆瓣楠木二十九斤七两六钱,花楠木一千三百五十六斤十二两三钱,楠木板三块 重四百三十斤,高丽木二百二十六斤四两九钱,黄杨木四百九十三斤五两二钱,灏鹈木一千四百八十九斤六两五钱,栗子木二斤八两,樟木板一块,广东木二十根,乌拉松木八段,云楸木二十三块,白果木三块,花榆木六十三块,白草木 长六尺五寸一根,牛筋木七十块,凤眼木一根,蛇木二十根,杏木根八百三十四块,瘿木根三百十六块,桦木根一百二十九块,色木根十块,香木根七块,桦木根六块,山檀木二块,山檀木根一块,桦木刀鞘坯二十八件,桦木刀把坯三十九斤,色木刀鞘坯一件,色木刀把坯四件,香木刀把坯二件,狗奶子根三块,瘿木刀鞘坯二件,柏木包刀鞘坯二件,木碗坯四十八块,掐尔掐木二根,黑桃棍六百十九根,灏鹈木嵌瓷角云圆心矮桌一张,花梨木嵌玉炉盖一件,花梨木马吊桌一张,花梨木边藤屉椅面一件,花梨木小板凳一件,紫檀木嵌珐琅背轿身一件,紫檀木嵌玉寿字圆盒一件,紫檀木扁盒一件,紫檀木笙斗七件 破坏,紫檀木镜架一件,楠木矮桌二张,楠木高旋床一件,凤眼木心桌二张,凤眼木杌子六件,凤眼木盘子十八件 内破坏三件,花榆木面桌四张,棕木琴桌二张 破坏,藤屉靠背二件,豆瓣楠木茶盘一件,双陆一份哥窑小骰盘一件,掐丝提梁盒一对,掐丝手卷匣一对,瘿木盥盆一件,瘿木碟子二件,瘿木锤子二件,瘿木螺丝盒二对,粉油地堆彩匾一件,不灰木火盆三件 随铁丝罩,铜泡子钉小箱子二个,川芎扇器十一件,天然木如意二件,黄杨木西洋萧二件,盛烟袋梨木筒子一件,椰子六十八个 内有小尖椰子九个,椰瓢一百三十七个,盛木罐瘿木套一件,拉固里木碗六个,菩提叶二千三百五十张,木根香几二件,各色木座子九件,木根山子一件,一头圆一头方楠木案一张,梨木桌腿垫子四个,各色木匣二十六件,万年青树皮四十九块,木变石火绒一包,孙他哈木板七副,菩提子三万一千四百六十八个,未去皮菩提子三百七十四个。

22. 养心殿造办处行取物件清册
雍正十二年正月初一日至十二月三十日止

旧存

白檀香六十斤八两二钱七分五厘,紫降香二十四斤九钱,沉速香四斤五两五钱四分,紫檀木二万四百九十四斤七两一钱 内有碎块回残六百九十三斤,乌木三十九斤七两九钱五分,楠木一万九千三百五十五斤九两一钱,柏木九千一百五十一斤十二两五钱,杉木九百丈四寸,椴木三十八丈九尺二寸二分,松木一料四分四厘六丝。

新进

砗磲一百十斤,白檀香十斤,紫降香十斤,沉速香十一斤,楠木三万四千三百四十二斤,杉木一百丈,椴木三十丈。

实用

砗磲三十六两三钱,象牙三百二十二斤一两七钱,玳瑁六斤,蚕茧一千个,白檀香二十五斤一两二钱五分,紫降香十斤一两,沉速香十四斤七两三钱六分,鹿皮五张一百四十二寸,锉草三十五斤十一两一钱,紫檀木四千二百八十六斤三两八钱,楠木四千二百斤九两七钱,杉木一百十二丈四尺一寸八分,椴木二十二丈四尺七寸三分。

下存

砗磲八十两二钱,象牙一百一斤九两九钱,虬角四斤十五两八钱,犀角三斤十五两六钱,白檀香四十五斤七两二分五厘,紫降香二十三斤十五两九钱,沉速香十四两一钱八分,鹿皮七张一百七十三寸二分,紫檀木一万六千二百八斤三两三钱,乌木三十九斤七两九钱五分,楠木四万九千四百九十六斤十五两四钱,柏木九千一百五十一斤十二两五钱,杉木八百八十七丈六尺二寸二分,椴木四十六丈四尺四寸九分,松木一料四分四厘六丝。

雍正十三年

1. 木作

正月

101. 初七日,宫殿监副侍李英传旨:着将永明寿禅师龛下配一紫檀木座。钦此。

于正月二十四日做得紫檀木须弥座一件,首领太监萨木哈持进安供讫。

二月

102. 初四日,监察御史、员外郎满毗、三音保,司库常保传:做紫檀木三号佛龛四座。记此。

于二月二十六日做得紫檀木佛龛二座,司库常保交太监阿墩讫。

于四月十八日做得紫檀木佛龛二座,交太监周世辅讫。

103.1. 二十五日,太监阿墩传旨:着将紫檀木佛龛送进一座来。钦此。

于本日将做得备用紫檀木佛龛一件,交太监吕进朝持进交太监阿墩讫。

103.2. 二十五日,据圆明园来帖内称,司库常保、首领太监萨木哈来说,太监马鉴交白玉竹节花插一件 随紫檀木架,传旨:此架子不好,另配做一架,其花插做法亦不好,收拾。钦此。

于三月初五日将白玉竹节花插配做得紫檀木架一件,交佛堂首领太监张保讫。

104. 二十六日,据圆明园来帖内称,司库常保、首领太监萨木哈来说,太监鲁兴朝交无量寿佛二尊,传旨:着配紫檀木龛二座。钦此。

于三月初三日将备用紫檀木佛龛内供无量寿佛二尊,司库常保请进交太监阿墩讫。

三月

105. 十八日,据圆明园来帖内称,司库常保传:做紫檀木龛一座。记此。

于四月二十七日做得紫檀木佛龛,交太监焦进朝讫。

106. 十九日,据圆明园来帖内称,笔帖式达素持来朱批上谕一套,说军需处大学士鄂尔泰奉旨:将此朱批上谕配匣盛装发报,赏给平郡王。钦此。

于二十一日做得杉木匣一件裹毡包裹,交笔帖式达素持去讫。

107. 二十六日,据圆明园来帖内称,司库常保传:做备用紫檀木佛龛二座。记此。

于四月十八日做得紫檀木佛龛一座,交首领太监周世辅持去讫。

108. 二十八日,据圆明园来帖内称,司库常保传:做盛活计杉木盘五个。记此。

于四月三十日盛装活计呈进讫。

四月

109. 十一日,司库常保来说,宫殿监副侍李英传:仙香院供的彩漆寿字矮桌下,配做楠木图塞尔根桌一张。钦此。

于闰四月初二日做得楠木图塞尔根桌一张,司库常保持进安讫。

110. 十八日,首领太监周世辅交来无量寿佛二尊,说太监焦进朝传:紫檀木佛龛二座。记此。

于本日将备用紫檀木佛龛二座,交首领太监周世辅持去讫。

111. 十九日,首领太监龙贵来说,宫殿监副侍李英传旨:着乐志山村陈设洋漆架玻璃插屏镜一架,紫檀木架玻璃插屏镜一架。钦此。

于四月二十日将十二年十月二十四日传做洋漆架玻璃插屏镜一架,紫檀木架玻璃插屏镜一架,司库常保持进安讫。

闰四月

112. 初二日,太监陈玉来说,宫殿监副侍李英交楠木边玻璃镜一件,传:着配做楠木半出腿玻璃插屏镜一件。记此。

于本月初六日配做得楠木半出腿插屏镜一架,司库常保带匠役等持进乐志山村东暖阁安讫。

113. 十二日,笔帖式达素来说,军需处内大臣海望奉旨:着赏署理陕西提督刘于义、兰州巡抚许容、侍郎马尔泰锭子药各一匣。钦此。

于本日做得杉木匣三件,内贮锭子药,外包黑毡,交笔帖式达素持去讫。

114. 十四日,司库常保传:做盛活计杉木盘子十二个。记此。

于四月三十日做得杉木盘子十二个盛活计呈进讫。

115. 二十一日,笔帖式达素持来锭子药三匣,说军需处内大臣海望奉旨:赏巡抚德龄、总兵官范时捷、郎中三达里每人各色锭子药一匣。钦此。

于本日做得杉木匣三个,内贮锭子药,外包黑毡,交笔帖式达素持去讫。

116.1. 二十三日,司库常保传:做盛活计杉木盘子六个。记此。

于四月三十日做得杉木盘子六个盛活计呈进讫。

116.2. 二十三日,笔帖式达素来说,内大臣海望交赏将军塔尔岱人参十斤,着配木匣包裹发报。记此。

于二十四日做得杉木箱一个外包裹黑毡,交笔帖式达素持去讫。

117. 二十五日,笔帖式达素来说,军需处大学士伯鄂尔泰等传:做敕书外套匣一件。记此。

于本日做得杉木匣一个,交笔帖式达素持去讫。

五月

118. 初一日,据圆明园来帖内称,宫殿监副侍李英传旨:着做楠木图塞尔根桌一张。钦此。

于初三日做得楠木图塞尔根桌一张,司库常保交宫殿监副侍李英讫。

六月

119. 初九日,据圆明园来帖内称,司库常保、首领太监萨木哈持来鄂多其佛一尊和毋马波弟散图佛一尊,说太监王常贵、高玉传旨:着配龛二座。先前做过的佛龛俱高大,将此佛龛二座另改做秀气些。钦此。

于八月十六日将佛二尊配得紫檀木佛龛二座,司库常保、首领太监萨木哈呈进讫。

七月

120. 二十日,司库常保、首领太监萨木哈持来白地画四季花五彩四孔瓶四件,说宫殿监副侍李英传旨:着配做紫檀木座。钦此。

于七月二十五日将白地画四季花五彩四孔瓶四件配做得紫檀木座四件,交宫殿监副侍李英讫。

121. 二十五日,司库常保、首领太监萨木哈来说,宫殿监副侍李英交瓷瓶十件,传:着配做紫檀木座十件。记此。

于本月二十九日将瓷瓶十件配做得紫檀木座十件交李英讫。

八月

122. 初二日,据圆明园来帖内称,司库常保传:做杉木盘子八个。记此。

于八月十三日做得杉木盘子八个盛活计呈进讫。

2. 玉作

闰四月

201. 十五日,据圆明园来帖内称,宫殿监督领侍苏培盛交菩提数珠一盘,椰子数珠一盘,传旨:着问常保、萨木哈,此菩提数珠甚好,为何配做假装严。钦此。常保等随奏称,先前真装严假装严俱曾做过,此样好数珠配做假装严原系奴才做错了,再苏培盛等传旨:椰子数珠为何不配做假装严反配做真装严,又回奏,奴才等俟后小心配合装严等语奏闻,奉旨:着伊等俟后小心配做。钦此。

又于四月三十日改做得真装严菩提数珠一盘,假装严椰子数珠一盘,司库常保呈进讫。

202. 十九日,据圆明园来帖内称,首领太监萨木哈持来椰子数珠五盘 珊瑚装严,蜜蜡数珠一盘 假碧玺装严,伽楠香数珠一盘 系鄂弥达进,说太监王守贵传旨:椰子数珠改念佛装严,伽楠香数珠一盘,蜜蜡数珠一盘俱改上用装严。钦此。

又于四月三十日做得念佛椰子数珠五盘,司库常保、首领太监萨木哈呈进讫。

于五月初十日改做得伽楠香数珠一盘,蜜蜡数珠一盘,司库常保、首领太监萨木哈呈进讫。

3. 杂活作

二月

301. 二十日,首领太监谢成传旨:赏人用独梃帽架一件。钦此。
于本日将紫檀木象牙独梃帽架一件,交首领太监谢成讫。

302. 二十三日,首领太监萨木哈来说,宫殿监副侍李英传旨:着照紫檀木葫芦龛内长寿佛尺寸造关夫子一份,下配流云座,先拨蜡样呈览,准时再造。钦此。

于三月二十四日拨得蜡样流云骑马关夫子一尊随从神六位小样一份,宫殿监副侍李英、首领太监萨木哈呈览,奉旨:照样准做,用秇金造一份。钦此。

于十一月二十四日将造成秇金骑马关夫子一份随紫檀木座,宫殿监副侍李英呈览,奉旨:着供在雍和宫。钦此。

于本日将秇金关夫子一份交柏唐阿六达子请去供在雍和宫讫。

303. 二十四日,据圆明园来帖内称,司库常保、首领太监萨木哈来说,宫殿监副侍苏培盛传:着将垂恩香料盘香再补做二十盘。记此。

于十月初五日做得垂恩香料盘香二十盘,柏唐阿寿山交首领太监周世辅持去讫。

304. 二十六日,据圆明园来帖内称,司库常保传:做备用紫檀木独梃象牙帽架四份。记此。

于闰四月三十日做得紫檀木独梃象牙帽架四份,司库常保、首领太监萨木哈呈进讫。

三月

305. 十八日,据圆明园来帖内称,司库常保传:做备用洋漆小香几六件,紫檀木香几四件,随铜烧古小乳炉一件,铜丝炉罩钢匙箸象牙花盆景香盒各十件。记此。

于四月三十日做得洋漆小香几二件,紫檀木香几二件,随铜烧古小乳炉、铜丝炉罩钢匙箸象牙花盆景香盒三件,司库常保、首领太监萨木哈呈进讫。

于十二月二十八日做得洋漆小香几四件,紫檀木小香几二件,随铜丝炉罩小炉、钢匙箸象牙花盆景香盒六件,司库常保、首领太监萨木哈呈进讫。

闰四月

306. 十四日,据圆明园来帖内称,司库常保传:做备用活底活束牛角把小刀五把,桦木义把小刀三把,高丽木把小刀二把。记此。

于二十三日太监李进义来说太监傻闷传旨:着将小刀送进十把来。钦此。

本日将做得活底活束牛角把小刀五把,桦木把小刀三把,高丽木把小刀二把,首领太监萨木哈持去交太监傻闷讫。

307. 十五日,太监陈忠来说太监高玉、王常贵传旨:着将渗金无量寿佛送进三尊来。钦此。

于本日将做得备用渗金无量寿佛三尊,紫檀木菊花龛三件交太监高玉讫。

五月

308.1. 初十日,据圆明园来帖内称,太监马进忠来说太监傻闷传旨:着将独梃帽架送进二份来。钦此。

于本日做得备用紫檀木独梃象牙帽架二份,太监马进忠持去交太监傻闷讫。

308.2. 初十日,司库常保传:做备用紫檀木独梃象牙帽架四份。记此。

六月

309. 初七日,据圆明园来帖内称,太监赵玉来说太监高玉、王常贵传:赏用单小刀一把。记此。

本日将做得备用桦木义把子儿皮鞘活底活束小刀一把,交太监高玉赏林祖成讫。

八月

310. 十二日,据圆明园来帖内称,司库常保传:做备用洋漆香几五件,紫檀木香几五件随铜烧古小乳炉座子、铜丝罩象牙花盆景、香盒钢匙箸各十件。记此。

4. 漆作

三月

401. 十八日,据圆明园来帖内称,宫殿监副侍李英传旨:恩佑寺、寿皇殿二处着做黄填漆铜镀金包角图塞尔根桌二张,再佛城做红填漆铜镀金包角图塞尔根桌一张。钦此。

于八月十一日做得黄填漆铜镀金包角图塞尔根桌二张,柏唐阿六达子交首领太监李国泰、李文讫。

于本日做得红填漆铜镀金包角图塞尔根桌一张,催总吴花子交首领太监马进朝讫。

402. 二十三日,司库常保传:做端阳节洋漆各式帽架八件。记此。

于四月三十日做得洋漆帽架八件,司库常保、首领太监萨木哈呈进讫。

四月

403. 十四日,内大臣海望交夔龙池端石砚一方,双鸠端石砚一方,传:着配做楠木胎画洋金漆盒。记此。

于四月三十日将端砚二方配得洋漆盒二件,司库常保、首领太监萨木哈呈进讫。

5. 锼作

二月

501. 二十五日,据圆明园来帖内称,司库常保、首领太监萨木哈来说,小太监傻闷交紫檀木边玻璃挂镜二件,传旨:着配做锦帘托钉挂钉。

钦此。

于三月初一日做得锦帘二件随托钉挂钉,交太监傻闷讫。

6. 旋作 附雕銮作

正月

601. 二十六日,首领太监李久明持来扎布扎牙木碗一件 系贝勒颇罗鼐进,说宫殿监副侍刘玉传旨:着收拾。钦此。

三月

602. 初三日,据圆明园来帖内称,宫殿监副侍李英传旨:着照造过的永明寿禅师像用白檀香造二十尊,随紫檀龛。钦此。

于十一月二十四日,将造成白檀香胎永明寿禅师二十尊随紫檀木龛,司库常保、首领太监萨木哈请进一尊,交宫殿监副侍李英呈览,奉旨:雍和宫供一尊,其余交太监焦进朝。钦此。

于十一月二十四日柏唐阿六达子请去白檀香胎永明寿禅师一尊,随紫檀木龛供在雍和宫讫。

于本月二十四日将白檀香胎永明寿禅师十九尊随紫檀木龛,司库常保交太监焦进朝讫。

603. 初八日,员外郎满毗、三音保传:做备用香斗二十份。记此。
于四月初一日做得香斗一份随白檀、紫降香各八两,太监李兴国持去讫。
于四月十五日做得香斗一份随白檀、紫降香各八两,太监李兴国持去讫。
于五月初一日做得香斗一份随白檀、紫降香各八两,太监李兴国持去讫。
于五月十五日做得香斗一份随白檀、紫降香各八两,太监李兴国持去讫。
于六月初一日做得香斗一份随白檀、紫降香各八两,太监李兴国持去讫。
于六月十五日做得香斗一份随白檀、紫降香各八两,太监李兴国持去讫。
于七月初一日做得香斗一份随白檀、紫降香各八两,太监李兴国持去讫。
于七月十五日做得香斗一份随白檀、紫降香各八两,太监李兴国持去讫。

于八月初一日做得香斗一份随白檀、紫降香各八两,太监李兴国持去讫。

于八月十五日做得香斗二份随白檀、紫降香各八两,太监李兴国持去讫。

7. 自鸣钟

闰四月

701. 十八日,首领太监赵进忠持来紫檀木架时钟乐钟一座 系毛克明进,说太监王常贵传旨:着交造办处收拾好,有应陈设处陈设。钦此。

于本日将时钟乐钟交首领太监赵进忠持去收拾讫。

8. 花儿作

二月

801. 初四日,太监左玉交来玉花插一件 随紫檀木座,说宫殿监督领侍苏培盛传旨:着配瓶花一束,上安佛手。钦此。

初五日做得通草佛手瓶花一束并玉花插一件,交太监左玉持去讫。

9. 玻璃厂

三月

901. 二十九日,据圆明园来帖内称,司库常保来说太监高玉、王常贵交一面安玻璃紫檀木匣大小十六个,传旨:着交造办处有用处用。钦此。

闰四月

902. 十九日,据圆明园来帖内称,司库常保、首领太监萨木哈来说,太监王常贵、九十一、刘万春交千里眼五件,一面安玻璃紫檀木匣大小三个,伽楠香大小七块,玻璃镜二十块。

10. 记事录

正月

1001. 二十二日,都统莽古里、内大臣海望奉旨:着用白檀香照弘仁寺旃檀佛像法身一样成造一尊,阿难、迦叶亦各成造一尊,即在弘仁寺殿内敬谨成造,其背光宝座及佛龛供器俱照旧样办造,俟得时,即在贤良寺殿内供奉。钦此。

于本日交员外郎三音保成造讫。

三月

1002. 初七日,据圆明园来帖内称,笔帖式达素来说,太监高玉、王常贵传旨:着照赏总兵例预备一份赏总兵李如柏。钦此。

于本日将备用黑子儿皮雕口雅器法都一件,红牛皮铜管硬胎大药葫芦一件,子儿皮鞘高丽木把镀金饰件三件,小刀一把,子儿皮铜管烘胎药葫芦一件,红羊皮套象牙日晷一件,红羊皮套刮鳔一件,红羊皮套马尾眼罩一件,黑撒林皮盖火镰包一件,红羊皮双盖火镰包一件,玻璃鼻烟壶二件,牛角解锥一件,黑红彩金皮蛤蟆二副,首领太监李久明持进交太监高玉讫。

11. 养心殿造办处收贮物件清册
雍正十三年正月初一日至十二月三十日止

旧存

嵌玉紫檀木压纸二件,白玉三镶紫檀木压纸二件,紫檀木匣沅州石砚一方,花榆木匣歙石砚十方 内一方无匣,嵌玉紫檀木砚二个,雕漆长方匣

二件 内贮玉砚一件，墨一锭，画笔十支，瓷盘二个，诗韵一册，裁纸刀一把，小剪子一把，虫蛀讫，雕白檀香笔管二支，女儿香数珠一盘 珊瑚佛头、记念、坠角三个，玻璃背云、坠角一个，伽楠香数珠一盘 孔雀石佛头四个，塔三个，蜜蜡背云一个，荷叶一个，珠二个，坠角二个，假蜜蜡坠角三个，银母豆二个，柏木根数珠一盘 蜜蜡佛头四个，塔一个，背云一个，大坠角一个，催生石坠角三个，珊瑚记念三十个，东莞香数珠二串，伽楠香数珠一串，沉香珠九十九个，香面珠七十一个，菩提数珠七串，砗磲珠二百一十五个，玻璃心花梨木边围屏二十二扇 玻璃长二尺五寸，宽一尺五寸三分四十四块，玻璃面锡里高桌一张，玻璃面楠木矮桌一张，伽楠香二十块 重六十五斤五两二钱，安南香一块 重五斤，女儿香一块 重三斤，大沉香二根 重五十三斤，沉香九块 重四十七斤二两七钱二分五厘，沉香花插一件 重六斤四两，沉香山子一座 重十斤，泡沉香山子二座 重十四斤六两，降真香一根 重十九斤，交趾马蹄香二十斤，香木筒一件 重五斤八两，香木一根 重一斤六两，西洋小香碟三件，西洋黑香四两，玫瑰花面一瓶，南烟一瓶，米汉雯赋屏一架，老人星赋插屏一架，美人插屏一座，美人围屏一副，莲花合牌样一件，洒金插屏架二座，扫金蟠龙柱架一件，洋漆座合牌宝箱一件，洋漆盘线灯一件，洋漆竹节式杆子四根 破坏，洋漆盒盖一件，洋漆双陆盘漆墙合牌锦面螺丝腿桌二张 虫蛀讫，假洋漆折叠腰圆式黑漆堆金桌一张，洋漆半圆入角小盒三件，洋金匣一件 有裂纹，洋漆扇面式盒一件 无钥匙，内盛小匣三件，小盘一件，洋漆长方匣一件 无钥匙，洋漆长方匣二件 内有屉子，洋漆长方套盒一件，洋漆轴头四对，洋漆屉子十件 内裂坏二件，漆碗二件，漆甲身一件 绊子破坏，漆小盘二件，漆吊屏五件，漆桌一张，漆椅一张，漆桌腿垫子八个，漆挥翰忘朝食，研精待夕阳 对一副，旧油漆匣一件，粉油案一张，砗磲道冠一件，金藤杯二个，金藤匙四把，金藤筷子三十双，斑竹攒笔筒一件，豆瓣楠木二十九斤七两六钱，花楠木一千三百五十六斤十二两三钱，楠木板三块 重四百三十斤，高丽木二百二十六斤四两九钱，黄杨木四百九十三斤五两二钱，鸂鶒木一千四百八十九斤六两五钱，栗子木二斤八两，樟木板二块，广东木二十根，乌拉松木八段，云楸木二十三块，白果木三块，花榆木六十三块，白草木 长六尺五寸 一根，牛筋木七十块，凤眼木一根，蛇木二十根，杏木根八百三十四块，瘿木根三百一十六块，桦木根一百二十九块，色木根十块,香木根七块,桦木六块,山檀木二块,桦木刀鞘坯二十八件,桦木刀把坯三十九件,色木刀鞘坯一件,色木刀把坯四件,香木刀把坯二件,狗奶子根三块,瘿木刀鞘坯二件,柏木包刀鞘坯二件,骨头坯九十七块,木碗坯八十四块,掐尔掐木二根,黑桃棍六百九十根,鹨鹕木嵌瓷角云圆心矮桌一张,花梨木嵌玉炉盖一件,花梨木马吊桌一张,花梨木边藤屉椅面一件,花梨木小板凳一件,紫檀木嵌珐琅背轿身一件,紫檀木嵌玉寿字圆盒一件,紫檀木扁盒一件,紫檀木笙斗七件 破坏,紫檀木镜架一件,楠木矮桌二张,楠木高旋床一件,凤眼木心桌二张,凤眼木杌子六件,凤眼木盘子十八件 内破坏三件,花榆木面桌四张,棕木琴桌二张 破坏,藤屉靠背二件,豆瓣楠木茶盘一件,双六一份哥窑小骰盆一件,掐丝提梁盒一对,掐丝手卷匣一对,瘿木盥盆一件,瘿木碟子二件,瘿木钟子二件,瘿木螺丝盒二对,粉油地堆彩匾一面,不灰木火盆三件 随铁丝罩,铜泡子钉小箱子二个,川芎扇器十一件,天然木如意二件,黄杨木西洋萧二件,盛烟袋梨木筒子一件,椰子六十八个 内有小尖椰子九个,椰瓢一百三十七个,木腰子七百二十五个,盛墨罐瘿木套一件,菩提叶二千三百五十张,拉固里木碗六个,木根香几二件,各色木座子九件,木根山子一件,一头圆一头方楠木案一张,梨木桌腿垫子四个,各色木匣二十六个,万年青树皮四十九块,木变石火绒一包,孙他哈木板七副,菩提子三万一千四百六十八个,未去皮菩提子三百七十四个。

　　新进

　　玻璃面紫檀木匣大小十九件,伽楠香七块 重八斤十一两,棕木根碗坯等五百〇二件。

　　实用

　　嵌玉紫檀木压纸二件,白玉三镶紫檀木压纸二件,紫檀木匣沅州石砚一方,漆匣东鲁石砚一方,花榆木匣歙石砚十方 内一方无匣,伽楠香一块 重二斤十两七钱一分,沉香一块 重一斤四两八钱,洋漆盒盖一件,洋金匣一件 有裂纹,洋漆扇面式盒一件 内盛小匣三件,小盘一件,无钥匙,洋

漆长方匣一件 无钥匙，洋漆长方匣二件 内有屉子，洋漆长方套盒一件，洋漆屉子十件 内裂坏二件，高丽木六十九斤二两三钱，黄杨木一百四十六斤九两二钱，云楸木一块半，杏木根一块，桦木一块，桦木刀把坯三个，菩提叶一千二百八张，菩提子一千八百三十六个。

下存

木变石五十二块，嵌玉紫檀木砚匣二个，雕漆长方匣二件 内贮玉砚一件，墨一锭，画笔十支，瓷盘二个，诗韵一册，裁纸刀一把，小剪子一把，虫蛀讫，雕白檀香笔管二支，女儿香数珠一盘 珊瑚佛头、记念、坠角三个，玻璃背云、坠角一个，伽楠香数珠一盘 孔雀石佛头四个，塔一个，蜜蜡背云一个，荷叶一个，珠二个，坠角二个，假蜜蜡坠角三个，银母豆二个，珠二个，珊瑚记念三十个，柏木根数珠一盘 蜜蜡佛头四个，塔一个，背云一个，大坠角一个，催生石坠角三个，珊瑚记念三十个，砗磲数珠一盘 珊瑚佛头四个，塔一个，记念三十个，银母背云一个，烧红石坠角二个，蓝玻璃坠一个，椰子数珠一串 珊瑚佛头二个，砗磲佛头二个，东莞香数珠二串，伽楠香数珠一串，沉香珠九十九个，菩提数珠七串，砗磲珠二百十五个，玻璃心花梨木边围屏二十二扇 玻璃长二尺五寸，宽一尺五寸三分 四十四块，玻璃面楠木矮桌一张，玻璃面紫檀木匣大小十九件，伽楠香二十六块 重七十一五两四钱九分，安南香一块 重五斤，女儿香一块 重三斤，大沉香二根 重五十三斤，沉香八块 重四十六斤七两九钱二分五厘，沉香花插一件 重六斤四两，沉香山子一座 重十斤，泡沉香山子二座 重十四斤六两，降真香一根 重十九斤，交趾马蹄香二十斤，香木筒一件 重五斤八两，西洋小香碟三件，西洋黑香四两，玫瑰花面一瓶，南烟一瓶，米汉雯赋屏一架，老人星赋插屏一架，美人插屏一座，美人围屏一副，莲花合牌样一件，洒金插屏架二座，洋漆座合牌宝箱一件，洋漆盘线灯一件，洋漆双陆盘漆墙合牌锦面螺丝腿桌二张 虫蛀讫，假洋漆折叠腰圆式黑漆堆金桌一张，洋漆轴头四对，漆碗二件，漆甲身一件 绊子破坏，漆小盘二件，漆吊屏五件，漆桌一张，漆椅一张，漆桌腿垫子八个，漆 挥翰忘朝食，研精待夕阳 对一副，砗磲道冠一件，豆瓣楠木二十九斤七两六钱，花楠木一千三百五十六斤十二两三钱，楠木板三块 重四百三十斤，高丽木一百五十七斤二两六钱，黄杨木三百四十六斤十一两,漻鹅木一千四百八十九斤六两五钱,栗子木二斤八两,樟木板二块,广东木二十根,乌拉松木八段,云楸木二十一块半,白果木三块,花榆木六十三块,白草木 长六尺五寸一根,牛筋木七十块,凤眼木一根,蛇木二十根,杏木根八百三十三块,瘿木根三百十六块,桦木根一百二十九块,色木根十块,香木根七块,桦木五块,山檀木二块,桦木刀鞘坯二十八件,桦木刀把坯三十六件,色木刀鞘坯一件,色木刀把坯四件,香木刀把坯一件,狗奶子根三块,瘿木刀鞘坯二件,柏木包刀鞘坯二件,觚头坯九十七块,木碗坯八十四块,棕木根碗坯等五百二十件,掐尔掐木二根,黑桃棍六百十九根,漻鹅木嵌瓷角云圆心矮桌一张,花梨木嵌玉炉盖一件,花梨木马吊桌一张,花梨木边藤屉椅面一件,花梨木小板凳一件,紫檀木嵌珐琅背轿身一件,紫檀木嵌玉寿字圆盒一件,紫檀木扁盒一件,紫檀木笙斗七件 破坏,紫檀木镜架一件,楠木矮桌二张,楠木高旋床一件,凤眼木心桌二张,凤眼木杌子六件,凤眼木盘子十八件 内破坏三件,花榆木面桌四张,棕木琴桌二张 破坏,豆瓣楠木茶盘一件,双陆一份哥窑小骰盆一件,掐丝提梁盒一对,掐丝手卷匣一对,瘿木盥盆一件,瘿木碟子二件,瘿木钟子二件,瘿木螺丝盒二对,粉油地堆彩圆一面,不灰木火盆三件 随铁丝罩,铜泡子钉小箱子二个,川芎扇器十一件,天然木如意二件,黄杨木西洋萧二件,盛烟袋梨木筒子一件,椰子六十八个 内有小尖椰子九个,椰瓢一百三十七个,盛墨罐瘿木套一件,拉固里木碗六个,菩提叶一千一百四十二张,木根香几二件,各色木座子九件,木根山子一件,一头圆一头方楠木案一张,梨木桌腿垫子四个,各色木匣二十六件,万年青树皮四十九块,木变石火绒一包,孙他哈木板七副,菩提子二万九千六百三十二个,未去皮菩提子三百七十四个。

12. 养心殿造办处行取物件清册

雍正十三年正月初一日至十二月三十日止

旧存

砗磲八十两二钱,白檀香四十五斤七两二分五厘,紫降香二十三斤十五两九钱,沉速香十四两一钱八分,紫檀木一万六千二百八斤三两三钱 <small>内有碎块回残六百九十三斤</small>,乌木三十九斤七两九钱五分,楠木四万九千四百九十六斤十五两四钱,柏木九千一百五十一斤十二两五钱,杉木八百八十七丈六尺二寸二分,椴木四十六丈四尺四寸九分,松木一料四分四厘六丝。

新进

白檀香二十斤八两,紫降香二十斤八两,沉速香十四斤,花梨木三千八百二十斤,楠木三千七百六十斤,杉木一千六百丈,椴木三十丈。

实用

砗磲二十九两八钱,白檀香三十一斤三两八钱五分,紫降香二十一斤二两,沉速香七斤,紫檀木八千八百八斤五两五钱,花梨木七百八十五斤七两九钱,乌木一斤十两,楠木九千三百二斤十两四钱,柏木六十五斤二钱,杉木五百十二丈六寸四分,椴木三十六丈八寸三分。

下存

砗磲五十两四钱,白檀香三十四斤十一两一钱七分五厘,紫降香二十三斤五两九钱,沉速香七斤十四两一钱八分,紫檀木七千三百九十九斤十三两八钱,花梨木三千三十四斤八两一钱,乌木三十七斤十三两九钱五分,楠木四万三千九百五十四斤五两,柏木九千八十六斤十二两三钱,杉木一千九百七十五丈五尺五寸八分,椴木四十丈三尺六寸五分,松木一料四分四厘六丝。

二　器物分类一览表

楠木（豆瓣楠木、花楠木）器物

日　　期	器物名称	资料查找序号
雍正元年		
二月十一日	楠木靠背	木作　110
二月十三日	楠木边流云吊屏	木作　111
二月十五日	紫檀木边楠木镶玻璃门佛龛	木作　112
	卷棚脊镶玻璃门楠木佛龛	
	毗卢帽镶玻璃门楠木佛龛	
二月二十日	包錽银饰件紫檀木边楠木心桌	木作　113.1
	包赤金饰件紫檀木边豆瓣楠木心桌	
	包赤金饰件紫檀木边豆瓣楠木心桌	
	包錽金紫檀木边豆瓣楠木心桌	
	包錽银饰件花梨木边楠木心桌	
	包錽银饰件花梨木边楠木心桌	
二月二十四日	楠木佛龛	木作　114.1
	楠木闲余	
二月二十七日	楠木折叠腿桌	木作　115
	楠木盘	
三月初九日	豆瓣楠木小茶盘	木作　117.1
四月初七日	楠木夔龙式衣架	木作　122
	楠木夔龙式帽架	
	矮栏杆楠木床	
四月初十日	楠木踏跺	木作　123.3

日　　期	器物名称	资料查找序号
四月十一日	楠木杌子	木作　124
四月十二日	楠木桶座	木作　125
四月十九日	楠木春凳	木作　126.2
四月二十日	楠木书格	木作　127
六月初十日	楠木桌	木作　134
七月二十三日	楠木栏杆架杉木床	木作　137.1
七月二十四日	楠木桌	木作　138
七月二十六日	楠木架杉木矮床	木作　139
八月初八日	包镶楠木边水牌	木作　142.2
八月十八日	楠木插屏	木作　146.1
	楠木佛龛	木作　146.3
九月初五日	楠木边玻璃镜	木作　147.2
	楠木边摆锡玻璃吊屏	木作　147.3
九月十二日	楠木包镶书格	木作　150.1
九月二十三日	楠木床	木作　151
十月初一日	楠木床	木作　152.1
十月初十日	一封书楠木桌	木作　154
十月二十一日	楠木边玻璃竖吊屏	木作　156
十月二十七日	楠木座半截腿玻璃镜	木作　157
十一月二十四日	楠木匣	木作　159.1
	楠木边玻璃横吊屏	木作　159.2

续表

日　　期	器物名称	资料查找序号
九月二十三日	楠木床	皮作　405
三月初九日	豆瓣楠木	雍正元年正月吉造办处库内收贮档　1405.1
	豆瓣楠木小茶盘	雍正元年正月吉造办处库内收贮档　1405.2
雍正二年		
正月初四日	楠木凳罩榻板	木作　101.1
	楠木长方盘	木作　101.2
	楠木悬凳	木作　101.3
	楠木挂凳	木作　101.4
	楠木剑架	木作　101.5
二月三十日	楠木提梁小匣	木作　107
	楠木小方匣	
四月初一日	楠木边玻璃镜吊屏	木作　110
四月十二日	豆瓣楠木心花梨木矮桌	木作　111
十二月初五日	抽信楠木杌子	木作　127
五月二十五日	楠木架铁信风扇	杂活作　304
八月十九日	画银母寿字镶嵌紫檀木红福背后金笺纸上篆石青字百寿图楠木插屏	杂活作　306.1
	雕刻番草楠木插屏	杂活作　306.3

续表

日　　期	器物名称	资料查找序号
雍正三年		
正月二十六日	楠木小杌子	木作　103
八月十一日	楠木闲余臂搁	木作　115.2
八月二十八日	楠木半出腿玻璃插屏	木作　118
	楠木边横玻璃镜吊屏	
八月二十九日	镶楠木边玻璃	木作　119
九月初四日	有抽屉楠木闲余板	木作　121
九月十一日	楠木抽长杌子	木作　123.3
九月十八日	楠木边双圆玻璃窗	木作　126.1
十月二十一日	楠木琴桌式矮书桌	木作　134.3
十月二十二日	楠木闲余板配彩漆流云佛托	木作　135
十月二十五日	楠木闲余板	木作　136
十一月十七日	楠木衣架	木作　143
十一月二十日	贴金顶豆瓣楠木玻璃柜	木作　144.1
十一月二十一日	楠木夔龙式缸架	木作　145
十二月十八日	楠木闲余板	木作　150.2
十一月初一日	楠木地柎嵌玻璃衬五色字五岳图圆	镶嵌作　附牙作、砚作　810
雍正四年		
正月初十日	楠木床	木作　103
正月二十六日	一封书楠木床	木作　107
正月二十八日	楠木佛龛	木作　108
二月十五日	楠木桌	木作　111.2
二月十六日	罩盖楠木匣	木作　112

续表

日　期	器物名称	资料查找序号
二月十七日	楠木一封书桌	木作　113
二月十九日	楠木罩盖匣	木作　114
二月二十三日	楠木折叠小桌	木作　115
二月二十九日	楠木匣	木作　116
五月十九日	楠木匣	木作　140
六月十五日	有抽屉楠木条桌	木作　145.2
	无抽屉楠木条桌	
	楠木中层安抽屉板矮书桌	木作　145.3
六月二十六日	安西洋簧楠木匣	木作　152
七月二十七日	楠木小衣架	木作　156.2
九月初二日	楠木闲余架	木作　164.1
九月初八日	楠木佛龛	木作　167
九月十五日	楠木合符牌	木作　168
九月十七日	楠木寿意香几	木作　169.2
十月初四日	楠木折叠腿桌	木作　176.1
十月十三日	楠木折叠腿桌	木作　180.1
十月二十五日	楠木匣	木作　185.4
四月十二日	楠木匣规矩	杂活作　312
	楠木座白玉笔洗	
九月十五日	楠木香几	珐琅作　附大器作　707
三月十五日	楠木盒端砚	镶嵌作　附牙作、砚作　805.2
九月二十六日	楠木匣	裱作　附画作、刻字作　1006

续表

日　　期	器物名称	资料查找序号
雍正五年		
正月二十二日	紫檀木边豆瓣楠木心炕桌	木作　103
正月二十三日	楠木都盛盘	木作　104.3
三月二十六日	楠木床	木作　115
闰三月初七日	楠木转板桌	木作　116.1
闰三月十一日	杉木柏木边楠木心落地罩	木作　117
四月二十八日	黄油面镀银饰件楠木箱	木作　123
六月初七日	楠木桌	木作　128
六月二十七日	玻璃吊屏配楠木插屏架	木作　132.2
七月十八日	一封书式楠木图塞尔根桌	木作　139.2
七月二十六日	楠木板凳	木作　143.1
八月十五日	楠木圆盘花梨木把痰盂托	木作　149.2
	糊驼绒锦里黄杭细楠木卡坐褥香几	
	楠木有把螺丝糊锦痰盂托	
八月二十三日	楠木托板	木作　152.1
八月二十四日	搁炉楠木小香几	木作　153
	楠木香几	
	楠木胎黑漆透眼香几	
八月二十六日	楠木杌子	木作　154.2
九月初二日	楠木图塞尔根桌	木作　156.1
	楠木有抽屉床	木作　156.2
九月十八日	楠木一封书式桌	木作　159.2
十月初一日	楠木圆腿香几	木作　163

续表

日　期	器物名称	资料查找序号
十一月初一日	长条楠木杌子 楠木高桌	木作　171.3
十一月初二日	楠木垫板	木作　172
十一月十七日	楠木插屏	木作　177
十一月二十七日	楠木底斑竹烘笼	木作　179
十二月初三日	楠木板	木作　180
八月初五日	楠木把糊锦安螺丝痰盂托	杂活作 附眼镜作、 锭子药作　307
九月十八日	楠木竹式小床	皮作　401
十一月二十三日	楠木插屏	皮作　403
五月二十二日	楠木锡里香匣	铜作　504
七月初十日	镶楠木边牌插板	裱作 附刻字作 902
九月十八日	楠木胎红漆小床	漆作　1101
九月十二日	青花白地瓷盘楠木架	花儿作　1703
十二月三十日	楠木香几	记事录　1901
雍正六年		
二月十三日	圆腿长方楠木杌子 黑退光漆面楠木杌子 红漆面楠木杌子	木作　108
二月二十三日	楠木托板	木作　112.2
三月初一日	楠木托板	木作　115
三月初三日	楠木一封书式桌	木作　116
四月十七日	楠木插屏	木作　124

日 期	器物名称	资料查找序号
五月十八日	桃丝竹花梨木圈楠木底紫檀木雕夔龙牙子白喜鹊笼	木作　133
五月二十二日	糊布里紫檀木边楠木心图塞尔根桌	木作　134
五月二十七日	楠木托泥栏杆柱子	木作　136
六月初一日	紫檀木边楠木心图塞尔根桌	木作　137
七月初五日	楠木书格	木作　140
七月初六日	一统尊式炉上糊黄绢楠木盖	木作　141
八月二十五日	楠木靠背书格 紫檀木包镶楠木有抽屉博古书格	木作　147
九月二十九日	楠木边座玻璃镜插屏 楠木边杉木档糊假书画片挡门壁子 楠木架玻璃镜 楠木架座玻璃镜插屏	木作　150.2
十月初九日	寿意花楠木面紫檀木桌	木作　152.2
十月十九日	紫檀木山子座子楠木退光漆玻璃罩	木作　153.3
十月二十日	楠木退光漆罩盖套匣	木作　154
十月二十八日	雕刻紫檀木边腿豆瓣楠木心嵌银母如意花纹桌 嵌银母如意花纹楠木面紫檀木桌 雕刻豆瓣楠木桌	木作　159.2
十二月十二日	供器内楠木牌位架子	木作　164.1
十二月十七日	楠木匣	木作　165.2
八月三十日	豆瓣楠木盒紫端石砚	镶嵌作 附牙作、砚作　914

续表

日　期	器物名称	资料查找序号
正月十四日	楠木胎糊红纸吊屏	裱作　附刻字作 1101
六月十八日	楠木胎漆黑退光漆画洋金花绿端石砚砚盒	油漆作　1305
七月十六日	楠木香几	铸炉作　1502
三月二十六日	楠木匣盛黄绫套	交库存收档 1802
雍正七年		
正月初五日	楠木牌位插座	木作　101
三月初八日	楠木图塞尔根桌	木作　117
三月十九日	洋漆锡里盆配得楠木茶具	木作　118.5
三月二十日	楠木胎雕龙金边座青地铜镀金字太和殿、中和殿、保和殿"至德尊神"牌	木作　119.2
	楠木胎雕龙金边座青地铜镀金字乾清宫、交泰殿、坤宁宫"至德尊神"牌	
	楠木胎雕龙金边座青地铜镀金字宫殿门院地土"至德尊神"牌	
六月十七日	阳纹青字楠木雕刻乳丁卧蚕大宝"响泉山房"匾	木作　136
七月二十一日	背面挂玻璃镜紫檀木西洋柜楠木一封书式座子	木作　146.1
七月二十五日	楠木香几	木作　147
七月二十六日	楠木座子	木作　148
七月二十九日	楠木座子	木作　149
八月十七日	楠木矮床	木作　154.2

日　　期	器物名称	资料查找序号	
九月十一日	紫檀木栏杆花楠木心都盛盘	木作	156
九月十二日	楠木茶具	木作	157
十二月十四日	楠木雕夔龙火箱	木作	174
五月二十六日	抽长铜管安卡子铜镀金螺丝巴掌糊锦楠木四层托板	杂活作	312
六月初九日	仿西洋式镶牛油石紫檀木检妆配楠木座	杂活作	314
正月初十日	楠木匣底	铜作	501
八月初五日	乌木边楠木架玻璃镜	铜作	507
十一月十五日	楠木镶银里熏罐	珐琅作 附大器作 704	
	楠木镶银里盘		
三月十九日	楠木胎漆罩画洋金节节双喜、岁岁双安	漆作	1202
八月初五日	祭红小玉壶春瓶配楠木胎直腿黑漆退光漆架	漆作	1208.1
雍正八年			
四月十八日	楠木小床	木作	113
九月二十九日	楠木琴桌	木作	130.1
	楠木床	木作	130.2
	楠木闲余板	木作	130.3
十月十八日	竹宝座楠木靠背	木作	131.1
	楠木杌子	木作	131.2
	楠木板	木作	131.6
	楠木闲余板	木作	131.7
	楠木闲余架		
	楠木闲余板	木作	131.8

日　　期	器物名称	资料查找序号
十月二十六日	糊绫里楠木罩盖匣	木作　132.1
十一月二十一日	楠木龛	木作　142
七月初九日	灌铅楠木神牌位座子	铜作　501
九月十八日	楠木胎红漆大香几	炉作　1301
十月十八日	豆瓣楠木小架自鸣钟	炉作　1302
雍正九年		
正月十一日	楠木小条桌	木作　104
二月二十五日	供茶、食、宝珠、衣、香、花、灯、图果楠木桌	木作　112.2
三月初四日	楠木桌	木作　116
三月十一日	楠木敁桌	木作　117
四月二十八日	楠木面座紫檀木夔龙架带子架	木作　125.1
五月十二日	楠木敁床 楠木靠背	木作　127
六月十二日	香楠木插屏	木作　130
七月十四日	楠木有抽屉桌	木作　135
八月初二日	楠木圆香盒	木作　138
十月十二日	楠木桌 楠木折叠桌	木作　147
十一月初四日	楠木夔龙门 楠木小案	木作　151
十一月初十日	楠木弯枨桌	木作　153
十二月初九日	楠木书格	木作　160
十二月十六日	楠木书格	木作　161

日　　期	器物名称	资料查找序号
十月十九日	楠木崩簧匣	杂活作 附眼镜作、锭子药作、绣作 322
六月初九日	楠木胎洋漆书格	漆作　1302
	楠木胎洋漆香几	
十一月二十四日	楠木胎黑退光漆描金盒	漆作　1303
二月初七日	楠木边柏木心横楣	记事录　1501
	楠木边柏木心帘架	
	楠木边柏木心落地罩	
	楠木边柏木心矮落地罩	
	楠木边心落地罩	
	楠木边心花窗	
	柏木边楠木心小槅扇	
	柏木边楠木心裙板矮槅扇	
	杉木边楠木心槅扇	
	楠木包镶床	
九月初一日	楠木条桌	库贮　1606
十月二十日	楠木胎锡里有屉盒	库贮　1607
雍正十年		
二月初十日	楠木缸架	木作　105
二月十一日	楠木缸架	木作　106
二月二十七日	楠木支棍	木作　112.1
三月初三日	楠木绦子架	木作　115
四月初四日	"安宁居"三字楠木匾	木作　126

续表

日　　期	器物名称	资料查找序号
六月初一日	楠木小太平车	木作　143
七月初十日	楠木供桌	木作　144
七月十六日	楠木小匣	木作　145.1
	楠木供桌	木作　145.2
八月初二日	楠木供桌	木作　147
八月二十六日	楠木香几	木作　150
九月初二日	楠木拖床	木作　151
九月初三日	楠木案几	木作　152
九月十一日	楠木图塞尔根桌	木作　158.2
九月十七日	黑漆香几楠木座	木作　160
九月二十三日	银火锅楠木座	木作　162
九月二十五日	楠木闲余板	木作　163
九月二十八日	柏木边楠木心夹纱槅扇	木作　164
十月十一日	楠木胎雕五龙边扫金石青地阳文字神牌	木作　167
十月十三日	楠木罩套箱	木作　168.1
	御笔"安宁宫"三字楠木匾	木作　168.2
十一月初二日	楠木活腿炕桌	木作　173.2
十一月初六日	楠木接腿桌	木作　175.1
正月二十日	楠木独梃座	杂活作　301
四月十二日	楠木匙箸瓶	铜作　402
	楠木香盒	
	楠木炉垫	
十二月初八日	楠木献供架	珐琅作　602

续表

日　　期	器物名称	资料查找序号
正月二十八日	楠木胎洋漆银口盆	油漆作　1201
雍正十一年		
正月初五日	楠木折叠桌	木作　101
正月二十一日	楠木圆香几	木作　110
	楠木折叠桌	
二月初一日	楠木折叠桌	木作　112
七月初六日	楠木小匣	木作　132
八月十九日	楠木缸架	木作　135
	楠木雕花缸盖	
十二月初三日	红油楠木胎印匣	木作　148
十二月二十二日	楠木胎漆拄杖	木作　151
五月十一日	楠木腰圆盒玻璃镜	杂活作　308
正月初五日	楠木折叠桌	皮作　401
十一月二十七日	安铜镀金倒环楠木边壁子	裱作　803
三月初十日	楠木胎黑洋漆画洋金花帽架	油作　1001
五月初七日	楠木胎洋漆银口长方盒	油作　1002
三月杂项买办库票	楠木胎黑洋漆圆角方盒	环字一百〇四号
	楠木胎黑洋漆嵌龙油珀长方砚盒	环字一百〇五号
	楠木圆香几	环字六十二号
	楠木胎盒、匣	环字一百〇五号
	楠木胎黑洋漆透花帽架	环字二百〇六号
	楠木香几、腿子	环字二百〇八号

续表

日　　期	器物名称	资料查找序号
五月杂项买办库票	楠木胎黑退光漆灵芝套箱	指字九十一号
	楠木胎红漆大香几	指字九十四号
	楠木胎黑洋漆长方小香几	指字九十六号
	楠木挂杖	指字二百四十六号
	楠木胎透花夔龙式漆黑洋漆画洋金花帽架	指字九十五号
	楠木胎黑洋漆小香几	
	楠木胎洋漆银口上玻璃镜	指字一百十一号
	楠木香几石座	指字一百二十号
	楠木圆香几	指字一百八十三号
	楠木圆香几	指字一百八十五号
	楠木方香几	
	楠木挂杖	指字二百四十六号
	楠木挂杖	指字二百五十四号
六月杂项买办库票	楠木雨神牌	薪字二十四号
	楠木宝盖	薪字六十九号
	楠木外套箱	薪字七十三号
	楠木箱铜饰件	薪字九十一号
	楠木胎钵	薪字九十七号
	楠木胎黑退光漆灵芝箱	薪字一百二十二号
	紫檀木边腿楠木桌	薪字一百二十四号
	楠木洋漆胎书桌	

续表

日　期	器物名称	资料查找序号
七月杂项买办库票	楠木胎香几	修字一号
	楠木胎黑洋漆书桌	修字四十八号
	楠木套箱	修字五十号
	楠木胎黑洋漆钵	修字七十八号
	楠木胎黑洋漆桌	
	楠木胎钵囊	修字一百三十六号
	楠木胎黑洋漆书桌	修字四十八号
九月杂项买办库票	楠木缸盖	永字六十六号
	楠木龙牌	永字九十六号
	楠木缸架	
雍正十二年		
正月初七日	楠木闲余板	木作　101.1
正月初十日	楠木圆杌	木作　102
二月二十二日	楠木窄边玻璃镜	木作　106
三月二十六日	二面安铜镀金倒环楠木壁子	木作　109
四月二十四日	楠木闲余板	木作　115
五月初九日	楠木床	木作　118
十月初七日	楠木香几	木作　134
十一月二十六日	楠木包镶床	木作　138
正月初七日	楠木胎玻璃罩	杂活作　301
四月十二日	楠木胎罗圈靠背	皮作　401
十一月二十九日	楠木提梁匣	裱作　902

日　　期	器物名称	资料查找序号
十一月初四日	楠木图塞尔根桌	油漆作　1102
四月二十五日	半出腿楠木架玻璃镜	库贮　1801
十月二十四日	楠木边座雕夔龙整腿玻璃镜	库贮　1803
雍正十三年		
四月十一日	楠木图塞尔根桌	木作　109
闰四月初二日	楠木半出腿玻璃插屏镜	木作　112
五月初一日	楠木图塞尔根桌	木作　118
四月十四日	楠木胎画洋金漆端石砚盒	漆作　403

漆器

日　期	器物名称	资料查找序号
雍正元年		
二月二十日	洋漆方套匣	杂活作　301
四月初六日	红漆杉木冰桶	木作　121.1
十月初一日	黄杨木彩漆万字福寿方盒	杂活作　309
	黄杨木福寿长春漆盒	
	洋漆万福方盒	
八月初二日	彩漆官窑缸架	漆作　1201
雍正三年		
四月十三日	扫金罩漆签筒	木作　107
六月十一日	退光漆五屏风宝座	漆作　1101
六月十九日	杉木胎退光漆书格	漆作　1102
八月十一日	紫檀木彩画洋金宝塔	漆作　1103
八月二十八日	金花退光漆边画花卉灯档	铜作　501
九月十八日	退光漆板紫檀木座扶手	木作　126.3
	退光漆板烧古铜座扶手	
	退光漆板烧古铜座抽长扶手	
十月初五日	彩漆座	漆作　1104
十月十七日	紫檀木托泥洋漆小柜	木作　132
十月二十二日	彩漆流云佛托	木作　135
十二月初六日	合牌胎退光漆描金架	匣作　905.1

续表

日　　期	器物名称	资料查找序号
雍正四年		
八月十六日	紫檀木面红漆彩金龙膳桌	木作　160
	紫檀木面红漆彩金龙酒膳桌	
正月二十三日	黑漆里天然树根香几	杂活作　301
三月十三日	漆边黑石片	杂活作　308
八月初七日	黑退光漆无砚托笔筒手巾杆帽架	杂活作　317
正月十二日	洋漆屉	镶嵌作 附牙作、砚作　802
三月十五日	漆盒端砚	镶嵌作 附牙作、砚作　805.1
	漆盒端砚	镶嵌作 附牙作、砚作　805.2
三月二十日	黑漆盒圆形砚	镶嵌作 附牙作、砚作　806
八月初七日	退光漆嵌象牙填巴尔撒木香寿意花纹罩	镶嵌作 附牙作、砚作　812
十一月二十三日	镶嵌玻璃中心漆桌	镶嵌作 附牙作、砚作　820
二月十五日	黑退光彩漆桌	漆作　1201
三月二十二日	黑退光漆桌	漆作　1202
四月初六日	黑漆桌	漆作　1203
五月二十九日	洋漆长方八足香几	漆作　1204
六月初三日	黑退光漆宝座	漆作　1205
六月十八日	有抽屉黑退光漆条桌	漆作　1206.1
	无抽屉漆条桌	

续表

日　期	器物名称	资料查找序号
六月十八日	圆腿红漆书桌	漆作　1206.2
	圆腿黑漆书桌	
七月初五日	有栏杆朱红漆三层香几	漆作　1207
八月初八日	彩金退光漆书格	漆作　1208
九月初四日	榆木罩漆膳桌	漆作　1209
	红漆桌	
	黑漆桌	
九月二十九日	黑地彩漆桌	漆作　1210
	填漆桌	
十月二十二日	洋漆书格	漆作　1211
	洋漆桌	
十月二十四日	洋漆桌	漆作　1212
十一月二十七日	黑漆画洋金香几	漆作　1213
雍正五年		
四月二十八日	洋漆大盘	木作　123
	洋漆小盘	
	洋漆香几	
	洋漆香架	
	洋漆盖碗	
	红洋漆高足碗	
	香色漆大皮盘	
	红漆皮盘	
	红漆皮碗	

续表

日　期	器物名称	资料查找序号
四月二十八日	洋漆匣	木作　123
	洋漆矮桌	
	洋漆书格	
	填漆扇匣	
	洋漆大柜	
	洋漆扇面小柜	
	红彩金漆边绣纱香袋吊挂灯	
	黑彩金漆边绣纱香袋吊挂灯	
	洋漆柿子盒	
	香色漆皮盘	
	洋漆检妆	
八月二十四日	楠木胎黑漆透眼香几	木作　153
九月二十六日	黑退光漆画泥金夔龙番花书格式佛龛	木作　161.1
正月二十三日	合牌胎退光漆地彩画洋金流云蝠葫芦形圆明九照	铜作　501
正月二十三日	杉木胎退光漆画洋金吉祥花盆	镶嵌作 附牙作、砚作　802
	杉木胎退光漆画洋金花海棠盆	
九月二十六日	黑漆盒荷叶形端石砚	镶嵌作 附牙作、砚作　809.1
	嵌白玉螭虎黑漆盒端石砚	
	黑漆盒天然形端石砚	
正月二十三日	合牌胎彩金漆大桃式盒	雕銮作　1001
九月十八日	楠木胎红漆小床	漆作　1101

续表

日　　期	器物名称	资料查找序号	
九月二十六日	洋漆长方小罩笼	漆作	1102.1
	仿洋漆嵌白玉乌木边栏杆座子		
	楠木胎匣洋金番花漆罩笼		
九月二十六日	画洋金花安象牙夔龙牙子都盛盘	漆作	1102.2
六月初一日	象牙彩漆福寿盒	画作	1801
	象牙彩漆渣斗		
	乌木彩漆扇式盒		
	黄杨木彩漆甜瓜式盒		
	黄杨木竹节式彩漆盒		
	脱胎黑漆彩色圆形盘		
	脱胎紫漆彩色双盖盘		
	脱胎红漆彩色梅花瓣式盘		
雍正六年			
正月十三日	黑退光漆面镶嵌银母西番花边花梨木桌	木作	105.2
	红漆面镶嵌银母西番花边花梨木桌		
	黑漆面镶嵌银母西番花边花梨木桌		
二月十三日	黑退光漆面楠木机子	木作	108
	红漆面楠木机子		
三月十七日	黑退光漆条桌	木作	120
	红漆桌		
	红漆椅		
十月十九日	楠木退光漆玻璃罩	木作	153.3
	洋漆金花箱		
	洋漆外套箱		

日　期	器物名称	资料查找序号
十月二十日	楠木胎漆匣	木作　154
	楠木退光漆罩盖套匣	
	洋漆洋金花箱	
	洋漆外套箱	
二月初七日	黑堆漆玻璃罩象牙茜绿色座	杂活作　304.1
三月二十四日	黑退光漆砚盒上嵌碧玉如意玦	镶嵌作　附牙作、砚作　908
	紫檀木黑漆地嵌象牙字砚赋盒绿端石砚	
	紫檀木黑漆地嵌云母字砚赋盒绿端石砚	
	杉木胎黑退光漆刻砚赋填金字盒绿端石砚	
九月二十八日	镶嵌黑漆圆盒	匣作　1003
	彩漆葫芦式烟袋疙瘩	
	洋漆笙	
	洋漆套盒	
	洋漆有屉箱	
	洋漆盖罐	
	洋漆小圆盒	
	洋漆高圆盒	
	洋漆扁圆盒	
	洋漆筒子千里眼	
	黑漆火棋盘	
	洋漆有屉鸠盒	
	洋漆长方盘	

续表

日　　期	器物名称	资料查找序号
九月二十八日	洋漆葫芦式烟袋疙瘩	匣作　1003
	洋漆书式盒	
	洋漆扇面盒	
	洋漆罩盖盒	
	洋漆有屉长方盒	
	洋漆有屉撞盒	
	洋漆有屉罩盖盒	
	黑漆小琴桌	
	黑漆手卷式香几	
	彩漆鼻烟壶	
	洋漆箱	
	洋漆方笔筒	
	洋漆小匣	
	洋漆长方盒	
十月二十九日	圆漆盒	匣作　1004
十月十一日	漆架武定石盘	雕銮作　1204
二月初七日	黑堆漆夔龙万字锦式匣	油漆作　1302.1
	黑堆漆罩佛龛	油漆作　1302.2
三月初一日	漆托板	油漆作　1303
五月十五日	黑漆琴	油漆作　1304
六月十八日	楠木胎漆黑退光漆画洋金花绿端石砚砚盒	油漆作　1305
十月二十五日	洋漆磬式盒	杂录　1701
十一月二十一日	洋漆嵌玉片宝座	杂录　1703
	黑漆彩金圆香几	

续表

日　期	器物名称	资料查找序号	
雍正七年			
正月初八日	嵌珐琅片面黑漆小盒	木作	102
三月十九日	洋漆锡里盆配楠木茶具	木作	118.5
六月初五日	洋漆书格如意式洋漆彩金桌	木作	133
六月二十七日	洋漆罩盖长方箱	木作	140
七月十二日	香色漆大皮盘	木作	144.4
	香色七寸盘		
	红漆小皮盘		
	红漆七寸盘		
	黑漆小皮盘		
	黑漆大皮碗		
	黑漆小皮碗		
	红漆大皮盘		
	黑漆皮碗	木作	144.9
	红漆皮盘		
	黑漆大皮碗	木作	144.13
	黑漆小皮碗		
	黑漆皮盘		
	香色漆七寸皮盘		
九月十一日	象牙彩漆笔	木作	156
九月二十日	灵芝紫檀木山子画洋金花洋漆箱	木作	158
十月初九日	铁信攒竹漆杆	木作	164.1
三月初九日	黑漆画洋金花鼓墩	杂活作	303
四月初二日	汉玉钩铜镀金卡子黑漆杆绿玻璃座紫檀木托挑杆	杂活作	306.3

续表

日　期	器物名称	资料查找序号
五月初五日	红色七寸漆皮盘	杂活作　310
	香色七寸漆皮盘	
	紫色七寸漆皮盘	
	红色五寸漆皮盘	
	香色五寸漆皮盘	
	紫色五寸漆皮盘	
五月二十六日	黑退光漆抽长独梃格折子四层托板架	杂活作　312
五月二十八日	黑洋金痰盂	杂活作　313
九月初九日	黑漆画洋金痰盂	杂活作　319
	黑撒林皮套紫漆洗脸盆	
	香色漆皮碗	
	香色漆皮盘	
	红漆皮盘	
闰七月初六日	洋漆箱	匣作　902
	洋漆小方盒	
	黑漆串心小盒	
	洋漆长方小匣	
	洋漆小罐	
	朱漆小圆盒	
	填漆箱	
	白玉五岳真形漆盒端石砚	
	洋漆扇式盒	
	洋漆梅花盒	
	彩漆笔筒	

日　期	器物名称	资料查找序号	
闰七月初六日	雕漆香盒	匣作	902
	雕漆箱		
	雕漆小圆盒		
	洋漆鼻烟壶		
	黑漆泥金里钟		
三月十三日	杉木卷胎漆盒	漆作	1201
三月十九日	楠木胎漆罩画洋金节节双喜、岁岁双安	漆作	1202
四月初二日	白玉有锁磬黑漆架	漆作	1203.1
	漆座	漆作	1203.2
四月初四日	黑漆堆暗花玻璃罩佛龛	漆作	1204
	黑退光漆拱花玻璃罩		
	黑漆描金海棠式四层香盒		
四月十七日	红油杌子	漆作	1205
	红漆杌子		
五月二十八日	紫檀木边黑洋漆宝贝格	漆作	1206
七月十九日	红漆画洋金夔龙寿字糊硬纱都盛盘	漆作	1207
八月初五日	楠木胎直腿黑漆退光漆架	漆作	1208.1
	画洋金花镶嵌漆香几	漆作	1208.2
	黑漆镶嵌福寿香盒		
十一月十八日	紫檀木边栏洋漆座	记事录	1502
雍正八年			
正月初四日	榆木胎藤屉金漆罗圈椅	木作	101
二月二十三日	黑漆架祭红瓷花插	木作	109
	黑漆座冰裂纹瓷方花插		

续表

日　期	器物名称	资料查找序号
二月二十三日	黑漆座豆青瓷笔洗	木作　109
	黑漆座豆青瓷双管方花插	
	黑漆座豆青瓷宝月瓶	
	黑漆座冰裂纹瓷渣斗	
	黑漆座葫芦式瓷三管花插	
五月二十五日	宝座漆案	木作　117
八月二十六日	黑漆高丽木胎攒竹轿杆	木作　129
	杉木胎黑漆请杆	
九月二十九日	紫檀木漆桌	木作　130.1
十二月十七日	洋漆罩盖长方箱	木作　147
	洋漆箱	
十月十四日	红漆桌	杂活作　306.1
	彩漆座	
	红漆彩金箱	
	紫檀木座黑漆挑杆	
七月十八日	镶嵌洋漆玳瑁墙鼻烟壶	镶嵌作 附牙作、硯作 803
九月十八日	楠木胎红漆大香几	炉作　1301
雍正九年		
正月十九日	仿洋漆梅花式衬色玻璃盒	木作　106
	洋漆圆香几	
	洋漆方胜盒	
	洋漆方香几	
	紫色洋漆盒	

续表

日　　期	器物名称	资料查找序号
正月十九日	洋漆方胜香几	木作　106
	洋漆茶钟	
	洋漆书格	
	红色洋漆茶碗	
	洋漆长方盒	
	洋漆方罩盒	
	香色漆皮碗	
	洋漆桃式盒	
	紫色漆六寸皮盘	
	紫色漆七寸皮盘	
	洋漆圆八角盒	
	紫色漆大皮盘	
三月二十二日	红漆书架	木作　119
十一月初十日	黑漆琴桌	木作　153
	洋漆琴桌	
三月初五日	岁岁双安嵌象牙黑漆玻璃罩	杂活作　附眼镜作、锭子药作、绣作　309.2
	洋漆春盛	
	洋漆小格	
	黑漆牡丹妆盒	
	黑漆六角盒	
	黑漆壶	
	洋漆入角六方盘	
	洋漆斜方香盒	
	洋漆长方盒	

日　期	器物名称	资料查找序号
三月初五日	洋漆小圆盒妆盒	杂活作　附眼镜作、锭子药作、绣作 309.2
	洋漆楼子盒	
	洋漆书格	
	雕漆八角盒	
	黑漆荷叶香几	
	黑漆梅花式高腿香几	
三月十二日	填漆香盘	杂活作　311
三月十七日	黑漆彩金火盆架	杂活作　313
	黑漆砚盒	
三月二十二日	雕朱漆圆形盒	杂活作　314
	洋漆春节架	
十月二十五日	黑漆供器	杂活作　323
	黑漆香筒	
	黑漆蜡台	
三月十六日	洋漆彩金香几	漆作　1301
	洋漆彩金书柜	
	洋漆花插	
	漆盒盖	
	漆扶手	
	洋漆书格	
	填漆圆捧盒	
六月初九日	楠木胎洋漆书格	漆作　1302
	楠木胎洋漆香几	

日　期	器物名称	资料查找序号
十一月二十四日	楠木胎黑退光漆描金盒	漆作　1303
雍正十年		
二月初三日	洋漆彩金流云蛤蜊盘	木作　102.1
二月十四日	雕漆盘	木作　108
	湘妃竹边彩漆茶盘	
三月初五日	红漆双圆盘	木作　117
	红漆圆盘	
八月初二日	黑漆圆炉	木作　147
八月二十六日	黑漆方香几	木作　150
九月十七日	黑漆香几楠木座	木作　160
十月二十五日	金漆圆香盒	木作　171
十一月十五日	仿洋漆书桌	木作　179
	洋漆桌面紫檀木腿桌	
	洋漆腿紫檀木面桌	
正月二十八日	楠木胎洋漆银口盆	油漆作　1201
二月初七日	"戒急用忍"彩漆流云吊屏	油漆作　1202
闰五月初十日	石青绦楠木胎红漆金字斋戒牌	油漆作　1203
四月二十七日	紫檀木边洋漆面小香几	铸炉作　1302
	黑洋漆小香几	
	黑滚漆小香几	
雍正十一年		
三月二十九日	楠木胎洋漆桌	木作　120.2
	漆面紫檀木边腿桌	

日　期	器物名称	资料查找序号
四月二十七日	洋漆竹式拄杖	木作　123.2
	洋漆连枝拄杖	
	洋漆拄杖	
八月十九日	竹胎黑漆水抽	木作　135
十二月二十二日	楠木胎漆拄杖	木作　151
七月初八日	彩金紫漆座紫檀木衣架杆葡萄根拄杖	杂活作　311
	彩金紫漆座挑杆香袋双枝拄杖	
三月初十日	楠木胎黑洋漆画洋金花帽架	油作　1001
五月初七日	楠木胎洋漆银口长方盒	油作　1002
五月二十一日	洋漆香几	炉作　1103
九月初六日	洋漆香几	炉作　1104
二月初五日	宜兴胎红洋漆飞脊花瓶	花儿作　1402
三月杂项买办库票	楠木胎黑洋漆圆角方盒	环字一百〇四号
	黑漆长方圆角盒	
	红洋漆长方罩盖数珠盒	
	杉木卷胎黑洋漆五瓣盒	
	红洋漆圆盒	
	楠木胎黑洋漆嵌龙油珀长方砚盒	环字一百〇五号
	楠木胎黑洋漆透花帽架	环字二百〇六号
	香色彩漆皮碗座	
五月杂项买办库票	楠木胎黑退光漆灵芝套箱	指字九十一号
	楠木胎红漆大香几	指字九十四号
	楠木胎黑洋漆长方小香几	指字九十六号

续表

日　　期	器物名称	资料查找序号
五月杂项买办库票	黑洋漆帽架	指字九十七号
	杉木卷木卷胎红洋漆腰圆盘	指字九十八号
	杉木卷木卷胎红洋漆圆盘	
	紫檀木黑洋漆矮书桌	指字九十九号
	黑退光漆彩漆宝座	指字一百二十一号
	楠木胎透花夔龙式漆黑洋漆画洋金花帽架	指字九十五号
	楠木胎黑洋漆小香几	
	黑洋漆长方小香几	指字九十六号
五月杂项买办库票	洋漆帽架	指字九十七号
	香盒	
	杉木卷胎红洋漆腰圆盘	指字九十八号
	杉木卷胎红洋漆圆盘	
	楠木胎洋漆银口上玻璃镜	指字一百十一号
六月杂项买办库票	楠木胎黑退光漆灵芝箱	薪字一百二十二号
	楠木洋漆胎书桌	薪字一百二十四号
七月杂项买办库票	楠木胎黑洋漆书桌	修字四十八号
	黑紫洋漆拄杖	修字七十八号
	楠木胎黑洋漆钵	
	烫胎黑洋漆钵	
	楠木胎黑洋漆桌	
九月杂项买办库票	画泥金紫檀木葫芦佛龛	永字三十八号

643

日　　期	器物名称	资料查找序号
雍正十二年		
八月十九日	洋漆银口盒	木作　130.2
	洋漆盒绿端砚	
十二月二十四日	洋漆桌子	木作　143
正月初七日	泥银黑漆地平	杂活作　301
三月十四日	红漆盘大巴令	杂活作　305.2
五月初四日	画洋金山水小洋漆香几	杂活作　311
	洋漆画洋金花卉长方小香几	
	洋漆香几	
十月二十三日	洋漆炕桌	油漆作　1101
	洋漆书桌	
	洋漆桌配接紫檀木活腿高桌	
十一月初四日	洋漆亭配楠木图塞尔根桌	油漆作　1102
正月十七日	金漆大瘿木碗	旋作　1401
十月二十四日	洋漆玻璃镜	库贮　1803
雍正十三年		
四月十一日	彩漆寿字矮桌	木作　109
四月十九日	洋漆架玻璃插屏镜	木作　111
三月十八日	洋漆小香几	杂活作　305
八月十二日	洋漆香几	杂活作　310
三月十八日	黄填漆铜镀金包角图塞尔根桌	漆作　401
	红填漆铜镀金包角图塞尔根桌	
三月二十三日	洋漆帽架	漆作　402
四月十四日	楠木胎画洋金漆端石砚盒	漆作　403

花梨木器物

日　　期	器物名称	资料查找序号
雍正元年		
二月二十日	包鋄银饰件花梨木边楠木心桌	木作　113.1
	包鋄银饰件花梨木折叠桌	木作　113.2
	包镀银饰件花梨木折叠桌	
三月二十三日	包赤金角花梨木桌	木作　119
四月初六日	花梨木帘板	木作　121.2
七月十七日	花梨木桌	木作　136
八月十一日	花梨木六方灯	木作　144.1
九月初五日	花梨木边玻璃插屏	木作　147.1
六月二十五日	花梨木夔龙边水纹绢地"四星容华"匾	雕銮作 附旋作 1104
八月初二日	官窑缸花梨木座	漆作　1201
雍正二年		
四月十二日	豆瓣楠木心花梨木矮桌	木作　111
十一月初五日	花梨木竖柜	木作　124.3
	花梨木顶柜	
雍正三年		
七月十六日	抽长花梨木床	木作　109.1
八月初八日	花梨木格子	木作　112
	六个抽屉花梨木书格	
	七个抽屉花梨木书格	
	八个抽屉花梨木书格	
	五个抽屉花梨木书格	

日　　期	器物名称	资料查找序号
八月初十日	花梨木糊合牌屉黄绫匣	木作　114.1
八月二十五日	花梨木百寿饭桌	木作　116
八月二十八日	花梨木边玻璃插屏	木作　118
九月初五日	官窑缸花梨木架竹缸盖	木作　122
九月十八日	花梨木波浪有栏杆书格	木作　126.2
九月十八日	花梨木包镶有抽屉床	木作　126.3
九月二十二日	花梨木包镶樟木、高丽木宝座拖床	木作　129
十一月二十一日	花梨木圆缸架 花梨木夔龙式缸架	木作　145
十一月二十二日	花梨木床	木作　146.1
十二月初六日	花梨木包镶矮床	木作　149.1
十二月十八日	花梨木床	木作　150.3
四月二十九日	象牙五乂伞花梨木腿钢箍抢风帽架	杂活作　302
八月二十八日	黄铜抽长烧古花梨木梃蜡台	铜作　501
九月十六日	花梨木玻璃插屏	雕銮作　附旋作 1002
九月初十日	花梨木架铜云板磬	自鸣钟　1201
雍正四年		
二月十七日	花梨木一封书桌	木作　113
三月二十二日	包镶花梨木床	木作　123
六月初三日	紫檀木边框花梨木宝座	木作　141
十月二十四日	花梨木架洋金边玻璃插屏	木作　184
十月二十五日	花梨木座白玛瑙双桃灵芝水丞	木作　185.9

日　　期	器物名称	资料查找序号
十二月十八日	花梨木都盛盘	木作　195
十一月二十三日	花梨木匣	镶嵌作 附牙作、 砚作　820
二月十七日	花梨木匣	撒花作 附累丝作 1401.1
	花梨木匣	撒花作 附累丝作 1401.2
雍正五年		
正月十五日	花梨木图塞尔根桌	木作　102
五月初八日	五彩福禄葫芦式瓷瓶花梨木座	木作　126
七月初二日	花梨木座配葫芦式瓷瓶	木作　133.2
七月初八日	花梨木包镶边框吊屏窗	木作　136.2
七月十二日	花梨木一封书式小床	木作　137
七月二十一日	镶银母花梨木边插屏式钟	木作　142.1
八月初八日	镶嵌黄蜡石面花梨木香几	木作　146
八月初十日	乌拉石面花梨木香几	木作　147.1
八月十三日	花梨木桌	木作　148
八月十五日	楠木圆盘花梨木把痰盂托	木作　149.2
八月二十九日	花梨木格案香几	木作　155
九月十三日	八仙祝寿炕屏随花梨木小案	木作　158
九月十八日	夔龙牙花梨木案几	木作　159.1
十月初六日	花梨木边黄柏木心煤炸字背面油朱油 "洞明堂"匾	木作　164.2
十一月初五日	花梨木座烧古铜炉	木作　174
十一月十六日	花梨木佛龛	木作　176

续表

日　　期	器物名称	资料查找序号
正月二十三日	花梨木嵌白玉月牙"如月"金字如意	杂活作　附眼镜作、锭子药作　301
三月二十七日	花梨木铜镀金筒帽架	杂活作　附眼镜作、锭子药作　304
十一月二十七日	弹弓上泥弹花梨木模子	炮枪作　附弓作　604
九月二十六日	花梨木盒端石砚	镶嵌作　附牙作、砚作　809.1
八月二十一日	三角铁腿黄铜葫芦花梨木杆羊角戳灯	錽作　1201
七月十七日	瓷瓶配花梨木座	旋作　1304
八月十六日	花梨木座铜烧古四足马蹄炉	铸炉作　1403
十一月初八日	花梨木雕刻四方书格	花儿作　1706
十月十八日	锡里花梨木匣	交库存收档　2005
雍正六年		
正月十三日	黑退光漆面镶嵌银母西番花边花梨木桌 红漆面镶嵌银母西番花边花梨木桌 黑漆面镶嵌银母西番花边花梨木桌	木作　105.2
五月十四日	花梨木硬楞桌	木作　132
五月十八日	桃丝竹花梨木圈楠木底紫檀木雕夔龙牙子白喜鹊笼	木作　133
五月二十五日	花梨木夔龙式汝窑缸盖架 花梨木架汝窑小缸	木作　135

日　　期	器物名称	资料查找序号
五月二十七日	花梨木边中心糊锦栏杆	木作　136
	花梨木梃有璎珞羊角灯	
九月二十九日	花梨木夔龙式架、盖	木作　150.2
	花梨木边铜心表盘	
	花梨木边自鸣钟	
二月二十一日	花梨木顶铜丝烧古炉罩	铜作　601
六月十八日	花梨木把头号铜鼓子	铜作　603
十二月初十日	花梨木纹瓷桶	珐琅作　802
三月三十日	花梨木匣镶嵌关东石卧蚕水池绿端石砚	镶嵌作　附牙作、砚作　909
十月十一日	花梨木架武定石盘	雕銮作　1204
雍正七年		
二月十六日	花梨木盘紫檀木珠算盘	木作　109
三月三十日	花梨木折叠盖匣	木作　121
闰七月初四日	糊斑竹纸毛竹帐顶架四角安花梨木黄铜滑车	木作　150
十月二十九日	花梨木竖柜	木作　169
十一月二十六日	花梨木佛龛配如意观音菩萨	木作　172
十二月二十三日	花梨木印版	木作　178
十二月二十八日	花梨木桌	木作　181
十二月二十九日	花梨木桌	木作　182
五月初五日	花梨木筒千里眼	杂活作　310
十一月二十七日	穿珠边累丝花点翠叶镶嵌珠石面方盒糊红绫里花梨木屉	匣作　904

续表

日　　期	器物名称	资料查找序号
雍正八年		
八月初八日	花梨木绦环黄杨木小香几	木作　127
十月二十九日	八人花梨木亮轿	木作　134
十月二十六日	花梨木杆羊角戳灯	雕銮作　1005.1
雍正九年		
三月二十二日	花梨木书格	木作　119
九月初六日	花梨木边石心香几	木作　141
三月初五日	花梨木嵌石面香几	杂活作 附眼镜作、锭子药作、绣作 309.2
三月十七日	花梨木条桌	杂活作 附眼镜作、锭子药作、绣作 313
九月初一日	花梨木条桌	库贮　1606
四月二十日	花梨木桌 花梨木座子	广储司行文 1803
雍正十年		
五月二十二日	花梨木供桌	木作　138
雍正十一年		
六月二十一日	花梨木边石青字"心月斋"匾	木作　131
七月二十八日	花梨木架铜烧古拆卸火盆	杂活作　312
九月初十日	花梨木匣	自鸣钟　1301
雍正十二年		
十月初七日	花梨木案 花梨木几	木作　134
三月十四日	花梨木边架铜镜	杂活作　305.1

杉木器物

日　期	器物名称	资料查找序号
雍正元年		
二月初七日	杉木排窗	木作　109.1
二月二十七日	杉木灯匣	木作　115
	杉木大经匣	
	杉木小经匣	
	杉木套匣	
四月初六日	红漆杉木冰桶	木作　121.1
四月十九日	杉木罩油春凳	木作　126.2
	杉木敆床	木作　126.3
四月二十五日	杉木踏跺	木作　130.4
	杉木春凳	
四月二十八日	杉木棍	木作　132
四月二十九日	杉木撑棍	木作　133
七月初六日	杉木杌子	木作　135
	杉木小水牌	
七月二十三日	楠木栏杆架杉木床	木作　137.1
七月二十六日	楠木架杉木矮床	木作　139
八月初五日	杉木条桌	木作　141
八月初八日	杉木灯匣	木作　142.1
八月十一日	杉木高梯	木作　144.2
八月十八日	杉木八仙桌	木作　146.4

日 期	器物名称	资料查找序号
九月初六日	锡里杉木桶	木作 148
九月初七日	杉木卷杆	木作 149
十月初二日	杉木壁子	木作 153
七月二十三日	杉木床	皮作 404
雍正二年		
三月二十二日	杉木机子	木作 109
四月十四日	杉木匣	木作 112
六月二十一日	糊黄纸杉木外套匣	木作 114
六月二十八日	杉木糊黄纸发报匣	木作 116
六月三十日	杉木箱	木作 117
雍正三年		
三月初三日	杉木香样	木作 106
七月十六日	杉木板墙	木作 109.2
八月初四日	杉木软里匣	木作 110
八月初六日	杉木匣	木作 111
九月二十二日	杉木油漆拖床	木作 129
十月初十日	杉木油色插屏	木作 131.2
	杉木油色供桌	
	杉木油色灯罩	
	杉木桌罩	木作 131.3
十月十七日	杉木插盖糊杭细包毡里盛佛龛匣	木作 132
十月二十一日	杉木匣	木作 134.1
十二月十八日	杉木围屏	木作 150.3

日　　期	器物名称	资料查找序号
六月十一日	盛书用杉木箱	皮作　401
九月初七日	插盖杉木匣	铜作　502
雍正四年		
三月初一日	装古董三层杉木格子随布帘	木作　117
七月二十三日	黑毡里杉木箱	木作　155.1
八月十六日	杉木罩油图塞尔根桌	木作　160
	紫檀木面红漆彩金龙膳桌	
	紫檀木面红漆彩金龙酒膳桌	
十月十三日	装香杉木匣子	木作　180.1
	供神像杉木架	
	杉木黄纱灯罩	
	俱配做杉木软里匣盛装	
十月二十日	有黄盘杉木糙格子	木作　182.2
十一月初二日	杉木卷杆	木作　189
十二月二十九日	杉木匣	木作　196
六月初一日	杉木架镶锦边吊屏	裱作　附画作、刻字作　1003
雍正五年		
正月二十三日	杉木胎香色紫油面画三色夔龙拖床	木作　104.1
正月二十七日	杉木方匣	木作　106
正月二十九日	杉木正子	木作　107
	杉木高凳	
	杉木手卷正子	

续表

日　　期	器物名称	资料查找序号
二月十八日	杉木折叠桌灯	木作　109.1
	杉木盛神纸匣	
	杉木盛神像架箱	
	黄布面白布毡里杉木外套匣	
二月十八日	糊黄绫面杭细里贴黄绫剐墨线签子钉黄铜面叶合扇杉木匣	木作　109.2
二月十九日	杉木格子	木作　110
	杉木盘子	
二月二十六日	杉木套匣	木作　111
三月初五日	鞔黑毡杉木匣	木作　112
闰三月十一日	杉木柏木边楠木心落地罩	木作　117
	杉木桌	
	杉木炉罩	
	杉木杌子	
闰三月十三日	二面贴画杉木胎玻璃方窗	木作　118
	二面贴画杉木胎玻璃横楣窗	
闰三月二十八日	杉木匣	木作　119
四月十二日	杉木卷杆	木作　122
四月二十八日	黄油面镀银饰件杉木箱	木作　123
五月初二日	杉木发报箱	木作　124
五月初六日	杉木发报箱	木作　125
五月十三日	杉木匣	木作　127
六月十七日	糊黄杭细杉木匣	木作　130
七月初四日	杉木匣	木作　135

续表

日　　期	器物名称	资料查找序号
八月初七日	杉木圆架托子	木作　145
八月十七日	杉木匣	木作　150
九月二十九日	杉木外套箱	木作　162
十月初七日	杉木软里鞔撒林皮外套匣	木作　165
十月初十日	杉木卷杆	木作　166
十月二十八日	万寿节活计内盆景用杉木罩子	木作　169.2
十一月初一日	杉木镇纸	木作　171.2
十一月初四日	杉木福字卷杆	木作　173
十一月初五日	杉木胎杭细软里外套匣	木作　174
十一月十一日	糊黄纸杉木外套匣	木作　175
十二月十二日	杉木福字卷杆	木作　181
十二月十三日	黄绫面黄绢里杉木胎钉黄铜叶合牌扇匣	木作　182
十二月十五日	做盖活计用糊黄纸杉木盘	木作　183
十二月二十日	杉木胎糊黄绫面黄绢里,前面钉黄铜面叶曲须吊牌,背后钉黄铜合扇匣子	木作　184
十二月二十五日	杉木福字卷杆	木作　186
十月十六日	糊黄纸杉木盘	皮作　402
二月十八日	黄布面白布毡里杉木外套匣	皮作　502
七月二十七日	杉木外套匣	镶嵌作 附牙作、砚作　808
五月二十六日	糊纸杉木卷杆	裱作 附刻字作 901
正月十六日	杉木匣	烧造玻璃厂 1501

续表

日　　期	器物名称	资料查找序号	
雍正六年			
正月初四日	杉木胎油面毡里箱	木作	101
正月初五日	糊黄纸福字杉木卷杆	木作	102
正月十二日	杉木糊黄纸盛活计盘	木作	104
二月十八日	盛活计杉木盘	木作	109.1
	杉木匣	木作	109.2
二月二十一日	糊黄纸杉木盆景罩	木作	111
二月二十八日	中间有隔断板杉木匣	木作	114
三月十四日	杉木御笔"皓月清风为契友，高山流水是知音"对联架子	木作	118
三月十八日	杉木胎有隔断黄纸面毡匣	木作	121
四月初五日	糊黄纸面红绢里有隔断杉木盘	木作	122
四月十二日	糊黄纸有隔断杉木匣	木作	123
四月二十一日	盛活计杉木油盘	木作	125
	糊黄纸杉木盘		
五月初七日	盛活计杉木糊黄纸盘	木作	130
七月初二日	毡里杉木匣	木作	138
七月十六日	盛活计杉木盘	木作	143
七月二十七日	盛酒圆糊黄纸杉木安隔断匣	木作	144
	盛瓷瓶糊黄纸杉木安隔断匣		
八月初九日	糊黄纸杉木匣	木作	145
九月初六日	毡里杉木隔断匣	木作	148.1
	盛活计杉木盘子	木作	149

续表

日　　期	器物名称	资料查找序号
十月初八日	白毡里杉木箱	木作　151
十月十九日	杉木隔黑毡棚	木作　153.1
十月二十二日	毡里黄油杉木匣	木作　156
十月二十八日	杉木地平床	木作　159.1
十一月初一日	挂帘子杉木杌子	木作　160
十一月初二日	油面毡里杉木匣	木作　161.1
	糊白纸福字杉木卷杆	木作　161.2
十二月初二日	杉木床	木作　162.1
	杉木见柱	木作　162.2
十二月初十日	杉木匣子	木作　163
十二月十二日	杉木匣子	木作　164.1
	杉木灯罩	
	杉木盛焚纸铁炉架箱	
	杉木盛玉器玛瑙箱	木作　164.2
十二月十七日	活计房用杉木盘	木作　165.1
十二月十八日	糊黄纸面里安象牙别子杉木匣	木作　166
十二月十九日	杉木匣	木作　167
十二月二十日	糊纸面杉木匣	木作　168
十二月初二日	杉木床	皮作　501
三月二十四日	杉木胎黑退光漆刻砚赋填金字盒绿端石砚	镶嵌作　附牙作、砚作　908
二月初十日	杉木糊黄绢面红绢软里匣	裱作　附刻字作　1102
六月初三日	杉木胎对联架	裱作　附刻字作　1103
正月十三日	杉木放床	油漆作　1301

续表

日　　期	器物名称	资料查找序号	
雍正七年			
正月初八日	杉木胎糊黄纸里面内安隔断匣	木作	102
正月十二日	糊黄纸杉木盘	木作	103
二月初九日	杉木胎里面糊黄纸钉铁合扇钩搭匣	木作	107
二月十一日	安合牌盖板里外糊黄杭细杉木匣	木作	108
二月二十一日	杉木箱糊黄纸面黑毡瑞安隔断匣	木作	110
二月二十二日	杉木胎糊黄纸面瑞安紫檀木别子匣	木作	111
四月十一日	杉木胎里外糊黄纸报匣	木作	124.1
	杉木踏跺	木作	124.5
	杉木床		
四月二十六日	内安九隔断杉木匣	木作	126
五月初一日	杉木匣面糊黄纸黑毡里黑毡外套	木作	127.1
	安九隔断杉木匣里外糊黄纸	木作	127.2
	外糊黄纸杉木匣		
五月十二日	杉木栅栏	木作	128.1
	黑毡里外糊黄纸黑毡外套杉木箱	木作	128.2
五月十三日	杉木匣黑毡里糊黄纸鞔黑毡外套	木作	129.2
八月十三日	杉木胎黄油桌	木作	153
八月十七日	杉木灯罩	木作	154.1
九月二十五日	杉木把铁锹	木作	159
	锡里杉木桶		
	锡里杉木盒		
九月二十八日	盛香用糊黄纸杉木匣	木作	161.1

日 期	器物名称	资料查找序号
十一月初三日	杉木卷杆	木作 170
十一月二十四日	杉木杌子	木作 171
十一月二十八日	糊红纸面里杉木匣	木作 173
十二月十八日	杉木箱	木作 175
十二月二十二日	杉木里面糊黄纸安紫檀木别子匣	木作 177
十二月二十六日	杉木地平板	木作 179
	杉木板凳	
十二月二十七日	沉杉木板	木作 180
	沉杉木砚盒	
三月十三日	杉木卷胎漆盒	漆作 1201
雍正八年		
正月二十七日	杉木高凳	木作 103
三月初六日	杉木桌	木作 110.1
四月十三日	杉木箱	木作 112.1
五月二十一日	杉木插盖匣	木作 116
六月二十三日	杉木缸架	木作 119
	杉木坛架	
	杉木衣架式架	
	杉木坛盖	
七月初二日	杉木匣	木作 121
七月十七日	杉木糊黄纸盘罩	木作 122
七月二十三日	杉木糊黄纸盘罩	木作 124.1
八月初一日	杉木糊黄纸有罩盘	木作 125.1
	杉木糊黄纸无罩盘	

日　期	器物名称	资料查找序号
八月十七日	杉木有架子夹板箱	木作　128
八月二十六日	杉木胎黑漆请杆	木作　129
十月十八日	杉木杌子	木作　131.2
	杉木挂屏	木作　131.3
	杉木包锦匾	木作　131.4
十月二十七日	杉木刷黄色桌	木作　133.3
	杉木黄油桌	木作　133.4
十月三十日	杉木黄油桌	木作　135
十一月初二日	杉木卷杆	木作　136.1
	杉木地平	木作　136.2
	杉木三层踏垛	
	杉木小床	
	杉木斗座	
	杉木斗罩	
	杉木圆香几	
	杉木头号灯罩	
十一月初八日	杉木笔罩	木作　138.1
雍正九年		
正月十九日	杉木胎绿油面黑毡里錽银饰件箱	木作　106
正月二十四日	杉木格子	木作　107
二月初三日	杉木锦边架子	木作　108
二月十三日	御笔"清吟恬淡"一块玉杉木匾	木作　111

续表

日 期	器物名称	资料查找序号
三月二十日	杉木壁子	木作 118
五月初四日	杉木正子	木作 126
七月二十二日	安黄铜合扇杉木匣	木作 137
九月十六日	杉木正子	木作 144
九月二十八日	杉木围屏座	木作 145
十一月初四日	杉木三面糊黄纸壁子	木作 151
	杉木床	
十一月初八日	杉木糊纸隔断壁子	木作 152.1
	杉木糊纸壁子影壁	
	杉木棚格糊纸横楣	木作 152.2
	杉木抱柱铅鼓子	
十二月初五日	杉木吊屏壁子	木作 159
十月二十五日	杉木供桌	杂活作 附眼镜作、锭子药作、绣作 323
二月初四日	黄布帘杉木格子	皮作 401
十一月初五日	杉木床	皮作 403
二月三十日	杉木矮床	库贮 1602
雍正十年		
二月初六日	杉木矮桌	木作 103.1
二月十二日	朱油杉木方盘桌	木作 107
三月初一日	杉木胎鞔牛皮黑油隔断箱	木作 114
	杉木胎鞔牛皮黑油箱	
三月初五日	杉木糊黄纸面黑毡里箱	木作 117

续表

日 期	器物名称	资料查找序号
三月初九日	杉木曲尺礓礤靠背	木作 118.3
四月十三日	杉木正子	木作 128
四月十六日	杉木绿油毡里箱	木作 129
五月初十日	杉木画箱 杉木条桌 杉木杌子	木作 135
五月二十二日	杉木矮床	木作 138
六月初一日	杉木胎黄油铅座半圆遮灯 黄布套杉木板凳	木作 143
九月初七日	杉木黄油伞架 杉木朱红油须弥座 杉木黄油牌位	木作 155
九月初九日	杉木斋意面板	木作 156.1
	杉木表匣	木作 156.2
九月初十日	杉木表匣 杉木小桌	木作 157
九月十一日	杉木表匣	木作 158.1
九月二十九日	杉木壁子	木作 165.1
十月二十一日	糊连四纸杉木壁子	木作 169.1
	糊蜡花纸上中下杉木枋子	
	糊洗黄绢石青绫边杉木围屏	木作 169.2
	糊洗黄绢石青绫边杉木壁子	木作 169.4
十一月初二日	糊洗黄绢杉木门壁	木作 173.1

续表

日　期	器物名称	资料查找序号
十一月初六日	糊洗黄绢石青绫边杉木壁子	木作　175.2
	杉木胎绿油面毡里火漆饰件箱	木作　175.3
十一月初八日	鞔红毡杉木踏跺	木作　176
	鞔红毡杉木三层踏跺	
	杉木地平板	
十二月初八日	杉木围屏壁子	木作　182.1
正月十六日	杉木正子	画作　1601
闰五月十三日	杉木正子	画作　1602
雍正十一年		
正月初九日	杉木楞木	木作　103
正月十二日	糊黄纸杉木匣	木作　104
正月十四日	杉木卷杆	木作　105.2
正月十六日	刷黄杉木大表匣	木作　106
	刷黄杉木小表匣	
正月十八日	杉木卷杆	木作　107
正月十九日	刷黄色杉木大表匣	木作　108
	刷黄色杉木小表匣	
正月二十日	黄纸面大杉木匣	木作　109
正月二十一日	安隔断毡里杉木匣	木作　111
二月初三日	盛斗坛内供器等件杉木箱	木作　113.2
三月十七日	杉木小表匣	木作　118
四月二十三日	糊黄纸杉木盘子	木作　122
四月二十九日	杉木盘子	木作　124
五月十六日	杉木匣	木作　125

续表

日　期	器物名称	资料查找序号
五月十七日	盛锭子药杉木匣	木作　126
五月十八日	杉木箱	木作　127
五月二十七日	糊米色绢石青绫边杉木围屏	木作　128
七月初十日	杉木盘子	木作　133
八月初六日	糊黄纸杉木匣	木作　134
九月十六日	杉木箱	木作　139
九月十九日	杉木匣	木作　140
九月二十三日	杉木匣	木作　141
十月初五日	杉木匣	木作　142.1
十月初六日	杉木箱	木作　143
十月二十八日	杉木箱	木作　144
十一月初九日	盛活计糊黄纸杉木盘	木作　145
十一月二十五日	杉木匣	木作　146
十二月初二日	杉木匣子	木作　147.1
	杉木卷杆	木作　147.2
十二月初六日	杉木盘子	木作　149
十二月初八日	糊黄绢杉木匣	木作　150
三月杂项买办库票	杉木盛香罩匣	环字六十二号
	杉木发报匣	环字一百四十五号
	表匣用杉木	环字一百四十九号
	杉木楣杆	环字一百七十号
	杉木表案	环字二百〇九号

续表

日　期	器物名称	资料查找序号
五月杂项买办库票	杉木卷木卷胎红洋漆腰圆盘	指字九十八号
	杉木卷木卷胎红洋漆圆盘	
	杉木盘	指字一百十九号
六月杂项买办库票	杉木箱	薪字一百二十四号
	杉木牌位	
	杉木盘子	
	杉木围屏	
	杉木插盖匣	薪字二百一十号
七月杂项买办库票	杉木围屏	修字一百九十号
九月杂项买办库票	杉木胎刷栀子广胶表匣	永字一百十五号
雍正十二年		
正月二十七日	杉木箱	木作　103
二月初五日	杉木箱	木作　104.2
二月初七日	杉木箱	木作　105
三月二十四日	杉木托	木作　108
四月初一日	杉木匣	木作　110
四月初三日	杉木箱	木作　111
四月初九日	糊黄纸杉木盘	木作　112
五月初八日	锡里杉木盆	木作　117
五月十一日	杉木匣	木作　119
六月初二日	杉木箱子	木作　121

日　期	器物名称	资料查找序号	
六月初六日	杉木箱	木作	122
六月二十日	杉木匣	木作	124
六月二十四日	杉木箱	木作	125
八月初四日	盛活计杉木盘	木作	128
八月初五日	杉木箱	木作	129
八月十九日	杉木箱	木作	130.1
	杉木箱	木作	130.2
十月初二日	杉木箱	木作	133
十一月初十日	铁包角杉木匣	木作	135
十一月二十二日	杉木匣	木作	137
十二月十七日	杉木匣	木作	141
十二月十八日	杉木盘	木作	142
四月十二日	杉木胎罗圈靠背	皮作	401
七月二十九日	糊太阴像杉木架子	裱作	901
正月十二日	糊黄绢杉木盘	六所	1901
二月二十七日	糊黄绢杉木盘	六所	1903
雍正十三年			
三月十九日	杉木匣	木作	106
三月二十八日	盛活计杉木盘	木作	108
闰四月十二日	杉木匣	木作	113
闰四月十四日	杉木盘子	木作	114
闰四月二十一日	杉木匣	木作	115
闰四月二十三日	杉木盘子	木作	116.1
	杉木箱	木作	116.2
闰四月二十五日	杉木敕书外套匣	木作	117
八月初二日	杉木盘子	木作	122

黄杨木器物

日 期	器物名称	资料查找序号
雍正元年		
二月二十日	黄杨木砚山	杂活作　301
十月初一日	黄杨木彩漆万字福寿方盒	杂活作　309
	黄杨木节节平安花插	
	黄杨木福寿长春漆盒	
	黄杨木百寿香盒	
	黄杨木盖八仙祝寿万字方盒	
七月十五日	黄杨木刻"总督年羹尧"字样木牌	刻字作　1002
正月十九日	黄杨木拄杖	雍正元年正月吉造办处库内收贮档　1402
雍正二年		
正月二十八日	黄杨木如意	杂活作　303.1
	黄杨木笔筒	
九月初一日	黄杨木双桃盒	杂活作　307
雍正三年		
九月初四日	柳木黄杨皮鞘刀子	炮枪作 附弓作 605
二月二十九日	琥珀色玻璃黄杨木福缘□庆盒	镶嵌作 附牙作、砚作　801
八月十九日	黄杨木如意	镶嵌作 附牙作、砚作　803
十一月十六日	黄杨木白菜匙箸瓶	镶嵌作 附牙作、砚作　811

日　期	器物名称	资料查找序号
雍正四年		
七月二十七日	黄杨木香筒	木作　156.1
八月二十一日	黄杨木寿星盆景	木作　161.2
十月十二日	黄杨木座黑红玛瑙兔	玉作　211.2
九月十五日	黄杨木面紫檀木墙金珀寿字象牙长寿嵌玳瑁夔龙捧寿盒	杂活作　320.1
	黄杨木算盘	
正月初七日	黄杨木座景泰掐丝珐琅马褂小瓶	珐琅作 附大器作 701
九月二十九日	黄杨木面紫檀木墙镶嵌金珀寿字玳瑁夔龙盒	镶嵌作 附牙作、砚作　814
	黄杨木算盘	
雍正五年		
六月二十七日	灌铅黄杨木压纸	木作　132.1
十二月二十一日	紫檀木边黄杨木心雕刻万寿山水人物花卉图屏	木作　185
	紫檀木边黄杨木心有抽屉插屏式书格	
正月二十三日	黄杨木嵌"如山"金字如意	杂活作 附眼镜作、锭子药作　301
二月初四日	黄杨木"节节双喜"如意	杂活作 附眼镜作、锭子药作　302
九月十三日	黄杨木升平福寿升	杂活作 附眼镜作、锭子药作　309
	黄杨木"清平事事长如意,百福连连迎早春"挂屏	

日　期	器物名称	资料查找序号
十二月十九日	黄杨木刻"副都统达鼐"报牌	皮作　404
三月十六日	黄杨木鞘花铁线枪	炮枪作 附弓作 601
五月二十四日	黄杨木笔筒	镶嵌作 附牙作、砚作　804
	黄杨木如意	
十月初一日	黄杨木桃式盒绿端石砚	镶嵌作 附牙作、砚作　810
九月十三日	紫檀木架黄杨木雕刻升平福寿升	雕銮作　1006
三月十三日	黄杨木象棋	旋作　1302.1
三月二十二日	黄杨木象棋	旋作　1303
九月二十八日	黄杨木匙箸瓶	旋作　1306
六月初一日	黄杨木梧桐式香碟	画作　1801
	玻璃衬画片黄杨木盒	
	黄杨木彩漆甜瓜式盒	
	黄杨木竹节式彩漆盒	
	黄杨木葫芦式盒	
	黄杨木双层盒	
雍正六年		
八月二十日	黄杨木如意	珐琅作　801
二月初五日	黄杨木嵌碧玉双福双寿如意	镶嵌作 附牙作、砚作　906
三月初一日	黄杨木灵芝紫檀木管笔	镶嵌作 附牙作、砚作　907
八月二十八日	黄杨木葫芦盒	镶嵌作 附牙作、砚作　913.1

续表

日　期	器物名称	资料查找序号
九月二十八日	黄杨木戥子	匣作　1003
	乌木算盘(黄杨木珠)	
	黄杨木飞龙在天镜	
	黄杨木螃蟹式盒	
八月二十八日	黄杨木葫芦式双喜盒	雕銮作　1202
雍正七年		
五月初五日	黄杨木筒千里眼	杂活作　310
六月初九日	黄杨木座仿西洋式镶牛油石紫檀木检妆	杂活作　314
九月二十四日	紫檀木边底镶云母寿字黄杨木算盘	杂活作　320
二月初七日	黄杨木葫芦式福寿盒	雕銮作　1102
雍正八年		
八月初八日	黄杨木小香几	木作　127
十月十四日	紫檀木边黄杨木心画金花敞口匣	杂活作　306.1
二月初三日	镶嵌芝仙祝寿黄杨木香盘	镶嵌作 附牙作、砚作　801.1
雍正九年		
正月十四日	黄杨木匙箸瓶	杂活作 附眼镜作、锭子药作、绣作 304
三月初五日	黄杨木六瓣夔龙式帽架	杂活作 附眼镜作、锭子药作、绣作 309.2
十二月初四日	黄杨木道冠	杂活作 附眼镜作、锭子药作、绣作 325

续表

日　　期	器物名称	资料查找序号
正月十一日	黄杨木匙箸瓶	雕銮作　1201
	黄杨木香盒	
雍正十一年		
六月二十九日	黄杨木瓜式帽架	杂活作　310

高丽木器物

日　期	器物名称	资料查找序号
雍正元年		
正月初六日	高丽木箱子	木作　102
二月二十日	包安簧鋄银金饰件高丽木桌	木作　113.2
三月初九日	银把高丽木鞘小刀	镶嵌作 附牙作、砚作　801
	铜把高丽木鞘小刀	
	象牙把高丽木鞘小刀	
雍正三年		
九月二十二日	花梨木包镶樟木、高丽木宝座拖床	木作　129
雍正四年		
正月初二日	高丽木轿杆暖轿	木作　101.2
正月初五日	高丽木压纸	木作　102
三月十三日	高丽木栏杆紫檀木都盛盘	木作　120.5
五月十二日	高丽木矮宝座	木作　138
八月二十三日	高丽木边紫檀木心一封书式炕桌	木作　162
六月初一日	高丽木把玛瑙四珠太平车	玉作　207
四月二十三日	高丽木衣杆帽架	杂活作　313.2
八月初一日	黑珠皮鞘铜镀金饰件高丽木把小刀	炮枪作 附弓作 601
正月十二日	高丽木文具匣	镶嵌作 附牙作、砚作　802
雍正五年		
六月二十七日	高丽木压纸	木作　132.1

续表

日　期	器物名称	资料查找序号
七月十九日	高丽木压纸	木作　140
八月初十日	高丽木压纸	木作　147.2
雍正六年		
正月初七日	高丽木把馒子儿皮鞘铜镀金束鹅黄缎子赏用小刀	炮枪作 附弓作 701
雍正七年		
二月十六日	高丽木盘紫檀木珠铁炕老鹳翎色字算盘	木作　109
二月二十五日	高丽木边棋盘	木作　112
七月十二日	红羊皮鞘高丽木把铜镀金束小刀	木作　144.12
雍正八年		
八月初二日	高丽木灌铅压纸	木作　126
八月二十六日	黑漆高丽木胎攒竹轿杆	木作　129
十月二十九日	高丽木老杆八人花梨木亮轿	木作　134
雍正十年		
九月二十九日	高丽木压纸	木作　165.2

乌木器物

日　　期	器物名称	资料查找序号
雍正元年		
四月初四日	乌木	雍正元年正月吉造办处库内收贮档　1406
雍正三年		
九月初十日	乌木座	珐琅作　702
雍正四年		
四月二十三日	嵌玉面乌木架墨床	木作　130.3
七月初九日	乌木座风琴时钟问钟	自鸣钟　1301
雍正五年		
九月二十八日	乌木座白玉夔龙花纹水丞	玉作　207
十月初九日	乌木数珠	玉作　209
正月二十三日	乌木嵌"如岗"金字如意	杂活作 附眼镜作、锭子药作　301
七月十六日	乌木座三阳开泰象牙砚山	镶嵌作 附牙作、砚作　806
九月二十六日	仿洋漆嵌白玉乌木边栏杆座子紫檀木柱象牙雕夔龙裙板小罩笼	漆作　1102.1
十月二十日	乌木匣	自鸣钟 附舆图处 1601
六月初一日	嵌桂花香面乌木扇式盒	画作　1801
	乌木彩漆扇式盒	

续表

日　　期	器物名称	资料查找序号
雍正六年		
二月初五日	乌木管笔	镶嵌作 附牙作、砚作　906
九月二十八日	乌木边嵌檀香面香几	匣作　1003
	乌木算盘	
	乌木筹码	
	乌木边股小扇	
	乌木座洋玻璃匙箸瓶	
	乌木架象牙钟	
四月二十八日	乌木架自鸣钟	自鸣钟　1602
雍正七年		
三月十九日	乌木小座	木作　118.6
七月初六日	乌木嵌甘黄玉昭文带压纸	木作　143.2
五月初五日	乌木筒千里眼	杂活作　310
八月初五日	乌木边楠木架玻璃镜	铜作　507
闰七月初六日	钧窑鼎炉乌木嵌玉桃顶	匣作　902
	乌木座白玉娃娃	
八月初七日	包镶乌木边八角玻璃镜	库贮　1604
雍正八年		
十月二十六日	嵌玉乌木盖	铜作　503
	乌木座	
雍正十年		
闰五月十六日	乌木瓶式千里眼	眼镜作　1801

檀香木（白檀香）器物

日 期	器物名称	资料查找序号
雍正元年		
正月二十二日	檀香木"敬天勤民"图书	玉作　201
三月二十五日	白檀香砖	杂活作　302
二月初五日	白檀香	雍正元年正月吉造办处库内收贮档　1403
雍正二年		
正月二十八日	白檀木香帽架	杂活作　303.2
雍正三年		
九月二十九日	沉香	雕銮作 附旋作 1003
	降香	
	檀香饼	
雍正四年		
六月初一日	白檀香把花玛瑙四珠太平车	玉作　207
八月初九日	嵌金珀佛字紫檀木座龛	铜作　502
	镶嵌象牙茜红绿色夔龙葫芦形白檀香紫檀木龛	
正月十一日	檀香油	记事录　1501
雍正五年		
正月二十三日	白檀香嵌"如川"金字如意	杂活作 附眼镜作、锭子药作　301

续表

日　期	器物名称	资料查找序号
八月初一日	香斗	雕銮作　1005
雍正六年		
九月二十八日	乌木边嵌檀香面香几 沉香白檀香双陆 檀香、降香象棋子	匣作　1003
雍正七年		
闰七月初六日	檀香木牌子	匣作　902
四月二十五日	白檀香丁	雕銮作　1103
九月二十日	白檀香丁	雕銮作　1105
雍正八年		
五月二十六日	檀香吕祖 紫檀木佛龛	珐琅作　702
三月十八日	白檀香罗汉	雕銮作　1002
六月初七日	备用香斗	雕銮作　1003
雍正九年		
二月二十一日	白檀香	杂活作　附眼镜作、锭子药作、绣作 306
二月二十四日	白檀香丁	杂活作　附眼镜作、锭子药作、绣作 308
三月十二日	檀香炉	杂活作　附眼镜作、锭子药作、绣作 311
七月二十二日	白檀香长方盘 白檀香刮板	杂活作　附眼镜作、锭子药作、绣作 318

续表

日　　期	器物名称	资料查找序号
六月十三日	檀香如意	匣作　1002
八月初二日	白檀香	广储司行文 1902.2
雍正十年		
三月十一日	白檀香盘	木作　119.1
	白檀香安簧饰件九格匣	木作　119.2
五月初七日	白檀香心镶嵌宝石镀金梵字边满达	撒花作　1702
雍正十一年		
正月二十一日	白檀香雕刻如意	皮作　402
五月杂项买办库票	檀香细末	指字八十九号
雍正十三年		
三月初三日	白檀香胎永明寿禅师	旋作 附雕銮作 602
正月二十二日	白檀香阿难	记事录　1001
	白檀香迦叶	

沉香（沉速香）器物

日　　期	器物名称	资料查找序号
雍正三年		
九月二十日	沉香	木作　128
五月初十日	沉香	杂活作　304
二月二十九日	沉香佛手鼻烟壶	镶嵌作 附牙作、砚作　801
	沉香事事吉祥如意	
	沉速香如意	
十月初一日	沉香如意	镶嵌作 附牙作、砚作　809
九月二十九日	沉香	雕銮作 附旋作 1003
雍正四年		
十月二十五日	沉香	木作　185.2
正月初五日	沉香念佛数珠	玉作　201.2
	嵌珠母狮子沉香压纸	玉作　201.6
	嵌玉沉香压纸	
五月二十二日	沉速香数珠	玉作　206
三月初七日	沉速香	杂活作　307.2
雍正五年		
七月二十一日	泥鳅边紫檀木座沉香	木作　142.3
正月十八日	沉速香数珠	玉作　201
正月二十三日	沉香嵌"如松"金字如意	杂活作 附眼镜作、锭子药作　301

日　　期	器物名称	资料查找序号
五月二十二日	内盛沉香楠木锡里香匣	铜作　504
四月初三日	寿意双凤沉香如意	镶嵌作 附牙作、砚作　803
九月二十六日	泡素香盒天然形端石砚	镶嵌作 附牙作、砚作　809.1
正月二十三日	沉香 沉速香	雕銮作　1001
九月二十八日	沉速香匙箸瓶	旋作　1306
六月初一日	沉速香臂搁 沉速香如意 沉速香笔架	画作　1801
雍正六年		
九月二十八日	沉香墙嵌玳瑁面鼻烟壶 沉速香扇器 沉香白檀香双陆	匣作　1003
雍正七年		
二月初七日	沉香节节双喜如意	镶嵌作 附牙作、砚作　803.4
四月二十五日	沉香方丁	雕銮作　1103
九月二十日	沉香丁	雕銮作　1105
十二月二十一日	沉香方丁	雕銮作　1106
雍正八年		
十月十四日	沉香山子	杂活作　306.1
十月二十六日	四足象鼻玉炉耳上嵌沉香	铜作　503

续表

日　期	器物名称	资料查找序号
七月十八日	沉香夔龙玦鼻烟壶	镶嵌作 附牙作、砚作　803
雍正九年		
七月初四日	沉速香数珠	玉作　202
二月二十一日	沉速香	杂活作 附眼镜作、锭子药作、绣作　306
二月二十四日	沉香	杂活作 附眼镜作、锭子药作、绣作　308
六月十三日	沉香如意	匣作　1002
雍正十一年		
四月二十三日	大块沉香	杂活作　307
四月二十三日	小沉香	库贮　1601

伽楠香器物

日 期	器物名称	资料查找序号
雍正元年		
十二月十七日	伽楠香	杂活作 311
三月十一日	伽楠香	记事录 1301
雍正二年		
四月十二日	伽楠香鸳鸯暖手	镶嵌作 附牙作、砚作 501
	伽楠香扇器	
	伽楠香山子	
	伽南香	
雍正三年		
九月二十日	伽楠香	木作 128
五月初三日	伽南香	杂活作 303
二月初六日	伽楠香	雕銮作 附旋作 1001
雍正四年		
正月初五日	金丝伽楠香珠	玉作 201.2
五月二十二日	伽楠香珠	玉作 206
十一月初四日	伽楠香数珠	玉作 218.1
	伽楠香数珠	玉作 218.2
二月十一日	伽楠香	杂活作 304
三月初七日	伽楠香	杂活作 307.1
四月二十三日	伽楠香	杂活作 313.3
八月二十五日	伽楠香如意	镶嵌作 附牙作、砚作 813

续表

日　期	器物名称	资料查找序号
五月初三日	伽楠香	记事录　1502
雍正五年		
正月十八日	伽楠香数珠	玉作　201
十二月十九日	伽楠香数珠	玉作　210
六月二十日	伽楠香	交库存收档 2004
十月十八日	伽楠香	交库存收档 2005
雍正六年		
十一月十四日	伽楠香数珠	玉作　206
三月二十三日	碎伽楠香	杂活作　307
十一月初八日	伽楠香	交库存收档 1805
雍正七年		
十月十五日	海南香	木作　166
闰七月初六日	伽楠香座珊瑚砚山	匣作　902
三月初五日	伽楠香	库贮　1601
六月初八日	伽楠香	库贮　1603
九月二十四日	伽楠香	库贮　1605
十月初八日	伽楠香	库贮　1606
十月十五日	伽楠香	库贮　1607
十月十八日	伽楠香数珠	库贮　1608
雍正八年		
二月初十日	伽楠香数珠	玉作　202

续表

日　　期	器物名称	资料查找序号
九月二十五日	伽楠香数珠	玉作　204
十月二十六日	伽楠香数珠	玉作　206.1
	伽楠香数珠	玉作　206.3
九月二十九日	天花献瑞翠花伽楠香盆盆景	杂活作　305.2
雍正九年		
十二月二十九日	伽楠香	玉作　203
	伽楠香数珠	
正月十三日	伽楠香	库贮　1601
十月二十日	伽楠香	库贮　1607
十一月初十日	伽楠香数珠	广储司行文　2003
雍正十年		
三月初八日	伽楠香数珠	玉作　203
四月二十五日	伽楠香数珠	玉作　204
六月二十五日	伽楠香数珠	玉作　206
十月二十七日	伽楠香数珠	玉作　210
闰五月初二日	伽楠香面带头嵌青金石垫红皮蛤蟆	杂活作　303
	伽楠香面带头傍带	
三月初八日	伽楠香	旋作　1402
雍正十一年		
十月二十三日	伽楠香数珠	玉作　202
四月二十三日	伽楠香	库贮　1601
十月二十三日	伽楠香	库贮　1602
十月二十七日	伽楠香	库贮　1605.2

日　期	器物名称	资料查找序号
雍正十二年		
十月二十三日	伽楠香	库贮　1802.1
	伽楠香数珠	
	伽楠香手串	库贮　1802.2
十月二十四日	伽楠香	库贮　1803
雍正十三年		
闰四月十九日	伽楠香数珠	玉作　202
	伽楠香	玻璃厂　902

降香（紫降香）器物

日　期	器物名称	资料查找序号
雍正三年		
九月二十九日	西番字降香数珠	匣作　903
	降香	雕銮作 附旋作 1003
雍正五年		
十一月十一日	紫降香龛	木作　175
十二月二十九日	紫降香牌位	木作　187
八月初一日	香斗	雕銮作　1005
雍正六年		
二月初二日	紫降香牌龛	木作　106
九月二十八日	降香象棋子	匣作　1003
雍正七年		
四月二十五日	降香丁	雕銮作　1103
九月二十日	紫降香丁	雕銮作　1105
十二月二十一日	紫降香丁	雕銮作　1106
雍正八年		
二月二十三日	紫降香方丁	雕銮作　1001
六月初七日	香斗	雕銮作　1003
雍正九年		
七月二十二日	降真香长方弯尺	杂活作 附眼镜作、锭子药作、绣作 318

续表

日　期	器物名称	资料查找序号
八月初二日	降香	广储司行文 1902.2
雍正十年		
三月十一日	紫降香镶嵌轮	撒花作　1701
雍正十一年		
十一月十八日	紫降香轮	撒花作　1501
雍正十二年		
六月二十日	镶嵌降香轮	木作　124

柏木（南柏木）器物

日　　期	器物名称	资料查找序号
雍正三年		
八月初八日	抽长柏木床	木作　112
十二月初六日	柏木压纸	木作　149.3
五月十一日	柏木包小刀鞘	杂活作　305
雍正五年		
七月二十六日	南柏木盛纸斗	木作　143.1
十月初六日	花梨木边黄柏木心煤炸字背面油朱油"洞明堂"匾	木作　164.2
正月十八日	柏木根数珠	玉作　201
正月二十三日	柏木包木嵌"如柏"金字如意	杂活作 附眼镜作、锭子药作　301
雍正六年		
四月十六日	柏木水法	杂活作　308
雍正九年		
二月初七日	楠木边柏木心横楣	记事录　1501
	楠木边柏木心帘架	
	楠木边柏木心落地罩	
	楠木边柏木心矮落地罩	
	柏木边楠木心小槅扇	
	柏木边楠木心裙板矮槅扇	
雍正十年		
九月二十八日	柏木边楠木心夹纱槅扇	木作　164

天然木器物

日　　期	器物名称	资料查找序号
雍正二年		
正月二十八日	杏木菱角核桃荔枝笔架 杏木根如意	杂活作　303.1
五月二十七日	花梨木根匣	镶嵌作 附牙作、 砚作　503
雍正三年		
十月二十一日	天然树石插屏	木作　134.2
七月十一日	杏木根花篮	镶嵌作 附牙作、 砚作　802
九月初七日	老鹳眼木双梗双叶九如意	镶嵌作 附牙作、 砚作　806
十一月十六日	天然木根	镶嵌作 附牙作、 砚作　811
雍正四年		
正月二十三日	蛇木	木作　106
三月十三日	紫檀木座天然树根	木作　120.4
十月二十二日	杏木根数珠	玉作　213
正月二十三日	黑漆里天然树根香几	杂活作　301
雍正五年		
正月十八日	楠木根数珠	玉作　201

续表

日　　期	器物名称	资料查找序号
雍正六年		
九月二十八日	杏木根异兽压纸	匣作　1003
	杏木根天然鹿	
	杏木根雕刻鸠	
	杏木根雕刻竹式臂搁	
十月二十五日	天然木根香几	杂录　1701

榆木（黄榆木、花榆木）器物

日　　期	器物名称	资料查找序号
雍正元年		
二月二十四日	榆木轿杆榆木金漆亮轿	木作　114.2
二月二十七日	黄榆木折叠腿桌	皮作　401
雍正二年		
五月二十一日	瘿子木、花榆木攽凑桃式盒紫端砚	镶嵌作 附牙作、砚作　502
雍正三年		
八月初九日	榆木打花梨木色缸座	木作　113
十一月初六日	榆木三只腿仪器架	木作　140
雍正四年		
三月初六日	花榆木照背	杂活作　306
十二月十三日	花榆木碗	雕銮作 附旋作 1109
九月初四日	榆木罩漆膳桌	漆作　1209
雍正五年		
四月初二日	榆木茅葫芦	木作　121
八月初五日	榆木脚搭	木作　144
雍正六年		
四月二十五日	花榆木大案	木作　127
雍正七年		
二月初三日	榆木架子钉包角铁叶椴木食盒	木作　105

续表

日　期	器物名称	资料查找序号
雍正八年		
正月初四日	榆木胎藤屉金漆罗圈椅	木作　101
雍正九年		
三月十八日	榆木炮探子	炮枪作 附弓作 602
	榆木塞子	
	榆木滚木	
	榆木垫板	
	榆木榔头	
	榆木充杠	
	大头小尾榆木撬杠	
雍正十一年		
五月杂项买办库票	圆明园各式牌匾	指字一百三十五号
雍正十二年		
十二月二十四日	榆木架子	木作　143

松木（洋松木）器物

日　期	器物名称	资料查找序号
雍正元年		
九月二十日	松木佛柜	木作　150.3
三月初五日	包镶毛竹边洋松木活腿桌	皮作　402
雍正三年		
十一月初六日	盛仪器松木匣	木作　140
雍正五年		
十月二十八日	松木柜	木作　169.1
雍正六年		
八月十三日	松木灌铅门枕	木作　146
雍正八年		
十一月二十八日	松木五层木架	木作　144
十二月十七日	松木外套箱	木作　147
雍正九年		
三月二十日	松木座杉木壁子旧围屏	木作　118
十一月十七日	松木牌插	木作　156
雍正十年		
正月初七日	松木板	木作　101

椴木器物

日　　期	器物名称	资料查找序号
雍正元年		
七月二十三日	椴木猫	木作　137.2
九月二十日	椴木机子	木作　150.2
	椴木供桌	木作　150.4
雍正三年		
四月十三日	扫金罩漆椴木签筒	木作　107
	椴木胎外糊黄绢面红绢里签筒匣	
	椴木胎外糊黄绢面红绢里签匣	
十月初十日	椴木匣	木作　131.1
雍正四年		
十月初六日	黄铜饰件椴木搭色匣	木作　177
十二月二十四日	椴木鸟枪鞘	炮枪作 附弓作　602
雍正五年		
三月十五日	椴木匣	木作　114
十二月二十五日	椴木交枪鞘	炮枪作 附弓作　605
雍正七年		
二月初三日	榆木架子钉包角铁叶椴木食盒	木作　105
九月二十日	椴木胎香面山子座灵芝	木作　158
十二月十九日	椴木底盖毛竹筒	木作　176
二月初六日	椴木胎鞍撒林皮碗套	皮作　401

续表

日　期	器物名称	资料查找序号
雍正十年		
十月十三日	椴木香面山子	木作　168.1
雍正十一年		
正月十四日	椴木栽板	木作　105.2
五月二十日	椴木	四所等处档 1702
六月杂项买办库票	桑蚕冠顶盔子	薪字三十二号
	海灯翻砂木样瓶子	薪字三十三号
	翻砂炉样	薪字三十四号
七月杂项买办库票	九龙匾	修字五十号
	旋盔子样	修字一百九十五号
雍正十二年		
十月二十三日	椴木雕卧蚕腿高桌样洋漆炕桌	油漆作　1101
	椴木雕如意云腿高桌样	

鸂鶒木器物

日 期	器物名称	资料查找序号
雍正四年		
七月二十七日	鸂鶒木帽架	木作　156.3
十月二十五日	鸂鶒木匣	木作　185.4
三月十三日	鸂鶒木边黑石片	杂活作　308
四月初二日	鸂鶒木有帽架小衣架	杂活作　311
四月二十三日	鸂鶒木衣杆帽架	杂活作　313.2
七月十六日	鸂鶒木帽架	杂活作　315
三月十五日	鸂鶒木盒端砚	镶嵌作 附牙作、砚作　805.1
	鸂鶒木盒端砚	镶嵌作 附牙作、砚作　805.2
雍正五年		
五月初六日	鸂鶒木盒	木作　125
正月二十三日	鸂鶒木嵌"如阜"金字如意	杂活作 附眼镜作、锭子药作　301
三月二十七日	鸂鶒木帽架	杂活作 附眼镜作、锭子药作　304
雍正六年		
七月初四日	鸂鶒木一块玉石青字"含韵斋"匾	木作　139
十一月初二日	鸂鶒木盒紫端石砚	镶嵌作 附牙作、砚作　915

续表

日　　期	器物名称	资料查找序号
雍正七年		
四月初二日	鸂鶒木架紫檀木边架铜錾花镀金饰件	木作　122.2
	鸂鶒木座紫檀木架铜錾花镀金饰件	
四月初五日	鸂鶒木盒嵌白玉卧蚕纹佩绿端石砚	玉作　205.2
闰七月初六日	鸂鶒木画金花长方匣	匣作　902
雍正十年		
九月初三日	鸂鶒木旧案面	木作　152
雍正十一年		
四月二十七日	鸂鶒木拄杖	木作　123.2

红豆木器物

日　　期	器物名称	资料查找序号
雍正四年		
四月初八日	红豆木	木作　126
	紫檀木牙红豆木案	
	红豆木案	
四月二十三日	紫檀木牙红豆木案	木作　130.4
六月十五日	红豆木转板书桌	木作　145.1
雍正六年		
三月十七日	红豆木桌	木作　120
八月二十五日	红豆木案	木作　147

紫檀器物

日　期	器物名称	资料查找序号
雍正元年		
正月初八日	紫檀木边小吊屏	木作　103
正月二十一日	紫檀木边玻璃门牌龛	木作　104
正月二十三日	紫檀木边豆瓣楠木心套桌	木作　105
二月初五日	紫檀木凹面镜架	木作　107
二月初六日	紫檀木笔管	木作　108
二月初七日	紫檀木弯尺	木作　109.2
二月十五日	紫檀木边楠木镶玻璃门佛龛	木作　112
	卷棚脊镶玻璃门楠木佛龛	
	毗卢帽镶玻璃门楠木佛龛	
二月二十日	包鋄银饰件紫檀木边楠木心桌	木作　113.1
	赤金饰件紫檀木边豆瓣楠木心桌	
	包赤金饰件紫檀木边豆瓣楠木心桌	
	包鋄金紫檀木边豆瓣楠木心桌	
	包赤金饰件紫檀木桌	木作　113.2
	紫檀木座	木作　113.3
三月初三日	紫檀木座	木作　116
三月初九日	紫檀木腰圆盘	木作　117.2
四月二十一日	紫檀木边框玻璃罩匣	木作　128.1
四月二十三日	螭虎腿紫檀木座	木作　129
四月二十六日	嵌玉紫檀木盖	木作　131
	紫檀木座	

日　期	器物名称	资料查找序号
八月初一日	紫檀木佛龛	木作　140
八月初十日	紫檀木匣	木作　143.2
八月十八日	紫檀木盆景座	木作　146.2
九月初五日	紫檀木边玻璃插屏	木作　147.1
十二月二十四日	嵌玉凤顶紫檀木盖座 嵌玉花顶紫檀木盖	木作　163.1
二月二十七日	紫檀木嵌玉压纸	玉作　205
四月十九日	紫檀木西洋花玻璃镜镜支	杂活作　303
四月二十一日	紫檀木里两边安西洋簧银台撒方箱	杂活作　304
六月初十日	嵌硝子石紫檀木镇纸	杂活作　307
九月初七日	荔枝皮紫檀木座玻璃罩盆景	杂活作　308
二月二十四日	雕刻紫檀木书格	铜作　502
三月十四日	嵌珐琅片紫檀木盒	珐琅作　附大器作、镀金作　701
十二月十五日	腰形紫檀木茶盘	珐琅作　附大器作、镀金作　702
四月二十九日	紫檀木洋金宝塔	镶嵌作　附牙作、砚作　802
二月初五日	紫檀木	雍正元年正月吉造办处库内收贮档　1403
雍正二年		
正月十八日	紫檀木夔龙式架	木作　103
六月初八日	紫檀木	木作　113
六月二十四日	紫檀木玻璃门龛	木作　115

续表

日 期	器物名称	资料查找序号
八月十二日	紫檀木异兽靶碗座子	木作 119
九月十二日	紫檀木盘子	木作 120
十月初一日	紫檀木匣套	木作 121
十月二十七日	紫檀木如意龛	木作 123
十一月初六日	紫檀木锤架	木作 125
二月十一日	汉玉插屏镶紫檀木边	玉作 201.1
正月初九日	紫檀木架水晶太平车	杂活作 301
正月二十八日	镶嵌紫檀木日月长明盒 镶嵌四季花紫檀木笔筒 镶嵌福如东海紫檀木圆盒 镶嵌芝仙祝寿紫檀木圆盒 镶嵌紫檀木方笔筒玻璃碟 镶嵌紫檀木芝仙祝寿盒 珊瑚水提玛瑙面紫檀木墨床 白玉桥梁紫檀木镇纸 紫檀木都盛盘 紫檀木葡萄叶盘	杂活作 303.1
正月二十八日	紫檀木帽架	杂活作 303.2
	紫檀木架四面玻璃镜	杂活作 303.3
五月二十五日	紫檀木架嘛呢顶大羽毛扇	杂活作 304
八月十二日	紫檀木把铜饰件鞭子	杂活作 305
八月十九日	银母寿字镶嵌紫檀木红福背后金笺纸上篆石青字百寿图楠木插屏	杂活作 306.1
八月十九日	雕刻番花紫檀木玻璃镜插屏	杂活作 306.2

续表

日　期	器物名称	资料查找序号	
正月初四日	紫檀木博古书格	匣作	601
雍正三年			
正月初十日	紫檀木盒绿端砚	木作	102.2
八月初十日	紫檀木安栏杆四方小书格	木作	114.2
八月十一日	紫檀木底盖竹筒	木作	115.1
八月二十八日	紫檀木边玻璃插屏	木作	118
九月十四日	哥窑瓶紫檀木座	木作	124
九月十五日	紫檀木方奁	木作	125
九月十八日	紫檀木琴桌	木作	126.3
	退光漆板紫檀木座扶手		
	紫檀木托珐琅仪器扶手		
九月三十日	紫檀木四面镶象牙牙子书格	木作	130
十月十七日	紫檀木托泥洋漆小柜	木作	132
十一月初一日	紫檀木边座玻璃小插屏	木作	138
十一月二十日	白玉昭文带配紫檀木尺	木作	144.4
	汉玉昭文带配紫檀木尺	木作	144.5
	紫檀木嵌汉玉昭文带	木作	144.6
	紫檀木座白玉小花插	木作	144.7
十一月二十一日	紫檀木夔龙缸架	木作	145
十一月二十二日	紫檀木圆盘帽架	木作	146.1
	此檀木痰盂托		
	紫檀木边玻璃吊镜	木作	146.2
十一月二十七日	紫檀木匣	木作	147.4
	嵌白玉昭文带紫檀木压纸	木作	147.7

续表

日　期	器物名称	资料查找序号
十一月二十八日	紫檀木座白玉孟母教子	木作　148.1
	紫檀木素圆座龙泉窑花插	木作　148.2
十二月初六日	牛角帽架式紫檀木衬纱盖	木作　149.1
	铜筒紫檀木梃托盘	
	紫檀木转板矮书桌	木作　149.2
	紫檀木把春皮压纸	木作　149.3
十二月十八日	紫檀木圆砚托	木作　150.1
	紫檀木衣杆	
八月十八日	紫檀木匣盖	玉作　202
九月初六日	镶嵌紫檀木圆盒	杂活作　307
九月二十八日	铁鋄金边紫檀木砚托板	杂活作　308
十一月二十三日	紫檀木把玉剑	杂活作　310
十二月初七日	玻璃镜嵌汉玉紫檀木镜支	杂活作　311
十二月十八日	铜梃紫檀木痰盂托	杂活作　312
十二月二十六日	紫檀木嵌汉玉顶紫檀木座	杂活作　313
九月十五日	天圆地方紫檀木座	铜作　503
九月二十九日	紫檀木香盒	铜作　504
九月三十日	紫檀木柱铜座	铜作　505
	紫檀木杆	
九月十一日	紫檀木架珐琅葫芦瓶上插通草桃	珐琅作　703
二月二十九日	嵌黄绿石夔龙纽紫檀木压纸	镶嵌作 附牙作、砚作　801
	紫檀木百寿盒	
	嵌黄绿石夔龙面白端石宝月瓶配紫檀木座	

续表

日　　期	器物名称	资料查找序号
八月二十六日	镶嵌玻璃面紫檀木盒绿端石福禄寿砚	镶嵌作 附牙作、砚作 804
	镶嵌玻璃面紫檀木盒绿端石夔龙桃砚	
九月十一日	紫檀木镶嵌"岁岁双安"插屏	牙作 807.1
	紫檀木镶嵌寿山石寿星仙人插屏	牙作 807.2
十月初一日	紫檀木镶嵌眉寿香几	牙作 809
四月二十日	紫檀木别子	匣作 901
十二月初六日	玛瑙面紫檀木插屏	匣作 905.3
八月十一日	紫檀木彩画洋金塔	漆作 1103
	紫檀木边玻璃门牌龛	
十二月二十六日	紫檀木把錽金夔龙槌	錽作 1301
雍正四年		
正月二十八日	紫檀木佛龛	木作 108
正月三十日	紫檀木嵌玉狗压纸	木作 109
二月十一日	紫檀木佛龛	木作 110
二月十五日	紫檀木边座玻璃插屏	木作 111.1
	紫檀木桌	木作 111.2
三月初七日	紫檀木转板桌	木作 119
三月十三日	紫檀木座汉玉方池	木作 120.2
	紫檀木把玛瑙勺	木作 120.3
	紫檀木座天然树根	木作 120.4
	高丽木栏杆紫檀木都盛盘	木作 120.5
	紫檀木架云壁石磬	木作 120.6
三月十七日	紫檀木座象牙牌	木作 122

日　　期	器物名称	资料查找序号
四月初八日	紫檀木牙红豆木案	木作　126
四月二十三日	嵌玉昭文带紫檀木压纸	木作　130.1
	紫檀木牙红豆木案	木作　130.4
	紫檀木都盛盘	木作　130.5
五月初一日	紫檀木架端石插屏	木作　134
五月十九日	紫檀木匣	木作　140
六月初三日	紫檀木边框花梨木宝座	木作　141
六月十一日	二层高紫檀木衣杆架	木作　143
六月十三日	紫檀木都盛盘	木作　144
六月十七日	紫檀木顶铜丝炉罩	木作　146
六月二十四日	紫檀木窝凳	木作　151
六月二十七日	紫檀木平托	木作　153
	紫檀木闲余帽架	
	紫檀木衣杆架	
七月初五日	镶象牙底盖紫檀木挂笔筒	木作　154
七月二十三日	紫檀木都盛盘	木作　155.2
八月十六日	紫檀木面红漆彩金龙膳桌	木作　160
	紫檀木面红漆彩金龙酒膳桌	
八月二十三日	高丽木边紫檀木心一封书式炕桌	木作　162
八月二十四日	紫檀木手巾杆帽架	木作　163
九月初二日	紫檀木手巾杆帽架	木作　164.2
九月初五日	紫檀木斜式小琴	木作　165
九月初六日	紫檀木嵌玉宝座	木作　166

续表

日　期	器物名称	资料查找序号	
九月十七日	紫檀木圆光象牙镶玳瑁寿字安玻璃镜书格	木作	169.1
九月十九日	紫檀木架座	木作	170.1
	紫檀木嵌汉玉狗压纸	木作	170.2
	紫檀木嵌汉玉昭文带压纸	木作	170.3
	紫檀木嵌汉玉小琴压纸		
九月二十一日	紫檀木托黄玛瑙荷叶	木作	171
九月二十三日	高丽木边紫檀木心长方一封书炕桌	木作	172.2
九月二十六日	紫檀木架玉磬	木作	174
	紫檀木嵌牙架玉磬		
十月十二日	紫檀木托蜡石玛瑙笔洗	木作	179
十月二十二日	紫檀木架青花白地宣窑大瓷盘	木作	183.1
十月二十二日	紫檀木座大理石盘	木作	183.3
十月二十五日	紫檀木镶银累丝玻璃靠背床	木作	185.1
	紫檀木荷叶座	木作	185.3
	紫檀木架玉磬	木作	185.5
	紫檀木座白瓷古周饕餮瓶	木作	185.6
	紫檀木独梃座洋瓷葡萄叶式洗	木作	185.7
	紫檀木独梃座白色玛瑙大莲瓣	木作	185.8
	紫檀木独梃座白玛瑙双桃灵芝水丞	木作	185.9
	紫檀木独梃座白玉荷叶笔洗	木作	185.10
	紫檀木座玛瑙笔架	木作	185.11
	紫檀木座白玉双龙包袱式水丞	木作	185.12
	紫檀木座白玉小炉、紫檀木座青玉螭虎觥	木作	185.13
	紫檀木座白玉莲瓣	木作	185.14

续表

日　期	器物名称	资料查找序号
十月二十六日	紫檀木座银晶龙头觥	木作　186.1
	紫檀木座汉玉花插	木作　186.2
	紫檀木座水晶花插	木作　186.3
	紫檀木架白玉寿字牌碧玉夔凤磬	木作　186.4
十月三十日	紫檀木活腿四方香几	木作　187
十一月初一日	雕紫檀木边座玻璃插屏	木作　188.1
	紫檀木佛龛	
十一月十一日	紫檀木如意嵌白玉鸡心扇牌	木作　191
十一月十六日	紫檀木鼓墩圆座白玉水丞	木作　193.1
	紫檀木座	木作　193.2
十二月十五日	紫檀木有栏杆小盘	木作　194
正月十三日	紫檀木架碧玉瓜式磬	玉作　202
	紫檀木座碧玉瓜式磬	
十月二十四日	紫檀木边玻璃吊屏	玉作　214
正月三十日	嵌汉玉拱璧紫檀木玻璃镜支	杂活作　302
二月二十九日	紫檀木画片六角大座灯	杂活作　305
三月十九日	紫檀木架铜马口铃	杂活作　309
三月二十二日	紫檀木嵌玉长方墨床	杂活作　310
	紫檀木嵌玉压纸	
四月初二日	紫檀木有铜座手巾杆帽架	杂活作　311
	紫檀木抽长矮桌	
四月十二日	紫檀木座碧玉觥	杂活作　312
四月二十三日	紫檀木镜支匣方古铜镜	杂活作　313.1
	紫檀木铜座帽架	杂活作　313.2

日　　期	器物名称	资料查找序号
五月十六日	嵌汉玉紫檀木镜支	杂活作　314
七月二十一日	紫檀木架玛瑙石磬	杂活作　316
	紫檀木架玛瑙石插屏	
八月初七日	紫檀木镜支寿意玻璃镜	杂活作　317
	紫檀木有砚托笔筒手巾杆帽架	
九月十五日	黄杨木面紫檀木墙金珀寿字象牙长寿嵌玳瑁夔龙捧寿盒	杂活作　320.1
	紫檀木嵌金珀寿字夔龙桌	杂活作　320.2
九月十九日	紫檀木座汉玉圆花插	杂活作　321
十月十二日	紫檀木座天然石竹节花插	杂活作　322
十月二十五日	紫檀木边玻璃镜	皮作　402
正月十二日	紫檀木胎铜盒面嵌玉拱璧	铜作　501
八月初九日	白檀香玻璃门紫檀木雕刻夔龙毗卢帽上嵌金珀佛字紫檀木座龛	铜作　502
	镶嵌象牙茜红绿色夔龙葫芦形白檀香紫檀木龛	
	嵌金珀佛字毗卢帽玻璃门紫檀木佛龛座	
八月十三日	珐琅托紫檀木座轩辕镜帽架	珐琅作　附大器作 705
九月初四日	红铜胎烧珐琅红地蓝字黄地红字镀金边线镶紫檀木棋子	珐琅作　附大器作 706
二月十五日	紫檀木佛龛	镶嵌作　附牙作、砚作　803
三月十三日	紫檀木盒多福砚	镶嵌作　附牙作、砚作　804

续表

日　　期	器物名称	资料查找序号
三月十五日	紫檀木盒端砚	镶嵌作 附牙作、砚作 805.1
三月二十日	紫檀木盒长圆形砚	镶嵌作 附牙作、砚作 806
五月二十四日	雕象牙底盖紫檀木挂笔筒	镶嵌作 附牙作、砚作 809
六月十九日	紫檀木镶嵌象牙八仙长方八角盘	镶嵌作 附牙作、砚作 810
九月二十九日	黄杨木面紫檀木墙镶嵌金珀寿字玳瑁夔龙盒	镶嵌作 附牙作、砚作 814
十月二十日	紫檀木嵌画石竹节螭虎形图书压纸	镶嵌作 附牙作、砚作 816
十月二十四日	紫檀木架玻璃插屏	镶嵌作 附牙作、砚作 817
十月二十五日	紫檀木嵌玉双开匣	镶嵌作 附牙作、砚作 818.1
	镶嵌河图洛书紫檀木匣	镶嵌作 附牙作、砚作 818.2
七月十六日	紫檀木盘	匣作 902
十一月初一日	紫檀木六方大座灯	匣作 903
三月初七日	紫檀木插屏	裱作 附画作、刻字作 1001
三月二十八日	紫檀木轴头	裱作 附画作、刻字作 1002
九月初二日	紫檀木插屏	裱作 附画作、刻字作 1005

续表

日　　期	器物名称	资料查找序号
十一月二十三日	紫檀木架玻璃围屏	裱作 附画作、刻字作 1007
三月初一日	紫檀木雕九龙边铜镀金字"圆明园"匾	雕銮作 附旋作 1101
十一月初三日	紫檀木盒绿端石砚	记事录 1503
雍正五年		
正月二十二日	紫檀木边豆瓣楠木心炕桌	木作 103
	紫檀木边雕龙心百衲脚搭	
三月十三日	玻璃门紫檀木龛	木作 113
闰三月初七日	紫檀木都盛盘	木作 116.2
六月十五日	安玻璃门窗户眼紫檀木佛龛	木作 129
六月二十四日	紫檀木包镶床	木作 131
	紫檀木图塞尔根桌	
	紫檀木叠落香几	
六月二十七日	紫檀木压纸	木作 132.1
七月初二日	紫檀木座大乐钟	木作 133.1
七月初三日	紫檀木座松鹿玉笔筒	木作 134
七月十八日	紫檀木座玻璃插屏	木作 139.1
七月二十一日	玻璃面内衬花篮花卉画镶嵌银母紫檀木桌	木作 142.1
	镶嵌银母面番花紫檀木都盛盘	木作 142.2
七月二十一日	泥鳅边紫檀木座	木作 142.3
八月初八日	嵌绿色石面紫檀木香几	木作 146
八月二十二日	紫檀木座雕刻螭虎龙油珀花插	木作 151

续表

日 期	器物名称	资料查找序号
八月二十六日	乌拉石面紫檀木圆腿香几	木作 154.1
九月初六日	嵌白玉昭文带紫檀木压纸	木作 157
九月十九日	紫檀木钉闲余挂板	木作 160
九月二十六日	紫檀木有抽屉书格式佛龛	木作 161.1
十月初六日	紫檀木边"枕流漱石"匾	木作 164.1
十月十四日	紫檀木边腿山水花纹大理石面桌	木作 167.1
	紫檀木边座八哥花纹大理石插屏	木作 167.2
	紫檀木边座山水花纹大理石插屏	
十月十八日	紫檀木糊纱盖	木作 168.1
	紫檀木架黄杨木雕刻万寿花纹边玻璃衬油画片四方灯	木作 168.2
十一月初一日	紫檀木独梃座子玻璃罩	木作 171.4
	珐琅顶紫檀木边镶玻璃罩座紫檀木香几	木作 171.5
十一月二十二日	紫檀木座水晶单凤花插	木作 178
十二月二十一日	紫檀木边黄杨木心雕刻万寿山水人物花卉图屏	木作 185
	紫檀木边黄杨木心有抽屉插屏式书格	
十二月二十九日	镶嵌云母篆字紫檀木牌龛	木作 187
三月初十日	紫檀木盒	玉作 202.2
八月二十七日	紫檀木座白玉娃娃笔架	玉作 203.1
	紫檀木座黄酒色石童子牧牛笔架	玉作 203.2
九月初六日	紫檀木座白玉双喜笔架	玉作 204.1
	紫檀木座白玉山石人物陈设	玉作 204.2

续表

日　期	器物名称	资料查找序号
九月初十日	紫檀木座银晶瓶	玉作　205
九月二十六日	紫檀木圆腿双层架牛油石撇口盘	玉作　206
十月初二日	紫檀木座白玉甜瓜瓣式水丞	玉作　208
正月二十三日	紫檀木嵌"如南山"金字如意	杂活作 附眼镜作、锭子药作　301
二月初四日	紫檀木边玻璃插屏镜	杂活作 附眼镜作、锭子药作　302
	祭红瓶紫檀木座寿比南山盆景	
	珐琅瓶紫檀木座铜烧古五福同寿盒	
	镶金珀紫檀木盒福禄寿端砚	
	嵌玉环紫檀木墨床	
	紫檀木边玻璃插屏	
二月二十一日	紫檀木挂笔筒	杂活作 附眼镜作、锭子药作　303.1
	镶玳瑁象牙紫檀木香几	杂活作 附眼镜作、锭子药作　303.2
	珐琅瓶紫檀木座	
三月二十七日	紫檀木铜镀金筒帽架	杂活作 附眼镜作、锭子药作　304
五月初八日	紫檀木帽架	杂活作 附眼镜作、锭子药作　305
	紫檀木痰盂托	
	紫檀木砚托	
	紫檀木衣杆	
	紫檀木闲余架	
八月初九日	镶银里紫檀木匣	杂活作 附眼镜作、锭子药作　308

日　期	器物名称	资料查找序号
十月十二日	紫檀木独梃座玻璃轩辕镜帽架	杂活作 附眼镜作、锭子药作 310
三月十八日	紫檀木座汉玉卧蚕纹内圆外方水丞	铜作　503
十月初三日	紫檀木香盒	铜作　506
二月初八日	紫檀木座掐丝珐琅花瓶	珐琅作 附大器作 701
五月二十四日	镶嵌紫檀木万事如意香几	镶嵌作 附牙作、砚作　804
九月二十六日	紫檀木盒端石砚	镶嵌作 附牙作、砚作　809.1
	嵌汉玉紫檀木盒端石砚	
	紫檀木香几	镶嵌作 附牙作、砚作　809.2
十月十二日	紫檀木雕刻松根座	镶嵌作 附牙作、砚作　811.1
	紫檀木盒绿端砚	镶嵌作 附牙作、砚作　811.2
十二月初八日	紫檀木座福寿长春瓶花	镶嵌作 附牙作、砚作　812
五月二十九日	铜镀金里紫檀木痰盂	雕銮作　1004
九月十三日	紫檀木架黄杨木雕刻升平福寿升	雕銮作　1006
九月二十八日	紫檀木吉庆如意香盒	雕銮作　1007
九月二十六日	仿洋漆嵌白玉乌木边栏杆座子紫檀木柱象牙雕夔龙裙板小罩笼	漆作　1102.1
	紫檀木长方八角中心镶嵌福寿长春花卉夔龙象牙腿盘	漆作　1102.2

续表

日　　期	器物名称	资料查找序号
三月十三日	紫檀木象棋	旋作　1302.1
三月二十二日	紫檀木象棋	旋作　1303
七月十九日	紫檀木座五彩有耳小宝月瓶	旋作　1305
九月二十八日	紫檀木匙箸瓶	旋作　1306
正月二十三日	嵌玉紫檀木盖烧古铜鼎紫檀木座	铸炉作　1401
十月二十三日	紫檀木座白玻璃罩	烧造玻璃厂 1502
九月十二日	葫芦式花瓶紫檀木架	花儿作　1703
六月初一日	玻璃衬画片紫檀木盒	画作　1801
	紫檀木双层盒	
	紫檀木盒	
	紫檀木菊花叶式盘	
	紫檀木葡萄叶式盘	
十二月三十日	乌拉石面紫檀圆腿香几	记事录　1901
正月十九日	紫檀木大座灯	交库存收档 2001
五月二十二日	紫檀木边镶玻璃心柜	交库存收档 2003
十月二十日	紫檀木边玻璃高桌	交库存收档 2006
雍正六年		
正月十一日	无量寿佛玻璃门紫檀木佛龛	木作　103
正月十三日	镶嵌紫檀木佛龛	木作　105.1
二月初七日	紫檀木嵌汉玉昭文带压纸	木作　107.2
二月十九日	紫檀木佛龛	木作　110.1
	紫檀木佛龛	木作　110.2
二月二十三日	紫檀木须弥座式样托板	木作　112.1

续表

日　　期	器物名称	资料查找序号
二月二十六日	紫檀木桌	木作　113
三月初八日	紫檀木佛龛	木作　117
三月十四日	紫檀木嵌银母寿字边对联架子	木作　118
三月十六日	紫檀木集锦书格	木作　119
三月十七日	紫檀木桌 紫檀木椅	木作　120
五月十二日	紫檀木佛龛	木作　131
五月十八日	桃丝竹花梨木圈楠木底紫檀木雕夔龙牙子白喜鹊笼	木作　133
五月二十二日	糊布里紫檀木边楠木心图塞尔根桌	木作　134
五月二十五日	紫檀木架汝窑小缸	木作　135
六月初一日	紫檀木边楠木心图塞尔根桌	木作　137
七月初四日	紫檀木夔龙边柏木心煤炸字"西峰秀色"匾	木作　139
七月十五日	紫檀木佛龛	木作　142
八月二十五日	紫檀木包镶楠木有抽屉博古书格 紫檀木包镶楠木有抽屉挂格 紫檀木有抽屉闲余、闲余板 紫檀木帽架	木作　147
九月二十九日	紫檀木边玻璃镜 紫檀木边贴书册页画片书格式折叠壁子 紫檀木边贴书册页画片书格式拉挡门壁子	木作　150.2
十月初九日	寿意花楠木面紫檀木桌	木作　152.2
	紫檀木山子座子	木作　153.3

日　期	器物名称	资料查找序号
十月二十一日	紫檀木座朱砂山子	木作　155
十月二十三日	紫檀木边嵌白玉片人物围屏	木作　157
十月二十六日	紫檀木架万国咸宁白玉小磬	木作　158
十月二十八日	雕刻紫檀木边腿豆瓣楠木心嵌银母如意花纹桌 嵌银母如意花纹楠木面紫檀木桌	木作　159.2
十二月十七日	紫檀木嵌玉如意	木作　165.2
十二月十九日	紫檀木嵌玉如意	木作　167
八月二十八日	紫檀木座象牙茜绿盖白玉面嵌金珀鱼珊瑚肠墨床	玉作　204
二月初七日	紫檀木梃玻璃轩辕镜帽架	杂活作　304.2
三月十九日	紫檀木座福寿双圆帽架	杂活作　306
十月初五日	紫檀木座铜镀金灌铅足番花书灯	杂活作　310
十月初六日	紫檀木嵌玻璃帽架	杂活作　311
十二月初六日	紫檀木匙箸瓶 攒竹镶嵌金口紫檀木座笔筒	杂活作　313.1 杂活作　313.2
八月十九日	紫檀木座	花儿作　402
正月初五日	紫檀木嵌金珀葫芦式盒	镶嵌作 附牙作、砚作　902.1
二月初五日	镶嵌紫檀木"事事如意"笔筒 镶嵌云母寿字金珀福儿寿字番花紫檀木笔筒	镶嵌作 附牙作、砚作　906
三月初一日	黄杨木灵芝紫檀木管笔	镶嵌作 附牙作、砚作　907

续表

日　期	器物名称	资料查找序号
三月二十四日	紫檀木黑漆地嵌象牙字砚赋盒绿端石砚 紫檀木黑漆地嵌云母字砚赋盒绿端石砚	镶嵌作 附牙作、砚作　908
四月二十八日	紫檀木座寿山石万年天鹿笔架	镶嵌作 附牙作、砚作　910
八月初七日	镶嵌福寿长春紫檀木盒	镶嵌作 附牙作、砚作　911
八月二十一日	紫檀木镶嵌福寿九如盒	镶嵌作 附牙作、砚作　912
八月二十八日	寿意镶嵌紫檀木福寿连元有罩都盛盘 象牙嵌紫檀木插屏式砚遮 紫檀木架	镶嵌作 附牙作、砚作　913.1
	紫檀木管笔	镶嵌作 附牙作、砚作　913.2
十一月初二日	紫檀木盒紫端石砚	镶嵌作 附牙作、砚作　915
十一月初六日	斑竹镶镀金口紫檀木座笔筒	镶嵌作 附牙作、砚作　916
正月二十七日	合牌胎紫檀木边嵌绿色西番花锦红绫里插盖匣	匣作　1001
六月二十一日	绿西番花锦面黄绫里紫檀木四足糊西洋花纸合牌胎镶紫檀木边长方匣玻璃镜	匣作　1002
九月二十八日	紫檀木小插屏 紫檀木雕刻流云盒绿端石砚 紫檀木筹码	匣作　1003

续表

日　期	器物名称	资料查找序号
九月二十八日	紫檀木笔船	匣作　1003
	紫檀木葡萄叶香碟	
	紫檀木小琴	
	镶嵌紫檀木小盒	
	紫檀木嵌玉压纸	
	紫檀木臂搁	
	紫檀木嵌玉盒紫端石砚	
	花玛瑙紫檀木墨床	
六月三十日	寿意紫檀木花篮	雕銮作　1201
八月二十八日	紫檀木"事事如意"吊挂	雕銮作　1202
十月十一日	紫檀木独梃座	雕銮作　1204
二月初七日	紫檀木架黑堆漆夔龙万字锦式匣	油漆作　1302.1
二月初七日	紫檀木座黑堆漆罩佛龛	油漆作　1302.2
二月初七日	安表镜紫檀木香几	自鸣钟　1601.1
	紫檀木边玻璃面内衬郎世宁画片安活轮子四套寿意吊屏	自鸣钟　1601.2
十一月二十日	紫檀木嵌银母象牙花纹瓶式自鸣鼓	自鸣钟　1603
十月二十五日	紫檀木镶甜香靠背	杂录　1701
	紫檀木座铜烧古炉	
	嵌玉紫檀木小柜	
十一月十一日	户部解运紫檀木数目册	杂录　1702
十一月二十一日	紫檀木长方香几	杂录　1703
	紫檀木盖座碧玉鼎	
	紫檀木架香橼佛手	

续表

日 期	器物名称	资料查找序号
十一月二十一日	紫檀木座东青筮草瓶	杂录 1703
	紫檀木边腿画洋金脚踏	
	紫檀木边腿画洋金花案	
	紫檀木雕刻如意	
正月初四日	镶玻璃面紫檀木高桌	交库存收档 1801
	紫檀木边玻璃镜	
雍正七年		
正月二十九日	紫檀木佛龛	木作 104.1
二月十六日	花梨木盘紫檀木珠算盘	木作 109
	高丽木盘紫檀木珠铁炕老鹳翎色字算盘	
二月二十二日	杉木胎糊黄纸面瑞安紫檀木别子匣	木作 111
二月二十五日	紫檀木边棋盘	木作 112
二月二十八日	紫檀木佛龛	木作 113.1
三月初五日	紫檀木边夔龙架	木作 115.2
三月初七日	四方玻璃罩紫檀木座雕刻唤鹅图竹器人物	木作 116
三月十九日	紫檀木玉梃座玛瑙小盘	木作 118.2
	紫檀木玉梃座白玉方碟	木作 118.3
	紫檀木嵌汉玉昭文带压纸	木作 118.4
三月二十一日	紫檀木架铜錾花镀金饰件	木作 120
四月初二日	紫檀木架铜錾花饰件	木作 122.2
	鸂鶒木架紫檀木边架铜錾花镀金饰件	
	鸂鶒木座紫檀木架铜錾花镀金饰件	
	紫檀木架铜錾花镀金饰件	

续表

日　　期	器物名称	资料查找序号
四月初七日	汉玉螭虎昭文带紫檀木压纸 汉玉卧蚕纹昭文带紫檀木压纸	木作　123.2
四月初七日	紫檀木白蜡板	木作　123.3
五月十三日	汉玉昭文带紫檀木压纸	木作　129.1
五月十九日	紫檀木竹式臂搁 紫檀木透六孔圆棍臂搁 紫檀木透七孔圆棍臂搁 紫檀木透孔七根棍臂搁	木作　130
六月初四日	紫檀木佛龛	木作　132
六月初五日	紫檀木如意式桌	木作　133
六月二十日	紫檀木高桌	木作　138
六月二十四日	紫檀木书桌	木作　139
七月十三日	紫檀木安玻璃门黄片金里佛龛	木作　145
七月二十一日	背面挂玻璃镜紫檀木西洋柜	木作　146.1
九月十一日	紫檀木栏杆楠木心都盛盘 紫檀木座湖广石盒绿端砚 紫檀木节节双喜压纸 紫檀木座铜烧古鎏金压纸 珊瑚蝠紫檀木座铜胎珐琅鼻烟壶	木作　156
九月二十日	灵芝紫檀木山子画洋金花洋漆箱	木作　158
九月二十八日	安玻璃门紫檀木佛龛	木作　161.2
十月初四日	紫檀木镶玻璃盒	木作　162
十月初八日	嵌雕刻夔龙寿字象牙片紫檀木罩盒	木作　163

续表

日　期	器物名称	资料查找序号
十月初九日	安表镜紫檀木香几	木作　164.3
十月十四日	紫檀木手巾滑子	木作　165
十二月二十二日	紫檀木别子	木作　177
三月十六日	紫檀木边背后糊黄绢安铜护眼钩头钉玻璃镜	玉作　204.1
	紫檀木嵌汉玉昭文带	玉作　204.2
四月初五日	象牙茜紫檀木色插屏座	玉作　205.1
五月十三日	白玉双喜万寿玦紫檀木插屏	玉作　207.1
	白玉双喜万寿玦紫檀木插屏	玉作　207.2
六月二十日	镶嵌乌拉石紫檀木宝座	玉作　208
	镶嵌乌拉石紫檀木桌子	
三月初九日	紫檀木拴黄线穗板	杂活作　303
三月十九日	铜錾花镀金饰件紫檀木架	杂活作　304
三月二十日	紫檀木镜支	杂活作　305
四月初二日	汉玉钩铜镀金卡子黑漆杆绿玻璃座紫檀木托挑杆	杂活作　306.3
四月初五日	紫檀木独梃座铜镀金番花抱月陈设	杂活作　307
四月初八日	镶嵌汉玉拱璧雕刻紫檀木镜支	杂活作　308
四月十四日	紫檀木镜支	杂活作　309
五月十三日	白玉万寿双喜玦紫檀木插屏	杂活作　311
五月二十六日	紫檀木座紫檀木梃四层格板	杂活作　312
	象牙顶紫檀木独梃外套	
五月二十八日	鋄银梃子鞔红羊皮黄铜栏杆紫檀木托痰盂托板	杂活作　313

续表

日　　期	器物名称	资料查找序号
六月初九日	紫檀木镶玻璃门西洋柜子	杂活作　314
	紫檀木西洋座子	
	仿西洋式镶牛油石紫檀木检妆	
	紫檀木座玻璃镜	
七月二十一日	紫檀木镶玻璃门西洋柜子	杂活作　316
七月二十六日	铜镀金夔龙吞口独梃紫檀木座	杂活作　317.1
	象牙茜绿透空梃子紫檀木座	杂活作　317.2
九月初三日	紫檀木座寿意八仙庆寿九圆转香盒	杂活作　318
九月初九日	紫檀木胎鞔黑撒林皮匣	杂活作　319
	铜烧古拆卸火盆紫檀木架	
	镶嵌紫檀木墨床	
	紫檀木算盘	
九月二十四日	紫檀木镶牛油石西洋检妆	杂活作　320
	紫檀木管杆笔	
	紫檀木边底镶云母寿字黄杨木算盘	
十月十一日	紫檀木镶玻璃笔筒	杂活作　321
十一月初十日	紫檀木大座灯	杂活作　322
三月二十日	紫檀木匣	铜作　502
六月初九日	红铜丝烧古紫檀木顶圆炉罩	铜作　503
七月二十九日	紫檀木把银匙子	珐琅作 附大器作 702
正月二十五日	紫檀木镶嵌书格	镶嵌作 附牙作、砚作 801

续表

日　期	器物名称	资料查找序号
二月初七日	镶嵌紫檀木笔筒	镶嵌作 附牙作、砚作 803.1
	紫檀木边座玻璃罩八仙祝寿式盆景陈设	镶嵌作 附牙作、砚作 803.2
	福寿余长砚镶嵌紫檀木匣	镶嵌作 附牙作、砚作 803.3
五月十三日	铜镀金吞口绿玻璃座紫檀木托座	镶嵌作 附牙作、砚作 811
九月十一日	象牙寿意紫檀木帽架	镶嵌作 附牙作、砚作 814
九月十二日	紫檀木边衬色玻璃笔筒	镶嵌作 附牙作、砚作 815
十月十八日	紫檀木嵌玻璃匣蜜蜡如意	镶嵌作 附牙作、砚作 816
十二月十二日	玻璃面镜紫檀木圆盒	镶嵌作 附牙作、砚作 817
闰七月初六日	紫檀木笔船	匣作 902
	紫檀木盖	
	紫檀木蝴蝶	
	紫檀木竹节盒	
	嵌玉紫檀木盒端砚	
	嵌汉玉紫檀木压纸	
十月二十一日	紫檀木大座灯	匣作 903
	紫檀木寿字灯	
五月二十八日	包镶紫檀木边楠木宝贝格	漆作 1206
	紫檀木边黑洋漆宝贝格	

日　　期	器物名称	资料查找序号
七月十九日	紫檀木栏杆合牌胎透花纱罩都盛盘	漆作　1207
三月初六日	紫檀木嵌汉玉匣	库贮　1602
八月初七日	紫檀木雕刻边玻璃插屏	库贮　1604
雍正八年		
二月初三日	紫檀木长方香几	木作　104
二月十七日	紫檀木圆桌	木作　107
二月二十三日	紫檀木臂搁	木作　109
	象牙支棍紫檀木独梃帽架	
三月初六日	紫檀木玻璃门佛龛	木作　110.2
五月二十五日	紫檀木宝座	木作　117
六月初七日	圆形紫檀木瓶座	木作　118.1
	八角紫檀木瓶座	
八月初二日	紫檀木灌铅压纸	木作　126
九月二十九日	紫檀木琴桌	木作　130.1
十月二十七日	玻璃镜面西洋美人紫檀木边吊屏	木作　133.2
十一月十三日	紫檀木桌	木作　139.2
十二月十九日	紫檀木佛龛	木作　148
二月二十三日	象牙紫檀木独梃帽架	杂活作　302.1
	紫檀木插屏	杂活作　302.2
四月十一日	黑漆梃镶嵌紫檀木座象牙茜绿夔龙挑杆黄玻璃托珊瑚顶挑杆香袋	杂活作　303
	内嵌铜镀金福寿字黑漆梃嵌紫檀木座铜镀金夔龙挑杆象牙茜绿托红玻璃顶挑杆香袋	

续表

日　　期	器物名称	资料查找序号
十月十四日	紫檀木画金花圆碟	杂活作　306.1
	紫檀木边黄杨木心画金花敞口匣	
十二月初六日	铜镀金顶镶象牙紫檀木梃炕老鹳翎色铜簧魔杵式压纸	杂活作　309
八月初三日	紫檀木锤	铜作　502
二月初三日	紫檀木镶嵌五福捧寿盒	镶嵌作 附牙作、砚作 801.2
	紫檀木镶象牙福寿帽架	镶嵌作 附牙作、砚作 801.3
正月三十日	紫檀木镶象牙梃牛角头小抓笔	旋作　1201
雍正九年		
正月十五日	紫檀木边长方形堆纱片罩玻璃灯	木作　105
	紫檀木边长方形刻花玻璃灯	
	紫檀木边长方形画人物玻璃灯	
	紫檀木边方形堆纱片罩玻璃灯	
	紫檀木边方形刻花玻璃灯	
	紫檀木边方形画花卉玻璃灯	
三月二十二日	紫檀木书格	木作　119
四月二十八日	楠木面座紫檀木夔龙架带子架	木作　125.1
五月二十二日	紫檀木圆奁	木作　128
六月十七日	黄片金里玻璃门紫檀木佛龛	木作　133
十月二十五日	紫檀木玻璃门柜子	木作　149
十一月初三日	紫檀木如意奁	木作　150
十一月二十八日	紫檀木香几	木作　158

续表

日　　期	器物名称	资料查找序号
十二月二十四日	紫檀木大座灯	木作　162
二月初三日	紫檀木边嵌拱花玻璃八角笔筒	玉作　201
正月十四日	紫檀木香盒	杂活作 附眼镜作、锭子药作、绣作 304
三月初五日	紫檀木嵌白玉臂搁	杂活作 附眼镜作、锭子药作、绣作 309.2
	紫檀木中闩	
	紫檀木座	
	紫檀木嵌玉梃八角托碟座	
	紫檀木边玻璃挂镜	
三月初六日	紫檀木炉盖架	杂活作 附眼镜作、锭子药作、绣作 310
三月十二日	紫檀木玻璃门龛	杂活作 附眼镜作、锭子药作、绣作 311
三月十三日	紫檀木管抓笔	杂活作 附眼镜作、锭子药作、绣作 312
四月十六日	紫檀木笔管	杂活作 附眼镜作、锭子药作、绣作 315
四月二十一日	紫檀木笔管	杂活作 附眼镜作、锭子药作、绣作 316
六月三十日	紫檀木边嵌象牙花篮	杂活作 附眼镜作、锭子药作、绣作 317

续表

日　期	器物名称	资料查找序号
九月二十三日	紫檀木镶玻璃堆福禄寿山水插屏	杂活作 附眼镜作、锭子药作、绣作 321
	紫檀木松柏鹤鹿同春玻璃插屏	
二月二十一日	紫檀木把红铜烧古熏炉子	铜作　501
十一月二十九日	紫檀木座铜烧古一统樽炉	铜作　502
二月十二日	紫檀木镶嵌各样果子围棋	镶嵌作 附自鸣钟 801
三月十八日	紫檀木胎镶嵌玳瑁福寿九如盒	镶嵌作 附自鸣钟 802
九月二十五日	紫檀木镶嵌香几	镶嵌作 附自鸣钟 803
九月二十六日	钧窑瓶紫檀木座	镶嵌作 附自鸣钟 804
	紫檀木胎镶嵌玳瑁万代如意盒	
十一月二十八日	铜镀金宝盖珊瑚扣珠白斗珠璎珞紫檀木边玻璃罩纸堆山城象牙人物	镶嵌作 附自鸣钟 805
十月二十日	紫檀木嵌玻璃匣	牙作 附砚作 901
十一月初九日	镶紫檀木边茜绿西番花锦黄绫里提簧插盖合牌胎匣	匣作　1003
正月十一日	紫檀木匙箸瓶	雕銮作　1201
	紫檀木香盒	
二月三十日	紫檀木桌	库贮　1602
三月十五日	紫檀木镶玻璃西洋柜	库贮　1604
五月初七日	紫檀木箱	库贮　1605
二月初五日	镶嵌紫檀木盒	广储司行文 1701

续表

日 期	器物名称	资料查找序号	
九月二十八日	紫檀木镶嵌香几	广储司行文 1903	
十二月十四日	紫檀木大座	广储司行文 2005	
	紫檀木桌灯		
	紫檀木寿字方灯		
雍正十年			
二月二十二日	紫檀木窝龛	木作	110
四月初六日	紫檀木糊软里匣	木作	127.1
	紫檀木三面安玻璃亭子式佛龛	木作	127.2
五月二十二日	紫檀木供桌	木作	138
九月初五日	紫檀木嵌铜镀金双鱼压纸	木作	153
	紫檀木嵌玉双雁压纸		
十月十三日	紫檀木山子	木作	168.1
十月二十一日	紫檀木香插座	木作	169.5
十月二十六日	紫檀木书桌	木作	172.2
十一月十五日	洋漆桌面紫檀木腿桌	木作	179
	洋漆腿紫檀木面桌		
十二月初八日	紫檀木大座灯	木作	182.2
	紫檀木玻璃寿字灯		
正月三十日	嵌牛油石纽紫檀木压纸	玉作	201
二月二十一日	紫檀木龛	铜作	401
	紫檀木窝龛		
	紫檀木葫芦式龛		

日　　期	器物名称	资料查找序号
四月二十七日	紫檀木小香几	铸炉作　1302
	紫檀木边洋漆面小香几	
雍正十一年		
正月十四日	紫檀木插盖匣	木作　105.1
二月二十六日	紫檀木钟架	木作　115
三月二十六日	紫檀木书桌	木作　119
三月二十九日	玉紫檀木桌	木作　120.2
	漆面紫檀木边腿桌	
	紫檀木圆腿圆枨书桌	
四月十九日	紫檀木边楠木心匾	木作　121
正月二十三日	紫檀木闲余板	杂活作　301
二月初三日	象牙支棍紫檀木独梃帽架	杂活作　302
三月初一日	象牙支棍紫檀木独梃帽架	杂活作　305
六月二十九日	紫檀木夔龙式帽架	杂活作　310
	紫檀木瓜式帽架	
	黄杨木瓜式帽架紫檀木座	
七月初八日	彩金紫漆座紫檀木衣架杆	杂活作　311
七月二十八日	紫檀木墨床	杂活作　312
	紫檀木算盘	
五月初七日	紫檀木边玻璃罩镶嵌长春福寿盆景	镶嵌作　603
八月二十三日	紫檀木边玻璃罩福寿万年盆景	镶嵌作　604
二月二十四日	紫檀木边雕象牙笔筒	牙作 附砚作　701

续表

日 期	器物名称	资料查找序号
三月二十七日	紫檀木边玻璃罩雕五毒龙油珀盆盆景	牙作 附砚作 702
二月十九日	紫檀木香几	炉作 1102
五月二十一日	紫檀木香几	炉作 1103
九月初六日	紫檀木香几	炉作 1104
二月初三日	紫檀木圆座	旋作 1201
十月二十七日	紫檀木边框玻璃灯	库贮 1605.1
三月杂项买办库票	紫檀木满达座	环字四十号
	紫檀木佛龛	
	紫檀木满达座	环字五十九号
	紫檀木佛龛	环字六十三号
	紫檀木佛龛	环字七十六号
	紫檀木满达座	
	番像佛头号紫檀木葫芦式佛龛	环字一百四十八号
	紫檀木满达座子	环字二百〇八号
	紫檀木佛龛	环字二百〇九号
	紫檀木佛龛	环字二百一十号

日　期	器物名称	资料查找序号
五月杂项买办库票	紫檀木葫芦式佛龛	指字九十三号
	紫檀木黑洋漆矮书桌	指字九十九号
	托裱轴像	指字一百四十八号
	紫檀木窝龛	指字一百八十三号
	紫檀木如意桌腿起线绦环随帽架	
	紫檀木玻璃罩上雕夔龙式	
六月杂项买办库票	镶嵌紫檀木大巴令	薪字一百五十二号
	紫檀木葫芦式佛龛	薪字七十号
	紫檀木菊花顶小佛龛	
	紫檀木边腿楠木桌	薪字一百二十四号
	紫檀木书桌	
	紫檀木佛龛	
	紫檀木窝龛	薪字一百三十三号
	紫檀木满达座子	
	紫檀木龛	薪字一百五十一号
	紫檀木座	薪字二百〇五号
	紫檀木香几	

续表

日　期	器物名称	资料查找序号
七月杂项买办库票	紫檀木佛龛	修字一百二十七号
	紫檀木巴令架	
	紫檀木錾花满达座	
	紫檀木葫芦式佛龛	修字一百七十五号
	紫檀木三号龛	修字一百八十七号
	夔龙毗卢帽挂面绦环牙子圈门	
	菊花顶紫檀木窝龛	
	紫檀木书桌	修字一百九十一号
	紫檀木边书桌	修字四十八号
九月杂项买办库票	画泥金紫檀木葫芦佛龛	永字三十八号
	紫檀木香几	永字一百二十五号
	安宁宫门闩	永字九十号
	紫檀木龛	永字九十五号
	紫檀木葫芦龛	永字九十六号
	紫檀木菩萨龛	
	紫檀木香几	永字一百二十五号
	紫檀木罗汉床	
	桃花笔洗座子	永字一百三十三号
雍正十二年		
六月二十日	紫檀木小菊花龛	木作　124

续表

日　　期	器物名称	资料查找序号
二月二十三日	紫檀木象牙支棍铜镀金箍帽架	杂活作　304
	紫檀木象牙支棍帽架	
三月十四日	紫檀木架玻璃镜	杂活作　305.1
四月初一日	紫檀木描金座	杂活作　307
五月初四日	紫檀木小香几	杂活作　311
九月二十九日	紫檀木葫芦龛	杂活作　314
	紫檀木菊花龛	
二月初九日	紫檀木边玻璃罩白端石盆景	镶嵌作　601
三月十三日	紫檀木边玻璃镜	牙作 附砚作 701
十月二十三日	紫檀木活腿高桌	油漆作　1101
四月二十五日	紫檀木边座嵌玻璃门风琴时钟	自鸣钟　1501
九月三十日	紫檀木架插屏钟	自鸣钟　1502
	紫檀木架小表	
正月初一日	紫檀木高香几	撒花作　1701
十月二十三日	紫檀木边玻璃罩匣	库贮　1802.2
十月二十四日	紫檀木边镶玻璃罩匣	库贮　1803
	紫檀木玻璃镜插屏	
雍正十三年		
正月初七日	紫檀木须弥座	木作　101
二月初四日	紫檀木三号佛龛	木作　102
二月二十五日	紫檀木架白玉竹节花插	木作　103.2
四月十九日	紫檀木架玻璃插屏镜	木作　111

733

日　期	器物名称	资料查找序号
二月二十日	紫檀木象牙独梃帽架	杂活作　301
二月二十六日	紫檀木独梃象牙帽架	杂活作　304
三月十八日	紫檀木小香几	杂活作　305
八月十二日	紫檀木香几	杂活作　310
二月二十五日	紫檀木边玻璃挂镜	镟作　501
闰四月十八日	紫檀木架时钟乐钟	自鸣钟　701
三月二十九日	一面安玻璃紫檀木匣	玻璃厂　901
闰四月十九日	一面安玻璃紫檀木匣	玻璃厂　902

三　部分家具尺寸一览表

日期	名称	尺寸	资料查找序号
雍正元年			
四月初七日	矮栏杆楠木床	长七尺 宽五尺二寸 高一尺二寸	木作　122
四月初十日	楠木踏跺	高一尺五寸 宽一尺 进深一尺八寸	木作　123.3
四月十一日	楠木杌子	见方一尺二寸 高八寸	木作　124
四月十九日	楠木春凳 杉木罩油春凳	长四尺三寸五分 宽一尺三寸 高一尺二寸五分	木作　126.2
四月二十日	楠木书格	高四尺 面宽二尺五寸 入深一尺五寸	木作　127
六月初十日	楠木桌	长五尺一寸 宽一尺六寸 高三尺一分	木作　134
七月初六日	杉木杌子	长一尺四寸 宽一尺二寸 高二尺	木作　135
七月十七日	花梨木桌	长三尺 宽一尺四寸 高二尺一寸五分	木作　136
七月二十三日	杉木床	长七尺五寸 宽五尺五寸 高六尺五寸(连架子)	皮作　404

日期	名称	尺寸	资料查找序号
七月二十四日	楠木桌	长二尺七寸 宽二尺 高二尺	木作 138
七月二十六日	楠木架杉木矮床	长七尺五寸 宽五尺五寸 高四寸	木作 139
九月十二日	楠木包镶书格	高七尺 宽三尺 入深一尺二寸	木作 150.1
九月二十三日	楠木床	外口长七尺 里口宽四尺五寸	木作 151
十月初一日	楠木床	长三尺五寸 宽二尺五寸 高二尺二寸五分	木作 152.1
十月初十日	一封书楠木桌	长三尺六寸 宽一尺九寸（桌边 要出五寸） 高一尺八寸	木作 154
雍正二年			
正月初四日	楠木长方盘	长二尺三寸 宽一尺五分 外口高一寸一分	木作 101.2
三月二十二日	杉木杌子	高五寸五分 见方二尺四寸	木作 109
十二月初五日	抽信楠木杌子	上下见方一尺一寸 信子本身高九寸 抽起要一尺八寸 放下只九寸	木作 127

日 期	名 称	尺 寸	资料查找序号
八月十九日	画银母寿字镶嵌紫檀木红福楠木插屏	通高八尺 宽三尺五寸 玻璃镜心高五尺六寸五分 宽三尺六寸	杂活作 306.1
	雕刻番花紫檀木插屏	通高五尺九寸 宽三尺三寸 玻璃镜心高三尺六寸五分 宽二尺七寸八分	杂活作 306.2
	雕刻番草楠木插屏	通高五尺九寸 宽三尺三寸 玻璃镜心高三尺六寸五分 宽二尺七寸八分	杂活作 306.3
雍正三年			
正月二十六日	楠木小杌子	长一尺三寸 宽一尺二寸五分 高四寸二分	木作 103
六月十一日	盛书用杉木箱	长三尺 宽二尺五寸 高一尺五寸	皮作 401
七月十六日	抽长花梨木床	长六尺 宽四尺五寸 高一尺	木作 109.1
八月初八日	花梨木格子	长四尺 宽一尺三寸 高二尺七寸	木作 112

续表

日期	名称	尺寸	资料查找序号
八月初八日	六个抽屉花梨木书格	长四尺 宽一尺二寸 高二尺七寸	木作　112
	七个抽屉花梨木书格	长四尺 宽一尺三寸 高二尺七寸	
八月初十日	紫檀木安栏杆四方小书格	见方一尺八寸以下一尺二寸以上 高六尺以下一尺五寸以上	木作　114.2
九月十八日	花梨木波浪有栏杆书格	高六尺五寸 宽五尺三寸 入深五尺三寸	木作　126.2
	合牌有靠背套床	长七尺 宽四尺五寸 高一尺四寸八分	木作　126.3
九月三十日	紫檀木四面镶象牙牙子书格	见方八寸 高三尺	木作　130
十一月十七日	楠木衣架	高二尺五寸 宽三尺	木作　143
十二月初六日	花梨木矮床	长五尺八寸 宽三尺三寸八分 高七寸二分	木作　149.1
	紫檀木转板矮书桌	长三尺 宽二尺 高一尺	木作　149.2

日期	名称	尺寸	资料查找序号
九月十一日	紫檀木镶嵌"岁岁双安"插屏	高一尺三寸 宽一尺八寸	镶嵌作 附牙作、砚作 807.1
	紫檀木镶嵌寿山石寿星仙人插屏	高二尺二寸 宽一尺八寸	镶嵌作 附牙作、砚作 807.2
雍正四年			
正月初十日	楠木床（炕上用）	长六尺 除炕沿九寸以里为宽 高九寸	木作 103
正月二十六日	一封书楠木床	长三尺七寸 宽二尺二寸 高九寸	木作 107
二月十五日	楠木桌	长二尺二寸一分 宽一尺四寸五分 高五寸	木作 111.2
	紫檀木桌	长二尺二寸一分 宽一尺四寸五分 高五寸六分	
二月十五日	黑退光彩漆桌	长二尺二寸一分 宽一尺四寸五分 高五寸六分	漆作 1201
二月十七日	楠木一封书桌	长三尺六寸 宽二尺二寸 高一尺四寸八分	木作 113
	花梨木一封书桌		
二月二十三日	楠木折叠小桌	长二尺 宽一尺三寸 高一尺	木作 115

续表

日期	名称	尺寸	资料查找序号	
三月二十二日	包镶花梨木床	长七尺 宽四尺五寸 高一尺一寸	木作	123
三月二十二日	黑退光漆桌	长四尺八寸五分 宽二尺七寸 高二尺五寸九分	漆作	1202
四月二十三日	紫檀木牙红豆木案	1.长七尺五寸 宽一尺五寸六分 高二尺七寸三分 2.长六尺 宽一尺五分 高二尺八寸	木作	130.4
六月十八日	圆腿黑漆书桌 红漆书桌	长三尺 宽二尺 高九寸	漆作	1206.2
九月初四日	榆木罩漆膳桌	长二尺六寸八分 宽一尺七寸八分 高七寸八分	漆作	1209
	红漆桌	长三尺 宽二尺 高八寸五分		
		长二尺七寸 宽一尺八寸 高七寸五分		
	黑漆桌	长二尺八寸 高九寸		
		长二尺七寸 宽一尺八寸 高七寸五分		

日期	名称	尺寸	资料查找序号
九月二十三日	高丽木边紫檀木心长方一封书炕桌	长二尺五寸 宽一尺五寸三分 高一尺	木作 172.2
十月初四日	楠木折叠腿桌	长三尺 宽一尺三寸 高二尺五寸	木作 176.1
十月十三日	楠木折叠腿桌	长三尺一寸 宽二尺一寸 与供神像架子一样高	木作 180.1
十月二十日	杉木糙格子	高五尺 入深一尺八寸 面宽二尺九寸 托板离地二寸 有一格要八寸高	木作 182.2
雍正五年			
正月十五日	花梨木图塞尔根桌	长三尺六寸 宽二尺四寸三分 高一尺八寸（水线八分）	木作 102
三月二十六日	楠木床	长三尺九寸四分 宽二尺六分 高一尺五寸七分	木作 115
六月初七日	楠木桌	长三尺三寸三分 宽二尺三寸七分 高二尺五寸七分	木作 128

日期	名称	尺寸	资料查找序号
六月二十四日	紫檀木包镶床	长五尺四寸 宽三尺三寸 高一尺四寸八分	木作　131
	叠落香几	通长三尺二寸 宽一尺 头层比包镶床高一尺 面长一尺二寸 二层比床高二寸 面长二尺	
七月十二日	花梨木一封书式小床	长二尺八寸六分 宽一尺三寸 高一尺四寸三分 厚一寸四分 腿子一寸二分	木作　137
七月二十六日	楠木板凳	长八寸 宽六寸 高八寸	木作　143.1
八月十三日	花梨木桌	长三尺三寸 宽二尺二寸五分 高二尺五寸七分	木作　148
八月二十三日	楠木小香几	面子见方六寸或七寸 高二寸或三寸	木作　153
	紫檀木小方香几	照楠木香几略放高些	
	楠木胎黑漆透眼香几		
八月二十六日	楠木杌子	长二尺九寸 宽二尺四寸 后面靠背高九寸 其宽比杌子两边各窄二寸或三寸	木作　154.2

日期	名称	尺寸	资料查找序号
九月十八日	楠木一封书式桌	长四尺二寸 宽一尺三寸 高八寸	木作　159.2
九月二十六日	紫檀木有抽屉书格式佛龛	通高二尺六寸九分 面宽二尺二分 入深一尺三寸八分 下层座子高七寸 束腰高一寸五分半 中层空高八寸七分 上层空七寸九分	木作　161.1
十月十四日	紫檀木边腿山水花纹大理石面桌	高一尺四寸 宽一尺六寸八分	木作　167.1
	紫檀木八哥花纹大理石插屏	大理石高一尺 宽一尺一寸三分	木作　167.2
	紫檀木边座山水花纹大理石插屏	大理石高一尺三寸二分 宽一尺六分	
十月二十八日	松木柜	高六尺五寸 宽三尺三寸 入深一尺五寸	木作　169.1
十一月初一日	楠木杌子	长三尺一寸 宽二尺一寸 高一尺九寸	木作　171.3
	楠木高桌	长三尺四寸 宽一尺三寸五分	
十一月十七日	楠木插屏	通高六尺五寸 宽六尺	木作　177

日期	名称	尺寸	资料查找序号
雍正六年			
正月十三日	玻璃面镶嵌银母花梨木桌	长二尺三寸七分 宽一尺四分 通高一尺一寸 边宽九分 厚九分 腿子卷头一寸五分 高八分 见方九分	木作　105.2
二月十三日	圆腿长方楠木杌子	面宽一尺四分 进深九寸 厚四分 腿子径圆五分半 通高一尺五寸八分 底足高三分 径圆七分	木作　108
三月初三日	楠木一封书式桌	长三尺六寸六分 宽一尺三寸 高六寸七分五厘	木作　116
三月十六日	紫檀木集锦书格	面宽一尺八寸 入深九寸 高一尺四寸	木作　119
五月二十二日	紫檀木边楠木心图塞尔根桌	长三尺三寸 宽一尺九寸 高一尺四寸八分	木作　134
五月二十七日	折叠米家围屏戏台	中三扇各高七尺三寸 宽一尺七寸二分五厘 两边拐角八扇各高七尺二寸 宽一尺五寸	木作　136

日期	名称	尺寸	资料查找序号	
六月初一日	紫檀木边楠木心图塞尔根桌	照五月二十九日呈进过的紫檀木边楠木心图塞尔根桌收窄一寸五分	木作	137
七月初五日	楠木书格	通高八尺四寸 宽五尺六寸五分 进深一尺六寸 每屉高一尺七寸六分	木作	140
八月二十五日	楠木靠背书格	通高六尺一寸 面宽一丈二尺六寸	木作	147
	红豆木案	长四尺九寸 宽一尺 高一尺二寸		
十月初九日	寿意花楠木面紫檀木桌	长二尺九寸五分 宽一尺九寸五分	木作	152.2
十月二十八日	杉木地平床	长六尺五寸 入深二尺七寸五分 高四寸二分	木作	159.1
	雕刻紫檀木边腿豆瓣楠木心嵌银母如意花纹桌	长四尺八寸八分 宽二尺二寸三分 高二尺八寸二分	木作	159.2
十一月初一日	挂帘子杉木杌子	长一尺五寸 宽一尺 高二尺	木作	160

续表

日期	名称	尺寸	资料查找序号
雍正七年			
六月初五日	紫檀木如意式桌	长三尺一寸五厘 宽一尺一寸七分半 高八寸九分	木作 133
六月二十日	紫檀木桌	长三尺六寸五分 高二尺六寸	木作 138
七月二十五日	楠木香几	高三尺一寸 面子见方一尺八寸 托泥见方二尺	木作 147
八月十七日	楠木矮床	长五尺五寸 宽二尺九寸 高八寸五分	木作 154.2
十月二十九日	花梨木竖柜	高五尺九寸六分 宽三尺六寸 深一尺六寸八分	木作 169
十一月二十四日	杉木杌子	高三尺八寸 见方一尺四寸	木作 171
十二月二十六日	杉木地平板	长七尺六寸 宽一尺四寸 厚一寸五分	木作 179
		长七尺六寸 宽一尺四寸七分 厚一寸五分	
	杉木板凳	长九尺五寸 宽六寸 厚五寸 高二尺一寸五分	

日期	名称	尺寸	资料查找序号
十二月二十九日	花梨木桌	长二尺八寸八分 宽一尺三寸三分 高一尺五寸	木作　182
雍正八年			
正月二十七日	杉木高凳	高四尺 长二尺五寸 宽八寸（下宽一尺一寸）	木作　103
二月十七日	紫檀木圆桌	径二尺六寸 高九寸	木作　107
四月十八日	楠木小床	长四尺六寸 宽三二寸六分 高一尺五寸	木作　113
六月二十三日	杉木衣架式架	高五尺 宽三尺二寸 深一尺九寸	木作　119
九月二十九日	楠木琴桌	长二尺七寸五分 宽一尺二寸六分 高八寸一分	木作　130.1
	楠木床	长二尺二寸 宽一尺九寸 高九寸	木作　130.2
十月十八日	楠木杌子	长一尺二寸八分 宽九寸五分 高七寸五分	木作　131.2

续表

日 期	名 称	尺 寸	资料查找序号
十月十八日	杉木挂屏	高三尺九寸 宽七尺三寸 边宽一寸(厚八分)	木作　131.3
十月二十七日	杉木桌	长五尺五寸 宽一尺三寸 高三尺	木作　133.3
	黄油面杉木条桌	长六尺 宽三尺 高三尺	木作　133.4
十月三十日	杉木黄油桌	见方三尺 高一尺七寸	木作　135
十一月初二日	杉木小床	长二尺 宽一尺五寸 高六寸	木作　136.2
	杉木圆香几	径一尺五寸 高二尺七寸	
		径一尺三寸 高二尺七寸	
十一月十三日	紫檀木桌	长二尺八寸 宽一尺一寸 高二尺五寸	木作　139.2
雍正九年			
正月十一日	楠木小条桌	长二尺六寸二分 宽一尺三寸 高三尺八寸	木作　104

续表

日期	名称	尺寸	资料查找序号
正月十四日	香几	长一尺三寸 宽六寸 高二寸	杂活作 附眼镜作、锭子药作、绣作 304
正月二十四日	杉木格子	高七尺 宽五尺 入深二尺二寸 腿子高八寸	木作　107
二月初四日	杉木格子	高三尺二寸 宽五尺二寸 入深二尺 高五尺八寸 宽二尺四寸 入深一尺二寸	皮作　401
三月初四日	楠木桌	长二尺三寸 宽一尺五分 高二尺七寸五分	木作　116
三月十一日	楠木敞桌	高三尺 面宽一尺五寸 进深一尺	木作　117
七月十四日	楠木有抽屉桌	长一尺六寸 宽一尺三寸 高七寸	木作　135
八月初二日	楠木圆香盒	径四寸 高一寸二分	木作　138
十月十二日	楠木桌、楠木折叠桌	长三尺一寸 宽一尺三寸 高二尺七寸	木作　147

续表

日期	名称	尺寸	资料查找序号
十一月初十日	黑漆琴桌	长三尺二寸 宽一尺二寸五分 高二尺五寸	木作　153
	楠木弯枨桌	长三尺二分 高二尺五寸 宽一尺二寸五分	
		长二尺八寸八分 宽二尺二寸五分 高一尺七寸	
雍正十年			
二月初六日	杉木矮桌	长二尺二寸 宽一尺七寸 高八寸	木作　103.1
二月十二日	朱油杉木方盘桌	长一尺六寸 宽一尺 高八寸	木作　107
三月十五日	杉木曲尺礓磜靠背	长二尺五寸 宽一尺七寸 高二尺二寸	木作　121
五月初十日	杉木画箱	长五尺 宽一尺 高一尺	木作　135
五月初十日	杉木条桌	长六尺 宽二尺五寸 高二尺六寸	木作　135
	杉木杌子	长一尺五寸 宽一尺 高一尺六寸	

日期	名称	尺寸	资料查找序号
闰五月十二日	围屏	高六尺二寸 宽二尺	裱作　1002
七月初十日	楠木供桌	长三尺四寸 宽一尺六寸 高三尺	木作　144
七月十六日	楠木供桌	长五尺 宽二尺 高三尺	木作　145.2
八月二十六日	楠木香几	径过一尺二寸 高二尺六寸五分	木作　150
九月十一日	楠木图塞尔根桌	长三尺二寸 宽二尺二寸 高一尺七寸	木作　158.2
雍正十一年			
三月二十九日	紫檀木圆腿圆帐书桌	长二尺二寸 宽一尺二寸五分 高一尺二寸	木作　120.2
雍正十二年			
正月初十日	楠木圆杌	面径一尺一寸 高二尺六寸	木作　102

四　附　录

名词解释

B

1. 不灰木

（1）杨松年《中国矿物药图鉴》：

性状：原矿物，角闪石类的石棉（*Asbestos*）。

单斜晶系，其形状呈纤维状。白色或灰色，或淡绿色。丝绢光泽。柔软。耐火，可制火浣衣。常由阳起石分解而成，多生在岩石间隙中。成分主要为硅酸镁，还含少量铁、铝等杂质。

（2）李时珍《本草纲目》：

颂曰：不灰木出上党，今泽、潞山中皆有之，盖石类也。其色白，如烂木，烧之不然，以此得名。或云滑石之根也。出滑石处皆有之。采无时。

时珍曰：不灰木有木、石二种，石类者其体坚重，或以纸裹蘸石脑油燃灯，彻夜不成灰，人多用作小刀把。

（3）雍正五年，木作：

（正月）二十五日，四执事首领太监李进忠着太监李文贵交来斑竹烘笼三个，传：着将烘笼内油漆底子拆去，另换木底，其垫子用不灰木做。记此。

于二月二十一日烘笼三个俱换得楠木底不灰木垫完，催总马尔汉交太监李文贵持去讫。

（4）雍正十一年，养心殿造办处收贮物件清册，下存：

……不灰木火盆三件随铁丝罩。

2. 放床

（1）放：分开之意。
（2）吴美凤《盛清家具形制流变研究》：

"放"有"分""减"之意，应为一种小床。而雍正五年三月二十六日所做"楠木床"系"照九洲清晏后殿内洋漆放床样，收短一尺，放宽二寸"成做，完成时高度是一尺五寸七分，故知放床的高度比一般炕上用床高许多，可能是离炕置于地上独立使用的床，如同今日习用的床制。

3. 柏木

柏木约有 150 种左右，均为柏科树种，分布广泛。一般北方地区多用圆柏（*Sabina chinensis*）、侧柏（*Platycladus orientalis*），产于云南之干香柏（*Cupressus duclouxiana*）、南方诸省之柏木（*C. funebris*）运用也较多。柏木之共同特征为一般都有香气，大部分种属的枝、叶、球果中都有芳香油。柏木耐潮、耐虫蛀、耐腐蚀,材质细腻,北方地区除了用于棺材、建筑之外,亦大量用于家具的制作。特别是比较高古、久远的传统家具,柏木所占比重较大,仅次于榉木、榆木。

4. 白蜡木

白蜡木一般包括白蜡树（*Fraxinus chinensis*）、花曲柳（*F. rhynchophylla*）、白枪杆（*F. malacophylla*）,均源于木樨科白蜡树属,在我国北方、南方及西南地区均有生长。

白蜡树,落叶乔木,高可达 15 米,木材黄褐至浅褐色,心材与边材区别不明显,气干密度 $0.661g/cm^3$。农民习惯在白蜡树上放养白蜡虫以收集白蜡。此种白蜡也是家具保养与防护最好的天然蜡之一。

C

1. 抽长

比常规家具的长度略长一点。

雍正三年,木作:

（七月）十六日,员外郎海望传旨:着做抽长花梨木床二张,各高一尺,长六尺,宽四尺五寸,中心安藤屉,用锦做床刷子,高九寸。钦此。

2. 抽信

朱家溍先生认为"抽信"应写作"抽芯"。

雍正二年,木作:

（十二月）初五日,郎中保德传旨:着做抽信楠木杌子二件,

上下要见方一尺一寸,牙子上下俱要矮些,合尺寸,其信子本身
高九寸,抽起要一尺八寸,放下只九寸。钦此。

没有实物,很难给"抽信""信子"下准确定义,只能存疑。

3. 沉杉木

由于地震、泥石流等地质灾害,将杉木掩埋于地下、河床,经数百
年或上千年仍保持杉木自性的杉木,可用于制作器具,一般称之为阴
沉木。

雍正七年,木作:

> (十二月)二十七日,太监张玉柱交来沉杉木板二块,各
> 长九寸二分,宽一寸五厘,厚二分五厘。后将两块沉杉木板
> 做一砚盒。

4. 沉香(伽南、沉速香)

沉香源于瑞香科,沉香属树木之芳香结晶体(或称"块状芳香树脂")
为沉香。《本草纲目》:

> 木之心节置水则沉,故名沉水,亦曰水沉。半沉者为栈香,
> 不沉者为黄熟香。

沉香的产地主要分布于我国的广东、海南、广西、云南与南亚及东南
亚诸国。关于沉香形成机制至今没有权威的定论。我国古代关于沉香的
论述很多,宋代寇宗奭《本草衍义》认为:

> 盖木得水方结,多在折枝枯干中,或为沉,或为煎,或为黄
> 熟。自枯死者,谓之水盘香。今南恩、高、窦等州,唯产生结香。

盖山民入山,见香木之曲干斜枝,必以刀斫成坎,经年得雨水所渍,遂结香。复以锯取之,刮去白木,其香结为斑点,遂名鹧鸪斑,爇之极清烈。沉之良者,唯在琼、崖等州,俗谓之角沉。黄沉乃枯木中得者,宜入药用。依木皮而结者,谓之青桂,气尤清。在土中岁久,不待刊剔而成者,谓之龙鳞。亦有削之自卷,咀之柔韧者,谓之黄蜡沉,尤难得也。

明代王士性《广志绎》则称:

沉乃千年枯木,土蜂穴之,酿蜜其中,不知年代,浸透木身,故重者见水而沉,不甚重者,未遍也。今爇之皆蜜,蜜尽而烟销,浸而未透者,速也,得气而未浸者,牙也。

明代李时珍《本草纲目》引叶廷珪云:

出渤泥、占城、真腊者谓之番沉,亦曰舶沉,曰药沉。医家多用之,以真腊为上。

蔡绦云:占城不若真腊,真腊不若海南黎峒,黎峒又以万安黎母山东峒者冠绝天下,谓之海南沉,一片万钱。海北高、化诸州者,皆栈香尔。

范成大云:黎峒出者名土沉香,或曰崖香。虽薄如纸者,入水亦沉。万安在岛东,钟朝阳之气,故香尤蕴藉,土人亦自难得。舶沉香多腥烈,尾烟必焦。交趾海北之香,聚于钦州,谓之钦香,气尤腥烈,南人不甚重之,唯以入药。

雍正时期的史料中多次出现沉香、沉速香、伽楠香(又称奇楠),从以上文献可以看出沉水者即为沉香,不沉者为黄熟香(沉熟香)。"削之自卷,咀之柔韧者"及海南黎峒之崖香"虽薄如纸者,入水亦沉"即伽楠香(奇楠香)。古人十分看重海南岛之土沉香,至于番舶之沉香或钦香则"不甚重之"。

D

1. 豆瓣楠木

又称骰柏楠、斗柏楠、满面葡萄。《新增格古要论》称：

> 骰柏楠木出西蜀马湖府，纹理纵横不直，中有山水人物等花者价高，四川亦难得，又谓之骰子柏楠。近岁户部员外叙州府何史训送桌面，是满面葡萄，尤妙，其纹脉无间处，云是老树千年根也。

豆瓣楠木一般生于老树根部，在树干主干部位也会产生满面葡萄纹，浙江及福建北部所产楠木中多发生这种奇妙现象。

2. 椴木

北方使用的椴木有两种——紫椴和糠椴，均为椴树科椴树属，主产华北、东北地区与俄罗斯远东地区及朝鲜。历史上使用的椴树多指紫椴（*Tilia amurensis* Rupr.），紫椴又有籽椴、小叶椴、阿穆尔椴之称，木材轻软，气干密度为 $0.482\mathrm{g/cm^3}$，木材黄白色略带淡褐，纹理通直，具绢丝光泽，适宜于雕刻及家具制作。而糠椴（*Tilia mandshurica Rupr. et* Maxim.）蓄积量很少，且树木矮小，极不耐虫蛀，腐朽，故使用者较少，一般用于胶合板或雕刻，很少用于家具制作。糠椴又有大叶椴、菩提树之别称，故宫及潭柘寺所植菩提树，实际应为糠椴，而不是产于印度的菩提树。

F

1. 发报匣

一般用杉木制作,用于往外发送贵重物品的包装箱。

G

1. 高丽木

即生长于东北之柞木(*Quercus mongolica* Fisch),壳斗科麻栎属,蒙古东部、朝鲜、日本、俄罗斯西伯利亚及我国华北、西北地区均有分布。材质以生长于长白山林区者为优。生长于内蒙古、黑龙江及俄罗斯西伯利亚的柞木材质较差,朝鲜、日本的柞木材质也十分优良。因此种木材多由古高丽国所贡,故称之为"高丽木"。柞木在朝鲜、日本和我国东北地区被大量用于家具制作或装饰。木材心材呈黄褐或浅栗褐色,木材表面常有大小不一的银斑。柞木用于宫殿家具的制作,应以满族人从东北入关开始,多为炕上器具。

2. 桄榔木

《本草纲目》称桄榔"其木似槟榔而光利,故称桄榔"。桄榔(*Arenga pinmata*)为棕榈科桄榔属树种,产于我国广东、海南、广西、云南及东南亚、南亚地区。周铁烽《中国热带主要经济树木栽培技术》:

> (桄榔)常绿乔木,高达 12 米,茎粗壮,有疏离的环状叶痕,叶簇生于茎顶斜举,长 6—7 米,羽状全裂,裂片每侧多数线型,长 0.5—1.5 米,宽 4—5.5 厘米。顶部呈不整齐的啮蚀状,基部两侧耳垂状,背面常为苍白色……果倒卵状球形,长 3.5—5 厘

米。花期下季,果期 8—10 月。

花序割伤后汁液流出,蒸发后可得砂糖,故又有砂糖椰子、糖树之称。

H

1. 合牌

制作器物前用硬纸壳或其他材料所做的模板。

2. 花楠木

花楠木,指有半透明水波纹或其他美妙纹理的楠木。
雍正六年,木作:

> (十月)初九日,郎中海望传:做寿意花楠木面紫檀木桌一
> 张,长二尺九寸五分,宽一尺九寸五分。记此。

3. 花梨木

从明清文献的记载及故宫所存家具、内檐装饰来分析,花梨木应该有两种:第一种,产于海南岛的降香黄檀(*Dalbergia odorifera*),一般用于家具或其他器物的制作;第二种,应为产于东南亚的花梨木(*Pterocarpus spp.*),这种花梨木多用于内檐装饰,也有用于香几及其他家具制作的。古代似乎并未将从东南亚进口的花梨木(亦称"草花梨")与产于海南岛的黄花黎即降香黄檀分开,且故宫并未发现用黄花黎来进行内檐装饰或用于建筑,我们只有根据实物才能分清究竟是哪一种木材。

4. 花榆木

花纹美丽、纹理交错的榆木。一般白榆生花纹者多。

雍正六年,木作:

（四月)二十五日,据圆明园来帖内称,三月十二日,副总管太监李英传旨:牡丹台陈设的花榆木大案着收拾。钦此。

5. 红豆木

一般指蝶形花科红豆属的几种木材,以小叶红豆(*Ormosia microphylla* Merr.)及红豆树(*O. hosiei*)最为有名,其种子鲜红光亮,被人称之为"相思豆"。红豆木一般产两广、四川及江南其他省份,木材纹理近似鸡翅纹,细密雅致。朱家溍先生在《故宫退食录》之《雍正年的家具制造考》中称"红豆木即红木"的观点是不正确的,应予更正。生长于两广的小叶红豆心材初切时为鲜红色,久则转深呈深红色,在广西有"紫檀"之称,也有人将其归入鸡翅木。

6. 核桃木

核桃(*Juglans regia* L.),胡桃科核桃属树种,分布于西南及长江流域及西北、华北地区,为落叶乔木,高可达 20 米,胸径可达 1 米以上,心材红褐或栗褐色,带明显的深色条纹,久露空气中则呈深咖啡色。在山西及河北、河南大量用核桃木制作家具,其造型与工艺与紫檀木家具相同。核桃木家具的出现早于紫檀,故核桃木家具应是紫檀家具的老师与前辈。

7. 黄杨木

黄杨木有几种,均为黄杨科黄杨属木材,比较著名的为小叶黄杨(*Buxus microphylla var. sinica.*),气干密度 0.94 g/cm^3,有的超过 1 g/cm^3。以福建、湖南、贵州及云南所产尤良。越南所产黄杨杆形饱满,径级有超过 20 厘米以上者,但木材疏松,常带褐色纹理,板面不洁。

黄杨木新切面呈淡黄色,有"象牙黄"之美称,久则浅褐透黄,包浆明亮可爱。清代徐珂《清稗类钞》:

　　黄杨木为常绿小灌木,茎高二尺许,叶为卵形,质厚而柔软,春初开淡色小花。其材甚坚致,可制作木梳及印版之属,唯性难长,俗说岁长一寸,遇闰则退。宋苏轼诗"园中草木春无数,只有黄杨厄闰年"是也。

　　黄杨木虽坚致硬重、肌理滑腻、色泽光亮且纹理细密、板面洁净,但鲜有大材,故一般以雕刻、镶嵌手法制作砚盒、如意、印章及其他文房用器或把玩器物。

J

1. 降香

　　降香,又名降真香。中文学名为小花黄檀(*Dalbergia parviflora*),豆科黄檀属树种,原产于马来半岛、婆罗洲北部及苏门答腊、中南半岛、柬埔寨、泰国。中国的海南、广西及广东西部均有引种。心材呈深红褐色,边材颜色偏淡黄。除了作为熏香及小器物制作外,古代最重要的功能是药用,治疗折伤、金疮以及止血、定痛、消肿、生肌等。真的降真香来源减少后,便开始以海南岛产降香黄檀即黄花黎的根材来代替。

L

1. 老鹳眼

　　产于河北及东北,鼠李科鼠李属,中文学名为鼠李(*Rhamnus dovurica* Pall.),阔叶落叶小乔木,高达 10 米,胸径 10—20 米,主干短小弯曲,分枝多,通常很少成材。心材橙黄带褐色,木材硬重,纹理不直。木材常含小节,节周围的纹理呈羽毛状,极似鸟眼,故称"老鹳眼"。一般用于雕刻或小器作,极少用于家具制作。

2. 落叶松

一般有两种，即落叶松（又称兴安落叶松，*Larix gmelini*）与黄花落叶松（又称黄花松，*Larix olgensis* Henry），产于东北及华北地区，主要用于建筑，极少用于家具。

M

1. 木变石

地质界谓"硅化木"。云南瑞丽将其近玉者又称之为"树化玉"。在缅甸、马来西亚及我国辽宁西部、北京北部地区、新疆及俄罗斯西伯利亚均有出产。树木在生长过程中，由于地震及其他地质灾害而被长期掩埋且未腐烂，但已发生质变。碳化或仍保持木材自性的称"碳化木"或"阴沉木"，已没有木材自性而演化为石质的则可称之为"木变石"或"树化玉"。

雍正十一年，养心殿造办处收贮物件清册，下存：

……木变石火绒一包……

N

1. 楠木

一般产于长江沿岸，四川、云南、贵州、广东、湖南、湖北、江西、安徽、浙江、福建等省均有分布。楠木应是樟科桢楠属和润楠属木材之统称。历史上将楠木分为香楠、金丝楠与水楠三种，前两种多用于家具及装饰，水楠则多用于建筑。

2. 南檀木

唐代陈藏器《本草拾遗》：

> 檀似秦皮，其叶堪为饮。树体细，堪做斧柯。至夏有不生者，忽然叶开，当有大水。农人候之以占水旱，号为水檀。又有一种叶如檀，高五六尺，生高原。四月开花正紫，亦名檀树，其根如葛。

明代李时珍《本草纲目》：

> 檀有黄、白二种，叶皆如槐，皮青而泽，肌细而腻，体重而坚，状与梓榆、荚蒾相似……檀木宜杵、楤、锤器之用。

檀木为榆科青檀属之树木，一般称之为"青檀"（*Pteroceltis tatarinowii* Maxim）。郑万钧《中国树木志》称：

> （青檀）落叶乔木，高达 20 米，胸径 1.7 米，树皮浅灰色，长薄片剥落，内皮淡灰绿色……花期 4 月，果期 7—8 月。树皮、枝皮供纤维原料，"宣纸"就由此制成。木材纹理直，结构细，坚韧，气干密度 0.73 g/cm^3。供建筑、车辆、家具及细木工等用。

雍正十一年六月杂项买办库票薪字六十九号，木作：

> 为做挑杆挂幡上合竹宝盖八个，买南檀木，长五寸，见方四寸八块……

檀木一般用于车辆、轿的制作，是北方日常所用的大众木材。淮河、长江流域也有生长，故有"南檀木"之称。

S

1. 杉木

杉木（*Cunninghamia lanceolata*）为杉科杉木属树种，主产于南方各省，尤以四川、贵州、湖南、湖北、江西、浙江、安徽、福建为多。杉木清香，性耐腐，比重较轻。一般用于建筑、棺椁及家具的制作。《本草纲目》称：

> 杉木叶硬，微扁如刺，结实如枫实。江南人以惊蛰前后取枝插种，出倭国者谓之倭木，并不及蜀、黔诸峒所产者优良。其木有赤、白二种：赤杉实而多油，白杉虚而干燥，有斑纹如雉者，谓之野鸡斑，作棺尤贵。其木不生白蚁，烧灰最发火药。

2. 杉木正子

画画用的画框。
雍正九年，木作：

> （九月）十六日，首领太监郑忠传：做杉木正子二个，各高五尺三寸，宽三尺一寸，给唐岱、郎世宁画画用。记此。

3. 杉木壁子

支撑画面的杉木框格，一般呈网格状。
雍正十年，木作：

> （十一月）初六日……安宁宫着做二面糊洗黄绢石青绫边杉木壁子四扇，随铁合扇二副。钦此。

4. 松木

松木是一集合名词,不特指某一种木材。可以归入松木的树种约有 230 多种,以松属、冷杉属、落叶松属和铁杉属的木材为主。故宫中所用的松木以产于华北、内蒙古及东北的红松(*Pinus koraiensis*)、樟子松(*P. sylvestris var. mongolica* Litv.)、兴安落叶松(*Larix dahurica*)、黄花落叶松(*Larix olgensis* A. Henry)、落叶松(*Larix gmelini*)等为主。松木多用于建筑或包镶家具之胎骨。至于雍正时期所用松木具体为哪一种,还不能够明确。松木,也有从日本进口的"洋松木",日本一般用云杉、冷杉、铁杉、白松、赤松的比较多。北宋时期,日本就开始进贡杉材及洋松木,中国商人也从日本进口此类木材。

5. 色木

色木即槭木(*Acer mono* Maxim.),槭树科槭树属,主产于东北及华北地区,阔叶落叶大乔木,高达 25 米,胸径 0.7 米,木材肉红色,树木伐倒后容易开裂、霉变,常伴有水心形腐朽,腐朽后的木材会有黑色不规则的线形长纹。气干密度 0.699 g/cm³,纹理直,密度高,故常用于枪托、家具、乐器等。色木常有鸟眼纹、琴背纹理及其他意想不到的奇妙图案。

T

1. 图塞尔根桌

(1) 朱家溍《故宫退食录》:

> 雍正年所制的案、桌、几等,从总的数量和尺寸可以看出是矮的多、高的少。虽然只出现过几次炕桌、炕案的名称,但从尺寸可以说明多数是炕桌、炕几。上列称为图塞尔根,饭桌、膳桌或筵桌都属于炕桌类型。清代宫中凡正式的筵宴,还保留着历

代大宴的惯例,即席地而坐,地下铺棕毯和坐垫,用矮桌。

(2) 吴美凤《盛清家具形制流变研究》:

　　"图塞尔根桌"是筵宴时专事存放杯壶酒具之高桌……"图塞尔根"应是满文"tusergen"之音译,为筵席用高桌,专事存放宴会中的杯盘酒具等物,并非膳桌或炕上用的矮桌,也不是设椅坐人的桌子。大边的长度至少三尺,随床做的那张,若依床的长度,那就更长了。雍正五年正月十五日记载:"十五日散秩大臣佛伦旨:筵席上用的图塞尔根桌子两头太长些,抬桌子人难以行走,着交养心殿造办处另做一张,比旧桌做短些,外用黄缎套。钦此。"故知其一般的尺寸,大边颇长,才使"抬桌子人难以行走",而此说更表示其系于设宴场所临时由人抬入设置。至于其高度究竟多少,八年四月十八日:"太监刘希文传旨:万字房对响水玻璃窗户外廊处,着做途(图)塞尔根桌一张,后面安接楠木小床一张,长四尺六寸,宽三尺二寸六分,高一尺五寸,合(和)涂(图)塞尔根桌一般高。"另十年九月十一日:"据圆明园来帖内称,本日司库常保来说,宫殿监副侍李英传做楠木涂色(图塞)尔根桌一张,长三尺二寸,高一尺七寸。记此。"由此可知,长度可以相当长,但逐渐收短到三尺到四尺,宽度也略收窄,但高度可能都维持在一尺五寸到一尺七寸间。

2. 托床

朱家溍在《故宫退食录》中认为:

　　"托床"应作"拖床"……拖床是北方冬天冰冻以后在河上的一种简单的人力运载工具,民间的拖床只是一个简单的长方形木架,板面上载物或坐人,下面安两根铁条,以便滑行。

雍正三年,木作:

　　(九月)二十二日……花梨木包镶樟木、高丽木宝座托床一
张……杉木油漆托床二张。

3. 踏跺

木制台阶之意。

雍正十年,木作:

　　(十一月)初八日……坤宁宫南床上东边安两层踏跺一件,
每层高五寸二分,长三尺,上宽九寸,鞔红毡,再安锅处安三层踏
跺一件,每层高七寸,宽二尺一寸,进深三尺三寸六分,鞔红毡。

W

1. 万年青

　　万年青(*Lannea coromandelica*),漆树科厚皮树属,也称厚皮树、马
楠、麻楠、胶皮麻。半落叶乔木,高达 20 米,胸径 0.8 米。树皮灰色,肥厚
呈肿状而有槽纹。木材因耐湿、耐水浸泡且长期不腐,颜色鲜艳,故称之
为"万年青"。主产海南、广东、广西及云南南部,东南亚也有分布。

雍正十一年养心殿造办处收贮物件清册,下存:

　　……万年青树皮四十九块……

2. 五毒

一般指蝎子、蛇、蜈蚣、壁虎、蟾蜍五种毒虫。中国古代工艺品的图案中经常出现这五种动物的纹饰。吕种玉《言鲭·谷雨五毒》谓：

> 古者青齐风俗,于谷雨日画五毒符,图蝎子、蜈蚣、蛇虺、蜂、蛾之状,各画一针刺,宣布家户贴之,以禳虫害。

雍正二年,杂活作:

> (正月)二十八日……于五月初四日做得镶嵌五毒鼻烟壶一件。

雍正十一年,牙作:

> (三月)二十七日……做紫檀木边玻璃罩雕五毒龙油珀盆盆景一件。

3. 乌木

乌木因其心材颜色乌黑如漆而得名。乌木又有乌文木、乌樠木、乌梨木、瑿木、乌角、角乌、茶乌等多种别名。古代用于家具及其他器物制作的应是柿树科柿树属中心材乌黑而无杂色者,主要以产于印度、斯里兰卡、缅甸的乌木(*Diospyros ebenum*)为主,至于有杂色之条纹乌木则不在其列。

X

1. 闲余架

一般指可悬挂的无腿足之小书架。

2. 闲余板

可以安放于床或其他器物上的木制托板,可放置衣物或其他物品,灵活方便。

雍正三年,木作:

> (九月)初四日,员外郎海望传旨:养心殿后殿暗楼下,着做有抽屉楠木闲余板一份。钦此。

> (十月)二十二日员外郎海望传旨:尔将供佛的闲余板,长一尺二三寸,宽六七寸,下配流云佛托。

3. 鸂鶒木

鸂鶒,本为一种羽毛美丽的水鸟,又名紫鸳鸯。《尔雅翼》:

> 黄赤五彩者,首有缨者,皆鸂鶒耳。然鸂鶒亦鸳鸯之类,其色多紫。李白诗所谓"七十紫鸳鸯,双双戏亭幽",谓鸂鶒也。

《临海异物志》称:

> 鸂鶒,水鸟,毛有五色,食短狐,其在溪中无毒气。

《本草纲目》称：

> 按：杜台卿《淮赋》云：鸂鶒寻邪而逐害，专食短狐，为溪中敷逐害物者。其游于溪也，左雄右雌，群伍不乱，似有式度者，故《说文》又作溪鵣。其形大于鸳鸯，而色多紫，亦好并游，故谓之紫鸳鸯也。

鸂鶒木，又称鸡翅木。国家红木标准中收录了三个树种：非洲崖豆木（*Millettia laurentii*）、白花崖豆木（*M. leucantha*）和铁刀木（*Cassia siamea*）。鸡翅木的共同特征为木材之弦切面有明显的鸡翅纹。根据故宫旧家具残件检测，鸂鶒木多为产于我国福建、广东、广西、云南之铁刀木，尤以木材底色呈金黄色、纹理细密清晰的咖啡色为无上妙品。

明代曹昭《格古要论》：

> 鸂鶒木出西番，其木一半紫褐色，内有蟹爪纹，一半纯黑色，如乌木。有距者价高。西番作骆驼鼻中绞子，不染肥腻。

铁刀木，印度及南亚、西亚地区也有分布，故明人认为"鸂鶒木出西番"。缅甸或东南亚的鸡翅木于清末民国时，经云南或通过海运运至中国。至于非洲的鸡翅木，进入中国只有近20年的历史。

4. 杏木

杏木（*Prunus armeniaca* L.），蔷薇科李属。落叶乔木，高达15米，胸径可达0.5米。产于西北、华北及西南地区，边材为泛红的黄红到黄褐色，心材红褐、灰褐到带红的浅黄褐色。另一种为山杏（*P. armeniaca* L. var. *ansu* Maxim.），其心材为泛红的黄褐色至橙黄色。两种木材材色干净、悦目，花纹细腻，用于家具制作、镶嵌、雕刻及其他器物。

Y

1. 一封书

(1) 王世襄《明式家具研究》：

（一封书）方角柜形式之一。无顶箱，外形有如一套线装书。

(2) 雍正时期的档案所记录"一封书"均为床或桌。
雍正元年，木作：

（十月）初十日，郎中保德奉旨：做一封书楠木桌一张，高一尺八寸，长三尺六寸，宽一尺九寸，桌边要出五寸。钦此。

雍正四年，木作：

（正月）二十六日，据圆明园来帖内称，太监杜寿传旨：着做一封书楠木床十八张，各长三尺七寸，宽二尺二寸，高九寸。钦此。

雍正四年，木作：

（二月）十七日，太监杜寿传旨：着做楠木一封书桌一张，宽二尺二寸，高一尺四寸八分，长三尺六寸，再照此尺寸做花梨木桌一张。钦此。

(3) 故宫博物院胡德生研究员认为，"一封书"应为无束腰、无牙子的家具，如四面平。

2. 银母

螺钿之别称。

3. 榆木

主产于我国华北、西北地区。用于家具及建筑的榆木一般有三种,即大果榆(*Ulmus macrocarpa*)、桃叶榆(*U. prunifolia*)及白榆(*U. pumila L.*),均为榆科榆属。古代家具中尤以大果榆及白榆用量较大。大果榆心材颜色由外向内为杏黄到黄褐色,材色干净,纹理清晰;白榆心材颜色为浅栗褐色,木材坚硬,花纹美丽,多做柜、箱类家具。

4. 影子木

档案中多次出现影子木、樱子木、樱木,均为瘿木,指树木在正常生长过程中遇到真菌、病虫害的作用而产生活的疤节。其花纹因树种的不同、病虫害产生的部位的不同而多变。《辞源》将瘿木称之为"楠树树根"是不全面的。楠树树根如不结瘿,极少有美丽的花纹。瘿木除泛指活树疤外,也有人将树之根部或接近根部之瘿,树干其余部分能产生美丽花纹的木材均称为瘿木。生长于树干之上的瘿,又称之为"影"。日光将树瘿投之于地而生影,故形象地称之为"影木"。

Z

1. 紫檀木

明清时期之紫檀木以故宫紫檀家具及民间所存紫檀家具的残件检测,均为产于印度南部的檀香紫檀(*Pterocarpus santalinus*)。《本草纲目》"檀香"条引宋代叶廷珪《香谱》云:

> 皮实而色黄者为黄檀,皮洁而色白者为白檀,皮腐而色紫者

为紫檀。其木并坚重清香,而白檀尤良。

叶氏在这里讲的是檀香木的三种表象,并不是在描述紫檀木。明代王佐《格古要论》谓:

> 紫檀木出交趾、湖广,性坚,新者色红,旧者色紫,有蟹爪纹。新者以水湿浸之,色能染物,做冠子最妙。近似真者揩粉壁上果紫,余木不然。黄檀木最香,今人多以作带。

王佐关于紫檀木的认识是正确的,但黄檀木为檀香木,与紫檀木并不能等同。

檀香紫檀为落叶乔木,树干通直,少有枝丫,一般生长于印度南部土地贫瘠、富含高品位铁矿石带,生长速度极为缓慢。花黄色,花期为 11—12 月,果期 4—5 月。新鲜树枝折断后会迅速流出似鲜血的汁液。边材白色,心材紫红色,气干密度 1.109 g/cm^3。

档案涉及人名表

人名	说明	页码①	人名	说明	页码
		A			
阿成阿		377	阿墩	太监	567
阿克敦	广东将军	145	阿兰泰	理藩院员外郎	169
安泰	总管太监	298	安图		291
按布里	管理车库事务内管领	316			
		B			
八十三	库使	293	巴多明	西洋人	161
巴哈	柏唐阿	327	巴蓝泰	柏唐阿	274
巴泰和尚尼牙哈	内管领	51	巴图鲁	笔帖式	563
巴筵泰	侍读学士	392	白进玉	太监	362
白老格	领催	127	白世秀	司库、领催	113
白子	木匠	260	班禅额尔德尼		189
班达里沙	柏唐阿	433	宝亲王		494
宝善	笔帖式	372	宝住		508
保常		506	保德	郎中	51
保寿	领催	237	布哈尔		396
布兰泰	巡抚	146			

① 本表页码为该人名在档案辑录中首次出现的位置。

续表

人名	说明	页码	人名	说明	页码
C					
蔡珽	四川巡抚、左都御史、兵部尚书	133	蔡玉	太监	139
曹佛保	柏唐阿	446	曹进公	万字房太监	407
曹勷	总兵	309	常安	银库郎中	372
常保	司库	61	常德	副都统	225
常海	柏唐阿	469	常赉	总督	290
常玉	太监	102	车进朝	府内太监	226
陈福	总管太监	206	陈璜	太监	47
陈进朝	太监	91	陈进忠	敬事房太监	410
陈经纶	副将	310	陈九卿	圆明园总管太监	242
陈士镗	太监	441	陈泰	太监	78
陈文乐	首领太监	261	陈玉	太监	103
程国用	首领太监	53	诚亲王		494
吹丹格隆	中正殿喇嘛	149	崔崇贵	敬事房首领	429
崔林	太监	386	崔维美	柏唐阿	113
存柱	催总	570			
D					
达尔汉薄格厄米尔	哈密国人	318	达赖喇嘛		82
达奈	散秩大臣兼副都统	236	达善	司库	375
达素	笔帖式	361	达子	副催总	391
德都		505	德尔格里	员外郎	180

人名	说明	页码	人名	说明	页码
德格	太监	228	德邻	库使	243
德龄	巡抚	595	德新	内阁学士	392
邓八格	柏唐阿	234	邓尔柱	太监	347
邓连芳	木匠	304	丁朝凤	营造司首领太监	319
董自贵	九洲清晏首领太监	253	都志通	玉匠	373
杜寿	太监	50	杜蔚	副将	310
段起明	敬事房太监	397	敦巴		378
多尔吉案布里	内管领	51			
E					
厄尔贺	柏唐阿	225	厄尔敏	广储司茶叶庄员外郎	79
鄂尔泰	云南巡抚、管总督事	144	鄂弥达	广东巡抚	416
二保	副领催	220	二格	副都御史	403
F					
樊廷	提督	309	范国用	太监	166
范毓馥		268	范毓宾		371
方关保		361	方昇	南木匠	525
费思哈	副都统	225	费隐	西洋人	164
佛保	柏唐阿、刻字匠人	205	福六	催总	380
福森	司库	129	福寿	档子房	520
傅吉先	外雇漆匠	513	傅有	领催	176
傅尔丹	将军	326	富拉他	柏唐阿	245
富明	柏唐阿	320			

续表

人名	说明	页码	人名	说明	页码
	G				
高玉	太监	391	高其倬	浙闽总督	146
格尔希		506	关福盛	库使	243
官保		506	桂少希		513
滚都阿拉木巴		360	郭佛保	花匠	176
郭进玉	弘德殿首领太监	72	果郡王		58
	H				
哈尔哈图	主事	189	哈福	活计房笔帖式	246
哈木班	理藩院笔帖式	443	哈元臣	首领太监	93
海成	内管领	187	海望	员外郎	62
韩贵	太监	84	韩国玉	副领催	237
韩良卿	副将	310	韩起龙	副领催	567
和亲王		494	赫尔京额	圆明园档子房笔帖式	455
黑达子		68	胡常保	催总	139
胡杰	总兵	332	胡进孝	太监	307
胡庆寿	太监	187	胡全忠	太监	71
胡世杰	太监	565	胡应瑞	懋勤殿太监	194
花善	柏唐阿	272	花天立	副将	310
黄寿	太监	279			
	J				
嵇曾筠	河道总督	484	吉达母	员外郎	563
纪安	太监	269	纪成斌	提督	310

人名	说明	页码	人名	说明	页码
纪俊	太监	315	纪文	佛堂太监	48
贾弼	太监	258	贾二华	热河总管	176
贾明	外招雕銮匠	513	蒋德符	工程处副总领	432
蒋廷锡	画家	97	焦进朝	佛堂太监	48
焦进忠	太监	54	金昆	画家	206
金延相	佛楼太监	407	金有玉	副领催	434
金月玉	领催	328	九儿		508
K					
喀屯汉		390	康济鼐	贝子	234
孔毓珣	两广总督	215	库衣达克石	管理车库事务内管领	316
库依达依拉齐		68			
L					
拉哈里	柏唐阿	114	拉锡	奏事侍卫	70
郎世宁	传教士、画家	111	老格	柏唐阿	355
李承禄	总管太监	55	李大	雕銮匠	513
李德	总管太监	103	李德玉	总管太监	363
李尔玉	太监	462	李凤祥	总管太监	102
李格		539	李国泰	太监	269
李进朝	首领太监	72	李进玉	奏事太监	62
李久明	首领太监	144	李六十	柏唐阿	423
李如柏	总兵	413	李天福	太监	146
李卫	浙江巡抚	293	李文贵	太监	188

续表

人名	说明	页码	人名	说明	页码
李兴泰	钦安殿首领太监	232	李义	太监	192
李毅	八品官	418	李英	茶房首领太监	69
李勇	太监	273	李元	库使	356
李振芳		89	梁佛保	玻璃厂领催	209
梁子华	太监	438	亮玉	笔帖式	434
林济格	西洋人	164	林祖成	汉侍卫	110
刘邦卿	太监	290	刘保卿		566
刘沧洲	太监	343	刘成	太监	443
刘关东	副领催	313	刘贵	太监	249
刘进	太监	378	刘进福	首领太监	358
刘进起	总管太监	102	刘进忠	总管太监	49
刘山久	催总	125	刘天禄		527
刘希文	首领太监	50	刘义	太监	115
刘于义	陕西提督	483	刘玉	奏事太监	53
刘裕锡	钦天监	102	六达塞	柏唐阿	511
六达子	柏唐阿	99	六十三	理藩院笔帖式	487
龙贵	太监	254	龙进玉	太监	361
龙显玉	太监	421	卢玉	木匠	78
卢玉堂	首领太监	54	鲁都立	怡亲王府侍卫	317
鲁国兴		514	鲁裕堂	太监	53
陆成	太监	397	陆道	太监	414
陆全义	首领太监	73	陆振声	甘肃提督	132
吕进善	膳房太监	428	吕兴朝	茶房首领太监	52

人名	说明	页码	人名	说明	页码
罗福	柏唐阿	529	罗怀忠	西洋人	161
			M		
马尔汉	木作催总	78	马尔浑	管理车库事务内管领	316
马尔赛	銮仪卫公	197	马鉴	太监	477
马进忠	太监	77	马拉阿思汉	副都统	189
马龙	副将	310	马齐	大学士	247
马清阿		514	马善进	副都统	225
马温良	首领太监	99	马小二	领催	189
马学尔	领催	206	马云	副将	310
马兆图	领催	391	迈图	柏唐阿	192
满毗	司库	242	莽古里	都统	470
毛克明		490	毛团	太监	61
冒重光	副将	310	梅嘉挥	瓷器库司库	370
梅进忠	太监	407	孟中		371
苗虎	首领太监	73	闵敦诺们汉		180
明德	头等侍卫	113	明慧	和尚	485
明善	中书	567	明书	员外郎	291
明自忠	茶房首领太监	69	穆进朝	太监	335
穆森	内管领	69	穆泰然	太监	222

续表

人名	说明	页码	人名	说明	页码
N					
年羹尧	川陕总督、抚远大将军	50	年希尧	内务府总管	337
牛万朝	太监	184			
P					
潘凤	总领太监	130	潘一明	笔帖式	422
潘义明	领催	227	庞贵	太监	565
庞谢玉	太监	435	裴六达子	柏唐阿	261
裴起麟	总管太监	76	彭凯昌	首领太监	249
平郡王		332	颇罗鼐	贝子	180
普昌	档子房	513	普惠	笔帖式	248
溥惠	档子房	514			
Q					
七格	柏唐阿	303	七十五	库使	355
祁尚英	太监	128	齐蓝保	柏唐阿	113
千佛保	领催	336	强锡	副催总	391
清宁		505	清泰经格里	管理车库事务内管领	316
R					
任朝贵	太监	192	荣世昌	太监	440
荣望	首领太监	136	阮禄	太监	469
芮席	太监	85	瑞保	笔帖式	389
瑞格	太监	253			

人名	说明	页码	人名	说明	页码
			S		
萨木哈	首领太监	61	三保	郎中	74
三泰	尚书	360	三音保	笔帖式	388
森厄	侍读学士	189	傻闷	小太监	599
沈保	錽匠	296	沈祥	序班	80
沈崶	员外郎、监察御史	56	沈禹功	首领太监	564
沈玉功	敬事房笔帖式太监	430	施天章	南匠	357
石里哈		267	石麟	山西巡抚	410
石美玉	柏唐阿	146	石云倬	福建陆路提督	328
石住	库使	511	释迦保六格	宫殿总理监修处员外郎	434
寿山	柏唐阿	113	双全	奏事员外郎	74
顺承郡王	大将军	223	顺承亲王	北路大将军	445
硕塞	司库、柏唐阿	51	四保	衣库员外郎	51
四达塞	库使	420	四达子	库使	356
四格	固山达	86	四十六		176
嵩祝	大学士	318	宋礼	太监	81
苏巴希里	额驸策凌之子	445	苏尔迈	柏唐阿	55
苏国政	副领催	471	苏合	司库	366
苏合讷	头等侍卫兼郎中	407	苏那	圆明园工程处笔帖式	320
苏培盛	首领太监	48	苏七格	柏唐阿	188
苏图	参赞副都统	332	苏忠	太监	181
俗格	太监	565	孙福	领催	337

续表

人名	说明	页码	人名	说明	页码
孙柱	大学士	366	隋赫德	江宁织造	355
索柱	柏唐阿	566			
T					
塔尔	副都统	225	唐岱	画家	398
唐英	员外郎、画家	61	汤山		176
特古思	贝勒	483	特古忒	尚书	189
滕继祖	篆书匠	48	田福	太监	218
田进忠	四执事太监	392	田文镜	总督	264
图妞儿	管理车库事务内管领	316			
W					
歪塞	笔帖式	466	汪国兴	南木匠	98
汪元功	南木匠	513	王安	太监	54
王常贵	奏事太监	150	王朝卿	总管太监	298
王福隆	太监	328	王辅臣	太监	181
王复	太监	366	王吉祥	领催	291
王杰	药房首领太监	209	王进朝	福园首领太监	296
王进禄	太监	298	王进孝	太监	209
王进玉	养心殿首领太监	96	王明贵	太监	319
王明升	首领太监	411	王钦	首领太监	178
王三	太监	431	王绍绪	提督	373
王守贵	太监	100	王守志	太监	498
王太平	总督太监	144	王廷瑞	副将	310

续表

人名	说明	页码	人名	说明	页码
王伟	太监	198	王以诚	总管太监	49
王幼学	画画房柏唐阿	360	王玉	太监	128
王玉凤	太监	370	王璋	太监	195
王志信	太监	398	王自立	首领太监	248
王自禄	太监	195	魏久贵	药房太监	209
闻二黑	领催	191	吴保柱	司库	328
吴花子	催总	141	吴书	首领太监	115
武格	库使、笔帖式	351	乌合里达		188
五十八	柏唐阿、催总	193			
X					
西松	郎中	466	夏安	首领太监	57
显亲王		265	萧云鹏	太监	428
谢成	首领太监	576	信郡王		62
徐进朝	太监	52	徐起鹏	总管太监	298
徐士林	礼部主客、清吏司主事	90	徐文耀	太监	198
徐文约	太监	287	徐宗仁	副将	310
许朝彩	首领太监	245	许定	南木匠	546
许容	兰州巡抚	483	薛保库	热河总管太监	243
薛勤	首领太监	192			
Y					
雅尔善	内阁中书	410	雅图		102
闫士臣	太监	288	颜清如	总兵	309

人名	说明	页码	人名	说明	页码
杨常荣	太监	397	杨国斌	柏唐阿	474
杨名时	云南巡抚	74	杨七儿		506
杨讨格	武备院司库	206	杨文乾	巡抚	231
杨文杰	太监	153	杨义	太监	199
杨永斌	广东巡抚	475	杨忠	万字房首领太监	251
姚富仁	玉匠	524	姚进孝	太监	129
叶鼎新	牙匠	162	伊尔希达		102
伊拉齐	司库	50	伊里布	将军	328
伊苏得	礼部主客司主事	186	衣达穆查布	蒙古王	485
衣达众神保	米仓库	51	怡亲王	康熙十三子	47
宜兆熊		288	永福	护军统领	378
优闷儿	太监	413	于琪	南书房太监	455
俞文	太监	315	玉复隆	太监	365
裕亲王		62	袁景劭	南匠	48
岳钟琪	大将军	195	云升	圆明园教习	114
Z					
查尔奈	台吉	180	查郎阿	川陕总督	378
曾领弟	领催	423	翟进朝	太监	442
张保柱		188	张豹	副将	310
张朝凤	自鸣钟首领太监	47	张成隆	总兵	309
张尔泰	药房首领太监	318	张国泰	领催	231
张进朝	太监	315	张进德	太监	297

人名	说明	页码	人名	说明	页码
张进喜	太监	53	张琏	太监	199
张良栋	太监	189	张明	转角房太监	112
张起麟	总管太监	47	张三	副领催	526
张四	催总	114	张廷玉	保和殿大学士兼理吏部尚书事务	335
张文	跳神处首领太监	358	张文保	太监	306
张学燕	太监	249	张永祥	太监	443
张玉	太监	166	张玉柱	奏事太监	79
张元佐	总兵	309	张芝贵		535
张志旺	乾清宫太监	398	张自成	催总	117
赵朝凤	太监	149	赵凤金	太监	338
赵进斗	太监	197	赵进孝	太监	383
赵进忠	首领太监	185	赵老格	副领催	350
赵六十	柏唐阿	223	赵显忠	副将	310
赵兴宗	敬事房太监	429	赵雅图	副领催	136
赵永培		374	赵元	郎中	98
郑爱贵	太监	166	郑太忠	首领太监	266
郑旺	年希尧家人	337	郑五塞		490
郑忠	大殿首领太监	54	钟维岳	副将	310
周继德	领催	153	周世辅	敬事房首领太监	58
周维德	玉作领催	213	朱九		508
庄亲王		56	邹本文	玉匠	82
祖秉圭	广东粤海关监督监察御史	391	左玉	太监	412
左世恩		331			

原档案勘误表

说明:原档案非一人所录,错字、别字、繁体字、异体字较多,同一名称往往有多种写法,在辑录过程中,尽量对这些字、词按照现代汉语使用标准进行勘正,对于专业术语都按照现在通行的用法统一;但其中有个别字词有待进一步讨论研究,并未修改。人名的勘正并未出现在此表中,主要是考虑篇幅问题。表中所列为常见字词,并非全部。

勘误字	原 文	勘 正
安	按簧饰件	安簧饰件
捌	松香拐拾斤	松香捌拾斤
把	长靶刀	长把刀
扳	班指	扳指
斑	班竹烘笼	斑竹烘笼
绊	拴判带	拴绊带
碧	壁纱厨	碧纱橱
臂	背格	臂搁
璧	汉玉拱壁	汉玉拱璧
辫	缠子	辫子
裱	表作	裱作
布	查不查牙木碗	扎布扎牙木碗
礤	江擦	礓礤
拆	折去	拆去
砚	笔砚	笔砚
禅	班产厄尔得尼	班禅额尔德尼

续表

勘误字	原 文	勘 正
肠	珊瑚阳	珊瑚肠
敞	西峰秀色厂厅	西峰秀色敞厅
砗	车渠	砗磲
沉	陈香山子	沉香山子
撑	枨杆	撑杆
丞	水盛	水丞
枨	撑子	枨子
螭	璃虎	螭虎
绸	宁绌	宁绸
橱	碧纱厨、壁纱厨	碧纱橱
储	广贮司	广储司
穿	榆木川带、川山甲	榆木穿带、穿山甲
瓷	磁器	瓷器
打	搭紫檀色	打紫檀色
大	六经匣	大经匣
带	代领	带领
挡	档火栏杆	挡火栏杆
德	班产厄尔得尼	班禅额尔德尼
钿	罗甸	螺钿
掉	去吊	去掉
丁	白檀香西	白檀香丁
顶	镀金树杆项、上安象牙项	镀金树杆顶、上安象牙顶
钉	鱼眼丁、绽皮绊	鱼眼钉、钉皮绊

勘误字	原　文	勘　正
段	割为两断	割为两段
椴	缎木	椴木
墩	古敦	鼓墩
额	班产厄尔得尼	班禅额尔德尼
珐	法瑯	珐琅
翻	番沙	翻砂
分	份位	分位
份	铜匙箸四分	铜匙箸四份
风	屏峰	屏风
封	一对书炕桌	一封书炕桌
附	额付	额附
副	眼睛十付、付总领	眼镜十副、副总领
杆	轿轩	轿杆
杠	扛头	杠头
搁	背格、格花盆杉木机子	臂搁、搁花盆杉木机子
隔	格断	隔断
槅	隔扇	槅扇
格	竹隔子	竹格子
宫	入官紫檀木	入宫紫檀木
狗	枸奶子木	狗奶子木
鼓	古敦、古子	鼓墩、鼓子
瓜	甜爪瓣式水丞	甜瓜瓣式水丞
刮	有套括鳔	有套刮鳔

续表

勘误字	原　文	勘　正
罐	玉瓘	玉罐
合	盒牌	合牌
荷	贺兰国	荷兰国
盒	配合	配盒
混	浑边	混边
鸡	止血石	鸡血石
记	计念	记念
件	烟袋疙瘩一年	烟袋疙瘩一件
礓	江擦	礓磋
脚	提角板	踢脚板
惊	擎文	惊璺
榉	椐木	榉木
俱	拒交	俱交
钧	均窑	钧窑
槛	坎窗	槛窗
筷	快子	筷子
葵	秋魁花、秋奎花	秋葵花
拉	乌喇石	乌拉石
赖	达赉喇嘛	达赖喇嘛
栏	拦杆	栏杆
琅	法瑯	珐琅
榔	榆木郎头	榆木榔头
棱	八楞瓶	八棱瓶

勘误字	原　文	勘　正
琍	立马	琍玛
李	郁里	郁李
里	拉固裹、开七利	拉固里、开其里
利	依里	伊犁
裂	洌缝处、冰洌纹	裂缝处、冰裂纹
绫	黄菱匣	黄绫匣
鎏	流金	鎏金
绺	有柳	有绺
笼	龙召漆	笼罩漆
氆	氇氆	氆氇
卢	毗炉帽、毗罗帽	毗卢帽
炉	定瓷卢	定瓷炉
銮	雕鸾作	雕銮作
螺	罗甸碗	螺钿碗
珞	香袋挂珞、缨络	香袋挂珞、璎珞
嘛	吗呢	嘛呢
鞔	挽春皮、挽皮罩、瞒撒林皮枪帽	鞔春皮、鞔皮罩、鞔撒林皮枪帽
楣	横眉	横楣
弥	须泥座	须弥座
棉	绵套	棉套
南	海楠香、安楠香、楠木匠	海南香、安南香、南木匠
难	阿傩	阿难
盘	算板	算盘

续表

勘误字	原　文	勘　正
珀	嵌金柏	嵌金珀
漆	添盒	漆盒
其	开七利	开其里
掐	捏丝	掐丝
签	牙笺	牙签
樯	墙木根	樯木根
青	万年清树皮	万年青树皮
楸	云秋木	云楸木
虬	鳅角	虬角
砗磲	车渠	砗磲
汝	乳窑	汝窑
塞	涂色尔根	图塞尔根
色	塞木根	色木根
砂	翻沙	翻砂
觞	禹觞	羽觞
什	百事件、十锦	百什件、什锦
石	柘榴	石榴
史	监察御文	监察御史
世	郎石宁	郎世宁
丝	掐系、螺丝	掐丝、螺丝
速	泡沉香山子	速沉香山子
算	笇盘	算盘
榫	其座面起一笇	其座面起一榫

续表

勘误字	原　文	勘　正
踏	褡跥	踏跥
檀	紫坛、梓坛	紫檀
绦	套环板	绦环板
套	讨牢	套牢
藤	簾子	藤子
踢	提角板	踢脚板
挑	桃杆	挑杆
贴	帖金	贴金
鞓	连皮蛤蟆掐簧金黄鞋带	连皮蛤蟆掐簧金黄鞓带
廷	内庭	内廷
梃	独挺座	独梃座
铜	钢系	铜丝
桶	锡里木筒	锡里木桶
筒	笔铜	笔筒
同	仝	同
图	涂色尔根	图塞尔根
拖	托床	拖床
驼	驮绒	驼绒
挖	穵单	挖单
弯	湾尺	弯尺
王	阿育世	阿育王
帏	锦纬	锦帏
温	文都里那石	温都里那石

勘误字	原　　文	勘　　正
璺	擎文、惊纹	惊璺
窝	紫檀木倭龛	紫檀木窝龛
委	窝角香几	委角香几
乌	鸟银	乌银
犀	牺牛	犀牛
玺	碧牙西	碧玺
镶	瓖紫檀木边	镶紫檀木边
象	太平有像、相棋	太平有象、象棋
压	押板、紫檀木押纸	压板、紫檀木压纸
阳	三羊开泰	三阳开泰
洋	小西烊人	小西洋人
窑	乳角笔洗	汝窑笔洗
伊	依里	伊犁
彝	彝	彝
银	艮母	银母
瘿	樱木、樱子、樱子木	瘿木、瘿子、瘿子木
油	黄尤敦布面	黄油墩布面
盂	黑洋金痰盂	黑洋金痰盂
予	寻些活计与他们做	寻些活计予他们做
羽	禹觞	羽觞
圆	园盒、见元	圆盒、见圆
芸	云香	芸香
扎	查不查牙木碗	扎布扎牙木碗

续表

勘误字	原 文	勘 正
渣	扎斗	渣斗
窄	扎些	窄些
钉	定皮胖毡布	钉皮绊毡布
昭	昭文带	昭文带
罩	龙召漆、落地明	笼罩漆、落地罩
折	拆耗	折耗
支	抓笔一枝、镜枝	抓笔一支、镜支
只	三枝腿仪器	三只腿仪器
主	清吏司立事	清吏司主事
拄	柱杖	拄杖
装	粧修	装修
紫	梓杬、梓檀	紫檀
樽	铜罇、饕餮尊	铜樽、饕餮樽
坐	将火盆座入	将火盆坐入

雍正元年

1. 木作

五月

二十二日,总管太监张起麟、首领太监王太平传旨:着补做藤屉靠背二个。钦此。

于八月十一日,做得藤屉靠背二个,首领太监程国用持去,交首领太监王太平收。

九月

初四日,怡亲王谕:着做书架一连高六尺九寸、宽八尺八寸五分、入深一尺,书架四个各高六尺九寸、宽五尺二寸、入深一尺,春凳二连高二尺二寸、宽一尺二寸、长一丈一尺。钦此。

于十月初十日,照尺寸做得春凳二连,计六个书架,一连计三个,总管张起麟持去。

十月十一日,照尺寸做得书架四个,总管太监张起麟持去讫。

二十二日,首领太监苏培盛传旨:将装御笔匣对竹筒做几个。钦此。

随量得尺寸里口径一寸八分、长三尺一寸。

于九月二十五日,照尺寸做得竹筒四个,张起麟交首领苏培盛讫。

九月二十八日,照尺寸做得竹筒四个,张起麟交首领苏培盛讫。

十月

初一日,郎中保德奉旨:养心殿后寝宫西次间后窗下一扇中心开一活窗,宽一尺五寸九分、高一尺五寸七分,钉合扇钩搭,窗外做三面窗罩一个,宽一尺五寸九分、高二尺五寸二分、入深六寸,两头小面安玻璃顶,后面或安板子或做窗户;穿堂北边东西窗安玻璃二块,高一尺八寸五分、宽一尺四寸七分亦可,宽九寸七分亦可。钦此。

于十月十三日,照尺寸做得安玻璃顶罩一件、玻璃二块,郎中保德领匠役持进,将窗罩安在养心殿后寝宫西次间新开活窗上讫,将玻璃二块安在穿堂北边东西窗上讫。

初七日,郎中保德传旨:养心殿后寝宫西次间内用玻璃吊屏一件、直吊屏一件,其大小照西暖阁的玻璃镜的大小做。钦此。

于十月二十五日,做得高三尺四寸五分、宽五尺四寸五分玻璃横吊屏一件,郎中保德持进养心殿后寝宫西次间内安讫。

于十一月初二日,做得高四尺五寸、宽二尺九寸五分玻璃直吊屏一件,郎中保德持进在养心殿后寝宫西次间内安讫。

二十四日,首领太监苏培盛传:做竹筒四个,各长二尺八寸。记此。

于二年正月初六日照尺寸做得竹筒四个,交首领太监苏培盛讫。

二十七日,郎中保德传旨:着做半截腿靠墙安的玻璃镜一面。钦此。

于十一月二十七日,做得楠木座半截腿玻璃镜一面,郎中保德呈进讫。

2. 玉作

四月

二十五日,怡亲王交白玉荔枝水丞一件。王谕:透眼高了,往下落些。遵此。

于五月二十一日,白玉荔枝水丞一件收拾完,怡亲王呈进讫。

二十五日,怡亲王交玉长方小盒一件。王谕:上面花纹磨去盛香用。遵此。

六月二十五日,玉盒一件磨做完,保德呈览。奉旨:装香。钦此。本月二十七日,此盒内盛香保德呈进讫。

二十五日,太监杜寿着随侍总管太监王文鼎送来玛瑙杯碗大小五十九件、各色玉石碗大小六十三件、玛瑙腰形笔洗一件、碧玉长方板一小块上有字、鱼骨一块、画眉石二块。传旨:交养心殿。钦此。

本日,怡亲王谕:鱼骨并画眉石着西洋人认看。遵此。

于二十八日,传得西洋人冯秉正、郎世宁认看鱼骨画眉石,据伊详称,此鱼骨不认得,其画眉石比黑钻微软些,亦写得字等语,怡亲王呈进讫。

七月初十日,选得破坏玛瑙杯碗二十一件、各色玉石杯碗四十七件,怡亲王呈进讫。

九月初八日,收拾得碧玉碗一件,郎中保德呈进讫。

于雍正二年四月初九日,收拾得玛瑙碗六件、碧玉长方有字板一块,怡亲王呈进讫。

闰四月十八日,收拾得玉碗一件,怡亲王呈进讫。

七月十九日,收拾得玉碗二件,怡亲王呈进讫。

七月二十七日,收拾得玛瑙碗四件,怡亲王呈进讫。

八月初一日,收拾得玛瑙碗一件,怡亲王呈进讫。

八月十四日,收拾得玛瑙碗二件,郎中保德呈进讫。

九月十四日,收拾得玛瑙碗四件,郎中保德呈进讫。

十月二十九日,收拾得玛瑙碗五件,怡亲王呈进讫。

于三年十二月二十九日,收拾得玛瑙碗一件,怡亲王呈进讫。

于四年八月十四日,收拾得玉碗二件,裕亲王、信郡王呈进讫。

于七年十一月十四日,将玉碗一件员外郎富参交礼部员外郎恩特领去讫。

于十三年十月二十六日,将玛瑙腰圆笔洗一件交太监毛团呈进讫。

于十三年十月二十九日,将玛瑙碗六件交太监毛团呈进讫。

于十三年十二月十五日,将各色玉碗八件交太监毛团呈进讫。

于十三年十二月十六日,将玛瑙碗一件交太监毛团呈进讫。

于十三年十二月十九日,将玛瑙碗一件交太监毛团呈进讫。

3. 杂活作

正月

初五日,郎中保德奉怡亲王谕:仿西洋盒子做金盒四个、银盒四个,盒内镶犀角里子。遵此。

于正月十二日,做得金盒一件重一两五分、银盒一件重六钱七分,怡亲王呈进。

于正月二十五日,做得金盒一件重一两三钱五分、银盒一件重八钱五分,怡亲王呈进。

于二月初十日,做得金盒一件重一两一钱、银盒一件重六钱六分,怡亲王呈进。

二月

二十日,怡亲王交洋漆方套匣一份 内盛镶嵌鼻烟壶一件。奉旨:各匣内酌量配做物件。钦此。

于三月十七日,配做紫石砚一方、折子二个、银盒一件、红黑墨二锭、水丞一件、带圈镇纸一份、黄杨木砚山一件、玛瑙鼻烟壶一件、笔二支、画尺一件、笔船一件、玻璃镜一面、玳瑁梳篦三件、显微镜一件、椰子数珠一盘、书灯一件、方盘一件、册页一件、骨牌一份、火镰包一件、镶嵌鼻烟壶一件、规矩十六件、日晷一件、眼镜一副、千里眼一件、收贮白玉小盒一件、桃式琥珀扇器一件。怡亲王呈进讫。

四月

初九日,怡亲王交嵌温都里那石玳瑁长方盒一件。王谕:石片周围镶象牙线。遵此。

于七月二十四日,长方盒一件、石片周围镶象牙线完,怡亲王呈进讫。

十四日,怡亲王谕:领广储司银两做紫金锭六料、蟾酥锭四十料、离宫锭一百料、盐水锭六料、大黄扇器四百个、鹅黄素缎两面写画长方香袋四十个、鹅黄素缎两面写画圆香袋四十个、鹅黄素缎绣五毒香袋四十个、五色素缎绣五毒香袋四十个、五色绒缠福儿香袋四十个、赏用香袋四百个。遵此。

于五月初一日,做得紫金锭六料、蟾酥锭四十料、离宫锭一百料、盐水锭六料、大黄扇器四百个、鹅黄素缎两面写画长方香袋四十个、鹅黄素缎两面写画圆香袋四十个、鹅黄素缎绣五毒香袋四十个、五色素缎绣五毒香袋四十个、五色绒缠福儿香袋四十个、赏用香袋四百个,怡亲王呈进讫。

十四日,怡亲王交收贮雕虬角筒一件、雕牛角筒一件。王谕:内俱配做家伙。遵此。

于八月初八日,雕虬角筒一件、牛角筒一件,内各配得替换大小尖规矩二件、墨夹铅笔一件、方圆锥二件、小刀一把、牙尺一件、银弯尺一件、小凿一件、钢起子一件、六楞针一件、钢镊子一件、日晷一件、火镜一件、圈子火镰一件、剪子一件。怡亲王呈进讫。

八月

十三日,怡亲王交鲜荔枝皮一件。王谕:配合做盆景用。遵此。

此荔枝皮配合在九月初七日王交的双荔枝皮一处做盆景用。

九月

初十日,怡亲王交银镀金嵌温都里那石盒一件。王谕:照此盒的样式做几个。遵此。

于二年三月十四日,做得银镀金嵌温都里那石盒二件,总管太监张起麟呈进讫。

于十三年十一月十一日,浆果原样温都里那石盒一件,司库常保交太监毛团呈进讫。

二十六日,太监刘玉交堪达罕蹄子斧式罩套火镰包一件。传旨:照此火镰包样式做几件。钦此。

于十一月十七日,做得玳瑁罩套堪达罕蹄子火镰包六件,交太监刘玉讫。

十月

初六日,总管太监张起麟交象牙骨牌十九块。太监刘玉传旨:照此样周围微放大些,点儿上烧珐琅,应点金处仍点金。用好象牙做一份。钦此。

于十二月二十九日,做得珐琅点象牙骨牌一份并原骨牌十九块,张起麟呈进。

十二月

十七日,怡亲王交伽楠香一块。王谕:着认看。遵此。
于二年五月初五日,怡亲王呈进讫。

十七日,怡亲王交木灵芝一件。王谕:此须搭色上蜡刷好配合盆景当活计呈进。遵此。

于四年三月初七日,将木灵芝一件配得盆景一件,员外郎海望呈进讫。

十七日,怡亲王交小银箱一个。王谕:着配合装象牙盒一件、退光漆盒一件、玻璃罐一件、牙梳三件。遵此。

于本日,小银箱一个内配装得象牙盒一件、退光漆盒一件、玻璃罐一件、牙梳三件,怡亲王呈进讫。

二十一日,怡亲王交漆盒一件,内盛桃形紫石一块。王谕:着收拾好。呈进。遵此。

于二年正月初六日,张起麟呈进讫。

4. 皮作

正月

十四日,太监总管张起麟交云竹暖轿一乘。奉王谕:此轿上换冬夏全份。新帏子仍交衣服库成造,派皮作拨什库达杨天成监看。遵此。

于三月初一日,衣服库成造完云竹暖轿上冬季黄毡面纺系里帏一份,夏季石青纱心夹缎帏一份完,交总管太监张起麟持去。

十九日,怡亲王交填漆扶手式小桌一张。王谕:着配做二面缎帏。遵此。

于正月二十一日,填漆扶手式小桌一张配做得二面黄缎帏子完,怡亲王呈进讫。

三十日,怡亲王交雕漆桌一张。王谕:配做帏子。遵此。

于二月初二日,雕漆桌一张配做得黄缎帏子一件,交太监王安持去。

四月

十二日,太监杜寿传旨:做书格上帘子二架高三尺五寸、面宽三尺三寸五分,外加腰子二寸,用铅条压着,上边钉带扣纽,下边缝筒装竹片,下口合竹做黄杭绸里布面。钦此。

于四月十三日,做得黄杭绸里布面书格上的帘子二架,交太监杜寿持去。

二十日,怡亲王谕:着做藤屉靠背二个,配套。遵此。

于六月二十日,做得藤屉靠背二个配做得青素缎杭绸里夹套一件、葛布夹套一件、纺丝里毡衬布套一件、红绸单套一件,怡亲王呈进。

二十八日,太监张进喜传旨:着做青素缎面鱼白绸里书格帘十六个,上下穿合竹腰间糊米色绢掩头。钦此。

随定得帘子尺寸高一尺八寸六分四个、高二尺一寸五分四个、高一尺三寸八分四个、高一尺一寸四分四个,俱宽四尺二寸五分,俱系裁衣尺。

于五月二十三日,照尺寸做得青缎面鱼白绸书格帘十六个,交太监张进喜持去讫。

六月

十九日,首领太监李进玉来说,总管太监王文鼎传旨:养心殿内宝座上做葛布长坐褥一个,东西暖阁内做葛布长坐褥二个、葛布方坐褥四个。钦此。

于六月二十八日,做得葛布坐褥七个,首领太监程国用持去,交总管太监王文鼎收讫。

十月

十一日,太监刘希文传旨:着做鹅黄氆氇坐褥一个。钦此。

于十月二十六日做得鹅黄氆氇坐褥一个,首领太监程国用持进交太监刘希文收。

十八日,太监刘希文传旨:养心殿后寝宫内照先做过的鹅黄毡氆坐褥尺寸一样再做鹅黄毡氆坐褥二个。钦此。

于十月二十六日,做得鹅黄毡氆二个,张起麟持进,交太监刘希文讫。

5. 铜作

七月

十一日,总管太监张起麟传:做三角铜帽架十个。记此。

于七月十二日,做得铜帽架五件,郎中保德交太监刘禄持去。七月十三日,做得铜帽架五件,张起麟交太监刘禄持去。

十月

初四日,怡亲王交铜盒暖砚一份。王谕:将此暖砚上层屉子内配端砚,做推屉子。砚做短些,上面水丞。再照此样做暖砚几方。遵此。

于十一月初十日,做得暖古暖砚一方并原铜盒暖砚一份改做完,怡亲王呈进讫。

十月十六日,做得暖古暖砚二方,怡亲王呈进讫。

二十七日,总管太监张起麟传旨:赏给三阿哥、四阿哥、五阿哥、六阿哥每人暖砚一方。钦此。

于十月二十九日,做得铜烧古暖砚四方,总管太监张起麟持去交三阿哥、四阿哥、五阿哥、六阿哥讫。

6. 炮枪作

八月

初一日,太监刘玉交象棋子一个。传旨:照此样做象棋子二份,棋子上面嵌珐琅片,配做折叠棋盘,一面画下大棋用,一面画下象棋用,共配做一匣,做紧凑些。钦此。

于九月十六日,做得嵌珐琅片锦地象棋一份,折叠棋盘一件配锦匣盛,交太监刘玉讫。

于十二月初十日,做得嵌珐琅片锦地象棋一份,折叠棋盘一件配锦匣盛,交太监刘玉讫。

7. 镶嵌作

四月

二十一日,太监杜寿交镶嵌银母小香几一件。传旨:着粘补收拾。钦此。本日,随粘补收拾完,仍交太监杜寿持去讫。

8. 匣作

二月

二十九日,怡亲王交洋漆方胜式盒一件、洋漆圆盒一件。王谕:着配做合牌糊锦套匣一件。遵此。

于三月二十三日,将洋漆盒二件配匣完,怡亲王呈进讫。

三月

二十二日,四执事太监焦进忠交折叠合牌盘象棋一份说,怡亲王谕:着收拾。遵此。

于三月二十五日,折叠合牌盘象棋一份收拾完,交太监焦进忠持去。

9. 刻字作

正月

二十二日,怡亲王交刻花押象牙图书一件,合牌上写朱字花押一件。奉旨:花押刻错了,照合牌上朱字花押另刻。钦此。

于正月二十五日,照合牌上写的朱字花押另刻得象牙图书一件并原合牌上写朱字花押一件,怡亲王呈进。

五月

十七日,怡亲王交洞石小素图书六十八方,内有青田石一方。王谕:内选四十方合配镌刻做匣盛装,将某匣内图书字样刻在本匣盖上。其余剩二十八方,俟此四十方图书镌刻完时一同交进,随又交洞石素图书三方。

于九月初四日,镌刻得"雍正尊亲之宝"二方、"致中和"三方、"敬天勤民"三方、"雍正敕命之宝"三方、"雍正御笔之宝"三方、"雍正亲贤之宝"三方、"雍正御览之宝"三方、"兢兢业业"三方、"为君难"四方、"朝乾夕惕"四方、"雍正宸翰"四方、"敬天尊祖"四方、"亲贤爱民"四方。以上图书共四十三方配二锦匣盛。余剩未镌刻图书二十八方配二锦匣盛,怡亲王呈进讫。

10. 雕銮作

二月

十五日,药房太监王杰交象牙药筒二件、犀角药筒二件说,怡亲王谕:着照象牙药筒样另做斑竹药筒二件,照犀角药筒样亦另做斑竹药筒二件。遵此。

于二月二十三日,做得斑竹药筒四件并原交象牙药筒二件、犀角药筒二件,总管太监张起麟交太监王杰持去。

11. 漆作

正月

初五日,大殿首领太监郑忠交洋漆桌一张。传旨:桌面撬坏收拾。钦此。

于正月二十一日,收拾得洋漆桌一张,首领太监程国用持去交大殿首领太监郑忠呈进。

十七日,懋勤殿首领太监李统忠交湘妃竹口洋漆方盒一件。奉旨:着收拾。钦此。

于二月初三日,收拾得湘妃竹口洋漆方盒一件,首领程国用持去交懋勤殿首领太监李统忠讫。

二十六日,怡亲王交洋漆双梅花香几一件。王谕:照此样式再放大些做香几五件,改做夔龙腿子。遵此。

于二年五月初四日,做得彩漆香几五个并原样香几一个,总管太监张起麟呈进讫。

二十八日,怡亲王交填漆茶盘二件。王谕:着照样做二件,俟呈览活计之时要用。遵此。

于九月二十八日,做得填漆茶盘二件,并原样填漆茶盘二件,怡亲王呈进。

二月

十三日,怡亲王交洋漆小圆盘一件。王谕:仿此样旋做木样,或三足或满足,中心起台,另做几个。遵此。

于二月十六日,将原样洋漆小圆盘一件,怡亲王呈进。

于四月二十九日,做得洋漆小圆盘八件,怡亲王呈进。

三月

十四日,怡亲王交旧填漆小圆盒一件。王谕:着照样做一件。遵此。

于十月初十日,照样做得填漆小圆盒一件并原样漆盒一件,怡亲王呈进。

二十四日,怡亲王交嵌玉螭虎黑漆盒盛荷叶式紫端石砚一方。奉旨:此砚甚好,另配做砚盒。钦此。

于七月初十日,荷叶式紫端石砚一方另配漆盒一件并嵌玉螭虎原漆砚盒一件,怡亲王呈进。

四月

二十一日,太监杜寿交洋漆小盘一件。传旨:着添补洋漆收拾。钦此。

于十二年十一月十一日,将收拾得洋漆小盒一件,司库常保、首领萨木哈交太监毛团呈进讫。

二十五日,总管太监王文鼎交半圆八角漆盒三件说,太监杜寿传旨:着交养心殿。钦此。

于十三年十二月二十四日,将漆盒三件,司库常保、首领萨木哈交太监毛团呈进讫。

二十八日,太监张进喜交雕漆攒盒一层。传旨:着粘补收拾。钦此。

于五月二十日,粘补收拾得雕漆攒盒一层,仍交太监张进喜持去讫。

十月

二十六日,奏事郎中双金交描金龙漆皮捧盒大小四十个,系资州巡抚金世扬进。传旨:交养心殿。钦此。

于十一月初四日,怡亲王选得捧盒五件呈进,其余捧盒三十五件奉王谕:着交太监刘希文。遵此。

于十一月初五日,将捧盒三十五件,总管太监张起麟交太监刘希文持去讫。

十二月

二十九日,太监王安交扇式洋漆盒一件,内有小盘一件、小盒三件,说怡亲王谕:着收着。遵此。

于十三年十二月二十四日,将扇面洋漆盒一件,司库常保、首领萨木哈交太监毛团呈进讫。

12. 记事录

正月

十四日,怡亲王谕:尔等总理造办钱粮事,各作有柏唐阿、拨什库等稽查匠役、督催活计等事,再拨什库达亦系匠役出身,因手巧,常命他们成造活计。俟后,尔等俱要各尽职分,不可疏忽。如匠役有迟来早散、懒惰狡猾、肆行争斗、喧哗高声、不遵礼法,应该重责者,令谈受人员告诉尔管理官启我知道,再行责处。不许该作柏唐阿等假借公务以忌私訾,擅自私责匠役。遵此。

七月

二十九日,怡亲王谕:历来造办处成做活计,俱向各司院咨行红票内开,照样做给等语。想来该管处指称照样做给之语,其中恐有冒销材料等。今造办处既设立库房,如有应用材料,俱向各该处行来本库预备使用,则材料庶不致靡费。再本处一应所做活计,俱系御用之物,其名色亦不便声明写出。俟后,凡给各司院等处行文,红票内俱不必写出名色等。因我已奏明奉旨准行。钦此。

13. 雍正元年正月吉造办处库内收贮档

四月

初三日,珐琅处交来红拉扯九十条重二十四两二钱五分、锡管铅笔九十三支、小虬角六个重十五两、虬角三根半重十七斤四两、象牙管铅笔十二支、木杆铅笔二支、象牙一根原用过重三十斤、乌玉一块四斤十二两、空心玛瑙石子五个、玛瑙鼻烟瓶坯子九个、玛瑙双桃水丞坯子一件、玛瑙鸠笔架坯子一件、玛瑙石子大小三十六块、缂丝袱子十个、黑石片四斤、锦套大的一个小的八个。

奉怡亲王谕:有用处用。

七月

二十二日,总管太监张起麟交鹅黄鹿腿一百九十五个、金黄鹿腿一百二十五个、红鹿腿九十一个、紫鹿腿十八个、鹅黄麕腿一百二十七个、金黄麕腿六十七个、红麕腿八十一个、紫麕腿十七个、退毛白麕腿三十七个、带毛长尾鹿腿二十个、带毛鹿腿二百个、带毛麕腿六十个、带毛勘达罕腿八个、鹅黄荷包皮六十四个、金黄荷包皮六十七个、红荷包皮七十三个、带毛荷包皮五十四个、带毛荷包皮三十一个、金黄荷包皮五十七个、紫荷包皮三十二个、鹅黄荷包皮五十九个、退毛本色荷包皮六十个、带毛鹿腿皮一百九十个、红麕腿皮九十个、带毛本色麕腿皮十六个、金黄麕腿三十个、鹅黄鹿腿五十个、金黄鹿腿皮一百个、带毛黄羊腿皮四十个、带毛麕鹿荷包、鹅黄鹿腿皮七十五个、鹅黄鹿腿皮一百八十个、紫鹿腿皮二十一个、带毛麕腿皮三十五个、带毛麕腿皮二十三个、红荷包皮四十六个、红鹿腿皮七十六个、蓝鹿腿皮二十个、金黄鹿腿皮三个。怡亲王谕:收着,有用处用。

雍正二年

1. 木作

正月

十四日,太监夏安来说,首领太监苏培盛传:做装御笔竹筒四个。记此。

于正月十七日,做得竹筒四个,交太监夏安持去讫。

三月

二十五日,首领太监刘希文传旨:着做木猫三个,再做长八尺、宽一寸八分、厚八分木板九块搭楠木色。钦此。

于三月二十七日,做得木猫三个,照尺寸做得搭楠木色木板九块,交太监张进喜持去讫。

五月

二十七日,太监胡全忠来说,太监刘玉传旨:着做插盖杉木匣一个,长二尺三寸、高一尺一寸、宽六寸五分,外糊黄纸。钦此。

本日,照尺寸做得杉木插盖糊黄纸匣一件,交太监胡全忠持去。

十一月

二十五日,懋勤殿首领太监苏培盛、李统忠传:做盛御笔竹筒十个,尺寸照先做的一样做。记此。

于十一月二十六日,照先做过尺寸做得竹筒十个,交首领李统忠持去。

十二月

初五日,怡亲王交御笔缉瑞球阳匾一面、珐琅炉瓶盒一份、白玉盒二件、汉玉玦一件、白玉压纸二件、三喜酒杯一件、青玉炉一件、白玉提梁罐一件、汉玉螭虎笔洗一件、青玉三喜花插一件、白玻璃大碗四件、白玻璃盖钟六件、瓷胎烧金珐琅有把盖碗六件、青花白地龙凤盖钟十件、祭红碟十二件、蓝瓷碟十二件、祭红碗十件、填白八寸盘十二件、绿龙六寸盘二十件、青花如意五寸盘二十件、青龙大碗十二件、五彩万寿宫碗十四件、绿地紫云茶碗十件、紫檀木盒绿端砚一方、棕根盒绿端砚一方。王谕:着配木箱盛装,赏琉球国。遵此。

又交,赏使臣翁国柱,内造缎八匹、银一百两。王谕:一并配木箱盛装。遵此。

于本月初五日,将原交御笔缉瑞球阳匾等项二十六项并赏使臣银缎俱配木箱盛装,郎中保德、员外郎海望同交礼部主客清吏司主事徐士林领去讫。

2. 杂活作

正月

初七日,郎中保德、总管太监张起麟传:写画香袋并各色绣香袋酌量做些。记此。

于闰四月二十日,做得各色绣香袋四十个、写画香袋四十个、白绫圆香袋一百四十个、红缎圆香袋一百四十个、黄缎圆香袋四十个,总管太监张起麟呈进讫。

于五月初一日,做得各色绣香袋七十个、黄缎圆形写画香袋六十个、长方香袋一百个、白绫圆香袋一百三十个、长方香袋六十个、红缎圆香袋六十个、长方香袋六十个、贡缎圆香袋二百三十个、红缎长方香袋六十个、绕绒符四十个、各色八角六角香袋四十个,总管太监张起麟呈进讫。

初七日,总管太监张起麟交洋漆龟背锦长方匣一件。传旨:配做几件火镰包盛在里边。钦此。

于二年十月十六日,做得罩套火镰包八件配在洋漆龟背锦匣内,总管太监张起麟呈进讫。

初七日,总管太监张起麟交银把玛瑙匙五把、铜镀金把玛瑙匙二十五把、黑漆洋金花长方匣一件 有裂纹。奉旨:将此玛瑙匙大小合对俱盛在洋漆匣内。钦此。

于正月二十日,银把玛瑙匙五把、铜镀金把玛瑙匙二十五把,配合盛在黑漆洋金花长方匣内,总管太监张起麟呈怡亲王看。王谕:着配在博古格内。遵此。于十月二十八日,随博古格呈进讫。

初八日,总管太监张起麟交洋漆匣子三件。奉旨:着收着盛物件用。钦此。

于十三年十二月二十四日,洋漆匣三件,司库常保、首领太监萨木哈交太监毛团呈进讫。

二十八日,郎中保德奉怡亲王谕:着做鹿头犄角二件。遵此。
于本年十一月二十日,做得鹿头犄角二件,交郎中保德持去讫。

三月

初三日,郎中保德奉怡亲王谕:着做玳瑁双圆盒一件。遵此。

于三月十五日,做得双圆玳瑁盒一件,怡亲王呈进讫。本日,奉王谕:照此盒样再做几件。遵此。

于五月初四日,做得玳瑁双圆盒二件,怡亲王呈进讫。

于五月十四日,做得玳瑁双圆盒一件,怡亲王呈进讫。

于十二月三十日,做得玳瑁双圆盒一件,怡亲王呈进讫。

于三年六月十八日,做得玳瑁双圆盒二件,怡亲王呈进讫。

于七月二十一日,做得玳瑁双圆盒一件,怡亲王呈进讫。

闰四月

十五日,总管太监张起麟交象牙纽鹅黄线带一条。奉旨:着做伽楠香带纽几件,上配鹅黄马尾带。钦此。

于五月十三日,做得伽楠香片带纽一件、鹅黄马尾带一条,郎中保德呈进讫。

于六月初九日,做得伽楠香青山带纽一件、鹅黄马尾带一条,总管太监张起麟呈进讫。

于七月初九日,做得伽楠香夔龙带纽一件、鹅黄马尾带一条,郎中保德呈进讫。

五月

初五日,总管太监张起麟交象牙烫香盒一件。奉旨:照样做一件。钦此。

于六月十八日,做得象牙烫香盒一件并原样象牙烫香盒一件,怡亲王呈进讫。

六月

初九日,总管太监张起麟、奏事太监刘玉传旨:照先做过的白玉带纽做整伽楠香带纽一件,配鹅黄马尾带。钦此。

于七月初九日,做得雕夔龙伽楠香带纽一件、鹅黄马尾带一条,郎中保德呈进讫。

初九日,总管太监张起麟、奏事太监刘玉奉旨:尔等做的风扇甚好,朕想人在屋内推扇,天气暑热,气味不好,不如将后檐墙拆开,绳子从床下透出墙外转动,做一架拆开墙洞,照墙洞大小做木板一块,以备冷天堵塞。俟保德收拾东暖阁之日,再拆墙砖再做一架,放在西暖阁北边。绳子从隔断门内透在外边转动。钦此。

于七月初五日,做得拉绳风扇二架,总管太监张起麟呈进讫。

二十一日,总管太监张起麟奉怡亲王谕:尔等将赏用寿意活计做几十件,陆续呈进。遵此。

于七月十二日,做得彩漆匣紫端石夔龙砚一方、红羊皮罩套珊瑚珠火镰包一件、套红玻璃鼻烟壶一件、套绿玻璃鼻烟壶一件,总管太监张起麟呈进讫。

于八月初六日,做得螺丝象牙盒四件、玳瑁罩盖盒二件、红羊皮卷包火镰包三件、红羊皮罩盖如意火镰包三件、象牙葵花盒二件、象牙眉寿盒一件、象牙花囊扇器二件、葫芦香盒二件,总管太监张起麟呈进讫。

于八月十八日,做得象牙花囊盒一件、象牙佛手式盒一件、红羊皮珊瑚珠如意火镰包一件、黑羊皮珊瑚珠福寿火镰包一件、套红玻璃寿意鼻烟壶一件、套蓝玻璃寿意鼻烟壶一件,总管太监张起麟呈进讫。

3. 皮作

四月

十七日,怡亲王谕:将报匣再做一百个,其匣照官尺内净长一尺一寸、宽六寸、厚二寸,匣盖上横刻"吏部凭匣"四字,左直刻第几号,右俱刻各处省份。遵此。

于四月初七日,照尺寸做得吏部凭匣一百个,交吏部郎中马尔泰持去讫。

五月

初四日,郎中保德奉旨:着做葛布坐褥七个,系营造尺。钦此。

于五月初七日,做得葛布坐褥长四尺二寸、宽三尺二寸一个;见方三尺四寸一个;长六尺九寸、宽二尺七寸五分一个;长六尺九寸、宽二尺三寸五分一个;长六尺九寸、宽五尺三寸二个;长六尺四寸、宽四尺六寸一个;长四尺六寸、宽二尺一寸一个。首领太监程国用持去,交养心殿首领太监哈元臣讫。

本日,添做得长七尺、宽五尺二寸葛布坐褥一个。首领太监程国用持去,交养心殿首领太监哈元臣讫。

初五日,郎中保德传:做葛布坐褥二个。记此。

于五月初七日,做得长七尺三寸五分、宽五尺二寸五分葛布坐褥一个;长六尺七寸、宽三尺一寸五分葛布坐褥一个。首领太监程国用持去,交太监哈元臣讫。

十一月

二十三日,郎中保德奉怡亲王谕:番经厂内经堂等处宝座迎手、靠背、坐褥等项做一份。遵此。

于十二月十二日,做得宝座迎手、靠背、坐褥等项一份,郎中保德交嵩竺寺喇嘛德木器领去讫。

4. 铜作

六月

二十一日,奏事太监刘玉传旨:着做锡匣二件,各高二寸、见方四寸,内做十字格屉。钦此。

于七月初三日,照尺寸做得有十字屉锡匣二件,首领太监程国用持去,交太监刘玉讫。

5. 炮枪作

正月

二十四日,郎中保德将元年十二月二十五日交下衣巴丹木杆二十四根呈怡亲王看。王谕:用不得,暂放着。遵此。

于四年十二月二十九日火毁讫。

二十四日,郎中保德将元年十二月二十五日交下衣白蜡木杆四十四根,元年九月初五日交换枪头衣巴丹木杆七根、白蜡木杆一根呈怡亲王看。王谕:收拾好,做枪用。遵此。

于本月二十五日,怡亲王选出白蜡木杆十一根,王谕:做上用虎枪用。又选出白蜡木杆六根、衣巴丹木杆七根,王谕:做赏用虎枪用。又选出白蜡木杆二根,王谕:做杆子用,其余俱暂收着。遵此。于四年十二月二十九日火毁讫。

二月

初三日,郎中保德查得造办处旧收漆杆长枪十一根、竹竿长枪一杆、三楞刀子枪一杆、缠藤杆长枪一杆、螺丝铁枪棒一杆、三楞刀子藤杆钩子三根、木杆钩子三根;康熙六十一年十二月十四日四执事交出螺丝铁枪棒一根、八楞木杆枪一根、缠丝漆杆长枪一根、核桃木杆长枪一根、漆竹竿长枪二根、云竹竿长枪一根、木杆长枪五根、包牛角杆长枪一根、金漆木杆枪一根、蛇皮杆枪一根、漆木杆枪一根、黑漆杆枪一根、木杆枪一根、棕竹票枪四根、桃丝竹枪六根、描金朱漆杆长枪一根。

以上共五十一杆,启知怡亲王。奉王谕:着交武备院官员领去收贮。遵此。

于本日,交武备院员外郎白禧,库掌保柱、默尔德、黑达子领去讫。

初三日,郎中保德查得竹竿长枪一根、缠藤杆长枪一根、木杆枪一根,启知怡亲王。奉王谕:着造炮枪处做样,打枪头。遵此。

于本日,交主事实德、库掌马尔汉领去讫。

三十日,怡亲王交白蜡木杆二百根。王谕:拣选好的做枪杆用,不好的放着。遵此。

于三月十五日,将怡亲王交的白蜡木杆二百根选得三十七根,郎中保德奉王谕:上用虎枪做十根备用,虎枪做二十七根。遵此。本日,又选得白蜡木杆十三根,怡亲王着天津李天福要去讫。

下余白蜡木杆一百八十五根,于四年十二月二十九日火毁讫。

四月

十五日,怡亲王交白蜡木杆九十四根。王谕:内有选出上用的二根,备用的十根,做长枪用的二十根,另收着。遵此。

于四年十二月二十九日火毁讫。

6. 珐琅作　附大器作、镀金作

正月

初四日,总管太监张起麟交洋漆提梁长方文具一件 内盛鼻烟壶二十件,传旨:此内屉子四层空格三十二处,俱配合做珐琅鼻烟壶安防,尔先做木样,与怡亲王看,准时再烧制。钦此。

于正月初十日,旋得各式鼻烟壶木样十件,总管太监张起麟呈怡亲王看。王谕:照样准做。遵此。

于二月二十四日,做得各式珐琅鼻烟壶三十二件并原交洋漆提梁长方文具一件,内盛鼻烟壶二十件,总管太监张起麟呈进讫。

7. 镶嵌作 附牙作、砚作

正月

初九日,总管太监张起麟交象牙转盒一件,说怡亲王谕:着收拾。遵此。

于正月十三日,收拾得象牙盒一件,总管太监张起麟呈进。

十八日,怡亲王交象牙佛手一件 内盛拳马七十件。王谕:照此样做一件,再照此做法将木瓜、香橼、柑子每样亦做一件。遵此。

于三月十四日,做得象牙佛手一件、柑子一件、香橼一件、木瓜一件,内盛拳马四份,每份七十件并原交象牙佛手一件,内盛拳马七十件,怡亲王呈览。奉旨:照佛手、香橼、柑子、木瓜、拳马等件再做二份。钦此。

于五月初四日,做得象牙佛手、香橼、柑子、木瓜等件二份。

十八日,怡亲王交徽歙石墨海一件。王谕:将把子扎去,另配做端石流云笔砚。遵此。

于十三年十二月二十日,做得歙石砚一方,司库常保、首领萨木哈交太监毛团呈进。

十八日,总管太监张起麟交嵌玻璃珐琅片砚盒一件,说怡亲王谕:收拾见新。遵此。

于正月十九日,收拾得嵌玻璃珐琅片砚盒一件,总管太监张起麟呈进。

二月

初四日,怡亲王交腰圆形石砚一方 底面有眼,奉旨:着人细看真假。钦此。

于二月初十日,据南匠袁景劭认看得此砚甚好,砚上眼系安的。怡亲王呈进。

初四日,怡亲王交长方石砚二方,奉旨:面上的花纹不好,改做,俟呈过样再做。钦此。

于二月初十日,据南匠顾吉臣详称,此砚改做不得。怡亲王呈进。

五月

初七日,总管太监张起麟交雕刻云龙龙油珀笔筒二件、素地龙油珀笔筒二件,传旨:做材料用,俟后做龙油珀物件再做玲珑些。钦此。

于十三年十月二十九日,将龙油珀笔筒四件,司库常保、首领萨木哈交太监毛团呈进。

八月

初四日,总管太监张起麟交红漆圆盒绿端砚一方,传旨:照此绿端砚花样做一二方,红漆砚盒亦照此样做。盒上改写雍正年号,再将绿端砚照别的花样亦做一二方。钦此。

于十二月三十日,做得绿端流云砚二方配刻字漆盒原样砚一方,总管太监张起麟呈进。

于三年五月初一日,做得绿端砚二方配刻字漆盒,怡亲王呈进。

十一日,郎中保德传旨:照先做过的寿山福海水丞再做一份。钦此。

于九月二十八日,做得象牙座寿山福海水丞一件,郎中保德呈进。

九月

初三日,总管太监张起麟交珊瑚镜支一件,说怡亲王谕:着收拾见新。遵此。

于九月初四日,收拾得珊瑚镜支一件,总管太监张起麟呈进。

8. 裱作

八月

十一日,郎中保德交黑地彩漆盒一件,传旨:照此花样画样呈览。钦此。

于本月十四日,画得黑地彩漆盒样一张并原交黑地彩漆盒一件,郎中保德呈览,奉旨:将原盒留下,俟后再做漆盒可照此样做。钦此。

9. 匣作

闰四月

十七日,太监韩贵来说,奏事太监刘玉交珐琅鼻烟壶一件、红布尔哈里皮罩套火镰包一件,传旨:配做一匣。钦此。

于闰四月十九日,珐琅鼻烟壶一件、红布尔哈里皮罩套火镰包一件,做得合牌糊锦匣一个,交太监韩贵持去讫。

十七日,太监韩贵来说,奏事太监刘玉交玳瑁罩套火镰包一件、珐琅鼻烟壶一件,传旨:配做一匣。钦此。

于闰四月十九日,做得糊锦合牌匣一件,内盛原交火镰包一件、珐琅鼻烟壶一件,太监韩贵持去讫。

10. 雕銮作 附旋作

三月

二十九日,太监杨文杰交山桃核一千三百五十四个、二千六百五十个,小山桃核四百五十个,兰芝核八百八十五个,说总管太监张起麟启过怡亲王,奉王谕:着配做念佛数珠用。遵此。

二十九日,太监杨文杰来说,司房首领陈士福交山桃核六千六百六十个、千叶李核一百八十个、双桃核双杏核二样八十个、长桃核一百七十六个、兰芝核六百个、山兰芝核一千五百个、山杏核二百个,奉旨:配念佛数珠用。钦此。

于四月初九日,做得兰芝核念佛数珠四盘,共用山兰芝核四百三十二个;桃核念佛数珠四盘,共用山桃核四百三十二个。四月十五日,做得桃核念佛数珠二盘,共用山桃核二百一十六个;兰芝念佛数珠三盘,共用山兰芝核三百二十四个。闰四月十八日,做得桃核念佛数珠七盘,共用山桃核七百五十六个;兰芝念佛数珠二盘,共用山兰芝核二百一十六个。七月初九日,做得兰芝核念佛数珠四盘,共用山兰芝核四百三十二个;桃核念佛数珠四盘,共用山桃核四百三十二个。俱交太监张玉柱、刘玉讫。

六月

初八日,广储司茶叶库员外郎厄尔敏送来东莞香数珠二串 计二百十六个,说庄亲王传旨:交养心殿有用处用。钦此。

二十四日,奏事太监张玉柱交拉固里木碗四件 系贝子康济鼐进,传旨:给怡亲王看,有应收拾处收拾。钦此。

于九月初七日,收拾得拉固里木碗四件,太监杨文杰交太监张玉柱讫。

二十五日,总管太监张起麟交扎布扎牙木碗一件 系学士鄂赖进、拉固里木碗一件,传旨:收拾。钦此。

于九月初七日,收拾得扎布扎牙木碗一件、拉固里木碗一件,总管太监张起麟持去,交太监张玉柱讫。

九月

三十日,奏事太监刘玉交菩提子四十八个 织造官孙文成进,传旨:交养心殿收着,再有进的配合做。钦此。

于十二月十九日,据太监杨文杰回称配数珠用讫。

十月

十七日,总管太监张起麟交龙眼菩提数珠八串 巡抚杨名时进,传旨:着旋做,选一样大的用。钦此。

于十二月初九日,做得朝庄严菩提数珠四盘,总管太监张起麟持去讫。

于三年四月十七日,做得朝庄严菩提数珠四盘,怡亲王呈进。

十八日,奏事太监张玉柱交龙眼菩提数珠八串 巡抚毛文铨进,传旨:交养心殿照先张起麟交的数珠一样旋做。钦此。

于三年五月初九日,朝庄严得菩提数珠四盘,总管太监张起麟持去讫。

于九月十二日,朝庄严得菩提数珠二盘,总管太监张起麟持去讫。

二十七日,总管太监张起麟交拉固里木碗二件说,奏事太监刘玉传旨:着收拾。钦此。

于十一月十七日,收拾得拉固里木碗二件,总管太监张起麟呈进。

二十七日,总管太监张起麟交拉固里木碗二件、扎布扎牙木碗二件 巡抚绰奇进,传旨:收拾。钦此。

于十一月二十七日,拉固里木碗二件、扎布扎牙木碗二件收拾完,总管太监张起麟呈进。

十一月

十七日,奏事太监刘玉交扎布扎牙木碗一件 系贝子康济鼐进,传旨:此碗甚好,着好生旋出来。钦此。

于十一月二十二日,扎布扎牙木碗一件旋完,首领程国用持去,交太监刘玉讫。

十七日,怡亲王交大号龙眼菩提数珠五串,王谕:收着。遵此。

11. 记事录

正月

十七日,总管太监张起麟奏称,裱匠李毅住处甚远,往来当差甚不方便等语,奏闻。奉旨:李毅人老实勤谨,手艺亦好,着保德谅其家口,将近边处官房查一所或五六间或六七间,赏他居住。钦此。

三月

十五日,怡亲王奏,为画画人徐玫病故,奉旨:赏给徐玫银八十两。钦此。

本日,怡亲王谕:将造办处收存银赏徐玫八十两,再将徐玫每月所食银两令伊子替他当差领用钱粮养赡家口。遵此。

本日,六品官阿兰泰领去银八十两赏徐玫讫。

四月

初十日,郎中保德来说,怡亲王奉旨:将各处所有的沉香并府内的沉香数目查来。钦此。

十二日,郎中保德奉旨:俟后凡有所做物件有可以刻得年号者即刻年号。钦此。

八月

二十一日,总管太监张起麟奉旨:尔等造办处督抚进来的南匠如何养赡。钦此。随回奏造办处,各行南匠内有总督巡抚家养赡的,在本处与匠人安家,到京时一应所用工食衣服房子等项,仍是本家养赡,因此南匠好手艺难得等语具奏。奉旨:若是送匠人来的官员仍命他养赡匠人如何使得？只可令该官员在本处与匠人安家,至于到京所用工食衣服房子等项应如何料理之处,俟怡亲王到来时一同商议妥当明白回奏。钦此。

十一月

十九日,将雍正元年造办处一年所用钱粮木料缮折十八件,怡亲王奏闻。奉旨:朕已看过了,再所养南匠如何定夺。钦此。随回奏,今造办处现有收存银两款将各项所养南匠钱粮俱行停止,今用造办处所收银两养赡等语具奏。奉旨:甚是。钦此。

十二月

三十日,为知会事,本年十一月十九日,怡亲王奏准各督抚并三处织造所养各行南匠在京应给工食衣服费用房银等项,自雍正三年正月初一日起俱行停止,不必令诸督抚织造处给发,俟后用本造办处钱粮养赡,为此知会。

随交江宁织造家人宋文魁、广东巡抚家人萨哈布、苏州织造家人周雄、原仕中堂家人余敬观、杭州织造家人赵生、广东总督衙门提塘官康永太。

雍正三年

1. 木作

五月

二十八日,郎中保德为圆明园做香山,启怡亲王,行取广储司茶叶库收贮泡速香二千斤,奉王谕:准行。遵此。

交沈祥持去讫。

八月

十一日,怡亲王奉旨:将挂衣杆做几件。钦此。

于八月二十四日,做得湘妃竹挂衣杆十二根,员外郎海望呈进,随奉旨:送往圆明园去。钦此。

于本日,将挂衣杆十二根交催总马尔汉送至圆明园,交保德收讫。

二十九日,据圆明园来帖内称,总管太监张起麟传旨:将湘妃竹挂衣杆做十件,内长三尺九寸五根、长三尺○五分五根,两头镶象牙,锭铜圈,安绦子。钦此。

于九月初二日,照尺寸做得湘妃竹挂衣杆十根,首领太监程国用持去，交总管太监张起麟收讫。

九月

三十日，员外郎海望奉旨：着做见方八寸、高三尺书格一件，尔先做样呈览。钦此。

于十月十五日，做得书格样一件见方八寸、高三尺，员外郎海望呈览。奉旨：照样做一件，其柱子边框用紫檀木做，牙子用象牙做。钦此。

于十月二十九日，做得紫檀木四面镶象牙牙子书格一架，员外郎海望呈进讫。奉旨：照此书格尺寸一样再做一架，比此样尺寸放大些亦做一件。钦此。

于四年二月十四日，做得紫檀木四面镶象牙牙子书格一架，员外郎海望呈进讫。

于五月二十三日，做得紫檀木四面镶象牙牙子书格一架，员外郎海望呈进讫。

十月

初七日，总管太监张起麟、首领太监周士福交来各色妆缎二十四、各色锦缎二十四、各色大缎二十四、次缎二十四、人参十斤、武夷茶十瓶、六安茶十瓶、普洱茶二十团、各色鼻烟壶二十个、各样扇子一百把、大白露纸五十张、五色笺纸五十张、高丽纸五十张、五色洒金绢五十张、画绢五十张、墨大小二十匣、龙凤瓷盖碗十件、龙凤瓷盖钟十件、洋漆小书格一件、洋漆香几一对、洋漆扇面式盘二件、洋漆梅花式盘二件、洋漆春盛一对、洋漆饭桌二张、洋漆小箱二件、洋漆砚盒一件、洋漆琴式盒一对、洋漆有门匣一件、洋漆长方匣一件、皮盘四十个、皮捧盒十个、貂皮一百张、洋漆春盛一件、洋漆壶二把、五彩松梅祝寿甜瓜式小瓶一件、红龙白瓷盘八件、官窑双管小瓶一件、暗花蓝瓷盘八件、珐琅小胆瓶一件、五彩花瓷盘八件、青花三卤小瓶一件、五彩团龙瓷碗八件、青如意洋花小瓶一件、五彩龙凤瓷盘十四件、青花葫芦式小瓶一件、白瓷红龙碗八件、青串枝莲花小纸槌瓶一件、五彩云龙瓷碗八件、五彩小梅瓶一件、青三果花小瓶一件、五彩西番莲小瓶一件、五彩蟠桃自斟壶八件、祭红七寸盘十二件、龙泉莲瓣六寸盘八件、五彩吉祥宝莲大碗八件、青花宝寿盖碗十二件、五彩宝寿盖碗十二件、祭红宝寿盖钟十二件、填白暗龙大碗十二件、五彩花罐四件、青云龙瓷罐四件、白瓷青番花瓶一件、青花宝莲瓶一件、宋瓷莲瓣瓶一件、白地红番花瓶一件、五彩流云瓶一件、冬青双圆瓶一件、龙泉盘龙瓶一件、五彩宝莲瓶一件、西洋红地五彩花卉瓶一件、青花三友穿带梅瓶一件。传旨:着配木箱盛装,赏西洋国教王。钦此。

于本月二十三日,将赏西洋国教王各色妆缎二十匹等共计七十一项,俱配做木箱装固妥,员外郎海望、总管太监张起麟同交西洋人巴多明、冯秉政领去讫。

十五日,据圆明园来帖内称,太监刘希文传:官窑缸上着做编细竹平盖一个,见圆一尺二寸,中间安藤子顶一个。记此。

于十一月初二日,照尺寸做得编细竹平盖一件,催总刘山久持去,交太监刘希文讫。

十八日,据圆明园来帖内称,总管太监张起麟着太监胡进孝、程福交玻璃插屏一座 连边框通高六尺四寸、宽四尺五寸七分,黄杭细棉套一件 旧锦套一件。传旨:着粘补见新,其竹节式合牌仍然安着。再玻璃有破损惊裂处,俱做竹节式合牌遮挡。钦此。

于本年十二月初二日,粘补得玻璃插屏一座随套二件,交太监胡进孝持去,交总管张起麟讫。

十一月

二十九日,据圆明园来帖内称,太监宋礼交来抽长杌子一个,着收拾。记此。

于本日,收拾得抽长杌子一件,太监韩守贵持去讫。

2. 裱作 附画作

十一月

初二日,据圆明园来帖内称,郎中保德交来画一轴。奉旨:着做插屏一座,心宽八尺一寸、高四尺三寸,其插屏正面写魏徵谏太宗十思疏,后面裱高其佩的画字着武英殿待诏戴临写,用金笺纸过石青字,将魏徵谏太宗十思疏,着蒋廷锡、戴临查出,尔先做插屏小样呈览。钦此。

于十一月初十日,做得十思疏插屏小样一件,员外郎海望呈览,奉旨:准做。钦此。

于十二月初五日,做得紫檀木边正面贴金笺纸钩石青字魏徵十思疏,后面贴高其佩山水画高六尺七寸、宽八尺九寸大插屏一座,员外郎海望呈进讫。

3. 玉作

六月

十九日,奏事太监刘玉交伽楠香数珠一盘,传旨:配珊瑚佛头、石青绦子,记念坠角用好的,尔等酌量配合。钦此。

于七月十一日,配得伽楠香数珠一盘,交太监刘玉讫。

十一月

二十日,据圆明园来帖内称,员外郎海望持出白玉镇纸一件 长八寸五分、宽一寸二分、厚二分,传旨:收拾花纹。钦此。

于四年三月二十一日,白玉镇纸一件收拾完,海望呈进。

二十日,据圆明园来帖内称,员外郎海望持出白玉秘阁一件 长五寸五分、宽二寸四分、厚一分五厘,传旨:收拾花纹。钦此。

于十二月二十九日,收拾得白玉秘阁一件,怡亲王呈进。

二十日,据圆明园来帖内称,员外郎海望持出碧玉镇纸一件 长六寸五分、宽六分五厘、厚三分,传旨:螭虎纽不好,收拾。钦此。

于十三年十月三十日,将碧玉押纸一件,司库常保、首领萨木哈交太监毛团呈进讫。

二十日,据圆明园来帖内称,员外郎海望持出白玉娃娃笔架一件,传旨:着收拾。钦此。

于十二月二十九日,收拾得白玉娃娃笔架一件,怡亲王呈览,奉旨:再收拾。钦此。

于四年八月十三日,收拾得白玉娃娃笔架一件,怡亲王呈进。

二十日,据圆明园来帖内称,员外郎海望持出花玛瑙长方盒一件,传旨:着往素净里做。钦此。

于十二月二十九日,改做得花玛瑙长方盒一件,怡亲王呈进。

二十日,据圆明园来帖内称,员外郎海望持出树纹玛瑙墨床一件 随象牙夔龙座一件,有破坏处,传旨:玛瑙石不方,收拾方,着嵌在西洋座上。钦此。

于四年七月初二日,收拾得树纹玛瑙墨床一件随象牙夔龙座一件,员外郎海望呈进。

二十日,据圆明园来帖内称,员外郎海望持出双桃式鸡血石笔架一件,传旨:照此款式,或用珊瑚或用鸡血石或用玉做几个。钦此。

于本日,将原交双桃式鸡血石笔架一件,首领太监程国用持去,交太监杜寿讫。

于四年五月初一日,做得碧玉双桃式笔架一件,海望呈进。

于八月十四日,做得白玉笔架一件,怡亲王呈进。

二十七日,太监杜寿交碧玉瓜瓞绵绵水注一件 上有珊瑚水提盖一件、缠丝玛瑙蝴蝶盖一件,传旨:珊瑚水提盖不用动,将缠丝玛瑙蝴蝶盖拆下来另配碧玉的,尔等酌量款式配合着做盖。钦此。

于十二月二十九日,碧玉瓜瓞绵绵一件随珊瑚水提盖一件,另配得碧玉水提盖一件并缠丝玛瑙蝴蝶式盖一件,怡亲王呈进。

十二月

初二日,据圆明园来帖内称,首领太监程国用来说,太监杜寿交黄玛瑙一件,传旨:着人认看。钦此。

于本日,玉匠黄国住认看得是土玛瑙,交首领太监程国用持去,交太监杜寿讫。

十四日,员外郎海望持出白玉图章二十六方 内有套印盒、碧玉图章十方,传旨:纽不好,收拾,印盒将红线拆去,或用玉管钉或用铜管钉,尔等酌量收拾。钦此。

于十三年十月三十日,将白玉图章二十六方、碧玉图章十方,交太监毛团呈进讫。

4. 杂活作

正月

初四日,总管太监张起麟交白蜡三块 共重三斤四两,说怡亲王谕:着收着,做活计用。遵此。

于五月初五日,做得盆景二件,上蜡果子用白蜡一斤八两,怡亲王呈进。

于五月十二日,做得盆景二件,上蜡果子用白蜡一斤十二两,员外郎海望呈进。

三月

二十一日,总管太监张起麟着太监程福来说,太监王守贵传旨:龙挂香做几盘,香筒做几对。钦此。

于五月初一日,做得龙挂香二料计二百支,怡亲王呈进。

于十月二十九日,做得珐琅银胎龙挂香筒一对、铜镀金龙挂香筒一对,员外郎海望呈进,奉旨:珐琅香筒好,其铜镀金筒龙形不好,俟再做时改变着做。钦此。

七月

二十九日,郎中保德交香、花、灯、图、果、茶、食、宝、珠、衣画样十张,传做:

香　此香山圆明园送来,此座子用松都绿做,架子用斑竹做。

花　此玉瓶一件是保德从内持出来的,此瓶内花,或做羊角或做银母,座子用紫檀木做。

灯　此灯圆明园送来的,珐琅掐丝灯一件原有破处,此灯着烧添做假红蜡,做银母镀金八宝火焰。

图,此图或着玻璃厂照样烧,或寻找一件用,架子用紫檀木做。

果,此果照画样做石榴瓶烧喷金烧应该镀金处镀金,果做荔枝枝叶,俱要好看结实,架子用黄杨木做。

茶　此桌子圆明园送来,此盘着寻找真洋漆盘用。

食,此碟子或石的或漆的,寻找一件用。

宝　此桌子圆明园送来,此宗或玉盆或洋漆盆,盆内安真珊瑚树,做银镀金八宝。

珠,此宗着配洋漆海棠式盘,着寻一件用。

衣,此衣桌子圆明园送来,八月十八日保德传着画龙。

香、花、灯、图、果的尺寸俱照香山的尺寸做。记此。

于十月十三日,照画样做得香山一件随松都绿座,玉瓶一件随银母花一束紫檀木瓶座,珐琅灯一件随假红蜡铜镀金火焰,玻璃图一件随紫檀木座,石榴荔枝盆景一件,白端石盛食盘一件,珊瑚树银镀金八宝八件,数珠一串随洋漆海棠式盘一件,黄缎龙衣一件,洋漆盘一件,柏唐阿三达里持去,送至圆明园交郎中保德讫。

九月

初四日,员外郎海望传旨:着做熏冠帽架一副。钦此。

于九月二十八日,做得铜胎黄地珐琅夔龙五彩花熏冠炉一件、烧石炉胎一件,员外郎海望呈进。

二十二日,员外郎海望奉旨:着将绣香袋样随大小多画几张呈览。钦此。

于十月初七日,画得香袋样一件,员外郎海望呈览,奉旨:照样做香袋几件,其宝盖用象牙茜绿的,宝盖之下穿金线,络子上配蛮子珠九个,俟里边交出香袋面用鹅黄缎地上绣夔龙寿字,香袋下打金线花儿结子,下穿鹅黄穗配珊瑚珠。钦此。

于十二月初六日,做得黄缎面绣夔龙寿字香袋一件,系象牙茜绿荷叶宝盖金线络子上穿蛮子珠九颗,系里边交出金线云花珊瑚玻璃□间黄穗,员外郎海望呈览,奉旨:再添穗二个。钦此。

于十二月十四日,将香袋一件添得黄穗二个,员外郎海望呈进。

十月

十九日,据圆明园来帖内称,首领太监程国用持出西洋铁盒二件、西洋玻璃棋盘一件、西洋穿碎水晶有玻璃镜灯二件、西洋穿碎水晶灯一件说,总管太监张起麟着将铁盒二件擦磨见新,棋盘背后糊黄杭细,传碎水晶灯一件垂头上打透眼安销子,穿碎水晶有玻璃镜灯二件垂头上亦打透眼安销子,背后亦糊黄杭细。记此。

于二十八日,糊得黄杭细背后玻璃棋盘一件,总管太监张起麟呈览,奉旨:此玻璃棋盘无用处,将玻璃拆下,俟有用处用。钦此。

本日,有收拾得西洋铁盒二件并穿碎水晶玻璃镜灯一对、穿碎水晶灯一件,总管太监张起麟呈进。

二十一日,员外郎海望传旨:造办处库内收的圆玻璃球配合做帽架用;再照套圈罗镜款式,下配抽长座子火盆做一件;再供佛的闲余吊龛做一份,上下三层上安宝幡二首配做供器一堂,佛前海灯上安铜顶火海灯用红玻璃做一份。钦此。

于十一月初七日,做得抽长套圈火盆一件,怡亲王呈进讫。

于十二月初三日,做得闲余吊龛一份,员外郎海望呈进讫。

二十八日,圆明园来帖内称,首领太监程国用持出蛇木大小九块　木上有花纹,说奏事太监刘玉传旨:着西洋人认看。钦此。

于十一月初二日,首领程国用将蛇木大小九块交西洋人罗怀忠认看,据罗怀忠说,此木不认的等因写折一件并原交蛇木大小九块持进,交奏事太监刘玉、张玉柱讫。

十一月

十三日,郎中保德奉怡亲王谕:龙挂香俟后不可叫龙挂香,俟请过旨定何香名再写何香名。照先做过的龙挂香的尺寸再往细里、短些做一份送进去。遵此。

于十四日,怡亲王奉旨:俟后龙挂香定名为垂恩香。钦此。

于十二月二十五日,做得垂恩香一百支,郎中保德呈进。

十二月

初六日,员外郎海望奉旨:着做玳瑁喜相逢蝴蝶钢桯痰盂托一件。钦此。

十二月十四日,做得玳瑁喜相逢痰盂托一件,员外郎海望呈进。

十二日,据圆明园来帖内称,太监王安交洋漆长方匣一件　内盛玉图章七十七方,传旨:配做四层屉子,图章有不平处将屉子上下要凑平,按号数配匣盛装。其图章不可出了匣子,其匣口务期与匣子一般平。在屉板上不用做黄线,或做镀金环或另有别样做法,着海望、刘山久一同商议配合。钦此。

于十三年十二月十五日,将玉图章七十七方、洋漆匣一件,司库常保交太监毛团呈进讫。

5. 皮作

正月

初三日,总管太监张起麟传旨:照弘德殿坐褥样子做坐褥几个,用黄、红、金黄三色锦做,其宽比旧坐褥两头放长四寸。尔等先画锦样呈览,俟朕看,准时再织做。钦此。

于正月十一日,画得锦样一张,总管太监张起麟呈览,奉旨:准做。钦此。

于正月二十三日,总管太监张起麟面交广储司司库德本坐褥画样一张,传:照样织鹅黄、金黄、红三色锦,每色织十块,各长四尺三寸、宽三尺八寸。记此。

十九日,郎中保德、员外郎海望交珐琅人物掐簧小盒一件,传旨:此盒子绦子缎囊另换。钦此。

于四月十二日,珐琅人物掐簧小盒一件配做得鹅黄绦子黄缎囊完,怡亲王呈进。

十月

十七日,圆明园来帖内称,太监杜寿传做湘妃竹开其里二个,俱径五分、堂里径三分,外鞔撒林皮,拴长三寸五分黄绦子二根,拴长三寸二分黄绦子二根。记此。

于十月初八日,做得湘妃竹开其里二个,首领程国用持去,交太监杜寿讫。

十一月

初四日,佛堂太监焦进朝交佛箱套样一件 里口高一尺一寸五分、宽一尺一寸五分、进深五寸五分,说总管太监张起麟传:做佛箱套一个,外面糊黄绫,里面糊软黄杭细里。再添做外套一个,用黄缎面黄纺丝毡衬,钉皮绊。记此。

于十一月二十日,做得糊黄绫面软黄杭细里佛箱套一件,黄缎面黄纺丝毡衬钉皮绊外套一件,交太监焦进朝持去讫。

二十七日,据圆明园来帖内称,总管太监张起麟传:做斑竹开其里筒二件、皮套二件,各长五寸、径七分。记此。

于十二月初四日,照尺寸做得斑竹开其里筒二件、皮套二件,交总管太监张起麟持去讫。

6. 铜作

八月

二十六日,员外郎海望传旨:着做天然竹节如意一件,长一尺二三寸,通身十二节竹叶配合安放,先做木样呈览,俟看准时再做。钦此。

于八月二十九日,做得如意木样二件,员外郎海望呈览,奉旨:每样做铜烧古如意一件。钦此。

于十月十一日,做得黄铜镀金双灵芝头烧古竹节把如意一件,员外郎海望呈进讫。

十一月

初六日,太监张进喜来说,太监刘希文传:做锡夜净二个,包毡子,安暖木嘴。记此。

于十七日,做得锡夜净二个包毡子安暖木嘴完,并原样锡夜净一件,太监张进喜持去讫。

初八日,员外郎海望交抽长套圈火盆一件,传旨:照此样做二个,抽长外筒子上打四个眼销钉。钦此。

于十一月二十四日,做得抽长火盆一件,首领太监程国用持去交太监刘玉讫。

于十二月二十九日,做得抽长火盆一件,并原样抽长套圈火盆一件,怡亲王呈进。

二十日,员外郎海望传旨:不灰木火盆上着安铜遮火。钦此。

于十一月二十七日,做得铜遮火一件,员外郎海望呈进。

十二月

二十二日,奏事太监刘玉、张玉柱交螺钿半壁水丞一件 莴红牙座一件、金水提一件、螺钿圆形水丞一件 象牙莴绿座一件、金水提一件、螺钿三足狮耳水丞一件 随金水提一件、螺钿八角式水丞一件 随金水提一件,传旨:此四件水丞上原有的水提俱不好,着俱另配盖,安水提,款式做好着。钦此。

于四年三月三十日,将螺钿水丞四件配得铜胎珐琅黄地番花水提四个、盖四个,员外郎海望呈进。

于本日,柏唐阿李六十将原交来螺钿盖二个、镀金盖二个、金水提四个,交司库硕塞收库讫。

二十六日,太监杜寿交黑漆古汉铜镜一面,传旨:着认看是透光不是。钦此。

本日,据袁景劭认看得系透光镜,首领太监程国用持去,交太监杜寿讫。

二十六日,太监杜寿交金刚石镶嵌小金剑一把 上镶嵌金刚石八块,传旨:照此样做一件,把上二面镶金刚石。钦此。

于四年五月二十日,做得嵌金刚石金剑一把并原交嵌金刚石小金剑一把交太监马进忠持去,交太监杜寿讫。

7. 炮枪作

十一月

二十八日,据圆明园来帖内称,首领太监苏培盛传:做裁纸小刀三把。记此。

于十二月十二日,做得象牙把子儿皮鞘裁纸小刀三把,交太监夏安持去。

十二月

二十一日,乾清门头等侍卫南岱送来吉林乌拉将军哈达、副都统委子阿岱进乌拉松乌枪鞘五个、线枪鞘五个、椴木乌枪鞘五个、线枪鞘五个,奉怡亲王谕:交养心殿造办处。遵此。

存库。

8. 珐琅作

六月

十九日,做得把莲花盆一件。郎中保德呈览奏称,香就用香,做花用西洋珐琅,并头莲花灯用莲花内莲蓬做灯碗,果就是莲蓬,水就是盆内水。别者莲花、荷叶、草都用银打做,镀金退金银二色,乐就是玉磬等语。奉旨:玉磬配做钟,荷叶做平,着好供果子。香山外的竹子不要乱栽,配合着栽山内的竹子,菩萨面前要栽的影影绰绰的,露出菩萨面来就罢了。

钦此。

于雍正五年十二月初一日,催总张自成做得银莲花一朵、荷叶一件、莲花骨朵一件、海巴荷叶一件送往圆明园,给郎中保德看,保德随定得着外添蒲草一把,莲蓬着烧银珐琅。记此。

于五年十二月二十九日,做得莲花盆一份,郎中保德呈进讫。

八月

十一日,怡亲王奉旨:黑白二色玻璃棋子再做几份。钦此。

于十一月初十日,烧做得黑白二色玻璃棋子二份,总管穆森呈怡亲王看,王谕:好,交进。遵此。

于一月十一日,将黑白二色玻璃棋子二份,总管穆森交总管太监张起麟持去讫。

十月

二十一日,员外郎海望持出洋漆套盒内多抹壶一件 内盛瓷钟六个,传旨:钟套不好,配合着另做酒杯,成做红玻璃的或珐琅的。尔等酌量配合。钦此。

于四年二月二十六日,洋漆盒内多抹壶一件、瓷钟六件,郎中海望呈进。

9. 记事录

正月

初五日,怡亲王奉旨:着裕亲王管理造办处事务。钦此。

二月

初五日,造办处字与广东巡抚为知会事。正月二十七日,怡亲王奏准广东巡抚年希尧、珐琅匠张琪在广每年原安家银一百二十两,今内减银二十两,仍给安家银一百两。钦此。为此知会。

八月

二十八日,据圆明园来帖内称,总管太监张起麟来说,御前太监雅图传旨:着告诉京内总管太监,将内养心殿陈设的帽架只留二件,其余帽架俱送至圆明园来用。钦此。

九月

初五日,郎中保德等奉怡亲王谕:凡有交下来的活计,只写交活计人名,不可写上"交下"字样。遵此。

十三日,员外郎海望启怡亲王,八月内做瓷器匠人俱送回江西,唯画瓷器人宋三吉情愿在里边效力当差,我等着他在珐琅处画珐琅活计,试手艺甚好。奉王谕:尔等即着宋三吉在珐琅处行走,以后俟我得闲之时,将宋三吉带来见我。为其果然手艺精工,行走勤慎,不独此处给他钱粮食用,并行文该地方官给他养家银两。谨此。在启镶嵌匠周有德,每年吃钱粮银七十八两,今已身故,今有伊弟周有忠情愿替伊兄当差效力。王谕:甚好。即着周有忠替周有德当差,若手艺好,再加赏钱粮。遵此。

二十二日,为做眼镜,柏唐阿杨国斌、冯杜寿、陈六十八、屈柱并玉匠刘廷贵、苏弘文等六名,总管海望、穆森的话,此六人原系在天主堂随西洋人当差,现今既在造办处做活,俱入本处册内。记此。

二十六日,郎中赵元为请用紫檀木事启过怡亲王谕:应用多少,向户部行取,尔等节省着用,不可过费。遵此。

十月

初九日,为圆明园无楠木欲用养心殿楠木事,保德启怡亲王谕:用罢。遵此。

初十日,首领太监程国用来说,总管太监张起麟传怡亲王谕:赏西洋人的瓷器家里只有盖碗、盖钟二份,尔等再向瓷器库挑选成桌盘碗十八份,共凑二十份。遵此。

十三日,奏事太监刘玉传旨:着海望问西洋人冰片油有何用处。钦此。

10. 镶嵌作 附牙作、砚作

四月

十四日,总管太监张起麟交玳瑁九十六斤 共计五百八十四片、象牙四根 共重一百二十九斤,系年希尧进,传旨:交造办处。钦此。

六月

初四日,总管太监张起麟交仿洋漆盒四件内钟式一件、鸡心玦一件内盛螺钿鼻烟壶十件、金盖重九钱双鱼式一件、双鸠式一件,传旨:将盒内隔断去了,照盒形式配做,或绿端石砚或乌拉石砚。再螺钿鼻烟壶上赤金盖留着,有用处用。另做象牙匙盖,或茜红色或茜绿色俱可。钦此。

于八月十四日,螺钿鼻烟壶十件配象牙匙盖完,总管太监张起麟持去讫。

于十二月二十九日,将原交漆盒四件内配绿端石砚四方,怡亲王、裕亲王、信郡王呈进讫。

八月

十五日,太监苏培盛传:做象牙起子十根,长三寸八分、宽三分、厚一分半。记此。

于八月十六日,照尺寸做得象牙起子十根,交太监夏安持去讫。

九月

初六日,据圆明园来帖内称,总管太监张起麟交象牙百事如意盒一件,传旨:着贴金笺纸签子。钦此。

于九月初六日,象牙百事如意盒一件上贴金笺纸签完,首领程国用持去,交总管太监张起麟讫。

十一日,员外郎海望传旨:着做镶嵌插屏二件,各高一尺八寸、宽一尺三四寸,堆节节双喜一件、堆岁岁双安配做象牙。其款式尔等酌量配合。钦此。

于十月二十一日,画得岁岁双安、节节双喜堆纱插屏二件,员外郎海望呈览,奉旨:不必做堆纱的,着张振画画。钦此。

于十二月二十四日,做得紫檀木边画节节双喜、岁岁双安插屏二件,员外郎海望呈进讫。

十八日,员外郎海望奉上谕:圆明园后殿内仙楼下做小吊屏一件,做样呈览过再做。钦此。

于二十二日,做得小吊屏样一件,员外郎海望呈览,奉旨:小吊上下做二扇,各宽一尺二寸、入深一尺,面上照样画通景,梅花下扇系银锁二条。钦此。

于十月十五日,做得小吊屏样一件,员外郎海望呈览,奉旨:吊屏做长四尺,改宽二尺四寸,其厚薄尔等酌量配合周围安紫檀木边,背后四角安挂钉,以备摘卸。此内层画样呈览。钦此。

于十月二十一日,画得吊屏样一张,员外郎海望呈览,奉旨:照样画,或米家,或用象牙,或用各样颜色镶嵌,尔等酌量配合着做。钦此。

于四年正月二十二日,做得镶象牙紫檀木小吊屏一件,员外郎海望呈进讫。

十八日,员外郎海望奉上谕:圆明园后殿仙楼下做闲余帽架一件,做样呈览过再做。钦此。

于二十二日,做得闲余帽架木样一件,员外郎海望呈览,奉旨:照样做二个。钦此。

于十二月初五日,照样做得黑牛角帽架闲余帽架一件,员外郎海望呈进讫。

于四年二月十四日,做得黑牛角夔龙闲余帽架一件,郎中海望呈进讫。

十月

初一日,首领太监程国用持出花玛瑙小碗一件 口径三寸二分、高九分,说太监杜寿传旨:着配象牙座或茜红或茜绿,尔等酌量做。钦此。

于十月二十九日,花玛瑙小碗一件配做得象牙茜绿座一件,员外郎海望呈进讫。

初九日,首领太监王进玉交银母包镶香几一件 随黄绫袱子一件,说怡亲王谕:着收拾。遵此。

于十月十七日,银母包镶香几一件收拾完,随绫袱子一件仍交太监王进玉持去讫。

二十二日,员外郎海望传旨:着做墙壁挂格一件,高一尺三寸、宽八九分、入深一寸五六分,或用银母镶嵌或用象牙,尔等配合。钦此。

于四年正月十五日,做得镶银母小挂格一件,员外郎海望呈进讫。

二十五日,据圆明园来帖内称,奏事太监刘玉、张玉柱交犀角八只,传旨:交养心殿造办处。钦此。

二十九日,据圆明园来帖内称,奏事太监刘玉、张玉柱交龙油珀桃式盒一件 内盛枚马三十个,象牙茜绿座一件、碧玉双喜背壶一件,传旨:桃式盒座子不稳,将绣球拆去,各配安稳。碧玉背壶收拾改做。钦此。

于十二月二十九日,龙油珀桃式盒一件内盛枚马三十件随象牙茜绿座一件,将绣球拆下合配稳完,怡亲王、信郡王呈进讫。

于四年八月十四日,改做得碧玉双喜马褂瓶一件,郎中海望呈进讫。

十一月

初八日,首领太监哈元臣交象牙茜色荸荠一件、象牙茜色桃一件、象牙茜色佛手一件、象牙茜色核桃一件、象牙茜色石榴一件、象牙茜色月季花一件、象牙茜色菊花一件、象牙茜色芙蓉一件。传旨:收拾。钦此。

以上等件十一月十三日俱收拾完,仍交首领太监哈元臣持去讫。

十五日,总管太监张起麟交炉瓶三设盆景一件 系虬角白菜式瓶、白端石香盒珐琅匙箸,传旨:照此样做二份炉座子,做平,与匙箸座一般平,其炉不拘何炉都可用得。钦此。

于四年五月初一日,照样做得炉瓶三设盆景一件,系虬角白菜式瓶珐琅匙箸白端石香盒并原样一件,员外郎海望呈进讫。

于四年八月十四日,照样做得炉瓶三设盆景一件,系虬角白菜式瓶珐琅匙箸白端石香盒,员外郎海望呈进讫。

十八日,太监常玉交琥珀马一件,传旨:认看若是琥珀,将马嘴去些;若是假的,就罢。钦此。

于本日,据牙匠顾继臣认看得琥珀马系龙油珀做的,不是琥珀做的,太监杨明持去,交太监常玉收讫。

11. 匣作

八月

初十日,员外郎海望传旨:将盛东西匣子,或长一尺上下、或宽八九寸、高六七寸,尔等酌量配合做夹纸糊锦的做几对,匣内做隔断屉子,匣上合扇或錽金或錽银,俱安西洋锁。钦此。

于八月二十四日,做得糊红西番花锦合牌匣一对,员外郎海望呈进讫。

于八月二十五日,做得糊绿西番花锦匣一对,员外郎海望呈进讫。

于十月二十一日,做得糊黄西番花锦匣一对,员外郎海望呈进讫。

十二月

初九日,太监杜寿交洋漆八角长方匣一件 内盛各色玉器十七件,传旨:着配屉。钦此。

于四年四月初三日,洋漆八角长方匣一件内盛各色玉器十七件配得合牌屉一件,首领太监程国用持去,交太监杜寿讫。

初九日,太监杜寿交洋漆有屉长方匣一件 屉内盛各色玉器十九件、匣内盛白玉琴式盒七件,传旨:配合牌屉。钦此。

于四年四月初三日,洋漆长方匣一件内盛各色玉器二十六件配做得合牌屉,首领太监程国用持去,交太监杜寿收下。

二十日,据圆明园来帖内称,太监杜寿交博古格内的锦匣四件说,口紧些,着收拾,有断线处亦收拾。再先交出来收拾物件,俟匣子收拾完时,俱装在此匣内一并交进。记此。

于十二月二十四日,收拾得锦匣四个,首领太监程国用持去,交太监杜寿收。

二十六日,太监杜寿交合牌胎折叠双陆盘一件 随檀香、速香双陆一份、掐丝珐琅骰盆一件 随白玉骰子六个、银母象棋一份,传旨:照此样做一份,再做秀气着。钦此。

于五年十二月三十日,做得合牌折叠双陆盘一件,内盛檀香、速香双陆一份,掐丝珐琅骰盆一件,白玉骰子六个,银母象棋一份,郎中海望呈览,奉旨:此折叠盘是何人传做得,查明回奏。钦此。

于六年正月初五日,郎中海望奏称折叠盘系太监杜寿交的,传旨:着照样做一份,做秀气着等语具奏。奉旨:交与太监刘希文,题奏原样是何处的,仍安在何处。钦此。

于正月初六日,将新做折叠盘一份并原样折叠盘一份,郎中海望交首领太监程国用持去,交太监刘希文收讫。

12. 雕銮作 附旋作

正月

二十六日,首领太监程国用持来湘妃竹筒一件。奉怡亲王谕:此筒子裂了,另换新的,仍用此底盖,再照样做二个。遵此。

于二月二十四日,做得湘妃竹筒二件并原交样一件,首领太监程国用持去呈怡亲王收下。

十二月

二十三日,太监刘玉、张玉柱交扎布扎牙木碗一件、拉固里木碗二件,传旨:着旋收拾。钦此。

于四年二月二十九日,俱收拾完,海望呈上留下。

二十七日,太监姚进孝交奔巴木碗一件、扎布扎牙木碗一件 系副都统达奈进、拉固里木碗二件 系副都统达奈进,传旨:着收拾。钦此。

于四年二月二十九日,奔巴木碗一件、扎布扎牙木碗一件、拉固里木碗二件,海望呈上留下。

13. 漆作

正月

初八日,总管太监张起麟交菱花式红漆盘一件,奉怡亲王谕:着照样做二十件,周围墙子做矮些,盘内画九龙,里外蹄子俱漆红漆。遵此。

于十二月二十八日,做得菱花式红漆盘六件,并原样红漆盘一件,首领太监程国用持去,交清茶房太监李英收讫。

十二月二十九日,做得菱花式红漆盘十四件,怡亲王、裕亲王、信郡王呈进讫。

初八日,总管太监张起麟交如意式黑漆盘一件,奉怡亲王谕:着照样做十件,里外俱做红漆,盘内花样改画。遵此。

于十二月二十八日,做得如意式红漆盘八件,并原样漆盘一件,首领太监程国用持去,交清茶房太监李英收讫。

十二月二十九日,做得如意式红漆盘二件,员外郎海望呈进讫。

初八日,总管太监张起麟交圭式红漆盘一件,奉怡亲王谕:着照样放长五分做十件,蹄子照红漆盘内花样改画。遵此。

于十二月二十九日,做得圭式红漆盘十件并原样盘一件,首领太监程国用持去,交清茶房太监李英收讫。

初八日,总管太监张起麟奉怡亲王谕:照先做过的五样红漆龙凤盘,每样做二十件。遵此。

于十月二十九日,做得朱漆双圆式彩漆盘十件、海棠式彩漆盘十件、梅花式彩漆盘十件、菊花式彩漆盘二十件、葵花式彩漆盘八件,员外郎海望呈进讫。

十二月二十九日,做得海棠式彩漆盘十件、葵花式彩漆盘十二件、梅花式彩漆盘十件、双圆式彩漆盘十件,怡亲王、裕亲王、信郡王呈进讫。

二月

二十九日,员外郎海望奉怡亲王谕:俟后将各样小式漆活计做些备用。遵此。

于八月十五日,做得洋漆脱胎小碟三十件,怡亲王呈进讫。

五月

初五日,总管太监张起麟交退光漆金花罩盖盒一件。奉怡亲王谕:着照此盒样做几件。再比此盒样窄一二寸及三寸的每样做几件,照此盒样放长二寸亦做几件,其花样不可更改。遵此。

于八月十四日,做得合牌胎退光漆画金花罩盖盒二对并交原样一件,总管张起麟呈进讫。

于九月三十日,做得合牌胎退光漆画金花罩盖盒二对,总管张起麟呈进讫。

于四年二月二十二日,做得合牌胎退光漆画金花罩盖盒五对,总管张起麟呈进讫。

于五月初一日,做得合牌胎退光漆画金花罩盖盒一对,员外郎海望呈进讫。

于八月十四日,做得合牌胎退光漆画金花罩盖盒二对,怡亲王呈进讫。

八月

初十日,员外郎海望奉旨:将盛东西的匣子,或长一尺上下、或宽八九寸、高六七寸,尔等酌量配合做漆的几对,匣内不必做漆屉,做合牌屉。匣上合扇或镀金或鋄银,安西洋锁。钦此。

于九月二十八日,做得退光漆合牌屉糊黄绫子里匣一对,员外郎海望呈进讫。

于十月二十四日,做得退光漆合牌屉糊黄绫子里匣一对,员外郎海望呈进讫。

初十日,员外郎海望奉旨:将四方书格或见方一尺八寸以下、一尺二寸以上,高六尺以下、一尺五寸以上,尔将漆的做几对,上安栏杆。钦此。

于十二月二十九日,做得退光漆安栏杆四方小书格一对,怡亲王呈进讫。

于四年四月初十日,做得退光漆安栏杆四方小书格一对,怡亲王呈进讫。

二十五日,员外郎海望奉旨:着做筝式百福百寿退光漆盒一对,盒内安蟠桃九熟漆盘九件。钦此。

于本月二十六日,做得筝式烫胎盒样一件,员外郎海望呈览,奉旨:照样做一对。钦此。

于九月二十八日,做得筝式百福百寿漆盒一对,内各盛蟠桃九熟漆盘九件,员外郎海望呈进讫。

九月

十五日,据圆明园来帖内称,太监刘希文交洋漆帽架一件,传旨:照此样做几件。钦此。

于四年二月初四日,做得洋漆帽架五件,员外郎海望呈进讫。

六月二十九日,做得黑退光漆帽架二件,员外郎海望呈进讫。

七月十二日,做得黑退光漆帽架一件,员外郎海望呈进讫。

七月二十七日,做得黑退光漆帽架一件,员外郎海望呈进讫。

十月

初一日,首领太监程国用来说,太监杜寿传旨:将寿意小器皿漆活计做些。钦此。

于十月二十九日,做得红彩漆画寿意花卉托碟四十六件,员外郎海望呈进讫。

十二月二十九日,做得彩漆八方晏安托碟十二件、日月长明托碟十六件、双凤双圆托碟十六件,怡亲王、裕亲王、信郡王呈进讫。

十一月

初八日,太监王守贵交填漆盒一件,传旨:着找补漆。钦此。

于四年四月初五日,收拾得填漆盒一件,太监王守贵收讫。

14. 鋄作

十月

二十一日,据圆明园来帖内称,太监刘希文传旨:九洲清晏格子上用镀银钩搭六个、曲须十二个、眼钱十二个。钦此。

于十一月十六日,做得镀银钩搭六个、曲须十二个、眼钱十二个,催总刘山久持去钉在九洲清晏格子上讫。

雍正四年

1. 木作

正月

二十二日,据圆明园来帖内称,总管太监郑忠传旨:松竹梅镜前放坐褥处,着安长一尺二寸、宽一寸一分、厚八分攒竹横棍一根。钦此。

于正月二十三日,照尺寸做得攒竹横棍一根,催总马尔汉交总管太监郑忠持去。

三月

初七日,员外郎海望持出雕刻象牙罩玻璃西洋人物洋金边小吊屏一件,奉旨:此边不好,尔等酌量配合改做。钦此。

于八月十四日,改做得雕刻象牙罩玻璃西洋人物洋金边小吊屏一件,怡亲王呈进讫。

六月

初四日,据圆明园来帖内称,太监杜寿交来斑竹花纹瓷缸一件、塔心瓷缸一件,传旨:着照此缸的尺寸多做些花样呈览过,或做硬木的或做漆的,准时再做。钦此。

现存圆明园库。

七月

初三日,据圆明园来帖内称,太监杜寿传:着做长四尺五寸湘妃竹衣竿一根、长五尺棕竹衣竿一根。记此。

于七月初五日,照尺寸做得湘妃竹衣竿一根、棕竹衣竿一根,首领太监程国用持去,交太监杜寿讫。

2. 玉作

正月

初七日,员外郎海望持出碧玉盒一件,奉旨:此盒上下螭虎花纹不好,改做。钦此。

于三月三十日,将碧玉盒一件改做完,员外郎海望呈进讫。

初七日,员外郎海望持出黑白玛瑙笔架一件,奉旨:此笔架上破处若去得即去,若补做得即补做,座子亦不好,改做。钦此。

于三月十三日,改做得黑白玛瑙笔架一件,员外郎海望呈进讫。

二月

初四日,员外郎海望持出青玉靶碗五件、绿色石大小九块、绿色石长圆笔洗一件,传旨:着将绿色石边子上用不着处扎一片来呈览。再其笔洗酌量收拾。钦此。

于十三年十一月初四日,将绿色石长圆笔洗一件交太监毛团呈进讫。

绿色石大小九块现存库。

初四日,员外郎海望持出青玉盒一件,奉旨:着将花纹收拾,若花纹收拾不来,即砣素的。钦此。

于十三年十一月初一日,改做玉碗一件,交太监毛团呈进讫。

初四日,员外郎海望持出红荆州石甜瓜式笔洗一件,奉旨:着收拾。钦此。

于六月初八日,收拾得红荆州石甜瓜式笔洗一件,怡亲王呈进讫。本日仍持出,着收着。遵此。

于十三年十一月初九日,将笔洗一件,司库常保交太监毛团呈进讫。

十五日,员外郎海望持出白玉双喜压纸一件,奉旨:着认看是玉的是石的,其做法款式俱不好,另收拾。钦此。

于十三年十月三十日,将白玉双喜压纸一件,交太监毛团呈进讫。

十六日,太监杜寿交来孔雀石笔筒一件,传:着粘补收拾。记此。

于本日,收拾得孔雀石笔筒一件,首领太监李久明持去,交太监杜寿收讫。

三月

十三日,员外郎海望持出玛瑙灵芝一件 随紫檀木座,奉旨:着收拾。钦此。

于八月十四日,收拾得玛瑙灵芝一件,怡亲王呈进讫。

九月

十九日,郎中海望持出碧玉夔龙圆盒一件、碧玉天仙云龙珮一件、西碧玉喜珮一件,奉旨:此三件,尔等认看,若有寿意做何用处,酌量。钦此。

于本月二十八日,收拾得碧玉夔龙圆盒一件、碧玉天仙云龙珮一件、西碧玉喜珮一件,郎中海望呈进讫。

二十五日,首领太监程国用持出荆州石仙鹤式盒一件 随象牙茜红座一件,说太监王太平传旨:着交与海望往细致处收拾。钦此。

于五年四月二十九日,收拾得荆州石仙鹤式盒一件、座一件,怡亲王呈进讫。

十月

初二日,郎中海望持出玛瑙猫式压纸一件,奉旨:款式不好,着收拾。钦此。

于五年四月二十九日,收拾得玛瑙猫式压纸一件,郎中海望呈进讫。

初二日,郎中海望持出发晶压纸一件,奉旨:着收拾。钦此。
于十三年十一月初二日,将发晶压纸一件,交太监毛团呈进讫。

初二日,郎中海望持出水晶双兽压纸一件,奉旨:着收拾。钦此。
于五年五月初一日,收拾得水晶双兽压纸一件,郎中海望呈进讫。

初二日,郎中海望持出水晶猫式压纸一件,奉旨:着认看,此猫眼睛是镶嵌的还是天然的,往好里收拾。钦此。

于五年八月十四日,水晶猫式压纸一件配做得象牙茜红座一件,郎中海望呈进讫。

二十日,郎中海望持出洋漆瓜式盒一对,奉旨:着安珊瑚顶。钦此。
于十二月二十四日,做得珊瑚顶洋漆瓜式盒一对,怡亲王呈进讫。

二十五日,郎中海望持出红玛瑙华实笔架一件,奉旨:照此样或用鸡血石或用玛瑙石做双桃形式笔架二件。钦此。

土玛瑙桃式水丞一件,奉旨:玛瑙石情好,做法不好,尔等酌量改做。钦此。

于五年八月十四日,做得土玛瑙桃式水丞一件配得镀金匙象牙茜红座,郎中海望呈进讫。

二十五日,郎中海望持出青玉双螭虎如意云盘一件、青玉长方盘一件,奉旨:此二件着学手玉匠收拾。钦此。

于十一年十一月二十八日,将青玉双螭虎如意云盘一件、青玉长方盘一件,交太监毛团呈进讫。

二十六日,郎中海望持出镀金镶玉方筒一件,奉旨:玉片上的人物脸相、衣褶、树木花纹不好,着往好里收拾。钦此。

于五年八月十四日,收拾得镀金镶玉方筒一件,郎中海望呈进讫。

十一月

初一日,郎中海望持出黑色玛瑙桃式笔洗一件,奉旨:做法不好,着收拾。钦此。

于五年四月十二日,收拾得黑色玛瑙桃式笔洗一件,郎中海望呈进讫。

初一日,郎中海望持出碧玉双鸠盒一件,奉旨:着收拾。钦此。

于五年五月初四日,收拾得碧玉双鸠盒一件,信郡王、郎中海望呈进讫。

十二月

十五日,奏事太监刘玉、张玉柱交来扫金边玻璃吊屏二件 每件玻璃心长三尺三寸、宽二尺三寸七分、扫金边玻璃吊屏二件 每件玻璃心长二尺九寸七分、宽二尺二寸、扫金边嵌银母玻璃吊屏二件 每件玻璃心长三尺七寸七分、宽二尺五寸,传旨:着海望请旨。钦此。

现存库。

本日,司库硕塞收库讫。

3. 杂活作

正月

二十二日，据圆明园来帖内称，总管太监刘进忠、王以诚，首领苏培盛，太监雅图交来银盒一件 重三两八钱，传旨：着照样做橡皮盒一件。钦此。

于五月初七日，做得橡皮盒一件并原样银盒一件，员外郎海望呈进讫。

二月

十七日，员外郎海望奉旨：龙挂香味甚好，照龙挂香料配些香面。钦此。

于四月二十九日，配做得龙挂香面半料，怡亲王呈进讫。

二十三日，员外郎海望持出帽架一件，传旨：着改换牛角的。钦此。
于三月初七日，改换得牛角墙壁帽架一件，员外郎海望呈进讫。

二十四日，总管太监王朝卿、刘国兴、安泰交来丰泽园琴二张、瀛台琴二张、掌仪司琴一张、懋勤殿琴六张、敬事房琴十三张、宁寿宫琴五张、景阳宫琴一张、乾清宫琴四张、御书房琴四张、古董房琴二张、自鸣钟琴一张、所内琴一张、寿皇殿琴一张、观德殿琴一张、永安亭琴十张、毓庆宫琴二张、西花园琴八张、畅春园琴二十八张、静明园琴三张、府内太监刘沧洲交来琴十八张 随蓝布套黄布挖单、造办处收贮所内琴七张，传旨：着将弦对准，于二十六日、二十七日送来呈览。钦此。

于二月二十九日，呈上留下府内琴五张并造办处收贮琴二张、永安亭琴四张。记此。

于三月初二日，永安亭太监张弼持去琴六张。记此。

于三月初九日,将琴一百〇三张俱对弦准,首领太监程国用持进,交总管安泰讫。

三月

十一日,据圆明园来帖内称,乌合里达、董显芳、一尔喜达五十四、笔帖式李禄送来青绿提梁有盖鸠樽一件、青绿汤壶一件、青绿方樽一件、青绿饕餮樽二件、青绿蕉叶夔龙双环樽一件、青绿兽面蕉叶小樽一件、青绿花浇一件、鎏金小樽一件、古铜双喜花樽一件、古铜葵花樽一件、古铜小圆樽一件、古铜鼍龙水吸一件、青绿镜大小六面、青绿龟蛇水吸一件、青绿盘一件、青绿有把天鸡小水丞一件、青绿调和罐一件、青绿提梁卣二件、青绿豆一件、青绿彝炉三件、青绿方鼎六件、青绿有盖圆鼎一件、青绿圆鼎六件、青绿双环三足炉一件、鎏金青绿鼍龙纽图章一份、青绿铛一件、青绿腰圆洗二件、黑漆腰圆洗一件、宣铜大炉一件、宣铜钵盂炉一件、宣铜鼎一件、宣铜锁耳炉一件、珐琅圆炉一件、鎏金象鼻炉一件、洋錾铜炉四件、洋錾匙箸三副、自鸣钟一件、宣窑青花马褂瓶四件、宣窑暗花马褂瓶一件、仿宣窑暗花小马褂瓶一件、宣窑青番莲花浇一件、嘉窑填白葵花碗一对、仿哥窑蕉叶花樽一件、建窑饕餮彝炉一件、相窑云喜瓶一件、定窑碗大小七件、定窑盘大小五件、相窑五寸盘六件、相窑四寸盘十件、哥窑葵花碟一对、仿哥窑碟一件、建窑荷叶笔洗一件、仿官窑圆洗一件、宣窑青花梅瓶一件、万历五彩花瓶一件、宜兴挂釉瓶二件、熊窑双管扁瓶一件、熊窑梅椿笔架一件、熊窑小双管瓶一对、熊窑海棠洗一件、新瓷青龙小罐一对、万历瓷管大笔一支、新瓷绿龙小梅瓶一件、嘉窑青龙双环瓶一件、仿宣窑青龙海棠洗一件、宣窑青龙圆水丞一件、定窑胆瓶一件、定窑小罐一件、仿嘉窑五彩小瓶一件、仿官窑双管小瓶一件、定窑三足圆水丞一件、有盖龙泉圆水丞一件、仿哥窑圆水盂一件、熊窑冰裂纹圆笔洗一件、龙泉圆笔洗一件、嘉窑渣斗二件、欧窑方花瓶一件、洋瓷仿哥窑圆笔洗一件、定窑圆笔洗一件、仿官窑鹅颈瓶一件、龙泉圆鼎炉一件、玉长方双环瓶一件、玉鼎一件、玉小方斛一件、玉双喜耳花囊一件、镶玉角端炉一件、玉圆斛一件、玉扁斛一件、玉壶一件、玉柏乳长方炉一件、玉鸣凤在竹花插一件、玉长方香盘一件、玉卮一件、玉枝梗杯三件、玉长方小盘一件、玉八角盒一件、玉长方盒一件、镶玉界尺一件、玉砚一方、玉辟邪水吸一件、玉双鹿笔架一件、玉撞盒二对、碧玉墨床一件、镶玉如意一件、玉凤陈设一件、玉蝈蝈笼一件、玉提梁卣一件、水晶有盖花樽三件、水晶太平车一件、水晶四管花囊一件、水晶砚山一件、茶晶砚山一件、茶晶辟邪压纸一件、玛瑙天然水丞一件、土玛瑙笔架一件、西洋珐琅花浇一件、雕漆长方盒一件、雕漆小长方盒一件、雕漆圆盒一件、雕漆圆盘一件、洋漆小长方盒一件、洋漆方笔筒一件、镶嵌紫檀木文具一件、葫芦笔筒一件、葫芦壶一把 随珐琅盖、葫芦匙箸瓶二份、葫芦寿意花瓶一件、葫芦碗二对、葫芦罐一件、洋漆盖碗三十二件、端石砚一方。

以上通二百〇四件，郎中保德传：着应配座收拾处配座收拾。记此。

于三月二十一日，将以上等项俱收拾完，郎中保德持去，安在果郡王花园讫。

十六日，据圆明园来帖内称，乌合里达、董显芳送来青绿飞龙樽一件、青绿蚕纹扁樽三件、青绿朱砂四喜樽一件、青绿宜子孙双鱼洗一件、青绿有盖三牺鼎一件、宣铜长方万寿炉一件、寿山石雕刻葡萄插屏一件、宣窑宝莲花囊一件、珐琅盆一件，说郎中保德传：着应收拾配座处收拾配座。记此。

于三月二十一日，将青绿飞龙樽等件俱收拾完，郎中保德送至果郡王花园陈设讫。

十九日，据圆明园来帖内称，首领太监夏安交来琴十张说，太监杜寿传：着换弦，其琴轸足如无，换木足亦可。若不全处，些微收拾，轴上用五色绒。完时，定等写帖，随琴带来。记此。

于四月二十五日，收拾得琴十张，交首领太监夏安持去讫。

四月

初一日，据圆明园来帖内称，太监夏安持来头等大红琴一张、小红琴一张、梅花断琴一张、牛毛断琴一张,说首领太监苏培盛传旨:琴上着换玉足、玉轸并添穗子、琴垫,着会弹琴人收拾妥协呈览。钦此。

于六月初二日,收拾得琴四张上换得玉足、玉轸并添穗子四副、琴垫四副做完,交太监夏安持去讫。

十五日,据圆明园来帖内称,太监杜寿交来玉器皿五十件、玛瑙珊瑚蜜蜡水晶等器皿二十六件、犀角象牙竹木石雕漆等器皿四十八件、瓷器皿二百九十九件、洋漆器皿八十二件、古铜器皿六十四件、玻璃器皿六十四件、螺钿器皿二十四件 共六百五十七件,传旨:着应擦抹的擦抹,应收拾的收拾,配匣座。钦此。

于六月十七日,玉、玛瑙、珊瑚、蜜蜡、犀角、象牙、竹、木、石、漆、螺钿、洋漆、古铜等器皿共二百九十四件,俱擦抹收拾配匣座完,首领太监程国用持去,交太监杜寿收讫。

于六月十八日,瓷器、玻璃器皿共三百六十三件擦抹收拾完,首领太监程国用持去,交太监杜寿收讫。

二十七日,据圆明园来帖内称,首领太监夏安持来鸣凤琴一张 系古董房的、流泉蛇腹断琴一张 系古董房的、丹山瑞哕蛇腹断琴一张 系畅春园的、中和八宝灰琴一张、成化年梅花断蕉叶琴一张、牛毛断大春雷琴一张,传旨:着收拾,其轸足不必动。钦此。

于六月初一日,收拾换得穗子六副并交来琴六张,首领太监夏安持去讫。

五月

初一日,据圆明园来帖内称,员外郎海望持出雕竹香筒一件,奉旨:着将此香筒改做衣杆架上挂笔筒用,再将先做过的墙砚托着亦安在衣杆帽架上用,再着做珐琅水丞一件,上安提绳,亦安在帽架上用。钦此。

于六月初一日,改做得挂笔筒一件并照样做得笔筒一件,海望呈进。

初七日,据圆明园来帖内称,员外郎海望奉旨:尔等做得香袋气味不好,或者麝香配多了亦未可知。若再做时,酌量配合。钦此。

初九日,据圆明园来帖内称,太监杜寿、王守贵交雕竹仙人盆景一件 手上拐杖掉了,传:着配做仙人手上的拐杖。记此。

于本日,配做得拐杖一根并雕竹仙人盆景一件,首领太监程国用持去,交太监杜寿讫。

初九日,据圆明园来帖内称,太监杜寿、王守贵交竹根灵芝盆景一件,传:着收拾。记此。

于本日,收拾得竹根灵芝盆景一件,首领太监程国用持去,交太监杜寿讫。

六月

初二日,据圆明园来帖内称,首领太监夏安交琴十四张,传旨:着收拾。钦此。

于七月初二日,收拾得琴十四张,首领太监夏安持去讫。

十八日,据圆明园来帖内称,郎中海望持出银胎嵌玻璃面方盒二件,奉旨:着照此盒内轮子做吊屏。钦此。

于七月十九日,做得吊屏纸样一张,郎中海望呈览,奉旨:着照样做吊屏。钦此。

于七月十九日,将原交的银胎嵌玻璃面方盒二件,郎中海望呈进讫。

于五年十二月三十日,做得万国来朝转板吊屏一件,郎中海望呈进讫。

七月

十三日,据圆明园来帖内称,郎中海望持出银胎嵌温都里那石长方匣一件 内盛规矩十二件,奉旨:此匣底足不好,着另配做。钦此。

865

于八月十二日,配做得底足银胎嵌温都里那石长方匣一件内盛规矩十二件,怡亲王呈进讫。

八月

十三日,据圆明园来帖内称,太监刘玉交来温都里那石长方盒一件内盛规矩十三件,传旨:足子不好,着照先改做过的款式换足子。钦此。

于本月二十日,收拾得温都里那石长方盒一件,郎中海望呈进讫。

十六日,据圆明园来帖内称,首领太监夏安交来琴四十二张 内四十张有套,二张无套,传旨:此琴内着会弹琴人选好琴六张,分做头等一、二、三、四、五、六号数。钦此。

于九月初二日,将琴四十二张,俱编等次号数,交太监夏安持去讫。

二十六日,郎中海望持出洋漆书格一件,奉旨:着安痰盂托。钦此。

于九月初八日,做得黄猩猩毡面红羊皮边木胎痰盂托一件并洋漆书格一件,郎中海望呈进讫。

九月

十四日,太监王守贵传旨:垂恩香先传做过二百根,今再多做些。钦此。

于十二月二十七日,做得垂恩香二百根,太监马进忠持去,交太监王守贵讫。

于五年四月十八日,做得垂恩香二百根,首领太监萨木哈交太监王守贵讫。

十七日,郎中海望奉旨:着做寿意痒痒挠一件、帽架一件。钦此。

于本月二十六日,做得花羊角把嵌金珀寿字如意痒痒挠一件、福寿帽架一件,郎中海望呈进讫。

二十二日,郎中海望持出镶嵌鸡血石铜镀金带四块,奉旨:着将石片拆下另配泡速香带面。钦此。

于九月二十八日,另配做得泡速香面铜镀金带四块并拆下鸡血石带面四块,郎中海望呈进讫。

二十三日,太监王守贵交来琴四张、镀金饰件腰刀一把,传旨:着认看。钦此。

于十月初九日,袁景劭认看得琴四张、镀金饰件腰刀,俱系好的,首领程国用持去,交太监王守贵收贮。

二十四日,首领太监程国用交来琴一张,是太监刘希文、王太平传旨:交给海望试弹。钦此。

于二十五日,郎中海望试弹得此琴好琴等语回奏,奉旨:着留在里面。钦此。

二十六日,郎中海望传旨:先做得黑漆彩金帽架恐挂帽带不好,尔等另用玳瑁或象牙或竹子做几件。钦此。

于十一月初七日,做得玳瑁帽架一件,郎中海望呈进讫,奉旨:再照此样做一件,将葵花式托桄改做十八根直桄,口圈要开的开,以备放花熏冠用。钦此。

于十二月十六日,做得玳瑁帽架一件,郎中海望呈进讫。

4. 皮作

正月

初十日,太监杜寿传旨:圆明园安围屏灯平台处东西长炕中间床上刷子或用鹅黄缎做,或用锦缎做,床面上或铺红猩猩毡或铺花雨缎,尔等酌量配合。钦此。

于三月二十七日,做得黄缎床刷一件,首领太监李久明持去,交太监杜寿收讫。

二月

十六日,员外郎海望奉旨:养心殿东暖阁仙楼上横楣下,着安镶石青缎边斑竹帘一架。钦此。

于四月十一日,做得镶石青缎边斑竹帘一架,员外郎海望持进,安在养心殿东暖阁仙楼上横楣下讫。

三月

十九日,据圆明园来帖内称,副总管苏培盛传:九洲清晏大殿两旁书格上,着做帘子四十个,先做纸样看。记此。

于本日,画得夔龙牙子高一尺一寸、宽五尺四寸八分,高一尺三寸一分、宽二尺六寸三分,高一尺三寸、宽二尺六寸三分纸样,共六张,首领太监程国用持去,交太监杜寿收讫。

于四月二十日,照尺寸做得书格帘子四十个,首领太监程国用持进,交太监杜寿讫。

二十二日,太监杜寿传旨:着做黑退光漆桌一张,高二尺五寸九分、宽二尺七寸、长四尺八寸五分,周围做锦套,套的迎面开一掩缝门。钦此。

于六月二十日,做得黑退光漆桌随锦套一件,太监王玉持去,交太监杜寿收讫。

五月

十九日,据圆明园来帖内称,首领太监程国用来说,太监焦进朝交来黄缎套一件、糊黄绫木匣一件、黄杭细棉垫一件,传:配做黄布面纺丝里夹套一件、油单套一件,照此黄杭细棉垫样再做六件。记此。

于五月二十七日,做得黄布面纺丝里夹套一件、油单套一件、黄杭细棉垫大小六件并原交黄缎套一件、木匣一件、黄杭细棉垫一件,首领太监程国用持去,交太监焦进朝收讫。

六月

二十二日,据圆明园来帖内称,四执事首领太监李进忠持来桃红纱十匹,说太监杜寿传旨:将此纱内挑选五匹做帐幔一架,刷子颜色着海望配合,向库上取用。此系东暖阁用的帐幔,不可与西暖阁帐幔颜色相同。其挑选余剩纱仍交进。钦此。

于本日,挑选余剩纱五匹,首领太监李进忠仍持去讫。

于本月二十三日,做得纱帐幔一架,首领太监李进忠持去,交太监杜寿收讫。

八月

二十日,据圆明园来帖内称,太监刘希文交来香色锦一丈四尺二寸、蓝锦一丈四尺三寸,传:着配做琴套二件。记此。

于九月十三日,做得琴套二件并下剩回残锦,首领太监程国用持去,交太监王守贵讫。

九月

初二日,郎中海望持出缉碎珠绣石青缎靠背一件、绣黄缎坐褥一件,奉旨:着照样做石青缎靠背一件,其中心或用金线缎或用红缎做,回纹锦不好,另改做绣石青绒。寿字周围灯笼做九个,其墙子上不必做灯笼,做西番草。再做红缎坐褥一个,其花样仍绣藕色莲花。中间流云不好,另改做八吉祥西番草,边子上水不必动。再做紫缎迎手一件,周围做灯笼九个,上下做寿字二个,款式不要俗了。钦此。

于九月二十六日,做得绣石青缎靠背一件、红缎坐褥一件、紫缎迎手一件并原样缉珠绣石青缎靠背一件、黄缎坐褥一件,郎中海望呈进讫。

初二日,郎中海望奉旨:琴垫做几副,要别致得用。钦此。

于五年三月十二日,郎中海望交西洋番花琴垫画样二张,着照此二张画样,每样绣做鹅黄琴垫二副、紫色缎琴垫二副,里子用鹿皮内抛毡铺棉花做。记此。

于八月二十四日,绣得黄缎琴垫二副、紫色缎琴垫二副,郎中海望呈进讫。

5. 铜作

正月

十九日,据圆明园来帖内称,总管太监郑忠交来闲余板上铁曲须一件、螺丝钉一件说,铁的不好,将铜镀金曲须螺丝钉每样做十个。记此。

于二月十一日,做得铜镀金曲须螺丝钉每样十个并原样铁曲须螺丝钉每样一个仍交太监郑忠持去讫。

三月

十三日,员外郎海望持出洋漆罐一件 随铜匙一件,奉旨:照此款式,把再放大些,可以容得下指,或做铜的或做珐琅的,以便盛墨汁用。匙子背后上安一钩子,亦不要匙子甚下去,亦不要匙子甚露出来,要悬在罐口挂着,以备舀墨用,尔等酌量配做。钦此。

于七月十二日,做得铜烧古墨罐一件随匙子并原样,郎中海望呈进讫。

于七月十九日,做得铜烧古墨罐一件随匙子,郎中海望呈进讫。

九月

十五日,郎中海望奉旨:着做海屋添筹铜瓶一件,上做六管,内安棕竹筹六十枝,每枝筹上二面刻寿字二个。钦此。

于本月二十八日,做得六管海屋添筹铜瓶一件随棕竹二面刻寿字筹六十枝,郎中海望呈进讫。

十月

二十一日,首领太监程国用持来洋漆箱子二个,说太监王守贵传旨:着配钥匙。钦此。

于十月二十四日,配得黄铜钥匙二把并原交洋漆箱子二个,太监萨木哈持去,交太监王守贵收讫。

6. 炮枪作　附弓作

八月

初二日,郎中海望持出竹吹筒一件,奉旨:两头安铜口。钦此。

于十二月初三日,配得铜口竹吹筒一件随紫漆盒一件内盛子儿三百六十个,郎中海望呈进讫。

7. 珐琅作　附大器作

正月

初三日,郎中保德着催总张自成来说,怡亲王谕:着做金胎小圆盒四个。遵此。

于十三年十月二十一日,将金胎小圆盒四件,司库常保、首领萨木哈交太监毛团呈进讫。

十月

初八日,郎中海望传:做寿意珐琅帽架一对 随香袋。记此。

于五年五月初四日,做得珐琅帽架一对随香袋,郎中海望呈进讫。随奉上谕:珐琅帽架放帽子肯挂帽带,俟后不必做罢。钦此。

十二日,郎中海望持出玻璃轩辕镜二个,奉旨:着配珐琅帽架。钦此。

于五年五月初四日,做得玻璃轩辕镜珐琅帽架二个,郎中海望呈进讫。

8. 镶嵌作 附牙作、砚作

正月

十一日,首领太监王进玉持来旧铜鋈金小算盘一件。传旨:着收拾,添补算子。记此。

于三月二十日,收拾得小算盘一件,太监王进玉持去,交太监杜寿讫。

二月

初四日,太监杜寿交来蜜蜡小箱一件,传旨:着添补见新收拾。钦此。

于二月初五日,蜜蜡小箱一件收拾完,首领太监程国用持去,交太监杜寿讫。

初四日,太监杜寿交来木如意三件、竹如意一件,传旨:擦抹见新,另换新穗子。钦此。

于二月初六日,木如意三件、竹如意一件,俱收拾换新穗子,首领太监程国用持去,交太监杜寿收讫。

初四日,太监杜寿交来镶嵌象牙匣一件 内有戒指三件、小玩意八件,传旨:收拾见新。钦此。

于本日,收拾得镶嵌象牙匣一件内有戒指三件、小玩意八件,首领太监程国用持去,交太监杜寿收讫。

初五日,太监杜寿交来镶珊瑚箱子一件 内盛银罐二件、铜罐一件、珊瑚陈设二件、珊瑚把小刀二件、珊瑚墨斗二件,传旨:将吊下来的碎珊瑚仍嵌在原处,珊瑚若有不全处不必添补,配纸套。钦此。

于本日,收拾得镶珊瑚箱子一件内盛银罐二件、铜罐一件、珊瑚陈设二件、珊瑚把小刀二件、珊瑚墨斗二件配纸套,首领太监程国用持去,交太监杜寿收讫。

初五日,太监杜寿交来绣花箱子一件,传旨:将腿子安上收拾,配纸套。钦此。

于本日,收拾得绣花箱子一件配纸套,首领太监程国用持去,交太监杜寿收讫。

初五日,太监杜寿交来象牙镶玻璃箱子一件,传旨:着擦抹收拾,配纸套钥匙。钦此。

于本日,收拾得象牙镶玻璃箱子一件配纸套钥匙,首领太监程国用持去,交太监杜寿收讫。

初五日,太监杜寿交来镶银边石心木胎箱子一件、铜钉镶象牙箱子一件,传旨:着收拾配纸套。钦此。

于本日,收拾得镶银边石心木胎箱子一件、铜钉镶象牙箱子一件配纸套,首领太监程国用持去,交太监杜寿收讫。

三月

十三日,员外郎海望持出玛瑙桃式水丞一件 随茜红象牙座,奉旨:座子不稳,着收拾。钦此。

于五月初一日,收拾得玛瑙桃式水丞一件,员外郎海望呈进讫。

十三日,员外郎海望持出雕竹匙箸瓶一件,奉旨:此竹器做法好,但放匙箸处不甚透露,尔等或做象牙或做雕竹,其口处要收束得住匙箸,酌量做得文雅些。钦此。

于六月初二日,做得象牙雕松竹梅匙箸瓶一件、匙箸一份并原样,郎中海望呈进讫。

于六月十一日,做得象牙雕石榴花匙箸瓶一件随匙箸一份,郎中海望呈进讫。

十五日,据圆明园来帖内称,首领太监程国用持来各色盒砚二十八方内七方无匣,说太监杜寿传旨:将嵌玉漆砚盒另配匣子,玉不必嵌上,其二十七方应配匣收拾粘补处配匣收拾粘补。钦此。

于八月二十八日,收拾得各色盒砚二十八方,首领太监程国用持去,交太监刘希文收讫。

十五日,据圆明园来帖内称,首领太监程国用持来螺钿盒砚一方、漆盒砚一方,说太监杜寿传旨:着粘补收拾。钦此。

于八月二十二日,收拾得砚二方,首领太监程国用持去,交太监刘希文收讫。

十五日,据圆明园来帖内称,首领太监程国用持来墨一百三十八匣,说太监杜寿传旨:着认看,编等次。钦此。

于二十日,据袁景劭认看得头等墨五十一匣、二等墨六十二匣、三等墨二十五匣等语,首领太监程国用持去,交太监杜寿收讫。

十五日,据圆明园来帖内称,首领太监程国用持来淡绿色石砚一方、未央宫瓦砚一方,说太监杜寿传旨:着认看。钦此。

于三月十六日,据袁景劭认看得淡绿色石砚系五福石、未央宫瓦砚系仿做得等语,交太监杜寿持去讫。

十九日,据圆明园来帖内称,太监杜寿交来大砚二方,传旨:着交给海望,见面请旨。钦此。

于本月二十一日,郎中海望请旨,奉旨:着配天然木根架子砚盒,随其形或做退光漆罩盒,上刻砚赋,或洋金字或阴文填金字。钦此。

于五年八月二十八日,配做刻砚赋退光漆罩盒二件内盛大砚二方,怡亲王呈进讫。

六月

初六日,据圆明园来帖内称,员外郎海望持出雕竹香筒一件,奉旨:做挂笔筒用。钦此。

于七月二十七日,做得挂笔筒一件,郎中海望呈进讫。

七月

初二日,据圆明园来帖内称,郎中海望持出镶嵌羊角片匣一件,奉旨:着收拾。钦此。

于七月十二日,收拾得嵌羊角片匣一件,郎中海望呈进讫。

二十七日,据圆明园来帖内称,郎中海望奉旨:照先收拾过的嵌羊角片双连匣再做几对。钦此。

于九月二十五日,做得嵌羊角片双连匣二对,怡亲王呈进讫

八月

十八日,据圆明园来帖内称,郎中海望奉旨:着做如意盒一件,面用玻璃,墙子或合牌糊锦或做彩漆,其盒盖玻璃内做象牙鹌鹑九个、谷穗一支、家雀一个,要落在谷穗上。钦此。

于九月二十九日,做得合家久安如意盒一件,郎中海望呈进讫。

九月

十一日,首领太监李统忠交来洋漆盒一件 共三层,每层盛绿端砚一方,传:内一方破坏,着照样另配做一份。记此。

于本月二十八日,洋漆盒一件另配做绿端石砚一方,交首领太监李统忠持去讫。

十九日,郎中海望持出青玉笔筒一件 随象牙茜红座,奉旨:着收拾座子。钦此。

于本月二十八日,收拾得青玉笔筒上座一件,郎中海望呈进讫。

十月

初二日,郎中海望持出雕竹仙人香筒一件、雕竹荷叶香筒一件,奉旨:着改做挂笔筒用。钦此。

于五年三月二十九日,改做得挂笔筒二件,郎中海望呈进讫。

十五日,总管太监刘进忠、王以诚交来象牙四根 重一百三十八斤,传:□□□□

二十五日,郎中海望持出白玉双荷叶笔洗一件 随茜绿色牙座,奉旨:座子不好,着收拾。钦此。

于五年二月初八日,白玉双荷叶笔洗一件茜绿牙座收拾完随镀金杓一件,郎中海望呈进讫。

十一月

初一日,郎中海望持出红白玛瑙棋子三十五个,奉旨:着做镶嵌用。钦此。

本日,交司库所子收讫。

于十三年十二月十六日,将玛瑙棋子三十五个,司库常保、首领萨木哈交太监毛团呈进讫。

二十七日,太监刘玉交来白盐压纸二件 有墨,系将军福宁安进、白盐笔筒一件 有墨、白盐笔架一件 有墨、白盐砚一方 有墨、白盐麒麟二件、磨刀石二件、羚羊角十对、弓面八对,传旨:着交养心殿。钦此。

于乾隆元年正月初五日,弓面八对,司库常保、首领萨木哈交太监毛团呈进讫。

于乾隆元年正月初六日,将羚羊角十对,司库常保、首领萨木哈交太监毛团呈进讫。

下欠白盐压纸二件、白盐笔筒一件、白盐笔架一件、白盐砚一方、白盐麒麟二件、磨刀石二件。现存库。

9. 匣作

正月

初七日,员外郎海望持出镶嵌压拱花羊角片衬羊皮金匣一件,奉旨:此匣样子甚好,照样做几件,匣盖上另做镶嵌,不必镶羊角片,其边栏做黑漆彩金。钦此。

于五月二十七日,做得黄寿字锦双连匣二对并原交双连匣一件,员外郎海望呈进讫。

于七月二十七日,做得镶嵌合牌双连匣二对,员外郎海望呈进讫。

十一日,员外郎海望持出雕拱花螃蟹式龙油珀长二尺二寸、宽一寸七分一块,奉旨:着做合牌匣一件,将此龙油珀嵌在匣面上。钦此。

于三月初六日,做得牌匣一件,上嵌雕拱花螃蟹式龙油珀完,员外郎海望呈进讫。

二月

初三日,员外郎海望持出漆匣一件,奉旨:此匣花样好,交珐琅处。以后有画样处,照此花样画。再此匣内无子口,做一合牌屉安上。钦此。

于七月十九日,漆匣一件配做得合牌屉一件,员外郎海望呈进讫。

二十八日,首领太监程国用持出银珐琅鹿式杯一件、银珐琅鹤式杯一件、龙油珀鹤式盒一件、累丝魁星一件 上嵌蚌丁一颗、珠子十二粒、红宝石一件、白玉鹿一件,说太监杜寿传旨:着应配匣的配匣,应配罩的配罩,其座酌量配做。钦此。

于七月十九日,配得合牌胎黑漆玻璃罩累丝魁星一件,郎中海望呈进讫。

于七月二十七日,配得合牌锦座龙油珀鹤式盒一件,郎中海望呈进讫。

于八月十四日,配得合牌锦匣银珐琅鹿式杯一件、鹤式杯一件、合牌胎黑漆玻璃罩白玉鹿一件,怡亲王呈进讫。

二十八日,首领太监程国用持出大小匣子一百八十六件,说太监杜寿传旨:着另糊鹅黄杭细面、红杭细里。钦此。

于四月初一日,糊得匣子大小九十二件,首领太监程国用持去,交太监杜寿收讫。

于四月初三日,糊得匣子大小九十四件,首领太监程国用持去,交太监杜寿收讫。

二十九日,太监杜寿交来堆嵌珠子长方八角盒一对 每盒上少红宝石五件,传:着配做合牌糊锦边纱心罩匣一件。记此。

于三月初二日,堆嵌珠子长方八角盒一对配做得合牌糊锦边纱心罩匣一件,交太监杜寿送至果亲王府讫。

四月

十九日,据圆明园来帖内称,太监杜寿交博古格内僧帽壶匣一个、汉玉碧玉笔格匣一个、玛瑙海棠洗匣一个、红白玛瑙香罐匣一个、定窑盘线花瓶匣一个、汉玉三喜花插匣一个、白玉双喜卮匣一个、青绿樽匣一个、玉双鸳鸯匣一个、白玉鸳鸯匣一个、汝窑炉匣一个、土玛瑙插屏匣一个,传旨:俱着收拾。钦此。

于七月二十三日,收拾得匣子十二个,首领太监程国用持去,交太监杜寿收讫。

二十一日,据圆明园来帖内称,太监刘玉传:做盛锭子药匣子三样,每样做十五个。记此。

于四月二十九日,照样做得合牌匣四十五个,首领太监程国用持去,交太监刘玉收讫。

六月

二十六日,据圆明园来帖内称,员外郎海望奉旨:着做长九寸、宽四寸九分、高二寸安西洋簧楠木匣或合牌锦匣,每样做二个。钦此。

于七月二十二日,做得安西洋铜簧合牌锦匣二个,郎中海望呈进讫。

七月

初二日,据圆明园来帖内称,郎中海望持出洋漆撞盒一件、子儿皮套规矩一份、镶嵌鼻烟壶一件 随黄杭细匣一件、金线带罩盖火镰包一件 随黄杭细匣一件、蚌丁砚山一件 随黄杭细匣一件、署文房一份 随黄杭细匣一件,奉旨:匣子俱各收拾外,另做一整套匣。钦此。

于本日,收拾得撞盒一件、规矩一份、鼻烟壶一件、火镰包一件、砚山一件、署文房一份,随原交黄杭匣四件并配做得黄杭细总套匣一件,首领太监程国用持去,交太监刘玉收讫。

九月

十四日,太监张玉柱交来螺钿长方匣一件、描金长方匣一件,传旨:将匣内格儿去了,糊绫里。钦此。

于本月十五日,糊得螺钿长方匣一件、描金长方匣一件,首领太监程国用持去,交太监刘希文收讫。

十一月

初一日,郎中海望奉旨:六方大座灯再做一对,其香袋用紫色缎做,穗子亦用紫色的,灯扇上画十二月花卉。钦此。

于五年正月初十日,做得紫檀木六方大座灯一对,随香袋挂珞,郎中海望呈进讫。

初五日,郎中海望持出金星玻璃八楞珠四个、象牙鬼工开其里二件,奉旨:金星玻璃珠做烟袋疙瘩用,象牙开其里里边配做巴尔撒木香棍。钦此。

于十二月初三日,象牙开其里二件配得巴尔撒木香棍完,郎中海望呈进讫。

于十二月初八日,金星玻璃珠四个配做烟袋疙瘩完,郎中海望呈进讫。

10. 裱作

四月

初四日,郎中保德说,总管太监李德传旨:着竹子院书格上画各样假古董片,两面俱画透的。钦此。

于七年八月十一日,画得各样假古董片二百三十片,郎中海望呈进讫。

初十日,据圆明园来帖内称,员外郎海望持出洋漆竹式书格一件,奉旨:着照此格内配合画假书。钦此。

于七月二十四日,画得合牌假书片完并原交书格一件,郎中海望呈进讫。

11. 雕銮作

八月

初二日,据圆明园来帖内称,药房首领太监王杰交来药筒一件 随三钱重药一包、一钱重药二包,黄杭细匣盛,传:着将此三包药做制子,照此药筒样做盛药二钱重药筒二件、三钱重药筒二件、四钱重药筒二件。记此。

于八月十七日,照制子做得药筒六件并原交药筒一件、制子药三包,交药房首领太监王杰持去讫。

二十日,据圆明园来帖内称,首领太监王杰交来药筒三件,着照样做三件,底盖用黑色犀角做,膛开大些。记此。

于八月二十八日,照样做得药筒三件并原样药筒三件,首领太监程国用持去,交首领太监王杰持收讫。

九月

初四日,首领太监王杰交来竹药筒四件说,太监刘玉传旨:着照此药筒样式将盛四钱、三钱、二钱五分、二钱药的药筒,每样做十数个。如用牛角镶气味不好,可用象牙镶,外边口上刻上数目、分量。钦此。

于本月二十四日,照样做得镶象牙竹药筒大小三十个,交首领太监王杰持去讫。

12. 油漆作

二月

十七日,员外郎海望奉旨:怡亲王奏过说,家内漆匠无有可做的活计,因此着做些漆盘。今漆盘不必多做,将大小香几、小桌子做些。钦此。

于六月二十四日,做得黑漆香几一件、盘二件、小桌二张,郎中海望呈进讫。

于七月初五日,做得朱漆圆香几一件、洋漆方香几一件,郎中海望呈进讫。

于五年八月十四日,做得退光漆画洋金香几一对,郎中海望呈进讫。

于五年十二月三十日,做得退光漆画洋金香几一对,郎中海望呈进讫。

三月

初一日,柏唐阿沙金泰送来红桦皮弓一张,说固山达根图奉怡亲王谕:着油饰。遵此。

于本日,油饰得红桦皮弓一张,仍交柏唐阿沙金泰持去讫。

十三日,员外郎海望持出雕漆荔枝盒一件,奉旨:此盒做法甚好,着问家内匠役若做得来,照此样做几件。将原样擦磨收拾,仍交进。钦此。

于本月二十七日,收拾得雕漆荔枝盒一件,员外郎海望呈进讫。

十三日,员外郎海望持出竹胎黑漆如意一件,奉旨:如意头太沁了,题咏字并漆的做法甚好。只可取其做法、款式,尔等酌量做如意上题咏字,做时另拟。钦此。

于九月二十日,收拾得竹胎黑漆如意一件,怡亲王呈进讫。

二十二日,太监杜寿传旨:着做黑退光漆桌一张,高二尺五寸九分、宽二尺七寸、长四尺八寸五分,配锦套。钦此。

于十二月二十日,照尺寸做得黑退光漆桌一张随锦套,怡亲王呈进讫。

三十日,员外郎海望持出红漆碗托一件,奉旨:着照样或红漆或黑漆彩金,不必安底,做透心足。若轻,或做铅胎或做铜胎,尔等酌量做几件。钦此。

于五月二十二日,原样红漆碗托一件交太监张文保持去讫。

于八月初四日,做得红漆彩金碗托二件、黑漆彩金碗托二件,郎中海望呈进讫。

于八月十四日,做得红漆碗托四件、黑漆碗托六件,郎中海望呈进讫。

三十日,员外郎海望奉旨:着将漆痰盂盆多做几件,或用脱胎,或用卷胎,尔等酌量做。再将黑红漆大小方圆香几、琴桌、书桌等件先酌量做样,呈览过再做。钦此。俱各落款。钦此。

于六月二十四日,做得漆香几一件,郎中海望呈进讫。

于八月初七日,做得红漆痰盂盆一对、紫漆痰盂盆一对,郎中海望呈进讫。

于八月十四日,做得红漆痰盂盆八件、紫漆痰盂盆八件,郎中海望呈进讫。

五月

二十九日,据圆明园来帖内称,太监杜寿交来洋漆长方八足香几一件,传旨:着入在先交的古董之内。钦此。

于六月十七日,收拾得洋漆长方八足香几一件,太监王玉持去,交太监杜寿收讫。

八月

初八日,郎中海望奉旨:着将盛数珠彩金红漆罩盒做几件。钦此。

于十二月二十九日,做得彩金红漆盛数珠罩盒四件,怡亲王呈进讫。

十六日,据圆明园来帖内称,郎中海望奉旨:着做红漆彩金龙膳桌二张、黑地彩漆膳桌八张,再照日用膳桌尺寸做红漆彩金龙酒膳桌二张、黑地彩漆酒膳桌八张,其尺寸尔与茶膳坊太监一同会合。钦此。

于六年九月二十八日,做得红漆彩金龙膳桌二张、黑地彩漆膳桌八张、红漆彩金龙酒膳桌二张、黑地彩漆酒膳桌八张,首领太监程国用持去,交膳房总管太监李英收讫。

九月

初四日,郎中海望奉旨:照前做过的黑漆彩金碗托再做十二个。钦此。

于五年四月二十九日,做得黑漆彩金碗托十二个,怡亲王呈进讫。

十七日，郎中海望奉旨：着做径圆七八寸、通高一尺四五寸九层退光漆香盒几对。钦此。

于十二月三十日，做得九层漆香盒一对，郎中海望呈进讫。

二十五日，首领太监程国用持出填漆小捧盒二件，说太监王太平传旨：着粘补收拾。钦此。

于五年四月二十八日，收拾得填漆小捧盒二件，首领程国用持去，交太监王太平讫。

二十五日，郎中海望持出彩漆象牙开其里一件，奉旨：此象牙开其里彩漆甚好，尔等做得象牙活计内有可以彩得漆的，俱彩漆。钦此。

于五年二月十一日，彩漆象牙开其里一件，郎中海望呈进讫。

十月

十八日，郎中海望持出出等的琴三张、有等次的琴十八张，传：出等的琴着配做红漆套箱，有等次的琴着配做黑退光漆套箱。钦此。

于五年三月初六日，画得琴套纸样四张，郎中海望呈览，奉旨：准先呈览过的着改去寿字的琴套纸样一张，将改寿字的中心不必画花样，琴若何名就将琴名绣在上边，俱要紫色地，交与织造处织宋锦二十一张，俱要一样。钦此。

据漆作柏唐阿六达子来说，做漆套箱琴二十一张，现存库。于乾隆六年六月二十三日，司库白世秀将出等的琴三张配得红漆匣三件，有等次的琴十八张各配得黑退光漆匣，各随锦囊，俱刻得款持进，交太监高玉呈进讫。

二十日，郎中海望持出漆盒一件，奉旨：外面漆水花样好，里子收拾。钦此。

于五年二月二十一日，漆盒一件里子收拾完，郎中海望呈进讫。

二十日,郎中海望持出瓷胎雕漆碗一件,奉旨:此碗做法甚好,尔等选有好款式的碗照此样做退光彩漆,不必做雕漆。钦此。

本日,碗交司库硕塞收讫。

于五年三月初六日,做得退光漆碗六件随原样瓷胎雕漆碗一件呈进讫。

13. 自鸣钟

八月

二十日,据圆明园来帖内称,太监刘玉交来五彩人形珐琅套金盒珐琅表盘双针表一件、嵌玻璃金套拱花五彩人形珐琅盒金表盘双针表一件、五彩人形珐琅盒金表盘双针表一件、银套银盒银表盘双针表一件、银套银盒嵌玻璃珐琅人形银表盘双针表一件、珐琅人形银套盒表盘双针表一件、嵌玻璃镀金套五彩人形珐琅盒镀金表盘双针表一件、镶嵌银花玳瑁套银盒银表盘昼夜分明表一件、金盒珐琅表盘单针表一件、银盒银表盘双针表一件 无套,传旨:着西洋人认看收拾。钦此。

于十月十三日,将表十件收拾好,首领赵进忠呈进讫。

九月

二十日,首领太监赵进忠持来镀金盒表盘双针镀金套人形珐琅问钟一件 有伤处、镀金盒表盘双针镀金套五彩人形珐琅盒珐琅底问钟一件、银盒表盘双针银套五彩人形珐琅底问钟一件、镀金盒珐琅表盘金钉子儿皮套时钟醒钟一件、银盒表盘双针金银针玳瑁套时钟问钟一件、银盒表盘双针五彩人形珐琅盖花表一件、镀金撒花盒镀金表盘玻璃蓝盖花表一件、镀金撒花套五彩珐琅人形盒珐琅表盘双针表一件、银套盒表盘珐琅转盘双铜针表一件、金套盒表盘双针表一件、金盒金表玻璃银花双针表一件、金套盒表盘双针表一件、银套盒五彩人形珐琅底银盒表盘双针表一件、金钉玳瑁套玻璃五彩人形珐琅盒表盘单铜针表一件、五彩人形珐琅套银盒表盘双针表一件、银盒表盘双针表一件、银套盒表盘玻璃盖花双针表一件、银套盒表盘单针表一件、银套珐琅表盘单针表一件,说太监刘希文传旨:着认看等次收拾。钦此。

于十一月初五日,将以上钟表收拾好,首领赵进忠呈进讫。

14. 记事录

二月

二十二日,做得方洋漆彩金罩盖盒二对、素退光漆罩盖盒三个,员外郎海望呈进,奉旨:洋漆方盒做得甚好,着赏彩漆匠秦景贤银十两。钦此。

三月

十六日,六品官阿兰泰奉旨:着给画画人丁裕、詹熹、丁观鹏、程志道、贺永清每月每人钱粮银八两、公费银三两。钦此。

于四月十九日,阿兰泰来说,奉怡亲王谕:着将新画画人所食钱粮按月照数发给。

四月

初三日,首领太监程国用、李久明来说,总管太监刘进忠等传旨:圆明园副总管太监郑忠今已革退,因他手巧,着交在养心殿造办处同太监萨木哈一处行走当差。钦此。

二十一日,据圆明园来帖内称,内管领穆森奉怡亲王谕:将造办处库内收贮我的银子,赏给画画人张为邦银三十两。遵此。

六月

初十日,六品官阿兰泰来说,怡亲王谕:慈宁宫新来画画人张霖、吴贵、吴棫、陈敏、彭鹗、王均、叶履丰等七名,着暂且行走试看,每人每月暂给饭食银三两。遵此。

九月

初七日,郎中海望奉旨:寿意活计做得甚好,着传给包衣昂邦,将做寿意活计催总、领催人等每人赏官用缎一匹,再将造办处库内收贮银用二百两按等次分赏匠人。钦此。

雍正五年

1. 木作

闰三月

初六日,据圆明园来帖内称,本月初五日,太监常玉交来绿端石花边田鸡池砚一方、绿端石花边田鸡池砚一方、绿端石素边如意池砚一方,传旨:着配漆盒。钦此。

于七年八月初七日,将绿端石砚二方俱配漆盒完,郎中海望交太监刘希文讫。

初六日,据催总马尔汉来说,本年正月二十九日,郎中海望传:补做退光漆攒竹八人轿杆一份。钦此。

于九月二十日,做得漆轿杆一份,催总马尔汉持至銮仪卫,交公马尔赛讫。

十九日,据圆明园来帖内称,本月十八日,司房太监庞贵来说,总管太监李德传旨:着将长三尺、长四尺、长五尺斑竹每样送四根进来。钦此。

于闰三月二十日,照尺寸选得斑竹十二根,交太监庞贵持去讫。

九月

二十六日,据圆明园来帖内称,本月初十日,郎中海望持出西洋土玛瑙片十八块,奉旨:此石片或配做香几或配做墨床用,或镶石边或镶木边,尔等酌量配合做。钦此。

于本月二十七日,库使德邻送来交司库福森收讫。

于十三年十二月十六日,将玛瑙片十八块,司库常保、首领萨木哈交太监毛团呈进讫。

十二月

初四日,太监赵朝凤交来毛竹筒二根说,总管太监苏培盛传:着将毛筒裂缝处收拾,添做木盖,再照样做毛竹筒十个。记此。

于本月十三日,收拾得毛竹筒二个,上添木盖二件,交太监赵朝凤持去讫。

于本月十六日,做得毛竹筒十个随木盖十件,交太监王璋持去讫。

2. 玉作

七月

十九日,太监刘希文传旨:将造办处收贮黄蜡石选一块来朕看。钦此。

于本日,选得黄蜡石一块,太监刘希文呈览,传旨:着将砚盒、香盒、香碟酌量做几件。钦此。

于八月初八日,做得黄蜡石盒、绿端石双喜池砚一方、黄蜡石双桃式盒一件,郎中海望呈进讫。

于八月十四日,做得黄蜡石荷叶式笔砚一件,郎中海望呈进讫。

于十月初六日,做得黄蜡石双圆盒一件,郎中海望呈进讫。

于十一月十一日,做得黄蜡石庆云捧日盒一件,郎中海望呈进讫。

九月

初十日,圆明园来帖内称,郎中海望持出白玉八角墨床一件。奉旨:上边花纹不好,着砣素,仍做墨床用。钦此。

于十三年十一月初一日,将白玉墨床一件,司库常保持进,交太监毛团呈进讫。

初十日,据圆明园来帖内称,郎中海望持出白玉乳丁圈一件,奉旨:着镶嵌漆盒用。钦此。

于十三年十一月初四日,将白玉乳丁圈一件,司库常保、首领萨木哈交太监毛团呈进讫。

十八日,据圆明园来帖内称,本月十二日,郎中海望持出白玉双鱼瓶一件随铜烧古莲花海水座,奉旨:着配黑漆架子。将此鱼口内安一横棍,其棍上拴锁,将海水铜座上配一灵璧石山子,画样呈览。钦此。

于九月二十六日,郎中海望持出温都里那石色玛瑙顶子一件,径七分,奉旨:朕先交不用持去的白玉双鱼花插照手巾杆帽架样做黑漆的,将此顶子安架上,尔另画样呈览。钦此。

于十月十六日,画得白玉双鱼花插样一张,郎中海望呈览,奉旨:准做。钦此。

于十二月三十日,白玉双鱼花插一件配做得黑漆夔龙架,上安温都里那石色玛瑙顶子一件随灵璧石山铜座,郎中海望呈进讫。

十二月

初三日,礼部笔帖式五宁送来咨文一张、花名册本、帽顶样三个,来文内称,为钦奉上谕:着给王公大臣官员等做帽顶。钦此。

据来文内议得王以下八份,公以上红宝石帽顶三十九个,未入八份;公以下一品以上,素珊瑚帽顶五十九个;辅国将军以下三品以上,起花珊瑚帽顶二百一十六个。以上三样共三百一十四个。记此。

于十二月初七日,郎中海望启怡亲王,王谕:照来样做给。遵此。

于本月二十日,照来样做得铜镀金托假宝石帽顶样一件、铜镀金托素珊瑚帽顶样一件、铜镀金托起花珊瑚帽顶样一件,郎中海望呈怡亲王。王谕:准做,其铜托不可做招缨子。遵此。

于六年正月二十七日,据圆明园来帖内称,郎中海望为做珊瑚帽顶事共用珊瑚珠二百七十五个,查得造办处库内现有用得的珊瑚珠一百五十个,除此外添买珊瑚珠一百二十五个,每个添价银五两,共用银六百二十五两等语,启怡亲王。王谕:此银不致甚多,买办用罢。遵此。

于六年三月初五日,照来样做得假红宝石帽顶三十九个、素珊瑚帽顶五十九个、花珊瑚帽顶二百十六个,共三百一十四个,交大学士公马尔赛讫。

3. 杂活作

正月

二十一日,据圆明园来帖内称,太监王太平交来宋瓷双管花插一件、哥窑胆瓶一件,传旨:底足破了,着粘补收拾。以后再做座子时,周围放宽些,以备冬令木性抽缩。钦此。

于二月十一日,收拾完宋瓷双管花插一件、哥窑胆瓶一件,交太监王太平讫。

三月

二十九日,据圆明园来帖内称,本月二十八日,太监韩贵来说,太监常玉传旨:四宜堂屋内笔管栏杆床上,着安有卡子笔筒二件,照手巾杆帽架上的挂笔筒样,或用竹做或用木做俱可。钦此。

于闰三月初三日,做得雕刻竹挂笔筒二件随镀银卡子二个、铁卡子二个,郎中海望持进四宜堂屋内安在笔管栏杆床上讫。

六月

十四日，据圆明园来帖内称，本月十一日，郎中海望奉旨：万字房西一路第二间门外板墙上安呼童钟一件，对戏台屋内安耳顺风一件、帽架一件、水牌一件、香袋一件。钦此。

于七月初一日，做得呼童钟一件、铜胎烧古中间接竹子耳顺风一件、象牙雕刻二龙捧寿帽架一件、粉油面水牌一件、象牙墙烫香鹅黄缎绣二龙捧寿面香袋一件，郎中海望带催总刘山久、领催白老格等持赴万字房内安讫。

于八月十二日，据圆明园来帖内称，本月十一日，郎中海望奉旨：万字房内安的耳顺风的嘴子不好，着另用犀角做花插式嘴子，以备两用。此花插内插珊瑚一枝，其下座雕水。钦此。

于八月十五日，郎中海望奉上谕：万字房对西瀑布屋内挡耳顺风的帽架若替换时，无处可放，尔将窗户建柱另凿一眼，以备插帽架用，若挪过帽架时将此眼或做一香袋或用玉片遮挡。钦此。

于八月二十五日，耳顺风上改做得犀角嘴子一件，内插珊瑚一支并香袋遮眼一件，领催白世秀持进安讫。

八月

十二日，据圆明园来帖内称，太监哈元臣持来洋漆双竹节笔筒一件。传旨：着内安一胆镶冰裂纹口。钦此。

于本日，洋漆双竹节筒一件内配做得胆一件并镶口完，交太监哈元臣收讫。

九月

初六日，据圆明园来帖内称，本月初三日，郎中海望持出雕刻竹根匙箸瓶一件，奉旨：此瓶底轻着，安铅配匙箸。钦此。

于九月二十二日，安铅配匙箸完，郎中海望呈进讫。本日，随持出，着再收拾。记此。

初六日,据圆明园来帖内称,本月初三日,郎中海望持出珐琅人物片小盒二件,奉旨:将珐琅人物片取下,另配做镶嵌漆盒。钦此。

于十二月三十日,做得镶嵌珐琅人物片泥金花黑漆盒二件,郎中海望呈进讫。

十二日,郎中海望传:做绣喜相逢眼镜套一件、红羊皮彩金花署文房一件、假松石双圆盆三件、寿意书灯一件、寿意帽架一件、绣双凤双圆鼻烟壶套一件。记此。

于本月二十八日,做得绣喜相逢眼镜套一件,内盛茶晶眼镜一副;红羊皮彩金花署文房一件,内随钢锥二件、象牙尺一件、象牙起子一件;福寿双圆盆景一件,随糊锦纱罩;假松石盆寿意书灯一件;寿意帽架一件;绣双凤双圆鼻烟壶套一件,内盛珐琅鼻烟壶一件。郎中海望呈进讫。

于六年二月二十八日,做得假松石双圆盆二件,交太监刘希文收讫。

十六日,郎中海望持来玳瑁墙云母盖腰圆式盒一件、玳瑁墙黑花玛瑙石盖腰圆式盒一件、玳瑁长方八角盒一件,传旨:着照玳瑁墙云母盖腰圆式盒样,或用象牙烫香茜绿,或用呆黄玻璃,或用老鹳翎色,或用茜山石铜镀金烧古,或用黑牛角金珀,或用镶嵌玳瑁,或用红玛瑙石片等样内挑选做夔龙寿字盒九个;再照玳瑁墙黑花玛瑙石盖腰圆盒样做几件;再照玳瑁长方八角盒样做二件。记此。

于九月二十八日,做得象牙面玳瑁墙夔龙捧寿转盖盒二件、玳瑁面玳瑁墙夔龙捧寿转盖盒二件、牛角面玳瑁墙夔龙捧寿转盖盒一件、龙油珀面玳瑁墙夔龙捧寿转盖盒一件、铜镀金面玳瑁墙夔龙捧寿转盖盒一件、老鹳翎色镀金夔龙捧寿面玳瑁墙转盖盒一件、云母面玳瑁墙夔龙捧寿转盖盒一件,郎中海望呈进讫。

于十月二十九日,将原交做样玳瑁墙黑花玛瑙石盖腰圆盒一件、云母盖玳瑁墙吉祥花腰圆形盒一件、玳瑁长方八角盒一件,怡亲王、信郡王带领郎中海望呈进讫。

于六年五月初四日,做得嵌玛瑙面腰圆盒二件,郎中海望呈进讫。

十六日,据圆明园来帖内称,本月初十日,郎中海望持出玻璃片衬金花腰圆形鼻烟盒二件,奉旨:着匠役等看,或做小盒墙子,或做玻璃笔架时,照此玻璃内衬垫样做。钦此。

于六年三月十一日,做得玻璃衬垫鼻烟盒二件并原样盒二件,怡亲王呈进讫。

二十八日,郎中海望传:着照先做过的玳瑁墙银母底盖吉祥花转盖盒样,再做九件。记此。

于十月二十九日,做得象牙面夔龙捧寿转盖盒二件、玳瑁面夔龙捧寿转盖盒一件、蜜蜡面夔龙捧寿转盖盒一件、云母面夔龙捧寿转盖盒一件、铜面镀银地金夔龙捧寿转盖盒一件、老鹳翎色地镀金夔龙捧寿转盖盒一件、绿色玛瑙面转盖盒一件、花玛瑙面转盖盒一件,以上九件据系玳瑁墙铜镀金卡,郎中海望呈进讫。

4. 皮作

二月

初十日,养心殿首领太监程国用、王自立来说,本月初九日,太监刘玉、张玉柱传旨:正宝座地平毡套原系何样毡子仍用何样毡子。另做一份,其旧毡套不必动,俟新毡套做成时仍套在旧毡套上。再暖阁黄毡帘亦照样做新的,将旧帘做衬,俟换帘之时再做。钦此。

于闰三月初八日,做得红猩猩毡地平毡套一份,员外郎沈嵛交首领太监程国用、王自立持去讫。

于九月十二日,做得黄猩猩毡帘一件,员外郎沈嵛带领领催闻二黑同首领太监程国用安讫。

二十一日,首领太监程国用交来黄云缎桌帏一件,说太监刘希文传:着将桌帏上添飘带二根。记此。

于三月十二日,将黄云缎桌帏上添做得飘带二根,郎中海望交首领太监程国用持去讫。

三月

十九日,据圆明园来帖内称,郎中海望持出船上退光漆宝座上妆缎垫子一件,传:着照做放长五分做毾毹垫子一件。记此。

于闰三月二十三日,将原交做样妆缎垫子一件,郎中海望呈进讫。

于本日,做得黄毾毹垫子一件,郎中海望呈进讫。

五月

十六日,郎中海望奉旨:莲花馆西瀑布处三间屋内床上的坐褥小了,另做一个。南北可床入身要比床窄六七寸。再一号房西门内书格罩上的幔子摘去,挂在别处用。另做一锦刷子,不必太长了,要八九寸长方好,或用酱色或用文雅花样。钦此。

于本年五月二十日,做得小坐褥一件、酱色锦刷子一件,郎中海望持进安讫。

5. 镶嵌作

正月

二十三日,郎中海望启称怡亲王,今年万寿呈进活计内欲做青平九有一件等语,奉王谕:准做。遵此。此项活计未用官钱粮,系怡亲王恭进的。

于十月二十九日,做得珐琅九管青地番花瓶一件,中管插九灵芝一件,周围八管插群仙祝寿通草花八枝,随紫檀木架。怡亲王、信郡王带领郎中海望呈进讫。

6. 牙作 附砚作

二月

二十六日,太监张玉柱交来象牙枚马十二件 内樱桃一件、石榴一件、栗子穰一件、核桃一件、榛子一件、茄子一件、扁豆一件、荸荠一件、桃一件、金橘一件、莲子一件、杨梅一件,传旨:樱桃、核桃、榛子俱小了,石榴嘴不好,栗子穰、茄子亦不像,扁豆颜色不好。令再添做香瓜、栗子、枣儿、团圆果、苹果、橘子共凑成十八样,俱照杨梅大小做。钦此。

于四月初十日,做得象牙枚马七十八件并交来原样十二件,郎中海望呈进讫。

三月

初五日,太监王太平传:做象牙露子石榴式盒二对。记此。

于闰三月二十日,做得象牙露子石榴式盒一对,郎中海望呈进讫。

于五月初四日,做得象牙露子石榴式盒一对,郎中海望呈进讫。

闰三月

初三日,据圆明园来帖内称,郎中海望奉旨:前日赏来果郡王的砚一方,其砚盒漆水花纹大有像石一样,尔到果郡王府暂且取来留样,再着学手匠艺照样做几方以备赏用。其漆水花纹俱好,不独做砚盒,即做别样匣子盒子,亦照此漆水花纹做。钦此。

本日,员外郎沈嵛传:先做八方。记此。

于初五日,郎中海望着柏唐阿富拉他至果郡王花园,将漆盒砚一方持来,随看准画样完。

于初五日,郎中海望仍着柏唐阿富拉他将漆盒砚一方持去,送至果郡王花园,交太监田忠义收讫。

于十二月三十日,做得漆盒二件内盛绿端石砚二方,郎中海望呈进讫。

于六年三月初四日,做得漆盒端石砚三方,交总管张起麟持去讫。

于六年七月十三日,做得漆盒端石砚三方,怡亲王呈进讫。

初三日,据圆明园来帖内称,闰三月初三日,郎中海望奉旨:着照先做的八角象牙镶嵌小花盆香盒上有石榴花匙箸,再做一件菊花式盆景,亦做几件上插匙箸,其花不独石榴花,即别样花亦可。钦此。

于闰三月初八日,做得象牙茜色石榴花匙箸瓶香盒八角式盆景一件,随镀金匙箸,郎中海望呈进讫。

于四月初一日,做得象牙茜色梅花匙箸瓶香盒菊花式盆景一件,随铜镀金匙箸,郎中海望呈进讫。

于四月十八日,做得象牙茜色虞美人花匙箸瓶香盒菊花式盆景一件,随钢匙箸,郎中海望呈进讫,奉旨:菊花形盒子扁了,亦做小些;安匙箸不稳,再做时放大些。钦此。

于五月初四日,做得象牙茜色桃花匙箸瓶香盒菊花式盆景一件,随钢匙箸,信郡王、郎中海望呈进讫。

于八月十四日,做得象牙茜色海棠花匙箸瓶香盒梅花式盆景一件、象牙茜色石榴花匙箸瓶香盒菊花式盆景一件、镶嵌象牙茜色玉簪花匙箸瓶香盒菊花式盆景一件、镶嵌象牙嵌色佛手匙箸瓶香盒梅花式盆景一件,俱随钢匙箸,郎中海望呈进讫。

五月

十六日,据圆明园来帖内称,五月十五日,郎中海望持出绿端石天然形砚一方 随天然形黑漆彩金流云盒一件,砚盒底刻康熙年制、绿端石刻卧蚕边双凤池砚一方 随黑漆地彩斑竹花卉刻八分书诗句盒一件,砚盒底刻行书诗句、汉玉雁砚一方 随象牙茜绿雕刻荷花盒一件,奉旨:绿端石天然形砚并双凤池砚的做法俱甚好,尔照此样做几方。其砚盒如有收拾之处,俱粘补收拾。钦此。

于六年四月十三日,太监于二格来说,太监张玉柱传旨:有早传交的绿端石砚拿几方来赏用。钦此。

于本日,将做成绿端石砚五方随漆盒,太监范国用持去,交太监张玉柱收讫。

于七年八月十四日,将绿端石卧蚕边双凤池砚一方、绿端石砚一方,郎中海望呈进讫。

于十三年十月二十五日,将汉玉砚一方,司库常保、首领萨木哈交太监毛团呈进讫。

六月

十六日,据圆明园来帖内称,本月十四日,太监刘希文传:着将寿意象牙小式活计做几件。记此。

本日,员外郎沈嵛着先做象牙盒四对。记此。

于七月二十一日,做得象牙茜色双喜双圆盒一对、双福双寿盒一对、榴开百子盒一对,首领太监李久明持去,交太监刘希文讫。

于七年五月十二日,做得象牙茜色福寿盒一对,太监范国用持去,交太监刘希文收讫。

七月

二十六日,员外郎沈嵛传:做黄色石夔龙盒紫端石砚福禄寿三星盒一件、象牙茜色五德笔架一件。记此。

于九月二十八日,做得黄色石夔龙盒紫端石寿意砚一方、象牙茜色五德笔架一件、福禄寿三星盒一件,郎中海望呈进讫。

八月

初四日,首领太监程国用交来紫端石砚一方 随紫檀木盒一件,说太监德格传旨:着砚盒内垫蓝猩猩毡。钦此。

于本日,照原交来紫端石砚尺寸裁得蓝猩猩毡一块垫在紫檀木砚盒内,仍交首领太监程国用持去讫。

初八日,郎中海望传:做象牙合符臂搁一件。记此。

于九月二十八日,做得象牙合符臂搁一件,郎中海望呈进讫。

十六日,员外郎沈嵛传:做重阳节象牙茜色事事如意盒一对、福禄寿盒一对。记此。

于九月初六日,做得象牙茜色福禄寿盒一对,郎中海望呈进讫。

于九月二十八日,做得象牙茜色事事如意盒一对,郎中海望呈进讫。

九月

初六日,据圆明园来帖内称,九月初三日,郎中海望持出西山石竹节式盒一件内盛绿端石砚一方,奉旨:此砚做法甚好,系尔造办处先年做的。尔将此砚持出给砚匠看,以后照此砚做。钦此。

于六年八月十四日,做得西山石竹节式盒内盛关东石芝仙祝寿池砚一方并原交做样盒砚一方,郎中保德、海望呈进讫。

十一日,据圆明园来帖内称,本月初十日,郎中海望持出雕朱漆小圆盒一件,奉旨:着照样做圆盒一件。钦此。

于六年五月初四日,做得雕朱漆小圆盒一件,怡亲王呈进讫。

于十三年十一月初八日,将原样朱漆圆盒一件,交太监毛团呈进讫。

二十六日,据圆明园来帖内称,本月初十日,郎中海望持出黑白玛瑙盒西山石砚一方,奉旨:做法文雅甚好,照此砚再做一方,略放大些。钦此。

于本年十二月二十八日,将黑白玛瑙盒西山石砚一方,郎中海望呈进讫。

二十六日,据圆明园来帖内称,本月初十日,郎中海望持出山核桃皮莲花式香盒一件,奉旨:做法甚好,但盖子不好,不必做莲花。尔照此做法,另做一香碟。钦此。

于十二月三十日,做得山核桃皮包镶黄杨木香碟一件并原交来山核桃莲花式香盒一件,郎中海望呈进讫。

于本日,将山核桃莲花式香盒一件持出,着收着。记此。

于十三年十一月初八日,将山核桃莲花式香盒一件,交太监毛团呈进讫。

二十六日,据圆明园来帖内称,本月十二日,郎中海望奉旨:尔将龙油珀砚盒做几件,上面满雕宋龙,或方形或钟式,酌量做。钦此。

于十二月二十八日,做得龙油珀砚盒二件,郎中海望呈进讫。

二十六日,据圆明园来帖内称,九月初十日,郎中海望持出犀角圆式小香碟一件,奉旨:再做香碟时,边上或添做螭虎或添做夔龙,比此样大些的做几件,照此样亦做几件,尔等酌量做。钦此。

于十三年十一月初九日,将犀角圆小香碟一件,司库常保交太监毛团呈进讫。

十月

二十二日,郎中海望、员外郎沈嵛传:做紫端石墨海一件。记此。

于十一月十一日,做得径五寸八分、厚一寸二分紫端石墨海一件,交太监赵朝凤持去讫。

十一月

初五日,郎中海望传:做珊瑚座嵌蚌珠笔架一件。记此。

于六年十二月十九日,做得放珊瑚山嵌蚌珠天鹿笔架一件 随象牙苘绿座,郎中海望呈进讫。

十二月

初二日,郎中海望传:做寿山石年年有余压纸四件、余长压纸四件。记此。

于本月二十三日,做得寿山石年年有余压纸四件、余长压纸四件,郎中海望呈进讫。

十二日,郎中海望传:做花玛瑙石盒绿端石砚一方。记此。

于六年三月三十日,做得黑色花玛瑙石盒绿端石砚一方,郎中海望呈进讫。

7. 雕銮作

四月

初五日,郎中海望传:做旋西洋花象牙盒二对。记此。

于五月初四日,旋得象牙菊花式盒一对,郎中海望呈进讫。

于六年五月初四日,旋得象牙竹式盒一件、西洋异兽盒一件,郎中海望呈进讫。

七月

十七日,药房首领太监王杰传:做湘妃竹药筒四件。记此。

于本月二十一日,做得镶象牙顶湘妃竹叶筒四个,员外郎沈崳交太监王杰持去讫。

8. 油漆作

闰三月

十二日,据圆明园来帖内称,本月初七日,郎中海望奉上谕:万字房内着做漆屏风宝座地平一份,尔先画样呈览。钦此。

于五月二十三日,据圆明园来帖内称,本月二十二日,画得屏风宝座地平样一份,郎中海望呈览,奉旨:屏风宝座照样准做。钦此。

于六年六月十二日,做得漆屏风宝座一份,郎中海望持进安讫。

四月

二十三日,总管太监陈福传旨:与海望赏西洋人用大小漆皮盘四十件。钦此。

本日,随查得油作存收皮盘碗。计开:

径一尺四寸皮盒二十八件、径七寸皮盒十件、径一尺二寸皮盒十二件、径九寸皮盒十二件、径六寸皮盒四十件、长一尺二寸宽八寸皮盒八件、径六寸一百件、径五寸皮碗一百件、径一尺五寸皮盘一百件、径一尺三寸皮盘一百件、径七寸皮盘二百件、旧有皮盘碗二十六件。

于六月初一日,选得径一尺三寸皮盘八件、径七寸皮盘十八件、径五寸皮盘十四件,郎中海望着催总常保、柏唐阿五十八送去,交御使常保柱讫。下剩旧存皮盒盘碗六百九十六件,郎中海望、员外郎沈嵛,交司库富森收库讫。

六月

初一日,据圆明园来帖内称,五月三十日,郎中海望奉上谕:田字房内书格上的画片假书层层不能到顶,或接出些来,或将空处截去,尔等酌量收拾。钦此。

于六月二十三日,郎中海望奏称,欲将假书下层安竹节式托架垫起,则上即不能露缝等语奏闻,奉旨:准做。钦此。

于六年正月十四日,做得竹节式画金竹叶黑漆托架三十二个,领催白世秀持去安讫。

初四日,首领太监王辅臣交来锡里藤盆一件,传:着粘补收拾。记此。

于本月初八日,粘补收拾得锡里藤盆一件,柏唐阿苏七格交太监王辅臣持去讫。

初七日,副总管太监苏培盛传旨:着照四宜堂内陈设填漆桌的尺寸样式,各色做几张。钦此。

本日,郎中海望、员外郎沈嵛传:做漆桌一张。记此。

于十二月初五日,序班沈祥送来桌样一张,上开长三尺三寸三分、宽二尺三寸七分、高二尺五寸七分。记此。

于六年五月初二日,做得软楞黑退光漆桌一张,副总管太监苏培盛持去呈进,奉旨:照样再做二张。钦此。

于八年八月初七日,做得软楞黑退光漆桌二张,太监马进忠、王进孝持去,交副总管苏培盛讫。

初七日,据圆明园来帖内称,副总管太监苏培盛传旨:懋勤殿有长写字用的黑漆桌,照其尺寸做法做二张。钦此。

于六年五月十四日,副总管太监苏培盛传旨:着照懋勤殿圆腿黑漆桌做二张。钦此。

于六年十一月十九日,做得黑退光漆面朱漆里圆腿桌四张,柏唐阿六达子交太监王璋持去讫。

十五日,据圆明园来帖内称,太监李英传:万字房用漆痰盂六件。记此。

于本月二十五日,做得漆痰盂六件,郎中海望持进,安在万字房内讫。

二十九日,据圆明园来帖内称,本月二十日,郎中海望奉上谕:万字房西北角戏台屋内挡门插屏不好,照朕赏果郡王的砚盒漆水画样呈览。钦此。

于六年二十八日,照赏果郡王的砚盒漆水样做得彩漆黄色石纹插屏木样一件、彩漆绿色石纹插屏木样一件,郎中海望呈览,奉旨:着做宽五尺黄色石纹插屏。钦此。

于八年八月初八日,做得宽五尺黄色石纹彩漆插屏二座,交催总常保持去,安在万字房戏台屋内讫。

七月

十八日,据圆明园来帖内称,本月十六日,郎中海望奉上谕:尔等造办处有朕先交的象牙席,照此席尺寸做一黑漆床。钦此。

于七年五月十九日,郎中海望奉旨:勤政殿后大方亭中间,着配做床一张。钦此。

郎中海望随奏称,造办处有做下随象牙席黑漆床一张,与此尺寸相仿等语奏闻,奉旨:准安。钦此。

于五月二十一日,将黑漆床一张、象牙席一领、黄布套一个、白毡一块,郎中海望陈设在勤政殿后大方亭中间讫。

二十日,太监焦进忠交来黑退光漆琴桌二张、粉面画番花边黑退光漆桌一张,说总管太监陈福、刘进忠、苏培盛、王以诚传:着见新收拾油漆,坏处俱粘补。记此。

于九月初五日,收拾粘补得黑退光漆琴桌二张、粉面画番花边黑退光漆桌一张,柏唐阿苏七格,交太监焦进忠持去讫。

八月

初二日,据圆明园来帖内称,太监蔡玉交来黑漆痰盂盖一件,说总管太监陈九卿、哈元臣传:着收拾破处。记此。

于本月十二日,收拾得黑漆痰盂盖一件,领催白世秀交太监蔡玉持去讫。

初七日,太监李尔玉、张忠义交来黑退光漆面红银朱里桌一张,说副总管太监苏培盛传:着照样做一张。记此。

于本日,黑退光漆面红银朱里桌一张,仍交太监李尔玉、张忠义持去讫。

于十一月二十九日,做得黑退光漆面朱漆里桌一张,交太监李尔玉、张忠义持去讫。

十三日,副总管太监苏培盛传旨:着照养心殿西暖阁门外陈设桌样,或用彩漆或用黑漆彩金做几张。钦此。

本日,员外郎沈崳传:做黑漆画洋金花桌四张、彩漆桌四张。记此。

于本日,催总马尔汉量得桌子尺寸长三尺、宽二尺二寸五分、高二尺五寸七分。记此。

于七年十月初一日,做得黑漆洋金桌二张,郎中海望交首领太监王进玉、程国用持去,养心殿后殿四次间内陈设物件用讫。

于七年八月初七日,做得彩漆桌四张、黑漆画洋金桌二张,太监马进忠、王进孝持去,副总管苏培盛收讫。

二十三日,据圆明园来帖内称,郎中海望奉旨:或用退光漆,或长一尺七八寸、宽一尺二三寸,或长一尺一二寸、宽七八寸薄托板做几块,随压纸螭虎,配合着做。钦此。

于六年二月二十日,做得黑退光漆托板二块、铜异兽二件,郎中海望呈进讫。

二十三日,据圆明园来帖内称,郎中海望奉旨:紫色漆痰盂盆做些,口径五寸四分,其边口做细圆线。钦此。

于十二月三十日,照尺寸做得紫漆痰盂盆十件,郎中海望呈进讫。

九月

初十日,据圆明园来帖内称,本月初十日,太监刘希文交来朱红漆杌子二张,传旨:着粘补收拾。钦此。

于六年正月二十一日,粘补收拾得红漆杌子二张,催总胡常保持去,交万字房太监王进朝讫。

二十六日,据圆明园来帖内称,本月初八日,郎中海望奉旨:着用漆做套盒,或方形或圆形,做样呈览。钦此。

于六年十二月二十八日,做得黑漆拱花罩套盒二件,郎中海望呈进讫。

二十六日，据圆明园来帖内称，九月初九日，太监刘希文交来哥窑夔花盘一件 有补处、哥窑盆一件 有破处，传旨：着配黑漆架子。钦此。

于十三年十二月十九日，将哥窑盆一件，司库常保交太监毛团呈进讫。

哥窑夔花盘一件八年地震损坏。

二十六日，据圆明园来帖内称，本月初十日，郎中海望持出洋漆书式有屉香盒一件，奉旨：着照样做双落书式盒，尔先做样呈览。钦此。

于十三年十二月二十四日，将洋漆书式有抽屉香盒一件，司库常保交太监毛团呈进讫。

二十七日，首领太监杨义交来洋漆高桌一张、矮桌一张，传旨：着收拾。钦此。

于十二月二十一日，收拾得洋漆桌二张，仍交太监杨义持去讫。

十月

初五日，首领太监李统忠传：着做黑退光漆面红朱里桌一张。记此。

于七年十二月初一日，做得黑退光漆桌一张，员外郎满毗交太监赵朝凤、王明贵持去讫。

二十七日，太监王太平交来甜瓜丰灯九架 随大小圆笼三十一个、红漆如意书格一对、黑漆月牙书格一对、黑漆方书格一对、黑漆荷叶形香几一对、黑漆葡萄叶香几一对、黑漆蕉叶形香几一对、红漆如意形香几一对，传：着造办处暂且收着。记此。

于本日，将甜瓜丰灯九架、红漆如意书格一对、黑漆月牙书格一对、黑漆方书格一对、黑漆荷叶形香几一对、黑漆葡萄叶香几一对、黑漆蕉叶形香几一对、红漆如意形香几一对，交太监王太平持去讫。

十二月

十三日,郎中海望传:做黑退光漆长方罩盖盒三对。记此。

于六年十月二十八日,做得堆漆暗花长方罩盖盒一对,郎中海望呈进讫。

于六年十二月二十八日,做得堆漆暗花罩盖盒一对,郎中海望呈进,奉旨:此花样太大,再做时画小些花卉。钦此。

于七年五月初四日,做得堆漆暗花罩盖盒一对,郎中海望呈进讫。

9. 旋作

四月

初五日,郎中海望传:做旋西洋花象牙盒二对。记此。

于五月初四日,旋得象牙菊花式盒一对,郎中海望呈进讫。

于六年五月初四日,旋得象牙竹式盒一件、西洋异兽盒一件,郎中海望呈进讫。

七月

十七日,药房首领太监王杰传:做湘妃竹药筒四件。记此。

于本月二十一日,做得镶象牙顶湘妃竹药筒四个,员外郎沈嵛交太监王杰持去讫。

10. 烧造玻璃厂

九月

二十五日,据圆明园来帖内称,九月二十二日,郎中海望奉旨:尔照镶嵌八不正疙瘩用玻璃,或烧做笔架或烧做何样物件。钦此。

本日,交玻璃厂柏唐阿保寿、王成斌烧做讫。

于十一月初四日,烧做得玻璃笔架八件,郎中海望呈进讫。

二十八日,郎中海望持出泡速香匙箸瓶一件 随掐丝珐琅匙箸,奉旨:着照此匙箸瓶款式,用蜜蜡色玻璃、绿色玻璃、假松石色玻璃、红色玻璃俱烧做几件。钦此。

于十二月初五日,将持来原样泡速香匙箸瓶并掐丝珐琅匙箸一份,郎中海望交乾清宫首领太监王辅臣持去讫。

十月

十五日,太监张朝凤交来黑玻璃墨罐一件说,副总管太监苏培盛传:着照样烧做四件,要平底。记此。

于六年正月初五日,做得顶圆紫青沾金点墨斗四件,郎中海望、员外郎沈嵛、唐英交太监王璋持去讫。

十二月

十一日,副总管太监苏培盛传:着照双连噶出哈双连夫巾、双连牛骨式样烧做玻璃笔架三十件,其样子俟里边交出来再做。记此。

于本月十五日,太监胡应瑞交出白玻璃夫金样一件、酒黄玻璃噶出哈样一件、黑玻璃牛骨样一件。

于六年正月二十七日,做得顶圆紫青玻璃牛骨式笔架一件、红色玻璃夫金式笔架一件、绿色噶出哈式笔架一件,郎中海望交太监王明贵持去讫。

于二月初六日,做得顶圆紫青牛骨式笔架一件、白色玻璃夫金式笔架一件、杲黄色玻璃噶出哈笔架一件,员外郎沈嵛交太监王璋持去讫。

11. 画作

四月

十三日,郎中海望传:画莲花馆围屏四扇 各长五尺七寸八分、宽一尺八寸七分。记此。

　　于六月初八日,画得莲花馆内围屏山水画四张,郎中海望带领副领催金有玉贴在围屏上讫。

六月

　　初五日,据圆明园来帖内称,郎中海望传:莲花馆一号房内玻璃插屏背后画山水画一张。记此。

　　于六月二十九日,画得山水画一张长五尺七寸八分、宽二尺七寸八分,郎中海望带副领催金有玉贴讫。

　　初六日,柏唐阿班达里沙来说,郎中海望传:万字房内通景画壁书格后面画画二张,东西两边挡窗壁子上画画二张,仙楼后壁书格处画画一张。记此。

　　于七月初一日,画得通景画壁书格后面画二张,挡窗壁子画二张,万字房仙楼画一张,交裱匠李毅持去贴讫。

　　二十日,据圆明园来帖内称,郎中海望传:万字房西一路起窗板前靠北床半出腿玻璃镜插屏后壁上画美人画一张。记此。

　　于七月初一日,画得美人画一张,交裱匠李毅持去贴讫。

　　二十四日,据圆明园来帖内称,本月二十三日,郎中海望将园内收贮的黑漆竹节式书格六架,陈设在万字房内,东西两边各三架,奉旨:此书格不甚配合,尔将东西陈设书格处各安书式壁子一槽,每槽分做书格四架,其两边二架开门画片二面俱照田字房内书格上的假书画。钦此。

　　于七月十六日,画得书格画十六副,郎中海望带领李毅贴讫。

七月

　　初八日,据圆明园来帖内称,本月初五日,郎中海望奉旨:万字房南一路六扇写字围屏上空白纸处,着郎世宁二面各画槅扇六扇,应画开掩处,着具酌量。钦此。

于八月初四日，郎世宁画得槅扇画共十二扇，郎中海望呈览，奉上谕：此画窗户挡子太稀了些，着郎世宁画西洋栏杆，或用布画或用绢画或用绫画，尔等酌量画罢，不必起稿呈览。钦此。

于六年二月二十七日，据画匠沈元来说，郎中海望奉旨：油画栏杆着改山水画二张。钦此。

于四月二十二日，改画得山水画二张，郎中海望持进贴讫。

12. 记事录

三月

初十日，为画画房柏唐阿王病故，今王之子王幼学欲替伊父效力当差等因，郎中海望启知怡亲王，奉王谕：将王差事并所住官房俱着伊子王幼学顶替。遵此。

十月

十四日，太监张玉柱、王常贵交来山水花纹大理石 宽二尺五寸八分、高二尺一寸一块、宽三尺二寸七分、高二尺一寸八分一块、山水大理石 宽三尺三寸、高二尺三寸三分一块、宽二尺一寸五分、高一尺八寸一分一块、宽二尺八寸、高二尺二寸一块、宽二尺四寸二分、高二尺一寸五分一块，传旨：着将此大理石送至圆明园，或镶在粉墙上游廊上，或安在何处，俟奏明时再安。钦此。

于本月十七日，大理石六块交柏唐阿巴蓝泰持赴圆明园，交乌合里达明德收讫。

十七日，太监刘希文、王太平交来黑退光漆宝座一份 随黄缎绣龙靠背、黄缎绣花卉坐褥、迎手、漆脚搭等件，系高斌进，传旨：着送往圆明园，交给园内总管太监，俟朕到圆明园览过指在何处再陈设。钦此。

于本日，将黑退光漆宝座一份随黄缎靠背等件着柏唐阿巴蓝泰送至圆明园，交园内总管太监陈九卿收讫。

十一月

二十五日，郎中海望启称，怡亲王查得造办处南方玉匠陈廷秀、许国正、杨玉病故，施仁正已回南去，今造办处做玉器南匠甚少，现有玉匠陈宜嘉、王斌、鲍有信等三名，今欲招募伊等顶替陈廷秀等四人在造办处当差，其所食工食亦照南匠例给等语。

奉王谕：准伊等顶替在造办处当差，其所食工食尔等派定等次再启我知道。遵此。

二十七日，郎中海望、员外郎沈嵛为画珐琅人并南匠告假回南一事写得汉字启折一件内开：画珐琅人张琦告假六个月，为省亲搬取家眷来京事 系广东巡抚杨文乾养赡；画珐琅人邝丽南告假六个月，为省亲完婚事 系广东总督孔毓珣养赡；雕竹匠封岐告假四个月，为省亲完婚事 系苏州织造高斌养赡；旋匠林士魁告假四个月，为葬父事 系苏州织造高斌养赡；裱匠叶玙告假四个月，为省亲事 系杭州织造孙文成养赡；牙匠朱栻告假四个月，为葬母事 系杭州织造孙文成养赡 等因。启呈怡亲王看。奉王谕：准其告假。尔等将此六人的籍贯地方、系何人养赡之处开写明白，送到我府内交给太监张瑞。遵此。

本日，郎中海望又启称封岐告假回南，伊情愿着伊弟封镐带伊当差，看其手艺还好，欲将封岐月份钱粮暂给封镐食用，俟封岐回来时，再着封岐当差等语，奉王谕：准其代替。遵此。

十二月

初二日，郎中海望奉怡亲王谕：看得造办处各作匠役所造活计甚实不好，而管作官员人等俱不精心看视，或行走懈弛，以致活计粗糙迟误，殊属不合。俟后着员外郎唐英同首领太监李久明、萨木哈等不时稽察，如各作监造官员柏唐阿及匠役头目人等内有懒惰空班者，即行指明回知，从重责罚。再有奉旨传做活计内有可以回我知道之处，俱开写明白，或三四日一次，务须回我知道。遵此。

13. 交库存收档

六月

初二日,据圆明园来帖内称,首领太监萨木哈、李久明持来温都里那石大小四块、杂色珐琅料十四块、绿倭缎银线边大小箱十个,说总管太监陈福、苏培盛传旨:温都里那石材料甚大,或做碗或做玩器,交给海望呈样再做。其倭缎银线边箱子,有破坏处粘补收拾好了,着海望呈览。珐琅料着收贮。钦此。

初三日,据圆明园来帖内称,首领太监萨木哈持出绿倭缎银线边箱子二个 每个内盛白玻璃瓶六个,说太监张玉柱传:着粘补收拾。记此。

初四日,据圆明园来帖内称,首领太监李久明持出绿倭缎银线边箱子二个 内盛白玻璃瓶十二个、绿倭缎银线边大小空箱二个,说太监张玉柱传:着有破坏处收拾。记此。

初四日,据圆明园来帖内称,茶房首领太监徐进朝交来绿倭缎银线边箱子四个,传:着收拾。记此。

二十四日,据圆明园来帖内称,太监张玉柱交来苏禄国恭进满花番刀二把 系黑漆鞘镀金饰件、龙头番刀二把 系金漆鞘银玲珑饰件、长枪二杆、玳瑁片大小十二片 重四斤,传旨:玳瑁片着收贮做材料用,其枪刀着认看。钦此。

于二十五日,催总刘山久认看得枪刀铁俱软等因,启知怡亲王,奉王谕:着收着罢。遵此。

十月

十四日,太监王太平交来象牙二支 系贵州布政司祖秉圭进,传旨:交造办处收贮,有用处用。钦此。

本日,郎中海望、员外郎沈崳交司库福参、库使李元收讫。

14. 匣作

六月

初一日,据圆明园来帖内称,五月三十日,郎中海望奉旨:莲花馆一号房内两旁书格上甚空大,陈设古董唯恐沉重,尔等配做假书式匣子,其高矮随书格隔断形式,匣内或用阿格里或用通草做花卉玩器,或用马尾织做盛香花篮器皿。钦此。

于六月十一日,做得马尾花篮一件,郎中海望呈进讫。

于七月初一日,做得树棕花篮一件,郎中海望呈进讫。

于七年三月十七日,做得阿格里胎假玛瑙天鹿一件、纸胎假内窑瓷石榴樽一件、泡速香臂搁一件、泡速香如意一件、泡速香笔架一件、绿胎假青金绿苗石笔架一件、黄杨木梧桐式香碟一件、阿格里胎假英石砚山一件、马尾花篮二件、马尾碟二件、马尾盒十二件、树棕花篮一件、合牌胎假瓷莲花瓣式盘四件、合牌胎假瓷菊花瓣式盘四件、玻璃衬画片象牙盒二件、象牙彩漆福寿盒四件、象牙彩漆渣斗二件、玳瑁罩盖盒四件、玻璃衬画片黄杨木盒四件、黄杨木双层盒二件、玻璃衬画片紫檀木盒二件、紫檀木双层盒二件、紫檀木盒四件、嵌桂花香面乌木扇式盒二件、乌木彩漆扇式盒二件、黄杨彩漆甜瓜二盒、黄杨木竹节式彩漆盒四件、黄杨木葫芦式盒二件、紫檀木菊花叶式盘二件、紫檀木葡萄叶式盘二件、通草果子二十件、通草花十束、通草花盆景八件、糊各色锦匣一百一十二件、石青绢匣二十四件、脱胎黑漆彩色圆形盘四件、脱胎紫漆彩色双盖盘四件、脱胎红漆彩色梅花瓣式盘四件,郎中海望带领催白世秀等持进,安设在莲花馆书格内讫。

初三日,郎中海望传做万字房仙楼下小书格走槽上着安合牌面两边钉铜条、铜合扇糊锦面绢里。记此。

于本月初八日,做得合牌面钉铜条铜合扇糊锦面绢里饰件一份,领催白世秀持去,安在小书格走槽上讫。

雍正六年

1. 木作

二月

初四日,太监刘玉持来竹胎红毵毵面白毵毵里小圆狗笼一件 蓝布垫子一件、白毡垫一件,说太监王太平传旨:着照样做一件。钦此。

本日,将原样狗笼一件仍着太监王玉持去讫。

于本月初九日,照原样做得红毵毵面白毵毵里蓝布垫白毡垫小圆狗笼一件,郎中海望着太监王玉持去,交太监王太平讫。

十八日,郎中海望传:做备用坐褥夹板香几二件。记此。

于本年三月二十一日,做得坐褥夹板香几二件,郎中海望呈进讫。

三月

十九日,据圆明园来帖内称,本月十八日,副总管太监李英传旨:照先做过的斑竹把红纱扇做十把。钦此。

于四月二十五日,做得糊大红纱毛竹圆圈斑竹把扇十把,太监范国用持去,交总管太监陈九卿收讫。

四月

初六日,首领太监吕吉贵交来湘妃竹百福狗笼一件,说太监刘希文传:着粘补收拾。记此。

于本日,粘补收拾得百福狗笼一件,交首领太监吕吉贵持去讫。

八月

初九日,郎中海望奉旨:养心殿后殿东二间门外靠落地罩,着做挡门围屏四扇,其高以卷着门帘上边一般高,宽照落地明连抱柱一般宽,连缝做折叠的。东边以板墙抱柱上套牢安柱子,围屏上三面画西洋书格八副。钦此。

于九月二十五日,做得画西洋书格围屏四扇,员外郎沈嵛带领催刘山久持进安讫。

初十日,郎中海望奉旨:养心殿后殿明间靠落地明西一扇,落地明亦照东面做围屏四扇,二扇亦画书格。北面墙上贴的画不好,不用将原贴的书格果子画两边长条画揭去,其余画片不必动。添补空处集锦。再东西屋内门扇拆去,镶楠木口落地明,两边柱头着看好日期打平。钦此。

于九月二十五日,做得画西洋书格围屏四扇,员外郎沈嵛带领催刘山久持进装修讫。

二十八日,催总刘山久持来灵芝压纸画样一张,说郎中海望传:着照画样配做备用。记此。

于九月二十七日,做得乌木压纸一件,郎中海望呈进讫。

十月

十九日,首领太监夏安来说,太监焦进朝原先传做出外用的一统樽式香炉一件,原装炉木匣小了,另配做一杉木匣盛装,随黄纺丝夹套一件、黄布面毡衬外套一件。记此。

于二十五日，做得白毡里杉木匣一件随黄纺丝夹套一件、黄布面毡衬外套一件，员外郎沈嵛交首领太监夏安持去讫。

二十八日，郎中保德、海望，员外郎沈嵛传：着将万年吉地图样一份配做毛竹筒盛装，筒外做黄布夹套一件。记此。

于本月初二日，做得竹筒一件、黄布夹套一件，交柏唐阿李六十用讫。

十二月

初六日，太监刘希文、王太平交来豆瓣瓷木盒二件，传旨：着配在茶具上用。钦此。

本日，郎中海望随问刘希文、王太平，或另做茶具配在上边，或在里边茶具上用等语。据太监刘希文、王太平说，且暂放着，俟我等看空请过旨意再定做法。记此。

于乾隆元年二月初九日，将豆瓣瓷木盒二件，七品官太监萨木哈交太监毛团呈进讫。

十二日，太监王璋来说，首领太监李统忠传：做竹筒十根内长二尺五寸、径二寸三分五个，长二尺七寸、径二寸三分五个。记此。

于本月十九日，照尺寸做得竹筒十根，交太监赵朝凤持去讫。

2. 玉作

正月

二十七日，郎中海望奉旨：或用玉或用别物，或墨床或笔架，做几件。再将小如意式笔架，或用碎玉或用玉扇器改做几件。钦此。

于二月二十三日，为本月十六日，郎中海望，员外郎沈嵛、唐英传做备用寿意白玉双喜墨床一件、汉玉圈墨床一件。记此。

于本月二十八日，做得嵌白玉双喜螭虎嵌珊瑚鱼肠乌木墨床一件，郎

中海望呈进讫 此白玉双喜螭虎系二月初七日持出做镶嵌用。

于五月初四日，做得汉玉圈墨床一件，郎中海望呈进讫。

于十二月十九日，做得珊瑚放凑山形天鹿笔架一件，郎中海望呈进讫。

二月

十八日，太监陆全义交来泡素香数珠二盘，随汉字帖一张内开，总管太监陈福、首领太监李进忠等传：着换绦子、辫子。记此。

于本月二十八日，泡素香数珠二盘另换鹅黄绦辫完，员外郎沈嵛交太监邵进朝持去讫。

三月

初六日，据圆明园来帖内称，四执事太监刘义交来伽楠香数珠一盘，说首领太监李进忠传：着换绦子。记此。

于本月十六日，将伽楠香数珠一盘换绦子完，郎中海望交太监陆全义持去讫。

三十日，太监王太平传旨：尔传与海望照雕刻宋龙珊瑚桃式盒样式，将戏朝带板做几副，若造办处做不来，俟目下有人往广东去，可说与广东去的人着伊照样做来。钦此。

于四月十七日，据圆明园来帖内称，本月十六日，郎中海望画得珊瑚带样二张呈览，奉旨：不必做夔龙，俱照珊瑚桃上宋龙做。其男带再放宽些，女带再收窄些，另画样呈览。钦此。

本日，郎中海望随定得男带放宽一分五厘、女带收窄一分五厘。记此。

于四月二十日，画得带样二张，郎中海望呈进讫。

四月

十五日，据圆明园来帖内称，郎中海望持出银鸡心螺丝盒一件 系盛避

917

风巴尔撒木香用的，奉旨：着比此样收小些，用碎玛瑙、玉每样做一件，上安鼻子拴绦。钦此。

于五月初四日，做得白玉鸡心盒一件、红玛瑙鸡心盒一件，俱随黄绦并原样盒一件，郎中海望呈进讫。

六月

初七日，据圆明园来帖内称，五月初五日，郎中海望持出白玉四层小撞盒一件，奉旨：此盒做法不好，着收拾另换绦子。钦此。

于十二月二十八日，收拾得白玉四层撞盒一件并绦子完，郎中海望呈进讫。

3. 杂活作

正月

初六日，郎中海望、员外郎沈崎传：做抽长香灯一件。记此。

于二月二十八日，做得紫檀木座象牙茜红刻寿字蜡铨老鹳翎色锁子抽长帽架书灯一件，郎中海望呈进讫。

二十一日，员外郎沈崎、唐英传：做年例香袋一千二百二十个。记此。

于四月二十九日，做得上用黄缎长方香袋一百一十个、红缎长方香袋六十个、白绫长方香袋六十个、绕绒符香袋四十个、川椒扇器二十个、黄缎圆香袋四十个、红缎圆香袋四十个、绣五色香袋一百一十个、赏用黄缎圆香袋二百七十个、红缎圆香袋二百个、白绫圆香袋二百七十个，郎中海望交太监王太平收讫。

二月

初七日，郎中海望持出镶嵌温都里那石银胎长方匣一件 系查必那进，奉旨：此腿子不好，着照先做过算盘珠式足子换做。钦此。

于五月初四日,换做得算盘珠式足子镶嵌温都里那石银胎长方匣一件,郎中海望呈进讫。

初九日,玻璃厂内管领穆森送来红玻璃水丞二件、绿玻璃水丞一件、黄玻璃水丞一件,传:着砣磨,配座。记此。

于十月二十八日,做得黄玻璃水丞一件放凑珊瑚座珊瑚匙,郎中海望呈进讫。

于十二月二十八日,做得绿玻璃水丞一件、红玻璃水丞二件放凑珊瑚座,郎中海望呈进讫。

十二日,太监王太平传旨:将造办处有做成双喜双圆式样活计送进几件来。钦此。

于本日,将做成象牙茜色双喜双圆盒一件、嵌珊瑚螭虎黄玻璃双喜水丞一件、福禄寿双喜紫端砚一方、玻璃胎珐琅节节双喜鼻烟壶一件,郎中海望、员外郎沈嵛交太监王太平持去呈进讫。

于本月十五日,做得镶嵌节节双喜玻璃鼻烟壶二件、珐琅节节双喜铜胎鼻烟壶二件,郎中海望、员外郎沈嵛交首领太监程国用持去,交太监王太平收讫。

三月

初二日,内管领穆森交来绿玻璃圆水丞一件、黑玻璃圆水丞一件,传:着配寿山石座,镀金匙。记此。

于三月三十日,将绿玻璃圆水丞一件、黑玻璃圆水丞一件各配得寿山石灵芝座一件、铜镀金匙一件,郎中海望呈进讫。

四月

初七日,据圆明园来帖内称,本月初四日,太监范国用持来蟾酥离宫紫金锭共三百六十一包、五彩紫金锭红牌子黑牌子蒜头黑红葫芦天师太极图共二千一百二十个、避暑香扇坠二十一个、川椒扇坠五个、大黄扇坠二百四十个、帐锭大小十匣、盐水锭共七百二十包,说太监刘希文传:着收拾。记此。

于本月十六日,将原交来锭子药等俱各收拾好,照数交太监范国用、王自禄持去,仍交太监刘希文收讫。

五月

初五日,据圆明园来帖内称,本月初四日,郎中海望奉旨:尔造办处所进的香袋甚糙,朕有府内取来香袋样子,尔何不照样做来呈进? 钦此。

于本日,郎中海望持出甜瓜式香袋一件、佛手式香袋一件、葫芦式香袋一件、蓝青绫剞羊皮金五毒符儿香袋一件、五色绫剞羊皮金五毒符儿香袋一件、黄缎绣莲花缉珠寿字香袋一件、黄缎长方缉珠寿字香袋二件、黄缎绣夔花缉珠万字香袋二件、黄缎绣如意云缉珠寿字香袋二件、红缎桃式缉珠寿字香袋二件、红缎葫芦式缉珠如意寿字香袋一件、红缎绣纵线菊花夔花香袋一件、石青缎缉珠夔龙绣太极图香袋一件、黄缎梅花式绣五福捧寿香袋一件、黄缎绣五色夔龙香袋一件、圆形绕五色绒福香袋一件、圆形绕五色素绒福香袋一件,奉旨:着照样做些,以备来年端阳节呈进。尔再照此五色颜色,另将别样好款式香袋做些。其上下不必缉碎珠,俱缉缎线。此原样香袋工所缉的珠子俱拆下,或做大香袋用或做别样活计使用,尔等酌量。钦此。

于七年四月二十日,照样做得各式香袋九十六个并原样香袋二十四个,郎中海望呈进讫。

于七年四月三十日,照样做得各式香袋六十个,郎中海望呈进讫。

于本月初五日,郎中海望奉上谕:做香袋何必用整材料。钦此。郎中海望随口奏称,做香袋所用的材料俱系向衣服库行取零碎材料使用等语,奏闻。奉旨:甚是。钦此。

于本月十九日,小太监桂圆交来香橼式香袋一件、牡丹花式香袋一件、荷叶式香袋一件,传旨:着交给海望做样。钦此。

二十二日,员外郎沈嵛、唐英传:做备用假松石双圆盆四个。记此。

于本月二十三日,据花儿匠郭佛保来说,员外郎沈嵛说,此盒不必做罢。记此。

十二月

初七日,总管太监陈福,副总管太监苏培盛、李英交来盘香一盒 系田文镜进,传旨:着照此样式尺寸用垂恩香料做十盘。钦此。

于七年闰七月初三日,将原样盘香一盘,员外郎满毗交太监刀进喜持去讫。

于七年十月十一日,做得盘香二盘随合牌盒一个,员外郎满毗交太监周世辅持去讫。

于七年十二月十六日,做得盘香八盘随合牌盒四个,员外郎满毗交首领太监李久明,转交宫殿监副侍苏培盛、李英收讫。

4. 皮作

正月

十九日,催总胡常保来说,佛堂太监焦进朝传:着将紫降香龛一座上配做黄布面杭细里夹套一件,里外糊黄纸的木匣一件。记此。

于本月二十一日,做得高一尺六寸、宽八寸五分、入深四寸黄布面杭细里夹套一件、杉木胎糊黄纸木匣一件,催总胡常保交太监王玉持去讫。

二月

初十日,太监王玉持来竹胎红氆氇面白氆氇里狗笼一件,说太监王太平传:着将此狗笼一件上配做见方四幅深蓝布挖单一块。记此。

于本月十一日,做得见方四幅深蓝布挖单一块并竹胎红氆氇面白氆氇里狗笼一件,太监王玉持去,交太监王太平收讫。

二十二日,太监刘希文、王太平传旨:观妙音屋内花梨木案面上,着铺

921

茄花色猩猩毡一条。钦此。

本日,催总胡常保进内量得案面长八尺七寸、宽一尺二寸九分。记此。

于本月二十八日,太监吕进朝持进葡萄色毡一条,交太监王太平收讫。

于本月二十九日,太监王太平仍持出说此毡子呈览过,着照量了尺寸裁了送进来。记此。

本日,催总吴花子裁得茄花色毡长八尺七寸、宽一尺二寸五分一条,交太监刘希文、王太平收讫。

三月

十四日,据圆明园来帖内称,本月初八日,郎中海望奉旨:万字房陈设的拐角围屏十四扇,陈设时太夯,铜鼓子亦磨地,尔照此尺寸做穿绳吊幔一份。钦此。

于本月十三日,做得湘妃竹支杆月白杭细吊幔一份,高五尺七寸、宽二丈六尺五寸,郎中海望带领领催白世秀持进,同太监刘希文、王太平安讫。

十七日,据圆明园来帖内称,本月十四日,郎中海望奉旨:宴桌上纳锦桌围、椅搭花样有好的尔等挑选几件,或万字锦地章,照现做的桌椅尺寸画样呈览过,交苏州织造处照数织来。钦此。

于六月初二日,据圆明园来帖内称,五月十九日,画得锦地夔龙花纳锦桌围纸样一张 高二尺五寸九分、宽三尺三寸二分、面实宽一尺三寸,锦地夔龙花纳锦椅搭纸样一张 高五尺九寸、宽一尺五寸,郎中海望呈览,奉旨:准做。钦此。

于六月初四日,写帖并画样交苏州织造处家人六儿领去承造。记此。

于十月十九日,苏州织造处李秉忠家人刘文成、六儿送来纳纱桌围六件、椅搭十二件,郎中海望收讫。

于七年正月初九日,郎中海望将纳纱桌围六件、椅搭十二件、画样一张,仍交苏州织造处家人六儿领去改做。记此。

二十二日,首领太监王进玉交来鞔黄狐皮靠背一份,传:着将此黄狐皮拆下做一活套。记此。

于本月二十五日,改做得黄狐皮蓝杭细面青杭细里活套靠背一件,柏唐阿五十八着太监王玉持去,交首领太监王进玉收讫。

四月

初二日,据圆明园来帖内称,本月初一日,副总管太监李英传旨:乾清宫西暖阁内陈设的大小书格上罩套俱着换新罩套,将换下来的旧罩套做一木箱盛装,不必交外库,交内库收在楼上。钦此。

于六月初一日,做得御制石青纱帘七十二架、白杭细帘十二架、石青缎书格套二件、青缎书格套二件并换下来的石青纱帘七十二架、白杭细帘十二架、石青缎书格套二件、青缎书格套二件,又做得黄油面蓝布里镀银饰件锁钥木箱一个,柏唐阿五十八交首领太监王辅臣持去讫。

于六月十九日,做得青缎单帘一架随绦子,柏唐阿五十八交首领太监王辅臣持去讫。

五月

初五日,据圆明园来帖内称,本月初四日,太监张玉柱、王常贵交来象牙席褥子四个 各长四尺四寸五分、宽三尺六寸五分,传旨:将席子拆下,托毡,沿蓝缎边铺床用。钦此。

现存活计库。

十五日,据圆明园来帖内称,郎中海望传:万字房陈设御笔集锦宝座上的毡褥子,着做双层葛布单。记此。

于本月二十九日,做得双层葛布单一件,交太监王玉持去,交总管太监陈九卿收讫。

八月

十三日,据圆明园来帖内称,本月十二日,太监刘邦卿交来红毡褥面小狗笼一件,说太监王太平传:着添做红布帘一件。记此。

于八月十七日,做得红布帘一件并红氆氇面小狗笼一件,领催白世秀交太监刘邦卿持去讫。

九月

二十五日,据圆明园来帖内称,首领太监李久明来说,太监刘希文、王太平传:着将填漆桌送九张进来,随桌帏九份,其帏子上腰带俱换大红色。记此。

于六年九月二十九日,将填漆桌九张随红腰带纳纱桌帏九份,郎中海望呈进讫。

十月

二十日,郎中海望为上乘车内无皮里暖帏,今恐天气寒冷,欲添做暖帏一份等语,启怡亲王,奉王谕:着添做染黄羊皮里暖帏一份备用。遵此。

于十一月初六日,做得染黄羊皮里暖帏一份,催总吴花子、柏唐阿五十八持去安在上乘车内讫。

二十三日,太监刘希文、王太平交来镶汉玉包锦宝座一份 随黄缎绣金龙坐褥一个、垫枕十一个,系李卫进,传旨:着将宝座上垫枕十一个取下,应改做何物做何物用,不可妄用。再宝座上所有穿钉眼之处照锦样用锦补上收拾。得时,送至圆明园交园内总管太监们有应陈设处陈设用。钦此。

本日,将宝座上垫枕十一个取下,交司库桑格收库讫。

于十一月初八日,收拾得镶汉玉包锦宝座一份,随黄缎绣金龙坐褥一个、黄杭细挖单一块,郎中海望、员外郎沈崏着柏唐阿三达礼送赴圆明园,交工程处,交司房太监蔡玉收讫。

垫枕十一件,现存活计库。

二十三日,太监陆全义交来刺榆木棒一根,说总管太监陈福传:着配夹布套黄丝线带胯一件,柏唐阿五十八交太监陆全义持去讫。

二十六日,郎中海望、员外郎沈崙传:做备用黄杭细挖单见方一幅半六块、见方二幅二块、见方三幅三块。记此。

于十二月二十八日,做得黄杭细挖单大小十一块,柏唐阿五十八交催总胡常保预备呈进盖活计用讫。

十一月

初三日,郎中海望传:上乘车内石青缎靠背上着做黄狐狸皮套一件备用。记此。

于十一月初六日,做得黄狐皮套一件,催总吴花子、柏唐阿五十八持去安在上乘车内讫。

二十二日,总管太监陈福,副总管太监苏培盛、李英交来纳纱桌围二十件,传旨:将桌面上红缎并围身红缎牙子边缝俱拆去,照旧宴桌围换黄缎腰安铜镀金卡。钦此。

于十二月十九日,将纳纱桌围二十件改换得黄缎腰安铜镀金卡完,并桌面上红缎二十块四面牙缝红缎八十条内做带子用过二十七条,其余五十三条横头红缎四十块,柏唐阿五十八俱交太监马温良持去讫。

5. 铜作

二月

二十二日,据圆明园来帖内称,郎中海望传做万字房椅围屏的半圆铜鼓子十二个、抱角鼓子二个。记此。

于本月二十六日,做得黄铜烧古半圆铜鼓子十四个,副领催赵雅图持进,交太监刘希文讫。

于本月二十七日,据圆明园来帖内称,郎中海望传:着照样再做半圆铜鼓子十个。记此。

于二十八日,做得铜烧古半圆铜鼓子十个,太监马进忠持去,交太监杨忠讫。

6. 珐琅作

五月

初六日,据圆明园来帖内称,郎中海望奉旨:着做挂垂恩香筒一件,长或五寸或六寸、径圆或一寸或九分,上安螺丝盖,其盖内不必安挂香钩子,安一镊子,下做螺丝底,底墙做高些,以备接香灰用。筒子做玲珑锁文锦烧珐琅盖上提系绦子安长一寸,其垂恩香,尔另配合筒做。钦此。

于七年二月十六日,做得银胎透地锁文锦烧珐琅香筒一件、铜胎透地锁文锦烧珐琅香筒一件,各长七寸、径九分;象牙茜绿雕夔龙横杆、珊瑚顶、黑漆梃、錾螭虎铜烧古座一件,通高一尺八寸随长四寸六分垂恩香一百六十根。郎中海望呈进讫。

7. 镶嵌作 附牙作、砚作

正月

二十七日,郎中海望奉旨:着将象牙茜色小盒做几对,其款式或长方形或腰圆形或圆形俱可,盒面上镶嵌玻璃,玻璃内衬垫,或节节双安吉言画片。钦此。

于八月十四日,做得嵌玻璃象牙雕西番花边衬吉言画片方盒一对、圆盒一对,郎中海望呈进讫。

于九月初四日,做得嵌玻璃面福寿长圆象牙盒一对,郎中海望交首领李久明持去,交太监刘希文讫。

二月

初三日，为正月三十日，员外郎沈崳、唐英传：做备用象牙茜色竹节式盒一对、葫芦式盒一对、绿色石福寿砚一方。记此。

于本月十二日，做得福寿双喜绿端石砚一方，交太监刘希文讫。

于本月二十八日，做得象牙茜色事事如意竹节式盒一对、双福双寿葫芦式盒一对，郎中海望呈进讫。

初四日，郎中海望，员外郎沈崳、唐英传：做备用各色吉言象牙小盒四件。记此。

于本月十二日，做得象牙茜色双喜双圆盒一对，郎中海望呈进讫。

于五月初四日，做得象牙茜色榴开百子盒一对，郎中海望呈进讫。

初四日，郎中海望，员外郎沈崳、唐英传：做备用寿意群仙祝寿双如意一件。记此。

于本月二十八日，做得群仙祝寿沉香双如意一件锦匣盛，郎中海望呈进讫。

初七日，郎中海望持出放珊瑚雕宋龙桃式盒一对 随金里孔雀石座，奉旨：此座不好，尔另配做象牙茜绿刻雕桃枝叶架，下面配做退光漆香几，其香几起二层台，将此珊瑚桃式盒并象牙架子安在香几上面，再做黑退光漆玻璃罩，罩上此桃式盒有二件，尔将架子香几玻璃罩做二份，其孔雀石座应配做何物，尔等酌量配做。再照此雕宋龙式样，或小水丞或小盒子，亦做几件。钦此。

于八月初八日，做得象牙茜色雕桃枝叶架二件、黑退光堆漆画西番花嵌玻璃罩二件、楠木香几座二件并交出珊瑚桃式盒一件，郎中海望呈进讫。

本日郎中海望又持出金里孔雀石座一件，奉旨：并先交出去的孔雀石座一件应配做何物，尔酌量配做。钦此。

初七日,太监王太平传旨:先进过的寿山石灵芝座绿玻璃水丞,其做法甚好,着照样再做几件。钦此。

于三月初六日,内管领穆森交来松绿玻璃圆水丞大小三件,员外郎沈嵛、唐英传:着配座子。记此。

于三月三十日,松绿玻璃圆水丞一件配得寿山石灵芝座镀金匙,郎中海望呈进讫。

于八月初七日,太监张玉柱传旨:先呈进过的绿玻璃水丞寿山石灵芝架子,何不用碎珊瑚放凑说,给海望将碎珊瑚放凑做几件。再将珊瑚枝放凑露空树枝形匙箸瓶亦做几件。钦此。

于九月二十七日,松绿玻璃圆水丞一件配得桃花洞石座珊瑚匙,郎中海望呈进讫。

于九月二十二日,郎中海望传:着将黄玻璃水丞上配做铜镀金匙一件。记此。

于十月二十八日,做得黄玻璃水丞一件随放珊瑚座,珊瑚匙放珊瑚匙箸瓶一件随象牙茜绿座镀金匙箸,郎中海望呈进讫。

于十二月二十八日,做得放珊瑚匙箸瓶一件,随象牙茜绿座,镀金匙箸松绿玻璃水丞一件配得放珊瑚座珊瑚匙,郎中海望呈进讫。

十二日,太监王太平交来黑退光漆画洋金镶象牙玻璃罩松鹤盆景一件,传旨:着照此样式改做时时报喜盆景一件,赶三两日内要得,若此时做不及就用此盆景。将仙鹤拆去酌量配合喜鹊十二个,将此原样罩套存下式样,仍用此仙鹤另配做松鹤盆景一件,补送进来。钦此。

本日,郎中海望,员外郎沈嵛、唐英随传:照此样盆景罩套备用做四件配做盆景。记此。

于本月十五日,将原交松鹤盆景一件上的仙鹤拆下改做得黑退光漆画洋金镶象牙玻璃罩时时报喜盆景一件,郎中海望交太监程国用持去,交太监王太平讫。

于本月二十八日,做得黑退光漆画洋金花镶象牙玻璃罩时时报喜盆景一件,郎中海望呈进讫。

于八月初八日,补做得黑退光漆画洋金花镶象牙玻璃罩松鹤盆景一件,郎中海望呈进讫。

于八月十四日,做得黑退光漆画洋金花镶象牙玻璃罩莲艾盆景一件、岁岁双安盆景一件,郎中海望呈进讫。

十五日,郎中海望,员外郎沈崳、唐英传:做备用寿山石双喜螭虎笔架一件。记此。

于二月二十八日,做得寿山石双喜螭虎笔架一件象牙茜绿座,郎中海望呈进讫。

十八日,太监王太平交来象牙雕节节双喜岁岁双安合符臂搁一件,传:此系里边收贮的,因此时要用双喜活计,暂将此臂搁借给造办处用。可将此尺寸量准,照此式样补做一件还给里边收贮。记此。

本日,量得合符臂搁长六寸八分、宽一寸八分、高一寸一分。记此。随将原合符臂搁一件仍交太监王太平持去讫。

于九月初三日,照尺寸补做得象牙合符一件,员外郎沈崳交首领太监程国用持去讫。

二十二日,据圆明园来帖内称,本月二十一日,太监刘希文、王太平传旨:四方宁静屋内新安的屏风后面太素,着镶嵌银母百寿字,先将字做下,俟朕进宫时再镶嵌。钦此。

于七年六月初三日,据圆明园来帖内称,本月初二日,太监刘希文奉上问,四方宁静屋内黑漆屏风背后云母字如何还不安。随奏称,奴才问过海望,伊说云母字做至一半,安时用漆下方好,非得两三月工夫难以告成等语,奏闻。奉旨:此屏风亦有漆崩裂处,俟朕不在此处住时,着海望将此屏风持出嵌字,连漆亦收拾。钦此。

于八月初五日,将四方宁静屋内屏风嵌得云母寿字四百五十个并收拾漆完,柏唐阿六达子持进安讫。

三月

初一日,据圆明园来帖内称,二月二十九日太监王太平传旨:着将寿山石双喜螭虎笔架照样再做一件。钦此。

于三月三十日,做得寿山石双喜螭虎笔架一件,象牙茜绿座,郎中海望呈进讫。

十四日,员外郎沈嵛、唐英传:做备用象牙福寿玲珑双层笔筒一件。记此。

于五月初四日,做得象牙茜色福寿笔筒一件,内安黄杨木灵芝紫檀木管笔二支,郎中海望呈进讫。

十四日,员外郎沈嵛、唐英传:做备用象牙双福双寿盒一对。记此。

于五月初四日,做得双福双寿香盒一对,郎中海望呈进讫。

二十四日,据圆明园来帖内称,三月十九日,员外郎海望奉旨:照先做过的刻字石砚盒砚做几方,先有刻过的好字言,尔拣选刻做。钦此。

本日,员外郎沈嵛、唐英同定得先做四方。记此。

于八月十四日,做得二色石雕夔龙式盒内盛湖广石长如意砚一方、二色关东石汉夔龙式盒内盛湖广石凤池砚一方、二色湖广石山水盒内盛关东石双夔龙砚一方、二色湖广石夔龙砚盒内盛关东石长如意砚一方,郎中海望呈进讫。

二十六日,员外郎沈嵛、唐英传:做备用寿意双如意一件。记此。

于七年二月二十八日,做得沉香节节双喜如意一件,郎中海望呈进讫。

五月

初四日,郎中海望奉旨:着将挂香袋的架子高矮做几份,梃子用朕早交出去的玳瑁棍子做,下边的鼓子用寿山石做,上边挂香袋的横棍用象牙做,其高的要二尺上下,矮的要一尺三四寸。钦此。

于五月十九日,做得通高一尺四寸玳瑁桄、雕夔龙寿山石鼓子、象牙雕夔龙茜绿横梁上嵌珊瑚珠挂香袋的架子一件,通高一尺六寸五分虾米须桄、雕夔龙寿山石鼓子、象牙雕夔龙茜绿横梁上嵌珊瑚珠挂香袋架子一件,郎中海望呈进讫。

十二日,据圆明园来帖内称,五月初五日,郎中海望奉旨:着将盛香的象牙套筒做一件,其里一层筒子做四五节,通长四寸上下,口径即照盛巴尔撒木香的珐琅鸡心盒子的口径做,周身雕花烫香。再顶层盖子墙上雕透地夔龙,外层套筒周身亦雕花烫香。筒顶里外俱留挂钩子的圈,其圈上安一有穗的,绦子穗头处安一镀金小钩,要钩在香筒顶圈上。钦此。

于五月十九日,做得象牙雕刻盛香套筒一件,郎中海望呈览,奉旨:此香筒层层都该留透眼如何?口盖雕透,尔持出层层俱做透眼。钦此。

于六月十一日,改做得象牙雕刻透眼盛香筒一件,郎中海望交小太监呈进讫。

二十四日,太监王太平交来伽楠香长二尺、径六分一段,传:着做匙箸瓶一件,随炕色匙箸一份。记此。

于六月十二日,做得伽楠香匙箸瓶一份内配老鹳色匙箸一份,领催白世秀交太监王太平讫。

六月

初七日,据圆明园来帖内称,五月初五日,郎中海望持出蜜蜡小盒一件,奉旨:此盒楞线不对,着收拾。钦此。

于十三年十月十九日,将蜜蜡小盒一件,司库常保、首领萨木哈交太监毛团呈进讫。

八月

初七日,郎中海望,员外郎沈嵛、唐英传:做象牙合符臂搁一件、象牙盒一对。记此。

于九月初四日,做得象牙双福双寿圆双喜合符臂搁一件、象牙茜色芝兰祝寿盒一对,首领太监李久明持去,交太监刘希文讫。

十月

二十一日,催总刘山久来说,本月初二日,郎中海望传:做寿意象牙嵌玛瑙墨床一件、寿山石双喜笔架一件、象牙时时报喜臂搁一件。记此。

于十月二十八日,做得寿意象牙嵌玛瑙墨床一件内黑红墨二锭、寿山石双喜笔架一件,郎中海望呈进讫。

于七年二月二十八日,做得时时报喜象牙臂搁一件,郎中海望呈进讫。

8. 匣作

八月

初十日,首领太监程国用交来猴宝三十件,说太监刘希文、王太平传:造办处有早做下盛猴宝的塔式匣子,着将猴宝盛在匣内送在中正殿,交与喇嘛呈供。记此。

于本月十二日,将早做下盛猴宝塔式五层紫檀木盒一件上安铜镀金三宝珠顶,盒内做合牌胎黄绢面红绢里有隔断屉五个,内盛猴宝三十件,员外郎沈嵛、唐英着首领太监李久明、催总吴花子送至中正殿,交首领太监许朝彩、罗卜藏吹丹格隆、罗卜藏希拉布格隆等讫。

十九日,据圆明园来帖内称,八月十八日,为怡亲王福金寿日所用寿意活计等件,太监刘希文、王太平等奏闻,奉旨:准着照年例预备。钦此。

本日,郎中海望,太监刘希文、王太平同定得做绣面镶玳瑁葵花锦合牌盒二个 内盛九样香。记此。

于九月初九日,做得绣面镶玳瑁葵花锦合牌匣二件内盛白檀、紫降、沉香、枯枯香、云香、泡素香、福寿宫香饼三样,郎中海望着首领太监李久明持进,交太监刘希文讫。

十一月

二十六日,首领太监程国用交来书式匣一件 内盛象牙象棋一份、合牌折叠棋盘一份,说太监刘二奇传旨:着将棋盘糊裱见新,棋子不必动。钦此。

于本日,将棋盘糊裱完并棋子书式匣子一份,领催白世秀交首领太监程国用持去讫。

9. 雕銮作

四月

初五日,员外郎沈嵛、唐英传:做钦安殿用的香斗二十份。记此。
于五月十三日,首领太监李兴泰取去香斗一份随白檀、降香各八两。
于五月二十八日,首领太监李兴泰取去香斗一份随白檀、降香各八两。

五月

十二日,太监王进忠交来象牙茜色红福盒一对,说太监刘希文传:着将盒内盛香。记此。

于本日,领催白世秀每盒内装香饼二十个,太监王进忠持去,交太监刘希文讫。

九月

二十五日,据领催白世秀来说,郎中海望传:做备用香丁三样,每样六两;宫香饼九样,二斤四两;唵叭香一斤;芸香一斤。记此。

于九月二十八日,将蟠桃九熟盒内盛香丁四两、唵叭香四两、芸香四两、宫香饼一斤十四两,首领太监程国用持去,交太监刘希文讫。

于十月二十三日,郎中海望、员外郎沈嵛传:做备用宫香饼、香丁。记此。

于本月二十八日,将各式转盖盒九件、象牙盒四件、柏木盒二件、镶珐琅片盒九件,内盛小宫香饼一千三百二十个、大宫香饼六两、芸香六两、唵叭香六两、香丁六两,郎中海望呈进讫。

于十二月二十四日,监察御史沈嵛传:做备用宫香饼、香丁。记此

于本月二十八日,将嵌珐琅盒四件、象牙盒四件、黑漆腰形盒四件、方形盒四件、嵌玻璃如意盒二件,内盛小宫香饼三百一十六个、大宫香饼一斤十四两、唵叭香六两、芸香六两、香丁六两,郎中海望呈进讫。

十二月

初六日,郎中海望、员外郎沈嵛传:做备用香斗二十份。记此。

于七年二月二十九日,首领太监李兴泰持去香斗一份随白檀、降香各八两。

于三月十三日,首领太监李兴泰持去香斗一份随白檀、降香各八两。

于三月二十九日,首领太监李兴泰持去香斗一份随白檀、降香各八两。

于四月十三日,首领太监李兴泰持去香斗一份随白檀、降香各八两。

于四月二十九日,首领太监李兴泰持去香斗一份随白檀、降香各八两。

于五月十三日,首领太监李兴泰持去香斗一份随白檀、降香各八两。

于五月二十九日,首领太监李兴泰持去香斗一份随白檀、降香各八两。

于六月十三日,首领太监李兴泰持去香斗一份随白檀、降香各八两。

于六月二十九日,首领太监李兴泰持去香斗一份随白檀、降香各八两。

于七月十三日,首领太监李兴泰持去香斗一份随白檀、降香各八两。

于七月二十九日,首领太监李兴泰持去香斗一份随白檀、降香各八两。

于八月十三日,首领太监李兴泰持去香斗一份随白檀、降香各八两。

于八月二十九日,首领太监李兴泰持去香斗一份随白檀、降香各八两。

于九月十三日,首领太监李兴泰持去香斗一份随白檀、降香各八两。

于九月二十九日,首领太监李兴泰持去香斗一份随白檀、降香各八两。

于十月十三日,首领太监李兴泰持去香斗一份随白檀、降香各八两。

于十月二十九日,首领太监李兴泰持去香斗一份随白檀、降香各八两。

于十一月十三日,首领太监李兴泰持去香斗一份随白檀、降香各八两。

于十一月二十九日,首领太监李兴泰持去香斗一份随白檀、降香各八两。

于十二月十三日,首领太监李兴泰持去香斗一份随白檀、降香各八两。

10. 油漆作

正月

二十七日,郎中海望奉旨:着照洋漆彩金镶首饰小盒样式做红漆的几件、黑漆的几件。钦此。

于五月初四日,做得画洋金香花镶首饰红漆盒四个、黑漆盒二个,郎中海望呈进讫。

二月

初一日,据圆明园来帖内称,太监徐进朝交来紫漆皮盒一件 随撒林皮外套一件、黄夹绫袄一件,说总管太监李英传:着收拾。记此。

于三月十七日,收拾得皮盒一件、外套一件、绫袄一件,交太监徐进朝持去讫。

初四日,郎中海望、员外郎沈崳、唐英传:做寿意彩漆手卷式笔筒一件。记此。

于九月二十九日,做得寿意彩漆笔筒一件,郎中海望呈进讫。

十三日,郎中海望,员外郎沈崳、唐英传:照雍正四年□月初九日奉旨着做得黑地彩漆桌十三张,于五年九月二十八日用过九张,今补做九张,俱随绣缎桌帏。记此。

于十月二十四日,做得黑地彩漆桌九张随绣缎桌帏九件,柏唐阿六达子交首领太监马温良持去讫。

十七日,太监王太平交来天然木根山子一件 上嵌红白绿玛瑙灵芝七件、白玉寿星一尊、雕紫檀木座子罩子,系曹頫进,传:着将此罩上的万字拆下,配做别样的花样,收拾干净送往圆明园去。记此。

于本月二十八日,将天然木根山子一件收拾好,交柏唐阿富明送至圆明园,郎中海望持进,交太监王太平收讫。

三月

十六日,为本月十一日,郎中海望,员外郎沈崳、唐英传:做漆痰盂二十件。记此。

于八月十四日,做得黑退光漆画洋金花痰盂四件,郎中海望呈进讫。

于十二月二十八日,做得黑退光漆画洋金花痰盂四件,紫漆画洋金花痰盂四件,郎中海望呈进讫。

于七年正月十二日,将黑退光漆画洋金花痰盂八件,郎中海望呈进讫。

十六日,为本月初四日,郎中海望,员外郎沈崳、唐英传:做黑漆洋金棋盘面香几一份,见方一尺七寸、高九寸。记此。

现存漆作。

二十日,据圆明园来帖内称,正月二十六日,太监王太平交来大号瓷茶圆一百八十件、小号瓷茶圆一百六十件、大号瓷盖圆一百二十件、大号瓷酒圆六十件、小号瓷酒圆六十件、瓷盖圆五十九件、大号瓷碗盖八十九件 俱系里子挂釉外无挂釉色,传旨:着交与海望,选好的漆做。钦此。

于本日,交漆作柏唐阿六达子领去漆做讫。

三十日,太监王璋交来黑漆桌一张,说首领太监李统忠传:着收拾。记此。

于四月二十日,收拾得黑漆桌一张,交太监王璋持去讫。

四月

初三日,据圆明园来帖内称,三月十九日,郎中海望奉旨:着照万字房书格上陈设的红漆方套盒再做四五件,中层屉板做直的。钦此。

随量得外口通高八寸五分二厘、宽九寸、入深八寸五分三厘,共四层,内有抽屉十一个,中层屉板一块,外套面用红漆,里用黑漆,抽屉里外俱是红漆,外套锭镀金卧蚕提环一件。记此。

于七年九月初九日,做得红漆盒二对,交太监刘希文收讫。

初九日,总管太监李英交来黑漆方盒二个、黑漆圆盒二个,传:着粘补收拾。记此。

于五月十一日,收拾得黑漆方盒二个、黑漆圆盒二个,太监王玉持去,交总管太监李英收讫。本日,仍交出,再收拾。记此。

于本月二十日,将漆盒四件俱收拾完,交总管太监李英讫。

初九日,据圆明园来帖内称,本月初七日,太监刘邦卿交来黄油供桌二张说,首领太监周世辅传:着将此桌二张俱批灰铺麻见新。记此。

于本月十四日,收拾得黄油供桌二张,交太监刘邦卿持去讫。

五月

初九日,据圆明园来帖内称,四月十四日,太监刘邦卿交来供桌四张、杌子四件、供器一份,说首领太监周世辅传:着见新收拾。记此。

于本月二十五日,油饰得供桌四张、杌子四件,收拾得供器一份,柏唐阿六达子交太监刘邦卿持去讫。

十五日,据圆明园来帖内称,本月初二日,副总管太监苏培盛传旨:着照今日进的黑漆软楞桌的尺寸,照懋勤殿圆腿桌的式样做黑退光漆桌二张。再照养心殿西暖阁陈设的彩漆桌的样式做红漆桌四张。钦此。

于八年五月初六日,做得红朱油漆面朱漆里圆腿桌四张,员外郎满毗交太监张忠义、刘进朝持去讫。

于九年正月二十八日,做得黑退光漆面朱漆里圆腿桌二张,员外郎满毗交太监赵朝凤、张良栋持去讫。本日,仍交出暂且放着。记此。

于二月初六日,将黑退光漆桌二张,交太监王璋持去讫。

二十五日,太监杨国泰交来腰圆形洋漆五彩皮盘一件,说总管太监李英传旨:着收拾。钦此。

于六月初八日,收拾得五彩皮盘一件,仍交太监李英持去讫。

二十六日,太监刘希文、王太平、王守贵交来仿大官窑四喜樽二件、仿龙泉窑戟耳纸槌瓶二件、仿冬青窑双环瓶一件、仿冬青窑花囊一件、仿宋瓷紫金釉梅瓶二件、四方双喜樽二件、龙泉窑梅瓶一件、白釉双环瓶一件、仿汝窑锦袋瓶一件、仿龙泉窑双圆瓶二件、珐琅胭脂釉纸槌瓶四件、仿龙泉窑八方双管瓶八件、青花白地仿宣窑梅瓶二件、仿汝窑素花斛二件、冬青花樽一件、仿宣窑白釉花注壶四件、仿汝窑胆瓶一件、仿宣窑青花白地七管花插一件、仿宣窑白瓷七管花插一件、仿定窑胆瓶二件、龙泉鼓墩瓶二件、仿宣窑白釉小玉壶春二件、白地五彩合卺瓶四件、仿龙泉釉天球樽四件、青花白地八卦瓶一件、仿龙泉窑双圆合璧瓶大小二件、仿定窑双环瓶一件、仿定窑三喜樽一件、仿定窑花囊一件、仿定窑盘线瓶一件，传旨：着配做漆架座，先将各样的款式每样做成木架一件呈览再做。钦此。

于八月初八日，郎中海望将此内选得珐琅胭脂釉纸槌瓶一件、仿宣窑青花白地七管花插一件、仿龙泉窑八方双管瓶一件、仿定窑三喜樽一件、冬青花樽一件、仿汝窑素花斛一件、仿大官窑双喜樽一件、仿龙泉窑天球樽一件、白地五彩合璧瓶一件、仿龙泉双圆合璧瓶一件，以上十件，俱配木座架子十件呈样。奉旨：俱准漆做。钦此。

于七年六月初三日，据圆明园来帖内称，五月二十九日，郎中海望奏称，上交着配做座架瓷器俱已做得，意欲摆在九洲清晏呈览，奉旨：知道了。钦此。

于六月初一日，郎中海望将以上瓷器等件俱配漆座，摆在九洲清晏呈览。奉上番下讫。

六月

十九日，太监马进忠持来仿宣窑青花白地七管花插大小四件、仿宣窑白瓷七管花插大小四件、仿龙泉双圆瓶大小三件、仿定窑花囊二件，说太监刘希文传旨：着配添座子。钦此。

于七年六月初三日，据圆明园来帖内称，五月二十九日，郎中海望奏称：上交着配漆座瓷器俱已配座完，意欲摆在九洲清晏呈览。奉旨：好。钦此。

于六月初一日，将配座完瓷器十一件摆在九洲清晏呈览。奉上留下讫下剩青花白地七管花插一件、仿定窑花囊一件，存圆明园库内。

于七年五月二十九日，将青花白地七管花插一件，郎中海望陈设在九洲清晏讫。

于七年五月二十九日，郎中海望将仿定窑花囊一件，陈设在九洲清晏讫。

八月

初四日,首领太监夏安交来黑漆琴一张,说太监王太平传旨:着将漆水不全处收拾换弦添穗子。钦此。

于八月十八日,据圆明园来帖内称,本月十七日,首领太监夏安交来锦一丈,说太监王太平着做琴囊面子用。记此。

于九月十六日,收拾得黑漆琴一张随锦面桃红杭细里琴囊一件并剩下的锦,领催白世秀交首领太监夏安持去讫。

二十三日,据圆明园来帖内称,本月二十一日,首领太监董自贵交来里有釉外无釉瓷碗大小一百二十九件,说太监刘希文、王太平传:着添做。记此。

于本日,交柏唐阿六达子持去漆做讫。

九月

初十日,据圆明园来帖内称,八月十六日,太监张玉柱、王常贵交来仿汝窑缸一口、仿大官窑菊花盘二件,传旨:缸着配黑漆高缸架,下面做屉板二层,下层屉板离地要四五寸高,中层屉板酌量配合。其缸口务要合四宜堂高桌一般高,款式做秀气。着盘子亦配黑漆座。钦此。

于七年二月二十三日,汝窑缸一口配得黑漆高缸架一件,柏唐阿六达塞交园内司房太监蔡玉持去,陈设在四宜堂讫。

于七年五月初四日,大官窑菊花盘二件配做得楠木胎菊花式漆架二件,郎中海望呈进讫。

十月

十八日,据圆明园来帖内称,首领太监夏安交来琴一张,说太监王太平传:着有收拾处收拾。记此。

于十一月初七日,收拾得琴一张,郎中海望交首领太监夏安持去讫。

十九日,主事实得来说,郎中海望传:着将搁上用累丝盔甲皮箱桌三张、高桌三张、罩背箱一件、敉床三张,俱油饰见新。记此。

于二十日,油饰得皮箱桌三张、高桌三张、罩背箱一件、敉床三张,交造甲处实得收讫。

二十六日,首领太监萨木哈持出洋漆书架一对、绣龙黄缎迎手靠背坐褥二份、各样洋漆彩金香几二十对、各样洋漆茶盘大小二十件,说太监王太平传旨:洋漆书架一对并绣龙黄缎迎手靠背坐褥二份,着送往圆明园,交园内总管太监将洋漆书架陈设在西峰秀色处,将迎手、靠背、坐褥有可陈设处陈设;其各样洋漆彩金香几二十对,内着每样选一件,亦送往圆明园,交园内总管太监收在九洲清晏五号房。其余香几二十件并洋漆大小茶盘二十件,俱着造办处收贮。钦此。

于本日,郎中海望、员外郎沈嵛将洋漆书架一对、绣龙黄缎迎手靠背坐褥二份、洋漆香几二十件,着柏唐阿富明送去,交工程档子房乌合里达、明德转交园内总管太监收讫。

于七年二月初十日,首领太监萨木哈来说,太监王太平传:着将六年十月二十六日交出收贮的洋漆彩金香几查明数目多少,俱送进来等语,查得交出收贮各样洋漆彩金香几二十件,郎中海望、员外郎满毗交首领太监萨木哈持进,交太监王太平收讫。

于七年二月初十日,将各样洋漆大小茶盘二十件,首领太监李久明持去,交太监王太平收讫。

十二月

初六日,太监刘希文、王太平交来青龙白瓷高足酒圆二十件、黑釉泥金龙白瓷里高足酒圆十六件,传旨:着照先做过都盛盘的位分做漆罩盒。钦此。

于七年十二月二十八日,做得红漆画洋金花套盒一对,内盛青龙白瓷高足酒圆二十件、黑釉泥金龙白瓷里高足酒圆十六件,郎中海望呈进讫。

二十八日，太监焦进朝交来铜丝大海灯罩一件 随遮火，传：着将此灯罩另贴金。记此。

于本月二十九日，将灯罩另贴金完，郎中海望交太监马进忠持进，交太监焦进朝讫。

于本日，太监马进忠持出灯罩，说太监焦进朝传：着再收拾见新。记此。

于七年二月十三日，将灯罩一件收拾完，交太监焦进朝讫。

11. 自鸣钟

正月

初五日，郎中海望传：做仿轩辕镜式日晷帽架一件。记此。

于十二月二十八日，做得仿轩辕镜式铜日晷帽架一件，郎中海望呈进讫。

十四日，太监李福交来白玻璃架时钟一座、西洋木架问钟一座，说总管太监谢成传旨：此二座钟着换发条，有可收拾处俱着收拾。钦此。

于十三年十月初四日，收拾好，首领赵进忠呈进讫。

12. 杂录

正月

初四日，郎中海望将造办处当差柏唐阿、匠艺人内因抱养过继革退为民。柏唐阿观音保，牙匠李懋德，铁匠王老儿，小刀匠徐达子，花儿匠五达子，油匠戴有德，铜匠七十二、王九，錾匠季成龙、吴凳、云嘎、胡里，磨匠信住，锉匠王四儿、哈儿扣、魏花子，匣子匠达子，錾花匠张三，甲匠六狗儿，拧枪膛匠狄七儿，钩枪炮匠李进仁，磨枪炮匠吕山，皮匠刘五儿，弹子匠定柱,珐琅匠石六等共二十四人花名开写折子启称,此革退匠艺内有牙匠李懋德在造办处当差年久,人亦老实,现今在活计房催查各作所做活计抄录档案一年有余,人甚殷勤;再花儿匠五达子、油匠戴有德、錾匠季成龙、甲匠六狗儿等手艺甚好,人亦殷勤等语,启怡亲王。奉王谕:将李懋德及应留匠役外,再挑选出几名,或如何招募伊等之处,并伊等原食钱粮数目查明,拟定应给银两数目,用造办处银两招募十数人亦可。遵此。

于初九日,将应招募匠艺牙匠李懋德,油匠戴有德,錾匠季成龙,匣匠达子,甲匠六狗儿,铁匠王老儿,小刀匠徐达子,铜匠七十二、王九,磨匠信住,锉匠王四儿,錾花匠张三,花儿匠五达子。以上招募匠艺十三名写得启折一件,郎中海望,员外郎沈嵛、唐英启称,今拟定伊等每月所食钱粮银一两,再月米折银一两,每月每人共给银二两,用造办处银两发给等语启怡亲王。奉王谕:准行。遵此。

十一日,催总张自成来说,为南方大器匠梅士学眼痛,据眼科吏目大夫陈继鋐看,称大器匠梅士学眼原系肝肾不足翳蒙残疾之症,肝肾虚亏、瞳光昏暗、难以收功、多药无益等语,奉郎中海望、员外郎沈嵛谕:着给假两个月养眼,其所食工食银两每月给银三两抚养,俟假满之日,若仍不愈,再将伊所食银两启明怡亲王革退。记此。

十二日,郎中海望启称,为造办处成造活计行取钱粮等事关系甚重,奴才若往圆明园去时,京内造办处唯有沈嵛一人画押办事,祈再派官一员帮着沈嵛画押办事等语,启怡亲王。奉王谕:着员外郎唐英画押办事。遵此。

三月

十四日,据圆明园来帖内称,首领太监李久明来说,太监王太平传:着将造办处收贮的小漆佛龛一个交给中正殿喇嘛。有我交的佛像,不拘什么佛,配一尊,着人送来。记此。

于本日,查得造办处库内收贮漆佛龛一件,交给中正殿喇嘛,配得佛一尊随佛衣垫子、红黄藏香二把,太监吕进朝持去交太监王太平讫。

十九日,据圆明园来帖内称,郎中海望奉怡亲王谕:着传催总刘山久、领催白老格带好手艺铜匠,各带小式家伙;珐琅处太监张廷贵、画珐琅人谭荣,好手艺家内大器匠一名,带铜叶珐琅材料赴圆明园来。遵此。

二十日,据圆明园来帖内称,郎中海望奉怡亲王谕:着南匠方西华不必在京当差,可令伊来圆明园造办处当差。遵此。

四月

十八日,据圆明园来帖内称,首领太监李久明持来太乙紫金锭二十包每包十个,说怡亲王传旨:着赏造办处官员、匠役人等,有病者服。钦此。

于本日,员外郎沈嵛等遂分赏给造办处行走官员、匠役等讫。

五月

初五日,据圆明园来帖内称,本月初四日,怡亲王、郎中海望呈进活计内,奉旨:莲艾砚做的甚不好,做素净文雅即好,何必眼上刻花。再书格花纹亦不好,象牙花囊甚俗,珐琅葫芦式马褂瓶花纹、群仙祝寿花篮春盛亦俗气。今看珐琅海棠式盒,再小孔雀翎不好,另做。其仿景泰珐琅瓶花纹亦不好。钦此。

于本日,郎中海望奉怡亲王谕:先有呈上交出来着做样的砚台并先做过的砚样及旧存好砚样,俱令该作人员带领匠役呈看。遵此。

于本日,据圆明园来帖内称,本月初四日,郎中海望奉怡亲王谕:有早呈进的活计内有奉上谕夸过好的留下的样子,或交出着做的活计内存下的样子,细细查明送来。遵此。

七月

十一日,郎中海望,员外郎沈嵛、唐英等同议得各作所用买办材料,每月派官一员、柏唐阿一名掌值月小圆戳子一个、价符小长方戳子一个,再本库管发钱粮处亦给库查价符小长方戳子一个,凡各作买办之物,除总查活计房用过题头相符戳子外,其尺寸斤秤价值,着值月官员、柏唐阿按定准价值档案查算明白,将应买物料价值等字上用值月小圆戳子一个,其知帖后写值月人员用价符小长方戳子一个,再将知帖送给库上,着司库人员按库价查封相符后,将查封司库名字开写用库查价符小长方戳子,俟后各记查封之事自由专属,日后倘有错误亦不致互相推诿。尔等按此次序查封办理,以便画押,各作所需买办庶不致舛错贻误之弊等语。

本日,司库傅参、满毗来说,库查价符戳子,我等共同查用,其名字不必写上,若日后查出错误之处,我等情愿共同承认。记此。

十一日,员外郎唐英启称,怡亲王为郎世宁徒弟林朝楷身有痨病,已递过呈子数次,求回广调养,俟病好时再来京当差。今病渐至沉重,不能行走当差等语,奉王谕:着他回去罢。遵此。

十五日,据圆明园来帖内称,柏唐阿黑达子持来南匠谭荣具呈红纸折一件,奉怡亲王谕:着照红纸折内所开房屋数目查明,向库房人员说,租给谭荣居住。遵此。

于八月十九日,据圆明园来帖内称,郎中海望传:着将西华门外常平入官的房一所,行文给南匠谭荣住。记此。

于本日,交笔帖式普惠行文讫。

八月

十五日,据圆明园来帖,为抱养过继匠役一事,郎中海望启知怡亲王,奉王谕:不必行文与都虞司,若有应可留之人,尔等查明选出回我知道。遵此。

二十日,据圆明园来帖内称,八月十九日,郎中海望启称,珐琅处画珐琅人林朝楷因身病告假回广,前六月内已经回明。奉王谕:准其回广在案。今又据呈称,林朝楷来时原系广东总督送来之人,蒙皇上赏赐伊本地安家银两,今若不知会总督,唯恐林朝楷在广难以居住。故此求转启王爷知会总督,将林朝楷在广所食安家银两停止,俟林朝楷病好来内廷效力时再行知会等语。奉怡亲王谕:不必行文知会。尔将总督家人传来说我的话带信与总督知道,今造办处画珐琅人林朝楷系有用之人,因身病告假回广养病,将伊送回广东。到广之日,将伊本地所食安家银两暂行停止,俟伊病好照旧着人将伊送上京。来时,将伊所食安家银两再行发给。遵此。

本日,遂交画珐琅人林朝楷传广东总督家人讫。

二十日,据圆明园来帖内称,郎中海望启称,造办处做自鸣钟广东匠役张琼魁因送伊叔父灵柩告假回广。奉怡亲王谕:此人手艺如何?郎中海望回称,此人手艺平常。王谕:若手艺平常,着伊回广,不必来京。亦说与总督家人,将伊送回广东,将所食本地安家银两不必发给。遵此。

本日,遂交南匠张琼魁传广东总督家人讫。

九月

二十日,据圆明园来帖内称,太监刘希文、王太平传旨:靠背、坐褥着画样呈览。准时,交织造处照样做来。钦此。

十一月

二十二日,郎中海望奉怡亲王谕:着将会漆灵芝的好匠役派出二名,再将内管领穆森亦派出预备。遵此。

于二十三日,郎中海望又奉怡亲王谕:着派领催闫黑子、牙匠封岐,再酌量挑一漆匠,俱着内管领穆森带往九凤朝阳山去,其伊等所用路费并催车等项银两,动造办处钱粮发给。遵此。

于本日,郎中海望持来陵上礼部侍郎鄂尔奇进九凤朝阳山生长灵芝折一件、图一幅,奉怡亲王谕:交造办处库上好生收贮。遵此。

于本日,郎中海望、员外郎沈嵛同封固亲交库使四达子持去讫。

于本日,郎中海望奉怡亲王谕:我为采取瑞芝事奏称,问过造办处匠役人等。据匠役说,新灵芝蒸过,不能生虫。若罩笼罩漆亦不能显漆,今派出内管领穆森带领匠役二名去看,若应采取即令采取持来。若时候未应采取待应采取之时再行采取等语,奏闻。奉旨:准穆森带领匠役前去,且不必罩漆。钦此。尔传与穆森会同工部派出官员前去,俟到时务要精细敬看。若时候应采即采取,且不必蒸。详记数目,敬采包裹持来。若时候不应采即不必动,交与地方官着人看守。此时冬令草枯,可将周围茅草割去,防火要紧。俟应采取之时,着地方官差人来报,再着伊等去采取。遵此。

二十六日,六品官阿兰泰说:为慈宁宫画画人等散懒滑惰事启怡亲王,奉王谕:着沈嵛照唐英例,每日稽查。伊等如有不来者,即行启我知道。遵此。

13. 交库存收档

四月

十七日,太监刘希文交来大小方玻璃瓶四瓶、磨楞小玻璃瓶一瓶,传:着西洋人认看是何油何露,着配香用。记此。

于十八日,据西洋人罗怀忠、巴多明认看得系葡萄酒二瓶、噶拉巴做的烧酒二瓶、巴尔撒木油一小瓶。记此。

于十九日,为配避风巴尔撒木香用巴尔撒木油一小玻璃瓶,重三两七钱。

于二十日,将下剩大小方玻璃瓶四瓶内盛葡萄酒二瓶、烧酒二瓶交库使八十三持去收库讫。

十七日,郎中海望持出巴尔撒木油一瓶 连瓶重十九两、巴尔撒木油一瓶 连瓶重十二两、巴尔撒木油一瓶 连瓶重十一两一钱,奉旨:着配巴尔撒木香用。钦此。

于本日,将交来巴尔撒木油三瓶交库使八十三收讫。

十月

初八日,太监张玉柱交来山水花纹大理石四块 见方一尺五寸一块,高二尺〇五分、宽一尺八寸五分一块,高一尺三寸七分、宽一尺六寸一块,高一尺四寸五分、宽一尺一寸八分一块,系云南总督郝玉林进,俱有磕碰处,传旨:着交造办处。钦此。

于本日,将交来山水花纹大理石四块交库使四达子持去讫。

二十六日,太监张玉柱、王常贵交来玛瑙片四片 长二寸二分、宽一寸六分腰圆形一片,长一寸七分、宽一寸三分抹角形一片,长一寸九分、宽一寸二分腰圆形一片,长一寸八分、宽一寸四分抹角形一片,传旨:着将此玛瑙片交造办处收贮用。钦此。

于本日,将玛瑙片四片交库使李元持去讫。

二十八日,郎中海望持出各色玻璃鼻烟壶四十一个 系玻璃厂呈进,一百个之内的,奉旨:此鼻烟壶款式甚俗,不好,可惜材料,尔持出放在无用处。钦此。

本日,郎中海望着交库使武格持去收库讫。

十二月

初六日,内管领穆森持来瑞芝五本,郎中海望呈怡亲王看,奉王谕:交造办处库内好生收着。遵此。

于本日,将瑞芝五本交司库福森收讫。

于十二年十一月初九日,将瑞芝五本配得洋漆箱,司库刘山久送赴景陵讫。

14. 旋作

正月

十七日,太监王太平交来仿成窑五彩小瓷碟七件,传旨:将此碟七件俱盛在清茶房直墙圆漆盒内,此碟小些合着漆盒尺寸,将碟子口面放大些,先旋木样,呈览过再将样子交与年希尧照样烧造。钦此。

本日,随量得清茶房直墙圆漆盒口径八寸四分八厘。记此。

于二月十三日,做得直墙圆漆盒内五彩花纹小碟合牌样一件,郎中海望呈览,奉旨:不必照此花样,尔交与年希尧将京内发去的花样内拣选好花样多烧造几件。钦此。

于二月十六日,合牌小碟样一件、盒底样一件,郎中海望,员外郎沈崳、唐英同交年希尧家人郑旺持去讫。

于七月二十一日,据圆明园来帖内称,本月十七日,太监张玉柱交出烧瓷器处年希尧呈进的青花白地瓷碟四十件、五彩瓷碟六十件,传:着交给清茶房。记此。

本日,随将青花白地瓷碟四十件、五彩瓷碟六十件,郎中海望交清茶房总管太监李英收讫。原交来做样五彩小瓷碟七件,郎中海望交太监王太平收讫。

三月

三十日,郎中海望,员外郎沈崳、唐英传:做象牙腰圆盒二对。记此。

于五月初四日,做得象牙腰圆盒一对,郎中海望呈进讫。

于五月初七日,太监杨文杰来说,怡亲王谕:着西洋旋床上做象牙盒一对。遵此。

于十月二十八日,做得象牙腰圆盒二对,郎中海望呈进,奉旨:此盒俟后不必做罢。钦此。

四月

十五日,据圆明园来帖内称,本日,郎中海望持出银鸡心螺丝盒一件系盛巴尔撒木香用的,奉旨:着照银鸡心盒样式收小些,将象牙小圆盒径过五六分、高二分上下做几件。问西洋人,避风巴尔撒木香是何物配做的,问明着西洋人另配些装在盒内。钦此。

于本月十六日,郎中海望将西洋人巴多明呈进的避风巴尔撒木香二小锡盒，西洋人罗怀忠呈进的避风巴尔撒木香二小象牙盒，西洋人那末达呈进的避风巴尔撒木香六小象牙罐随用造办处旋得径六分高三分象牙盒二件、径五分高二分象牙盒二件、径五分五厘高三分象牙盒二件，将此避风巴尔撒木香装满六小盒并罗怀忠、巴多明写得避风巴尔撒木香折篇一件，郎中海望呈进。奉旨：将香留下，香料折仍持出。此油此香，武英殿、养心殿尽有收贮的，着西洋人合配，再照尔等做的象牙小盒大小将别样的亦做几件。钦此。

于本日，郎中海望持出镶银卡巴尔撒木香球十八筒重十四两二钱、镶银梅花巴尔撒木香球二筒重四两五钱、镶银梅花巴尔撒木香球二十四副重四两四钱，奉旨：着将银卡、梅花俱拆下来，将巴尔撒木香球研成面，送进配避风巴尔撒木油用。钦此。

于十九日，将巴尔撒木香球研成面，用十四两三分，内配麝香一钱，又将十七日太监刘希文交的巴尔撒木油一小瓶重三两七钱做得巴尔撒木香十二块，重十四两六钱并旋得象牙盒八件，郎中海望持进交太监张玉柱呈进讫。

于二十日，做得寿山石高装盒二件、象牙盒八件，郎中海望持进，交太监德格呈进讫。

于二十一日，郎中海望照西洋人罗怀忠、巴多明开写配避风巴尔撒木香方：白豆蔻油一两、巴尔撒木油三钱四分、龙涎香二钱、麝香二分、茴桂皮油四分、丁香油一分、香圆油一分、陈皮油二分、玫瑰油三分，配得避风巴尔撒木香一料；又照武英殿旧存配避风巴尔撒木香方：白豆蔻油一两、巴尔撒木油三钱六分、龙涎香一钱六分、蜜蜡金油一分、麝香一钱、茴桂皮油一分、丁香油七厘、底莫油三厘、辣文都拉油七厘，配得避风巴尔撒木香一料。二宗合成装在二小瓷罐内呈进。奉旨：武英殿旧存的香方香味好，俟朕着配时再配。钦此。

于四月二十三日，做得象牙盒十五件并原样银鸡心螺丝盒一件，着太监王玉持进，交太监王太平讫。

于五月初四日，做得红玛瑙鸡心盒一件，郎中海望呈进讫。

于二十七日，园内司房太监蔡玉持来象牙螺丝口小香盒一件，说太监王太平传旨：着照样做七件。钦此。

于本月二十八日，做得象牙螺丝盒七件，交太监吕进朝持去，交太监王太平讫。

十一月

初五日，太监魏久贵来说，太监王杰传：做湘妃竹药筒二个，镶象牙底盖。记此。

于本月初九日，做得长四寸、径五分五厘象牙底盖湘妃竹药筒二件，交太监魏久贵持去讫。

15. 玻璃作

二月

初九日，内管领穆森交来红玻璃水丞二件、绿玻璃水丞一件、黄玻璃水丞一件，传：着砣磨，配座。记此。

于十月二十八日，做得黄玻璃水丞一件，放凑珊瑚座珊瑚匙，郎中海望呈进讫。

于十二月二十八日，做得绿玻璃水丞一件、红玻璃水丞二件，俱随放凑珊瑚座，郎中海望呈进讫。

三月

初二日，内管领穆森交来绿玻璃圆水丞一件、黑玻璃圆水丞一件，传：着配寿山石座镀金匙。记此。

于三月三十日，将绿玻璃圆水丞一件、黑玻璃圆水丞一件各配得寿山石灵芝座一件、铜镀金匙一件，郎中海望呈进讫。

二十二日，据圆明园来帖内称，本月十九日，郎中海望奉旨：照先做过的玻璃菊花碟子样收小些再做三十件。烧十五色，每色二件，摆在万字房西一路第七间屋内小洋漆书格上,分摆六落,每落五个。钦此。

本日,郎中海望定得菊花碟样式口面径三寸八分。记此。

于本月二十三日,随将此笔旨意并菊花碟子的尺寸,俱交玻璃厂柏唐阿王成斌抄去讫。

16. 累丝作

四月

三十日,太监王太平、刘希文、王守贵交来蛮子珠子一包 重五钱六分、蛮子珠子一包 重十八两一钱、银累丝盒大小三个、银珐琅累丝盒大小五个、穿珠把绳刷一件,传旨:盒子俱着梅洗见新,其绳刷收拾,珠子二包大小不等着编定等次,用线穿好。钦此。

于五月初七日,银盒大小八件、绳刷一件,俱见新收拾完,郎中海望交太监刘希文、王守贵讫。

于六年五月初七日,将珠子二包编成等次用线穿好,郎中海望交太监刘希文、王守贵讫。

十月

初六日,据圆明园来帖内称,本月初五日,太监杨柱交来金累丝托竹珠帽顶二个,说首领太监李进忠传:着收拾。记此。

于本月十一日,收拾得金累丝托竹珠帽顶二个,领催白世秀交太监杨柱讫。

17. 画作

二月

二十三日,据圆明园来帖内称,本月二十一日,太监刘希文、王太平传旨:碧溪一带屋内贴得新绿竹画不好,另画样,呈览过再画。此壁子楠木边走了,着收拾。钦此。

于六月二十八日,改画得绿竹画一张,郎中海望呈览。奉旨:着贴在碧溪一带屋内。钦此。

本日,郎中海望带领催白世秀进内贴讫。

六月

二十日,据圆明园来帖内称,五月十九日,画得新添房内平头案样一张、翘头案样一张,郎中海望呈览,奉旨:准平头案式样一张,着郎世宁放大样画西洋画,其案上陈设古董八件画完刬下来,用合牌托平,若不能平,用铜片掐边。钦此。

于八月初六日,画得西洋案画一张并托合牌假古董画八件,郎中海望持进,贴在西峰秀色屋内讫。

于十月十一日,据圆明园来帖内称,十月初十日,郎中海望画得西峰秀色画案板墙背面荷花横披画一张呈览,奉旨:不必用荷花,仍照前面画案好。钦此。

于十一月二十日,画得西洋案画一张,郎中海望持进,贴在西峰秀色画案板墙背面讫。

于十二月初七日,为本月初四日,郎中海望、保德奉旨:西峰秀色屋内外面板墙上贴的平头画案上何必安走槽? 古董板墙满糊画绢上面画古董,其应留透眼处于搭色时酌量留透眼,板墙里面画案上的古董仍安走槽。钦此。

于七年五月二十日,西峰秀色屋内板墙上面满糊画绢上画古董画片完,郎中海望奉旨:好。钦此。

十月

十三日,据圆明园来帖内称,本月十一日,郎中保德、海望奉旨:西峰秀色后北面围屏四扇,着唐岱画通景山水四幅。钦此。

于七年二月二十七日,画得通景山水围屏四幅,郎中海望持进,贴在西峰秀色后北面围屏上讫。

二十四日，郎中保德交来西峰秀色新添盖房屋内摆的书格背面假书格画样二张，传：照样画假书格画四幅。记此。

于十一月二十七日，画得高六尺四寸、宽三尺三寸书格式画二幅；高五尺八寸五分、宽三寸书格式画二幅。郎中保德带领裱匠李毅持进西峰秀色，贴在新添房屋内书上讫。

二十六日，太监张玉柱、王贵交来糊西洋纸合牌匣一件，传旨：此匣上纸的花纹看着新样，将此花纹画下，俟后造办处或做彩漆或织锦，或做砚盒或做小式活计，仿此花纹做。钦此。

于十一月初七日，将糊西洋纸面合牌胎匣一件画样完，首领太监李久明持去，仍交太监张玉柱讫。

雍正七年

1. 木作

正月

初三日，郎中海望奉旨：九洲清晏西暖阁西边夹道内将楼梯拆去，口铺板补严。下安床，照万字房东暖阁夹道一样收拾，前面做一硬木放床。钦此。

于本月初七日，做得放床一份，领催白世秀领匠役进内安设讫。

二十九日，据圆明园来帖内称，本月二十六日，太监张玉柱、王常贵交来铜胎坐像佛一尊 随佛衣，系达赖喇嘛进、铜胎雅嘛达噶佛一尊 系达赖喇嘛进，传旨：着俱供在书格式佛龛内。钦此。

于二月初四日，将铜胎坐像佛一尊、铜胎雅嘛达噶佛一尊，郎中海望供在书格式佛龛内讫。

二月

二十日，太监刘希文、王太平交来吉祥如意盆景一件 随填漆长方盒座、福寿长春盆景一件 随彩漆菊花式盆紫檀木座、万福万寿盆景一件 随填漆盆彩漆座、嵩呼万寿盆景一件 随彩漆荷叶式盆彩金座、万方和乐盆景一件 随彩漆桃

955

式盆彩金座、万寿长春盆景一件 随彩金荷叶式盆彩金座、寿山福海盆景一件 随漆金鼓墩式盆紫石座、群仙祝寿盆景一件 随彩漆葫芦式盆彩金座、天地同春盆景一件 随填漆盆鸂鶒木座，传旨：将此盆景交给海望，查造办处有收贮的大长条玻璃，将此九件盆景俱配做玻璃罩，或三四盆配一罩。其横头用小玻璃做盆景，下面酌量配条桌安设。钦此。

于十三年十二月二十四日，将吉祥如意盆景一件、福寿长春盆景一件、万福万寿盆景一件、嵩呼万寿盆景一件、万方和乐盆景一件、万寿长春盆景一件、寿山福海盆景一件、群仙祝寿盆景一件、天地同春盆景一件，司库常保、首领萨木哈交太监毛团呈进讫。

三月

初二日，据圆明园来帖内称，本月初一日，太监刘希文交来青花白地大瓷供器三份，传旨：着交与海望配做香几，其香几或用硬木做或做漆的，尔等酌量，但永远坚固方好。再蜡台上配蜡花，瓶内配木胎漆珊瑚，着海望到地安门外火神庙去看高矮尺寸如何，诚供之处，一同道官钱玉麟、于成龙酌定。先做一份，呈览过再做。钦此。

八年八月十九日，瓷供器三份，地震损坏。

十月

初九日，太监张玉柱、王常贵交来朱砂一块 重九十斤，传旨：着配漆座一件，其座下配高香几一件。钦此。

于乾隆元年二月初四日，将朱砂一块，员外郎常保交太监毛团呈进讫。

2. 玉作

四月

初五日，郎中海望持出汉玉仙人一件，奉旨：其玉甚旧甚好，但头顶上有眼有缺处，着问玉匠如何补做，或旁边另配何物。得时，或陈设在宝贝书格内。钦此。

于十三年十月二十二日,将汉玉仙人一件,司库常保、首领萨木哈持进,交太监毛团呈进讫。

十一日,郎中海望持出玛瑙象牙算盘一件,奉旨:着收拾。钦此。

于十三年十月二十四日,将玛瑙象牙算板一盘,司库常保、首领萨木哈交太监毛团呈进讫。

八月

初二日,据圆明园来帖内称,四月初三日,郎中海望持出青玉盆一件,奉旨:此盆若有不好处砣磨收拾好,配一床上用的矮架,架上起一手巾杆。钦此。

于八月十四日,将青玉盆一件配得黑漆挑杆架座,郎中海望呈进讫。

九月

十二日,郎中海望传:做备用寿意念佛庄严伽楠香数珠一盘。记此。

于九月二十九日,做得念佛伽楠香数珠一盘随珊瑚佛头松石塔白玉记念松石钱铜镀金敖其里,郎中海望呈进讫。

十月

初四日,郎中海望、员外郎满毗传:做备用各式玻璃小盒九件。记此。

于十月二十九日,做得玻璃盒九件,郎中海望呈进讫。

十五日,太监张玉柱、王常贵交来伽楠香数珠一串 计一百〇八个,传旨:着认看是好的是平常的,若是好的配好庄严,若是平常配平常庄严。钦此。

随着领催周维德认看是平常伽楠香数珠等语,郎中海望、员外郎满毗着配次些庄严。记此。

于八年五月二十日,配做得朝庄严伽楠香数珠一串,首领李久明持去,交太监王常贵讫。

3. 杂活作

二月

二十日,郎中海望、员外郎满毗同传:做年例端阳节川椒香袋二十个、绕绒符香袋四十个、赏用黄圆香袋二百五十个、红圆香袋二百五十个、白圆香袋二百五十个。记此。

于四月三十日,照样做得香袋八百一十个,郎中海望交太监吕进朝交太监刘希文讫。

二十三日,太监刘希文、王太平交来温都里那石银胎长方盒一件 内盛银规矩大小二件、银筷子一副、银尺二件、银半圆尺一件、银墨夹一件,传旨:腿子不好,照先换过的算盘珠式腿子一样换做。钦此。

于三月初四日,配做得算盘珠式腿银盒一件,太监吕进朝持进交太监刘希文讫。

三月

初七日,据圆明园来帖内称,太监刘希文交来镶嵌银累丝花黑牛角筒一件,传旨:着拴绦子。钦此。

于三月初八日,拴得黄细绦完,郎中海望持进,安在西峰秀色讫。

初九日,据圆明园来帖内称,本月初三日,首领太监李久明持来沉香节节双喜如意一件,说太监刘希文传:着收着。记此。

于九月二十九日,将沉香节节双喜如意一件,赏怡亲王用讫。

十七日,柏唐阿赵老格持来年年长如意香袋画样一张、五福捧寿香袋画样二张、扁豆式香袋画样一张、葫芦式福寿香袋画样一张、菊花式香袋画样一张、余长如意香袋画样一张,说郎中海望传:着照样每样做香袋十个。记此。

于四月三十日,照画样做得各式香袋七十个,郎中海望呈进讫。

二十日,柏唐阿赵老格持来福寿香袋画样一张、喜相逢香袋画样一张、双圆香袋画样一张、双凤双圆香袋画样一张、五玦式香袋画样一张,说郎中海望传:着照样每样做香袋十个。记此。

于四月三十日,照画样做得香袋五十个,郎中海望交太监刘希文讫。

四月

初二日,太监刘希文、王太平交来洋漆小匣二对,传旨:着海望见面请旨。钦此。

于四月初三日,郎中海望将此匣二对持进呈览,奉旨:此匣上饰件不好,着换夔龙镀金饰件,用纽簧。钦此。

于十三年十一月十一日,将洋漆小匣二对,司库常保、首领萨木哈交太监毛团呈进讫。

十八日,据圆明园来帖内称,三月三十日,郎中海望持出甘黄玉有缺口圈一件,奉旨:就其缺口处安转轴配做镜支用。钦此。

于四月初三日,做得玻璃镜罩盖盒一件,郎中海望呈览,奉旨:此想头甚好,将玉圈不必安在上面,另配一罩盖盒,一面安卡子,掀开即算镜子,中层安玻璃。钦此。

于闰七月三十日,做得玻璃镜黑漆洋金罩盖盒一件,盖里嵌玻璃镜一面,上安铜镀金卡子一件,罩内嵌玻璃一块,郎中海望呈进讫。

五月

十三日,据圆明园来帖内称,郎中海望持出镶嵌衬红绿玻璃面长方银盒一件,奉旨:此盒做法甚好,着仿做。钦此。

于十一月初七日,郎中海望传:照此玻璃衬垫做法,仿做玻璃面玻璃镜底长方银盒二件。记此。

于十二月初二日，郎中海望、员外郎满毗传：照此玻璃衬垫做法，仿做玻璃面玻璃镜底长方银盒四件。记此。

于八年十月二十八日，做得衬红玻璃盒三对并原样一件，内务府总管海望呈进讫。

六月

十五日，据圆明园来帖内称，本月初九日，郎中保德、海望传：做斑竹衣杆长四尺二根、长三尺二根，两头各锭黄铜曲须圈拴紫线有穗绦子；再做书套式糊锦面玻璃镜匣四个，各长八寸六分、宽七寸八分、高九分，俱安象牙劈子。记此。

于六月二十四日，照尺寸做得斑竹衣杆四根，书套式玻璃镜四个，交工程处笔帖式得石持去讫。

十五日，郎中海望传：照先呈进过的甜瓜式帽架再做三份备用。记此。

于八月初十日，做得甜瓜式帽架一份，赏怡亲王用讫。

于九年四月初八日，做得瓜式帽架二份，首领萨木哈交太监王进朝讫。

七月

初七日，据圆明园来帖内称，五月初八日，郎中海望奉上谕：尔造办处绣匠甚多，若无特交做的活计，何必着匠役旷闲。尔将挑杆香袋做几份，上做八角宝盖，下配或异兽或何样座子插紫檀木挑杆，高五六尺，其八挂香袋俱做石青地黄线穗，内四挂各绣金线福寿康宁篆字，四挂各绣金线平安如意篆字。再挂香袋的帽架亦做几件，今岁九月内先得一对，其余明年五月间再造。钦此。郎中海望奏称：养心殿造办处只有府内来的绣匠二名，如有应做的活计俱现传织染局三旗绣匠来做，俟告成之日即便退回等语，奏闻。奉旨：家内绣匠甚多，所绣的物件甚少，先年织染局曾做过两面透绣手巾等物,进来并不织绣,由其匠役旷闲。俟后织绣匠工之事着尔管理,将应用活计织绣些备用。凡内务府有织绣之事,着该管官员告诉你知道。尔将此旨亦传与内务府总管知道。钦此。

于九月初九日,做得福寿康宁、平安如意绣篆字挑杆香袋二份,系黑退光漆画洋金。上层镶藕色绫画夔龙捧寿,下层鹅黄缎地绣红蝠青寿字片八角宝盖,随珊瑚松儿白建珠穿成璎珞石青缎绣金线福寿康宁平安如意篆字香袋十六挂,每挂随铜镀金夔龙点翠嵌珊瑚垫、扁形宝盖、铜镀金点翠花叶等样香色线穗,假珊瑚松石夹间珠挂珞黑退光漆画洋金桄座随纺丝套,郎中海望呈进讫。

二十一日,据圆明园来帖内称,本月初十日,郎中海望奉旨:西峰秀色殿内镶边玻璃镜挂在西洋柜背面,或用托钉或将柜座帮一木托,尔等酌量。钦此。

于本年八月初三日,郎中海望持镶边玻璃镜一面挂在西洋柜背面讫。

十一月

二十七日,郎中海望、员外郎满毗传:做备用年年长福寿全带一副。记此。

于十二月二十八日,做得镶嵌伽楠香金珀面铜镀金全带一副随雕刻象牙开其里一件、石青缎穿珠荷包一对、珊瑚豆绣缎署文房一件、绣缎火镰包一件,郎中海望呈进讫。

十二月

初五日,宫殿监督领侍陈福,副侍苏培盛、李英传旨:着照先做过的垂恩香料盘香做二十八盘,俟明年二三月间再做些。香方不可传出。钦此。

于八年十二月初五日,做得垂恩香料盘香二十八盘随合牌盒十四个盛装,员外郎满毗交太监马进忠等持去,交宫殿监副侍苏培盛收讫。

4. 皮作

三月

初五日,据圆明园来帖内称,太监刘希文、王太平交来蓝地六合锦一匹 长一丈九尺八寸、香色地万钱如意锦一尺 长二丈〇五寸、零锦八尺,传旨:着将蓝锦做椅垫八个、香色锦做机垫八个。零的如足用即用,如零的不足用可用整的。钦此。

于本月初十日,将锦做得蓝锦椅垫八个、香色锦机垫八个并余剩锦,领催白世秀交太监刘希文、王太平讫。

四月

初六日,首领太监李久明持出平果绿地五彩夔龙锦一匹、酱色地五彩如意花锦一匹、酱色地如意夔花锦一匹,说太监刘希文、王太平传:做西峰秀色一面桌围二个、椅搭四个,着将此三匹锦内挑一匹文雅的急做。记此。

于本日,郎中海望挑得五彩夔龙锦一匹、如意夔花锦一匹,交领催白世秀持去讫。下存锦交库使八十三收讫。

于四月十三日,做得桌围二个、椅搭四个并余剩锦,领催白世秀交太监刘希文讫。

十月

初四日,太监刘希文交来填漆圆桌一张,传旨:着做镶锦边红猩猩毡套一件。钦此。

于本月初五日,做得红猩猩毡面绞子锦刷桌套一件并填漆桌一张,首领太监萨木哈持去交太监刘希文收讫。

十一月

十九日,太监刘希文交来月白地锦二匹、酱色地锦二匹,传旨:着做怡亲王进的宝座上垫子用。钦此。

于十二月十四日,将此锦内挑得月白色锦一匹,长三丈五寸,做垫子九个,用过锦一丈八尺二寸。本日,郎中海望、员外郎满毗将交来锦三匹并做垫子下剩月白地锦二尺三寸,交首领太监萨木哈持进,交太监刘希文讫。

于八年正月初五日,郎中海望将做成锦垫几个,着柏唐阿六达子送赴圆明园同领催白世秀交竹子院首领太监收讫。

5. 珐琅作　附大器作

四月

初二日,据圆明园来帖内称,三月二十日,郎中海望持出洋漆万字锦绦结式盒一件,奉旨:照样或烧造黑珐琅盒或做漆盒。钦此。

于本日,郎中海望传:着做珐琅盒四件。记此。

于十月二十八日,照样做得珐琅盒四件并原样漆盒一件,郎中海望呈进讫。

闰七月

初九日,据圆明园来帖内称,本月初八日,怡亲王交年希尧送来画珐琅人周岳、吴士琦二名,吹釉炼珐琅人胡大有一名　并三人籍贯小折一件,细竹画笔二百支、土黄料三斤十二两、雪白料三斤四两、大绿一片、白炼矾红一斤、白炼黑钩料八两　随小折一件,郎中海望奉王谕:着将珐琅料收着,有用处用。其周岳等三人着在珐琅作行走。遵此。

于本月初十日,将年希尧送来画珐琅人三名所食工银一事,郎中海望启怡亲王,奉王谕:暂且着年希尧家养着,俟试准时再定。遵此。

6. 镶嵌作 附牙作、砚作

正月

二十五日,监察御史沈嵛、郎中海望、员外郎满毗传:做备用湖广石雕眉寿式盒砚一方、象牙如意式盒一对、象牙海鹤蟠桃盒一对。记此。

于二月二十八日,做得二色湖广石福寿余长盒绿端石砚一方、象牙彩漆海鹤蟠桃盒一对、象牙茜色如意式嵌玻璃面盒一对,郎中海望呈进讫。

二十九日,据圆明园来帖内称,本月二十六日,太监张玉柱、王常贵交来汉玉单耳腰圆水丞一件,传旨:着配座子。得时,安在松竹梅屋内黑漆桌上葫芦砚盒一处,将原陈设的有红点蓝玻璃水丞换下来。钦此。

于本月二十八日,配得象牙座一件并汉玉水丞一件,郎中海望持进,交首领太监杨进朝讫。

二月

初七日,监察御史沈嵛、郎中海望、员外郎满毗传:做镶嵌双喜玉福寿联长盒一件。记此。

于十二月二十九日,做得镶嵌双喜玉福寿联长盒一件,郎中海望呈进讫。

三月

初八日,据圆明园来帖内称,本月初一日,首领太监李久明持来武定石大小十五块 总督鄂尔泰进,说太监刘希文传旨:交给海望。此石内有一块花样甚好,着随其本来花纹做砚盒用。其余十四块,尔酌量应做何物用。钦此。

于四月十一日,将好花样武定石一块,做得砚盒一件内配绿端石砚一方,郎中海望呈进讫。

于八年正月十一日,郎中海望将武定石十四块交库讫。

武定石十四块现存库。

初八日,郎中海望传:做备用象牙茜色盒二对。记此。

于五月初四日,做得象牙茜色嵌玻璃衬画片盒二对,郎中海望呈进讫。

十一日,据圆明园来帖内称,本月初七日,太监张玉柱、王常贵交来树根一件,传旨:或用玉或用寿山石配做仙人一件。钦此。

于十三年十一月初四日,将树根一件配得洞石仙人一件,司库常保、首领萨木哈交太监毛团呈进讫。

十九日,太监刘希文、王太平交来象牙石榴盒一件,传旨:此盒口不严,着收拾。钦此。

于本月二十二日,收拾得象牙石榴盒一件,首领太监李久明持去交太监王太平收讫。

二十日,郎中海望持出白玉船形笔洗一件,奉旨:着做象牙高座上栽珊瑚。钦此。

于本年十二月二十二日,将白玉船形笔洗一件配得象牙座上栽珊瑚,郎中海望呈进讫。

二十日,郎中海望持出白玉海青天鹅圈一件,奉旨:砚盒上取中镶嵌用。钦此。

于十三年十月二十三日,司库常保、首领萨木哈持进,交太监毛团呈进讫。

二十日,郎中海望持出白玉有字镶嵌一件,奉旨:着镶嵌砚盒用。钦此。

于十三年十月二十三日,司库常保、首领萨木哈持进,交太监毛团呈进讫。

二十日,郎中海望持出碧玉夔龙凤扇器一件,奉旨:着做镶嵌用。钦此。

于十三年十月二十三日,司库常保、首领萨木哈持进,交太监毛团呈进讫。

二十一日,郎中海望持出汉玉双喜玦一件、碧玉夔龙扇器二件、碧玉夔龙扇器一件。奉旨:着镶嵌盒子用。钦此。

于闰七月二十日,将碧玉扇器二件内一件嵌在三月二十日交出青玉镯盒上,郎中海望呈进讫。

于十三年十月二十二日,将碧玉夔龙扇器一件,司库常保交太监毛团呈进讫。

于十三年十月二十三日,将碧玉夔龙扇器一件,司库常保交太监毛团呈进讫。

于十三年十月二十三日,将汉玉双喜玦一件,司库常保交太监毛团呈进讫。

四月

初三日,郎中海望持出白玻璃鼻烟壶一件 上嵌西洋珐琅片,奉旨:此瓶内珐琅片如何镶嵌之处,着问先年做过的陈匠人是如何镶嵌上的,以便镶嵌上送进来。钦此。

于本月二十日,将鼻烟壶收拾好,郎中海望呈进讫。

初八日,据圆明园来帖内称,本月初三日,郎中海望持出象牙边镶嵌玳瑁夹人物片八角盒一件,传旨:此盒上象牙线纹并镶嵌做法俱好,俟后或做盒子或做别物照此镶嵌做法。此盒子且不必交进,俟朕有交出着配盒子物件,尔将此盒子配合盛装交进。钦此。

于十三年十一月十一日,将镶嵌玫瑰人物片八角盒一件,司库常保交太监毛团呈进讫。

十八日,据圆明园来帖内称,本月初八日,郎中海望持出歙石砚一方杏木根盒 随规矩、象牙起子、竹比例尺等件,奉旨:此砚盒不好,着另配做雕刻绿面紫石盒,下配绿色石有腿高座,其砚盒盖里照此砚盒里的砚赋刻上填漆。钦此。

于本年十二月二十八日,将歙石砚一方另配得刻砚铭紫石盒,郎中海望呈进讫。

五月

十三日,据圆明园来帖内称,四月二十四日,郎中海望持出有把洋漆钵盂式盒一件,传旨:着照样或做红漆或做黑漆喷金镶银里,不必做底足,做平底。其拿手把用楠木做把,根底做细,着镶铜放大着些。再将径三四寸大的用石做几件。钦此。郎中海望随奏称,先用寿山石或用软些的石做一件呈览,如好再用硬石做等语。奉旨:准奏。钦此。

十五日,据圆明园来帖内称,本月十一日,宫殿监督领侍陈福、副侍苏培盛传旨:着将象牙、柏木三等纪录牌每样添做五十个。钦此。

于六月十四日,做得三等象牙纪录牌二十个、三等柏木纪录牌二十个,随套一个象牙盖珠,太监王玉持去交宫殿监副侍李英收讫。

于本日,李英传:再将盛三十个纪录牌皮套做二个。记此。

于七月初七日,做得三等象牙纪录牌二十个、三等柏木纪录牌二十个,太监王进孝持去交宫殿监督领侍陈福收讫。

八月

十六日,据圆明园来帖内称,四月初三日,郎中海望持出镶嵌洋漆玫瑰墙鼻烟壶一件,奉旨:此洋漆片镶嵌做法甚好,将此镶嵌做法俱存下样式,其原样鼻烟壶仍交进,俟后若有洋漆物件应做镶嵌者,可照此做法镶嵌。钦此。

于本月二十日,将原交出鼻烟壶一件,郎中海望呈进讫。

十月

十一日,郎中海望、员外郎满毗传:做备用帽架一件。记此。

于本年十月二十八日,做得镶嵌福寿帽架一件,郎中海望呈进讫。

十三日,太监张玉柱交来洋漆长方匣二件、洋漆斧式匣二件,传旨:着配做绿端石砚。钦此。

于十一月二十九日,将洋漆长方匣二件、洋漆斧式匣二件内各配做绿端石砚一方,郎中海望呈进讫。

十八日,太监张玉柱、王常贵交来东莞香一块 重九两三钱,传旨:应做何物做何物用。钦此。

二十三日,宫殿监督领侍陈福传旨:赏琉球国王漆盒砚不好,着换做石盒砚赏给。钦此。

于本日,将石盒砚一件,太监马进忠持去,交总管陈福讫。

十一月

初二日,郎中海望、员外郎满毗传:做年节备用各式漆盒砚九方、各色石盒砚五方、各式木盒砚四方。记此。

于十二月二十九日,做得各色石盒砚十八方,怡亲王呈进讫。

十二日,郎中海望、员外郎满毗传:做备用象牙万年一统笔筒一件。记此。

于十二月二十九日,做得象牙万年一统笔筒一件,怡亲王呈进讫。

十二月

二十七日,太监张玉柱交来沉香胆二块 共重七两九钱,传旨:应做何物请旨再做。钦此。

于九年五月初四日,做得砚盒二件,郎中海望呈进讫。

7. 匣作

三月

二十一日,太监王太平传旨:宝贝格内器皿系紧要之物,往往被座子箍坏器皿。着海望细细查看,或换漆座或换暖木,务使不要箍坏器皿。钦此。

于四月初五日,郎中海望奉旨:宝贝格内昭文带的架子不好,着做一隔断板,按昭文带空处书格板将昭文带斜着挂上。钦此。

于五月初八日,画得宝贝格隔板挖空纸样一张,郎中海望呈览,奉旨:其空不必用各样花,空用圆形、长圆形、方形、长方形好。钦此。

于六月二十二日,做得紫檀木挖空隔板,郎中海望持进安讫。

四月

二十二日,据圆明园来帖内称,本月十一日,郎中海望持出象牙嵌槟榔塔一件,奉旨:着配玻璃罩。钦此。

于八年四月十二日,将象牙嵌槟榔塔一件配得玻璃罩,郎中海望呈进讫。

二十七日,太监刘希文、王太平交来洋漆箱一件,汝窑器皿二十九件:三足圆笔洗一件、奉华字圆笔洗一件、无足圆笔洗一件、有足有号圆笔洗八件、丙字圆笔洗二件、无字圆笔洗二件、坤宁字圆笔洗一件、无字圆笔洗一件、有足无字圆笔洗二件、有足无字圆笔洗一件、坤宁字大圆笔洗一件、丙字圆笔洗二件、有足无字圆笔洗一件、有足无字盘式大圆笔洗三件、无冰裂纹圆笔洗一件、瓷口有足笔洗一件。传旨:着各配做镶棕竹边糊锦匣盛。洋漆箱内上层要一般平,随其器皿大小集锦式安放。器皿内成对者不必拆开,一匣盛装。若箱内仍有余空,随其器皿做黑漆架。如何安提手处,酌量配安。钦此。

于十二年五月初四日,将汝窑各式笔洗二十九件配匣完,交司库常保呈进讫。

五月

十三日,太监赵朝凤交来金面棕竹股扇一柄、铜见镀烧古如意一件,说宫殿监副侍苏培盛传旨:着做锦袱一个、锦匣二个,外做木套匣一个盛装。钦此。

于本日,做得锦面红绢里安卡子如意匣一件、扇匣一件、糊黄纸外套木匣一件,交太监赵朝凤持去讫。

十四日,太监刘希文、王太平交来成窑五彩鹦鹉摘桃高足圆十件、成窑五彩西番莲高足圆八件、成窑五彩葡萄高足圆八件、成窑五彩宝莲高足圆六件、成窑五彩莲花荷叶高足圆八件、成窑五彩莲花高足圆四件 内二件有冰裂纹惊墨、成窑青花白地八宝高足圆十二件、成窑青花白地八宝高足圆十二件,传旨:着各配架、配套匣,做样呈览,准时再做。钦此。

以上瓷器六十八件随黑漆洋金箱一件,交库使李元八十三收讫。

于本月十五日,做得成窑五彩高足酒圆合牌架样一件,郎中海望呈览,奉旨:准做。钦此。

于十二年八月十四日,将成窑高足酒圆六十八件俱配架完,司库常保呈进讫。

六月

初五日,据圆明园来帖内称,四月十九日,郎中海望奉旨:洋漆罩盖长方箱二个,箱内安隔屉盛玉器用,再做一外套安西洋锁,尔用合牌做样呈览,准时再做。钦此。

郎中海望随奏称,奴才意欲将此外套做一座子,安西洋锁,若去外套连座子陈设等语,奏闻。奉旨:甚好,准做。钦此。

于六月二十日,做得安西洋锁箱套一件、箱屉子二个,胡常保持进安讫。

九月

二十四日,据圆明园来帖内称,本月二十三日,郎中海望奏称,四宜堂后配做盛玉器合牌匣子,俱已告成,仍有未配匣子瓷器等物件,奴才意欲带进京去成做,俟明年皇上驾幸圆明园时仍在四宜堂后成做宝贝格物件等语,奏闻。奉旨:准奏。四宜堂后新做的盛玉器匣子,朕已览过,其匣子做法甚好。尔查在内做活计匠役共有几名,或用总管太监处银两或用造办处银两按等次赏给,将赏给银两数目随便奏闻。钦此。

郎中海望随奏称,奴才用造办处银两赏给。奉旨:赏胡常保缎一匹。钦此。

于十一月初五日,将赏催总常保官用缎一匹、匠役十八名银五十三两,折片一件,奏闻。奉旨:知道了。钦此。

8. 漆作

正月

二十九日,据圆明园来帖内称,本月二十八日,郎中海望奏称,六年十二月二十八日,呈览过的黑退光漆画洋金花纹书格式佛龛安设何处等语,奏闻。奉旨:俟朕往圆明园去题奏。钦此。

二月

十二日,首领太监李久明持来各式洋漆香几十四件、各式洋漆茶盘十四件,说太监王太平传:着送往圆明园,交园内总管太监陈设在九洲清晏五号房内。记此。

于本月十三日,员外郎满毗着柏唐阿巴蓝泰送往圆明园,交总管太监陈九卿讫。

十六日,郎中海望、员外郎满毗传:做备用脱胎漆盒二十八件。记此。

于五月初四日,做得黑退光漆画洋金节节双喜盒五对、退光漆画洋金喜寿连连盒三对、红漆画洋金双喜连连盒红漆画洋金莲艾盒各三对,郎中海望呈进讫。

四月

初二日,据圆明园来帖内称,三月二十日,郎中海望持出洋漆万字锦绦结式盒一件,奉旨:照样或烧造黑珐琅盒或做漆盒。钦此。

于本日,郎中海望着做漆盒四件。记此。

于四月二十日,将原交出洋漆万字锦绦结式盒一件,郎中海望呈进讫。

于闰七月三十日,做得黑漆洋金万字锦绦结式盒五件,郎中海望呈进,奉旨:此盒子甚好,大有洋漆的意思,但里子略不像些。钦此。

初二日,据圆明园来帖内称,三月二十三日,太监王太平传旨:九洲清晏陈设的洋漆书桌甚文雅,着照样做几张,其桌面上仍嵌寿字,将托撑放大些。钦此。

于本日,郎中海望着做四张。记此。

于八年四月二十日,照样做得洋漆书桌四张,交太监王太平讫。

十一日,郎中海望持出洋漆方胜盒一件 内盛西洋戒指三个,传旨:此镶的铜边甚好,着照样改做。钦此。

于八年十二月二十九日,将洋漆方胜盒一件,内务府总管海望呈进讫。

十一日,郎中海望持出洋漆书式盒一件 内盛珐琅桃式盒二件、玻璃羊一支,传旨:着将珐琅桃式盒收拾好送进,将玻璃羊配一玻璃罩送进,仍入在百什件用。钦此。

于十三年十一月初七日,将洋漆书式盒一件内盛珐琅桃式盒二件、玻璃羊一支,司库常保、首领萨木哈交太监毛团讫。

十一日,郎中海望持出洋漆圆角盒一件 内盛水晶扇牌一件,传旨:着将累丝边拆去送进。钦此。

于四月二十日,将卡子拆下扇器,郎中海望呈进讫。

于八年十二月二十九日,将洋漆圆角盒一件,内务府总管海望呈进讫。

十八日,据圆明园来帖内称,三月二十日,郎中海望持出洋漆长方盒二件,奉旨:此盒样甚好,不独做漆盒或石盒,亦可照样做几件。钦此。

于四月二十日,将原交出洋漆长方盒二件,郎中海望呈进讫。

于七月三十日,做得玻璃罩镜黑漆洋金罩盖盒二件,郎中海望呈进,奉旨:此盒子做法甚好,照样再做几件。钦此。

于本日,员外郎满毗传:着先做二对。记此。

于十二月二十八日,做得洋漆罩盖盒二对,郎中海望呈进讫。

十八日,据圆明园来帖内称,三月二十日,郎中海望持出彩漆罗汉盒一件,奉旨:不独人物再放大些,别样款式盒亦可。钦此。

于八年十二月二十九日,将彩漆罗汉盒一件,内务府总管海望呈进讫。

二十二日,据圆明园来帖内称,本月十四日,郎中海望持出羊肝色圆漆盒一件,奉旨:着照此样颜色仿做。钦此。

于十三年十一月初八日,将羊肝色漆圆盒一件交太监毛团呈进讫。

二十四日，据圆明园来帖内称，本月二十三日，太监刘希文交来红漆描金靶碗托四个、黑漆描金靶碗托四个，传：着将此靶碗托眼往大里开些，俟后再做靶碗托时，其眼俱做一寸六分。记此。

于六月初一日，开得一寸四分七厘大眼红漆描金靶碗托四个、黑漆描金靶碗托四个，首领萨木哈持去，交太监刘希文、王太平讫。

五月

初七日，据圆明园来帖内称，四月十一日，郎中海望持出填漆圆盒一件，传旨：此盒做法甚好，着照样做二对。钦此。

于初七日，据圆明园来帖内称，四月二十四日，做得黑退光漆画洋金金钱菊花嵌玻璃堆地景如意式盒二对，于五月初四日，郎中海望呈进一对，奉旨：此盒做的甚糙，再做时精细着。钦此。

于五月十四日，将原交填漆盒一件，郎中海望呈进讫。

二十五日，太监刘希文、王太平交来铜镀金包镶事件画太极图洋漆箱二件，内一件盛成窑茶圆六十二件，内一件盛成窑酒圆七十四件。传旨：着合配镶棕竹边锦匣盛，再洋漆箱内上层要一般平，随其器皿大小集锦式安放器皿，内有成对者不必拆开，一匣内盛装。若箱内仍有余空，随其器皿做黑漆架。如何安提手处，酌量配安。钦此。

于十二年五月初四日做完，司库常保、首领萨木哈呈进讫。

八月

十二日，据圆明园来帖内称，首领太监马温良持来插屏架二座、风灯二对、铝条八根、蜡台二对、奠池二个、供桌二张、铜条二根、焚纸炉二个、铁引灯一个、帏桌二个，说太监刘希文传：着收拾。记此。

于八月十四日，插屏架等件俱收拾完，交太监马温良持去讫。

九月

十二日，据圆明园来帖内称，首领太监萨木哈来说，太监雅图传：九洲清晏西暖阁东边北外间陈设的楠木茶架已请过旨,将海望做下的黑漆茶架送进来陈设。记此。

本日,将黑漆茶架,郎中海望持进陈设讫。

二十一日,首领太监周世辅交来黄油桌一张,传:着油饰见新。记此。

于九月二十三日,将黄油桌一张另油见新交太监闻成持去讫。

二十七日,太监蔡玉持来汉字帖一张内开,本月初五日,太监雅图传旨:九洲清晏西暖阁陈设洋漆格子上磕坏一块,俟朕进宫时交与海望着人收拾。钦此。

于十月二十八日,领催白世秀带领匠役进内收拾完讫。

十月

二十五日,郎中海望持出仿花纹石漆面四方黑漆香几一件,奉旨:此香几漆面做法甚好,此后再做漆活计照此漆面花纹做。钦此。

香几一件现存漆作。

十一月

二十一日,郎中海望、员外郎满毗传:做备用各式脱胎漆盒九对。记此。

此□无领材料未做。

十二月

二十八日,郎中海望持出红漆画洋金花卉四方套盒一对,奉旨:着送往圆明园去,有应陈设处陈设。钦此。

于八年正月初五日,将四方套盒一对,领催白世秀交首领彭凯昌、董自贵陈设讫。

9. 旋作

三月

二十八日，员外郎满毗传：做备用避暑巴尔撒木香小象牙盒十件。记此。

象牙盒十件现存活计库。

六月

初七日，据圆明园来帖内称，本月初四日，太监张玉柱、王常贵交来拉固里木碗大小五个 达赖喇嘛进、扎布扎牙木碗一个 索诺木达尔查进、拉固里木碗一个、扎布扎牙木碗一个 贝子颇罗鼐进、拉固里木碗一个，传旨：着收拾。钦此。

于七月初七日，据圆明园来帖内称，本月初三日，郎中海望将六月初四日交出达赖喇嘛进的拉固里木碗五个、索诺木达尔查进的扎布扎牙木碗一个、拉固里木碗一个呈览，奉旨：将颇罗鼐进的拉固里木碗一件留下，其余木碗仍交出。再此样木碗甚少，尔查在何处，将此碗归在一处。钦此。郎中海望随奏称，有皇上早交出着编等次的拉固里木碗、扎布扎牙木碗，怡亲王已经编出等次，现在造办处收贮等语。奉旨：尔将此木碗归在一处送进。钦此。

于七月初九日，将四年十月初二日交出二等扎布扎牙木碗一件，十月二十日交出二等扎布扎牙木碗二件、头等拉固里木碗六件、奔咱木碗二件，十月二十一日交出头等拉固里木碗二件，十月二十五日交来头等拉固里木碗七件、二等拉固里木碗五件，十二月初十日交来头等扎布扎牙木碗三件、头等拉固里木碗一件，十二月十一日头等扎布扎牙木碗四件、头等拉固里木碗五件、二等拉固里木碗四件，十二月十三日交来头等六道木碗十五件、头等六道木茶圆二件、头等拉固里茶杯一件、头等拉固里盖碗一件、头等拉固里木碗□件、二等拉固里木碗八件、擦测牙木碗一件；五年正月初二日交来头等扎布扎牙木碗一件,三月十三日交来头等扎布扎牙木碗一件、二等扎布扎牙木碗一件、头等拉固里木碗二件,十月二十七日交来头等扎布扎牙木碗二件、二等拉固里木碗二件。以上扎布扎牙等木碗俱着玉匠赵十送赴圆明园去。郎中海望呈怡亲王看,奉王谕:收拾妥当送进。遵此。

10. 记事录

二月

二十二日,郎中海望奉旨:伊车满洲等奏称,用大片桦皮苫房不能漏水,尔向该管处查,若大片桦皮易得,取些来试看。钦此。

三月

二十四日,据圆明园来帖内称,本月二十四日,太监王太平传旨:着问竹子院楼梯书格上画的古董合牌画片如何还不得。钦此。

二十四日,据圆明园来帖内称,本月二十二日,郎中海望启怡亲王,造办处所用楠木不足用,今闻得外边有卖的楠木柁五架,每斤作价银三分五厘,合算用银四五百余两,欲动本处库内银两买办等语。奉王谕:准买。遵此。

四月

二十七日,郎中海望奉旨:尔将各样款式水丞或腰圆形、半璧形、鸡缸形,或扁形酌量做木样几件,不必呈览。交年希尧,或黄釉或祭红釉,或脱胎或冬青釉,务要精细,每样烧造几件。钦此。

于五月十九日,做得腰圆形水丞木样一件、半璧形水丞木样一件、鸡缸形水丞木样一件、扁圆形有缺口水丞木样一件,交年希尧家人郑旺持去讫。

五月

初五日，据圆明园来帖内称，本月初四日，呈进活计内有黑退光漆堆暗花罩盖盒并画洋金花盒等件，奉旨：此腰圆式漆盒做得甚粗糙，口亦不严，画的都不好。俟后再做样时，往精细里做。钦此。

十三日，据圆明园来帖内称，四月十九日，郎中海望奉旨：用造办处库内银赏序班张万民银一百两。钦此。

于四月二十日，将本库银一百两本日赏讫。

二十七日，据圆明园来帖内称，本月二十六日，林成祖传旨：着保德、海望派妥当人员到光禄寺认看楠木。钦此。

闰七月

初三日，据圆明园来帖内称，四月十九日，郎中海望奉怡亲王谕：着将赏暹罗国王物件单查来我看。遵此。

随将雍正三年正月初十日赏过物件单一件，又将赏琉球国王并使臣单一件、赏苏禄国王并使臣单一件，呈怡亲王看。奉王谕：着照雍正三年赏过暹罗国王物件数目另改名色预备一份，照赏琉球国王并使臣银两缎匹预备一份，写折二件，俱写今拟二字。再雍正三年原赏过数目写折二件，不必安掩面。遵此。

于本月初十日，郎中海望奉怡亲王谕：拟得赏暹罗国王并使臣先前赏过原折二件，今拟折二件内开：赏暹罗国王内造缎二十四、白玉鹤蟠桃杯一件、白玉四喜方壶一件、白玉双喜水注一件、白玉双喜花插一件、白玉螭虎觥一件、白玉夔龙瓶一件、白玉八角荔枝盒一件、白玉盆一件、珐琅炉瓶盒一份、玻璃大碗二件、玻璃盖碗六件、白地龙凤高足盖碗六件、白地五彩盖碗十二件、吹红盖碗十二件、翡翠暗花宫碗十二件、红地珐琅宫碗八件、五彩大红宫碗十二件、百福五彩大宫碗十二件、五彩莲花茶碗十二件、祭红五寸盘十六件、霁青六寸盘十二件、白地番草花六寸盘十二件、五彩葵花六寸盘十二件、透花边八寸盘四件、嵌白玉鹨鹒木盒乌柱石砚一方、漆盒绿端石砚一方。赏暹罗国使臣内造缎八匹、银一百两。呈怡亲王看。奉怡亲王谕:着将赏赐物件本月十六日预备我看,折子亦随进来。遵此。

于十六日,司库硕塞将赏赐物件呈怡亲王看,随奏准。奉旨:着交给太监陈福伺候朕览。钦此。

于本日,宫殿监督领侍陈福传旨:着照此赏给。钦此。

于本月二十七日,将赏赐缎匹银两、玉瓷器皿等件共装得锭火漆饰件杉木胎黑毡里油箱十三个,塞垫稳,外包黑毡套。郎中海望、司库硕塞交内大臣佛伦、内务府总管查弼那、礼部侍郎三泰同持讫。

十月

初三日,怡亲王府总管太监张瑞交来年希尧处送来匠人折一件内开:画画人汤振基、戴恒、余秀、焦国俞等四名,玉匠都志通、姚宗仁、韩士良等三名,雕刻匠屠魁胜、关仲如、杨迁等三名,漆匠吴云草、李贤等二名,匣子匠程继儒、速应龙等二名,细木匠余节公、余君万等二名,共十六名随籍贯折一件,食用银两折一件。祖秉圭处送来匠人折一件内开:牙匠陈祖章一名,木匠霍五、小梁、罗胡子、陈斋公、林大等五名。传怡亲王谕:着交造办处行走试看。遵此。

二十一日,太监张玉柱、王常贵交来沉香天然万年福禄一座、金漆万寿鼎案一件、仿洋漆万国来朝万寿围屏一座、雕漆五龙宝座一张 锦褥全份、仿洋漆甜香炕椅靠背一座、仿洋漆云台香几二张、仿洋漆百步灯四架、宫定炉瓶盒三件、万福攸同甜香炕几一张、甜香炕几上陈设小香几一张、甜香花瓶一座、宫定香盘一个 俱系隋赫德进,传旨:着送往圆明园,交园内总管太监收着,俟朕往圆明园去时,着伊等呈览。钦此。

于本月二十二日,郎中海望、员外郎满毗交柏唐阿佛保送赴圆明园档子房,交管理事务头等侍卫兼郎中保德收讫。

二十一日,太监张玉柱、王常贵交来沉香天然万年吉庆瓶一件 系隋赫德进,传旨:着陈设在牡丹台后殿内。钦此。

于二十二日,郎中海望、员外郎满毗交柏唐阿佛保送赴圆明园档子房,交管理事务头等侍卫兼郎中保德收讫。

二十五日,太监张玉柱、王常贵交来绣坐褥全份、缂丝坐褥全份、斑竹大号书架二对 随斑竹座、斑竹中号书架二对、斑竹大号书桌一对、斑竹坐几十二张、斑竹炉罩二十个、各样漆香几十九件、波罗漆都盛盘四件、斑竹中号书桌一张 系年希尧进,传旨:着送至圆明园,交园内总管太监收贮,将此坐褥有陈设处陈设。其余等件,俟朕往圆明园去时请旨。钦此。

于二十六日,郎中海望、员外郎满毗交柏唐阿巴蓝泰送赴圆明园,交圆明园内总管太监陈九卿收讫。

十二月

初九日,郎中海望为仿做洋漆活计修造地窖事奏称,合牌样式在外边现做未完。得时,呈样此地窖。奴才意欲园内选地方盖造等语,具奏。奉旨:园内地方盖造似觉不便,尔酌量或在西山或在外边选地方盖造。钦此。

随文奏称,若在西山选地方盖造,路途遥远,奴才难以照看,欲在造办处相近地方盖造等语。奉旨:好。钦此。

于本月二十四日做得仿洋漆活计地窖合牌小样一件,郎中海望呈览,奉旨:南面窗户若开大,仍还透灰,砌砖时开一小窗户。钦此。

11. 库贮

五月

初五日,太监张玉柱、王常贵交来檀香油二玻璃瓶 连瓶重三十一两七钱,传旨:着合香用。钦此。

于本日,交库使八十三、李元收库讫。

于乾隆元年正月十七日,将檀香油二玻璃瓶,员外郎常保交太监毛团呈进讫。

六月

初八日,郎中海望持出九洲清晏东暖阁内御笔十思疏一张、山水画一张、书格上假古董画片六十六片,传:着收着。记此。

于本日,交库使李元收库讫。

十月

初九日,太监张玉柱、王常贵交来山水花纹大理石大小九块 俱有绦,传旨:此石内有大些的四块,着做屏风用;其小些的,做宝座用。朕看此大理石四块虽大,花纹不算甚好,着海望进养心殿去看三屏风上的大理石花纹。钦此。

于本日,交司库硕塞收库讫。

十二日,太监张玉柱交来山水花纹大理石九块,传旨:交养心殿造办处收看。钦此。

于本日,交库使武格收讫。

12. 画作

闰七月

二十四日,据圆明园来帖内称,本月十九日,太监刘希文传旨:西峰秀色处含韵斋殿内陈设的棕竹边漆背书格二架,上层着郎世宁画山水二幅,要相仿;中层着苏培盛拟好文章着戴临写核桃大字;下层着吴璋画花卉。钦此。

于八月二十日,西洋人郎世宁画得山水一幅,画画人吴璋画得花卉绢画二张并内阁中书戴临写得横披绢字二张,副领催金□□持进,含韵斋屋内书格上贴讫。

八月

初七日,首领太监李久明、萨木哈持来黑漆彩金边架玻璃插屏一件,说太监刘希文传旨:着将此玻璃心并雕花贴金边俱各拆下,有用处用。其插屏边架或配字或配画,着海望请旨。钦此。

于八年三月二十三日,将拆下玻璃镜一件,郎中海望用在大平台旁边对响水小平台上做窗户用讫。

雍正八年

1. 木作

六月

初七日,据圆明园来帖内称,本月初六日,太监胡全忠来说,太监张玉柱传:做盛喇嘛香有盖竹筒一件,长三尺七寸五分,内口一寸二分,外口一寸四分,糊黄纸。记此。

于初七日,照尺寸做得有盖竹筒一件,交太监胡全忠持去讫。

二十六日,首领太监马温良交来黄油供桌八张、踏跺一件、板斗一件,着收拾。钦此。

于七月初五日收拾完,交营造司太监张义持去讫。

七月

初五日,据圆明园来帖内称,五月十七日,郎中海望奉旨:养心殿西二间着收拾,西暖阁安床书格画样呈览,俟秋冬令再做,进时用。钦此。

于十月二十日,司库三音保带领匠役赴养心殿后殿西二间装修安设讫。

二十七日,首领太监李久明持来床六张、书格上玻璃六块,说首领太监潘凤传:养心殿西暖阁原陈设书格六架上玻璃拆去,其格子留在里边用。床九张,亦留下三张,里边用,其余床六张持出。记此。

书格上拆下玻璃六块,交司库桑额收库讫。床六张,交司库马尔汉讫。

九月

初一日,宫殿监正侍王朝卿等传:坤宁宫跳神处原有抬杆罗圈椅二张,因墙倒打坏,今着照样换给新椅二张。记此。

于本月二十三日,做得抬杆罗圈椅二张,太监吕进朝持进,交宫殿监正侍王朝卿讫。

十月

十八日,据圆明园来帖内称,九月二十四日,太监王禄交来百福狗斑竹狗笼一件,说首领太监张国瑞传:着粘补收拾。记此。

于二十六日收拾完,交太监王禄持去讫。

二十七日,内务府总管海望,宫殿监副侍苏培盛、刘玉传旨:乾清宫西暖阁外廊下,着配地平陈设,供用廊内柱当处。照朕所指,或安围屏亦可,地平板前至月台上黄毡板房安板墙二道,或钉竹席,亦可不必动。柱东西各开门一个。钦此。

于十一月初二日,内务府总管海望带领催总刘山久、胡保,柏唐阿五十八、老格,领催白世秀等遵上谕安地平板墙讫。

二十八日,内务府总管海望,宫殿监副侍刘玉、苏培盛奉旨:新盖板房前殿内,着做挡门围屏六扇,画画片书格式。钦此。

于十一月二十四日,做得书格画片挡门围屏六扇,催总胡常保持进安讫。

十一月

初一日,首领太监徐进朝持来红漆都盛盘一件随黑地金龙高足杯八件,说宫殿监副侍李英传:着配做糊黄纸面木匣四件、黄布面毡里硬套四件。钦此。

于本年十二月二十九日,将红漆都盛盘一件随黑地金龙高足杯八件、黄纸木匣四件、布面毡里硬套四件,交太监徐进朝持去讫。

2. 玉作

正月

十一日,郎中海望、员外郎满毗传:做黄蜡石英雄合卺双管瓶一件、百福百寿樽一件、福寿葫芦花插一件。记此。

于本年十月二十八日,将黄蜡英雄合卺双管瓶一件、百福百寿樽一件、福寿葫芦花插一件,内务府总管海望呈进讫。

三十日,员外郎满毗传:做备用寿意黄蜡石桃式盒一件、黄蜡石梅花墨床一件、红白玛瑙莲花水丞一件、黑白花玛瑙双鹤寿意笔架一件。记此。

于本年二月二十九日,做得黄蜡石桃盒一件、黄蜡石梅花墨床一件、红白玛瑙莲花水丞一件、黑白花玛瑙双鹤寿意笔架一件,首领李久明、催总胡常保持去,交太监刘希文讫。

十一月

初五日,内务府总管海望、员外郎满毗传:做黄蜡石万年祥瑞花插一件、黄蜡石一统如意樽一件、黄蜡石双佛手花插香盒一件。记此。

于八年十二月二十九日,将黄蜡石万年祥瑞花插一件、黄蜡石一统如意樽一件、黄蜡石双佛手花插香盒一件,内务府总管海望呈进讫。

二十二日,内务府总管海望、员外郎满毗传:做备用红玛瑙太平如意盒一件、红玛瑙节节如意盒一件、白玉年年吉庆盒一件。记此。

于八年十二月二十九日,做得玛瑙太平如意盒一件、玛瑙节节如意盒一件,内务府总管海望呈进讫。

于十年二月二十六日,将白玉年年吉庆盒一件,司库常保、首领萨木哈交太监刘沧洲呈进讫。

3. 杂活作

正月

十一日,郎中海望、员外郎满毗传:做备用瓜式独梃帽架二件、象牙支棍独梃帽架四件。记此。

于八年十月三十日,做得象牙支棍帽架四件,内务府总管海望呈进讫。

于九年四月初八日,做得瓜式独梃帽架二份,首领太监萨木哈交太监王进朝讫。

二月

初三日,公马尔赛传旨:礼轿内宝座窄了,着交与海望接出些来,脚踏亦酌量接出些来。钦此。

于本日,郎中海望带领催刘山久、吴花子量得宝座入深应接出三寸五分,脚踏亦应接出三寸五分。记此。

于初七日,做得杉木长二尺五寸、宽三寸五分、高五寸糊黄绫面黄杭细里脚踏一件,接板长二尺七寸、宽三寸五分、厚一寸一块,催总吴花子持至銮仪卫同管执侍官佟三格安在礼轿上讫。

初三日,郎中海望、员外郎满毗传:做备用玻璃笔筒一件 随琴拂一件、手卷一件、笔二支。记此。

于本年二月二十九日,做得玻璃笔筒一件随黑漆嵌珐琅片如意一件、庆云献瑞手卷一件、笔二支,首领李久明持去,交太监刘希文讫。

初七日,首领太监李久明持来灵芝三件 随黄绫匣盛装,说太监张玉柱、王常贵传旨:着交与海望。钦此。

于十一年十一月初五日,做得洋漆箱一件内盛灵芝三件,司库刘山久、催总五十八、柏唐阿六达子送赴东陵讫。

初八日,郎中海望、员外郎满毗传:礼轿内做楠木胎金漆脚踏一件,做完时,交銮仪卫备用。记此。

于本月十八日,做得楠木脚踏一件,催总吴花子持赴銮仪卫礼轿内安讫。

十七日,据圆明园来帖内称,郎中海望奉旨:仿西洋做法扇面盒盖上玻璃衬垫颜色甚好,尔照此盒上衬垫将大些的各样款式盒做九件。钦此。

于十月二十八日,做得洋漆梅花式嵌玻璃面盒一对,内府总管海望呈进讫。

四月

二十六日,首领太监李久明持来西洋木匣二件,说太监张玉柱、王常贵传旨:匣盖上有裂缝处着线补收拾,其铜饰件钉的亦不好,着另换。钦此。

于五月初八日,收拾得西洋木匣二件,首领李久明持进,交太监张玉柱讫。

十一月

十二日,内务府总管海望、员外郎满毗传:做备用各样绣署文房八件。记此。

于九年十月初五日,将绣缎署文房一件,交太监刘义讫。

于十年二月二十七日,将绣缎署文房二件,交太监刘玉持去讫。

于十年七月二十三日,将绣缎署文房二件,司库常保持去,赏大学士鄂尔泰、总督查郎阿讫。

十二月

初五日,内务府总管海望、员外郎满毗传:做备用嵌珐琅片银盒六件。记此。

于十年正月初四日,将嵌珐琅片银盒六件,首领萨木哈持去,交总管太监陈福、副总管太监刘玉讫。

十四日,首领太监萨木哈来说,太监张玉柱传:将赏用火镰包、小刀、署文房等件送进一份来。记此。

于本日,将传做备用黑撒林皮彩金火镰包一件、红羊皮套象牙日晷一件、红羊皮套刮鳔一件、红羊皮套马尾眼罩一件、红羊皮筒马尾眼罩一件、黑撒林皮套红羊皮掩面署文房一件、黑羊皮套黄羊皮圈子火镰包一件、黄羊角解锥一件、黑撒林皮彩金蛤蟆一对、铜镀金圈红羊皮蛤蟆一件、铜镀金圈黑撒林皮蛤蟆一件、红羊皮鞘高丽木把单小刀一把,副领催赵雅图交首领太监萨木哈持进,转交太监张玉柱赏贝勒多尔吉塞布滕讫。

4. 皮作

正月

二十日,郎中海望持出黑漆描金杌子一张,传旨:着配合杌面做锦垫十二个,里用月白云缎锦,向刘希文要。钦此。

于本日,刘希文交出锦七匹,内选出金钱花锦一匹,下剩六匹,仍交刘希文讫。

于二月初七日,做得锦椅垫十二个并黑漆描金杌子一张,太监范国用持去交太监刘希文讫。

八月

初五日,据圆明园来帖内称,七月二十七日,首领太监刘玉交来汉字帖一张内开,传:做养心殿用黄缎枕头二个、纺丝枕头套二个、棉纱被二床、春绸棉被四床、春绸棉褥一床、葛布锦褥一床、氆氇锦褥一床、宁绸夹帐一架、宁绸幔子一个、直经纱幔一架、直经纱帐一架。记此。

于本日,交广储司衣库员外郎四保承办讫。

于十七日,员外郎四保来说,做得黄缎枕头二个、纺丝套二个、棉纱被二床、春绸棉被四床、春绸棉褥一床、葛布棉褥一床、氆氇棉褥一床、宁绸夹帐一架、宁绸幔子一个、直经纱帐一架、直经纱幔一架,俱交太监刘希文讫。

5. 珐琅作

正月

初三日,郎中海望、员外郎满毗传:做备用楠木镶银里熏罐一份。记此。

于二月初二日,做得橄榄口式镶银里直嘴银罐一件、铜烧古火炉一件,员外郎满毗、催总张自成交药房太监魏久贵收讫。

二月

二十一日,员外郎满毗传:做备用寿意铜胎鞍子儿皮锭银镀金钉嵌衬色玻璃面盒一对。记此。

于八年二月二十九日,做得鞍子儿皮锭银镀金钉嵌衬色玻璃面铜胎盒一对,首领李久明、催总胡常保交太监刘希文讫。

八月

初五日,据圆明园来帖内称,七月十一日,内务府总管海望奏,为看得佛楼拜大悲忏所用的供器、手炉、桌张等件,不能整齐,意欲交造办处做一份备用等语,奏闻。奉旨:准做。钦此。

大悲坛、药师坛所用供器计开于后。

大悲忏十卷、铜蜡签四对、华严忏十部、红漆花米盘二十个、药师忏十卷、檀香炉十个、盂兰忏十部、如意十柄、功课经十部、漆手炉十把、观音经十部、忏桌二十张、药师经十卷、蓝布跪垫二十个、五佛冠一副、红毡二十条、杵一件、剪烛罐四份、错二件、铺坛大白毡一块、径五寸铜镜一面、观堂白毡一块、经袱二十个、大木鱼二个、经盖二十个、小木鱼四个、磬二口、系子四个、报钟一口、手铃二把、接忏钟一口、法盏十个、铜海灯二件、花瓶四对、小忏钟一口。

于九年十月二十日,做得大悲坛供器一全份,催总张自成持进安设讫。

6. 镶嵌作 附牙作、砚作

二月

初三日,郎中海望、员外郎满毗传:做备用寿意华封三祝插屏一件。记此。

于二月二十九日,做得华封三祝插屏一件,首领李久明、催总胡常保持去,交太监刘希文讫。

十七日,据圆明园来帖内称,郎中海望奉旨:着照四宜堂陈设的象牙六角盆,将嵌金珀夔龙寿字石榴树匙箸做一份。钦此。

于十月三十日,做得象牙六角盆一件、嵌金珀夔龙寿字石榴匙箸一份,内务府总管海望呈进讫。

十月

十八日,据圆明园来帖内称,九月十八日,太监张玉柱传旨:着做琥珀鼻烟塞一件,象牙箍云竹竿至顶通长八寸八分。钦此。

于本日,做得鼻烟塞一件,交太监张玉柱讫。

十一月

十二日,内务府总管海望、员外郎满毗传:做备用象牙新春报喜笔筒一件。记此。

于十二月二十九日,做得象牙新春报喜笔筒一件,内务府总管海望呈进讫。

7. 雕銮作

四月

十一日,郎中海望、员外郎满毗传:做备用福寿长如意帽架一件。记此。

于十月二十九日,做得福寿如意帽架一件,海望呈进讫。

七月

初七日,副领催赵老格持来秋英不老架屏式书格样一张,说内务府总管海望、员外郎满毗传旨:着照样做一件。钦此。

于十二年二十八日,做得秋英不老架屏书格一架,司库常保、首领萨木哈呈进讫。

8. 旋作

正月

十九日,据圆明园来帖内称,本月十四日,郎中海望持出扎布扎牙木碗一件 内盛红花三两,系策穆布楚克木查尔贝子进,说太监张玉柱传旨:着将红花交大殿,其碗交造办处。钦此。

于本日,将红花交太监马进忠持去交大殿讫。

于三月十七日,将扎布扎牙木碗一件,太监杨文杰持去交太监王常贵讫。

三月

初六日,太监张玉柱、王常贵交来扎布扎牙木碗二件 系颇罗鼐贝子进,传旨:着收拾。钦此。

于六月初二日,收拾得扎布扎牙木碗二件,太监杨文杰持去,交太监张玉柱讫。

十一月

初八日,太监张玉柱、王常贵交来扎布扎牙木碗一件、拉固里木碗二件 系鄂尔亲乃罗卜藏萨木鲁普进,传旨:交造办处收拾。钦此。

于十二月二十日,收拾得扎布扎牙木碗一件、拉固里木碗二件,太监杨文杰持去,交太监张玉柱讫。

9. 记事录

正月

二十九日,郎中海望奉旨:朕看得各坛庙供奉的屏风宝座造的甚糙,颜色亦不鲜明。奉先殿供的屏风,朕看得微觉窄小,若可以往宽处放得去往宽里放些。况乾清宫朕坐的宝座尚且精细,各坛庙供奉的屏风宝座理合尤为慎重。朕去年曾向三泰降过谕旨,着伊说与尔等重新换做,伊竟不曾转传。尔可问三泰,将各坛庙所供屏风宝座查明数目,酌量另行画样呈览。准时,选洁净地方,或如何赏给匠役饭食另换干净衣服各秉诚心精细办造之处,定拟奏闻办造。钦此。

于四月二十七日,郎中海望为成造坛庙宝座、屏风请钱粮总折一件、细数折一件、开工吉日折一件、太常寺查得宝座出则折片一件、改画屏风画样一张、满金宝椅画样一张、派出监造官员折片一件、食钱粮匠役头目请加饭食银折一件。奏请奉旨：动用广储司银两。坐褥面另画样呈览，开工日期好准奏，太常寺查得宝座出则是了照满金宝椅做，尔派出监造官四员，朕俱知道，不必引见。伊等所食饭动用崇文饭银给食，其食粮匠役饭食并外雇匠役衣服如何应给之处，尔动用崇文门饭银料理，俟工程完后将应用数目奏闻。

于十一月十一日，内务府总管海望将画得坛庙金龙宝座上坐褥靠背画样二十三张、金凤宝座上坐褥靠背画样十五张、金龙宝椅上椅搭画样八张、金凤宝椅上椅搭画样十三张呈览，奉旨：交江宁织造处织做，其应用银两照例报部。钦此。

于十二月十四日，照宝座、宝椅尺寸仿大画得纸样共九十五张，交广储司缎库库使老格等持去，转交织造处讫。

二十九日，郎中海望奏称，奴才在内廷办事不能时常亲身到务料理，但过物验货关系钱粮甚重，奴才欲将造办处杂职官员内拣选几人轮流在宣课司点验货物等语，奏闻。奉旨：准奏。钦此。

三月

初六日，据圆明园来帖内称，本月初二日，郎中海望持进画飞鸣宿食雁珐琅鼻烟壶一对呈进，奉旨：此鼻烟壶画得甚好，烧造得亦甚好，画此珐琅是何人，烧造是何人。钦此。海望随奏称，此鼻烟壶系谭荣画的，炼珐琅料是邓八格，还有太监几名、匠役几名、帮助办理烧造等语，奏闻。奉旨：赏给邓八格银二十两、谭荣银二十两。其余匠役人等，尔酌量每人赏给银十两。钦此。

于本日，用本库银赏给邓八格银二十两、谭荣银二十两，首领太监吴书、太监张景贵、乔玉每人银十两，催总张自成、柏唐阿李六十每人银十两，胡保柱、徐尚英、张进忠、王二格、陈得、镀金人王老格，每人银五两。记此。

十月

三十日,内务府总管海望奉旨:尔照年希尧进的波罗漆桌样,将大案、炕桌、琴桌样画样呈览,交年希尧漆做些来。再将赏用瓷瓶样亦画样呈览,交年希尧烧造些来。钦此。

于十二月初十日,内务府总管海望画得交内务府总管年希尧成造波罗漆大案样二张,炕桌样二张,琴桌样二张,瓷瓶大样五张、小样七张呈览,奉旨:案几照双层书格式样,其余桌样准做。瓷瓶不必着色,另画几张不必着色的,交年希尧烧造些。花样瓷釉不必太细致,做赏用。钦此。

于十二月十一日,将画得漆桌样五张、瓷瓶样九张,内务府总管海望交内务府总管年希尧家人郑天锡领去讫。

10. 库贮

十月

十七日,首领太监李久明持来大理万年石大小九块 巡抚沈廷正进、武定石大小十二块、菩提子一匣 计一千二百个,说太监王常贵传旨:着交内务府总管海望。钦此。
本日,交库使葛尔布持去讫。

十八日,据圆明园来帖内称,本月初十日,太监王常贵交来大理石大小六块 云南提督张耀祖进,传旨:着交造办处收贮。钦此。
交库使四达子收库。

二十六日,据圆明园来帖内称,本月二十一日,太监张玉柱交来伽楠香一块 重十九两,传旨:着交造办处收贮。钦此。
本日,交库使葛尔布讫。

二十六日,据圆明园来帖内称,本月二十一日,太监王常贵交来羚羊角五十对 随楠木匣,岳钟琪进,传旨:着交造办处收贮。钦此。

本日,交库使葛尔布持去讫。

于乾隆元年正月初六日,将羚羊角五十对,司库常保、首领萨木哈交太监毛团呈进讫。

11. 漆作

正月

初四日,首领太监萨木哈持来填漆入角长方盘一件,说太监王守贵传:着照样做二件。记此。

于本月初八日,太监王进孝将原样持进,交太监王守贵讫。

于十月二十七日,照样做得填漆入角长方盘二件,柏唐阿李六十交太监马进忠持进,交太监王守贵收讫。

二十二日,据圆明园来帖内称,本月二十日,首领太监周世辅、马温良交来黄油供桌四张、插屏架一件、津砖一块,说宫殿监督领侍陈福传:着粘补见新油饰。再焚纸炉一件,垫底铁叶坏了,补锭铁条。记此。

于本月二十九日,油饰得黄油供桌等件完,交首领太监马温良持去讫。

二月

二十七日,郎中海望持出水晶印色盒一件 无盖,奉旨:着做黑漆堆花,边座上面四旁面镶嵌玻璃罩。钦此。

于十三年十一月初四日,将水晶印色盒一件,司库常保、首领萨木哈交太监毛团呈进讫。

二十八日,首领太监周世辅交来黄油供桌四张,说宫殿监督领侍陈福传:着油色见新。记此。

于四月二十日,油饰得黄油供桌四张,交首领太监周世辅讫。

二十九日,太监刘希文、王太平交出洋漆盒大小五件,传旨:着交与海望做样。钦此。

于本日,将漆盒大小五件,交库使李元收讫。

于本年十月三十日,照样做得仿洋漆盒五件并原样五件,内务府总管海望呈进讫。

三月

初六日,据圆明园来帖内称,本月初一日,太监刘希文来说,西峰秀色处陈设珐琅盆景、黑漆条桌二张,挪在新进福寿久长群仙福寿盆景上用。奉旨:着照样补做二张。钦此。

于六月十二日,补做得黑漆条桌二张在作房存收。

初七日,领催白世秀来说,员外郎满毗传:匣作托裱材料木案一张,因年久,其油面地仗爆裂着油饰收拾。记此。

于四月初二日,油得木案一张,交领催白世秀讫。

十八日,据圆明园来帖内称,本月十二日,首领太监郑忠交来红色阿哥里水丞十一件,传旨:着或做金漆里或金里或黑漆里,其足上另露出漆来,藏在足里边配镀金水提。钦此。

于四月初九日,做得金漆里红色阿哥里水丞十一件,交首领太监郑忠持去讫。

二十六日,据圆明园来帖内称,本月二十三日,太监刘希文交来宝贝格内盛珐琅人物片漆盒一件,传旨:照样仿做。钦此。

于十月三十日,仿做得漆盒二件并原样漆盒一件,内务府总管海望呈进讫。

六月

十四日,内务府总管海望传:做仿洋漆各式样大小盒匣。记此。

于十二年十二月二十八日,做得各式洋漆盒九对,司库常保、首领萨木哈呈进讫。

八月

初二日,首领太监周世辅、马温良交来黄油供桌九张、红油桌四张、大镜支一件、踏跺一件、插屏座一件、月光架二件、小杌子一件、灯罩三对、顶火一对、铅条四根、锡里方盘一件、八卦炉一件、锡炉一件、黄铜片二块、铜火箸子四根、铁火箸子四根,说总管太监李英传:着将灯罩六个换纱,供桌等找补油收拾。记此。

于本月十四日,俱收拾完,首领太监周世辅持去讫。

九月

十六日,首领太监马温良交来黄油供桌七张、灯九件,说总管太监李英传旨:着收拾见新。钦此。

于十月二十日,收拾得黄油供桌七张、灯九件,交首领太监马温良持去讫。

十月

初四日,首领太监马温良来说,总管太监苏培盛、李英传:着将黄油供桌大小十五张、插屏一件、踏跺一件、灯罩六对,俱收拾见新。记此。

于十一月初五日,俱收拾完,交首领太监马温良持去讫。

十八日,据圆明园来帖内称,九月初四日,太监贯进忠交来洋漆抽屉盒一对,说总管太监张尔泰传旨:着将中间抽屉做隔断。再将连四纸做二十四页折子一个,长四寸、宽二寸五分,要硬掩面。钦此。随将抽屉一对内做得合牌隔断十块糊墨纸金口,交太监贯进忠讫。

本日,太监贯进忠又来说,着将折子分三个,每个十二页。随做得折子三个,交太监贯进忠持去讫。

二十八日,太监张玉柱交来波罗漆八仙桌四张、棕竹椅子十四张 随垫子十六个、波罗漆香几一张、波罗漆炕桌一张,传旨:俱各送至圆明园交与园内总管。钦此。

于本月二十八日,将以上之物着柏唐阿寿山送至圆明园,交司房太监蔡玉收讫。

三十日,内务府总管海望奉旨:尔照年希尧进来的番花独梃座方面桌,或黑漆或红漆的做一张,桌面不必做方的,做圆的,座子中腰安转轴,要推的转。钦此。

查问得该作司库马尔汉回称,此桌未经成造。记此。

十一月

初一日,首领太监马温良持来黄油供桌四张、黄油方砖一块、黄油铜灯口二个,说宫殿监副侍李英传:着见新油黄油。记此。

于十一月十二日,将供桌四张、方砖一块、灯口二件,另油黄油见新完,柏唐阿李六十交首领太监马温良持去讫。

十二月

十二日,膳房太监王进孝来说,太监张玉柱传旨:茶房、膳房黑彩漆瑞草寿字矮桌赏用三张,着造办处照样补做三张。钦此。

于本日,膳房太监王进孝送来黑退光漆彩漆瑞草寿字桌一张,说照此样做二张。

于本日,清茶房首领太监徐进朝送来黑退光漆彩漆瑞草寿字桌一张,说照此样做一张。记此。

于九年十一月初一日,照样做得黑退光漆彩漆瑞草寿字矮桌三张并原桌样二张,柏唐阿李六十交首领太监徐进朝持去讫。

本日,将新做黑漆矮桌三张,柏唐阿李六十仍持出,着收着。记此。

十三日,首领太监徐进朝交来菊花瓣式彩漆五龙捧寿盘一件,说总管太监吕兴朝传:着照样做十件。记此。

于九年十一月初一日,照样做得红漆菊花瓣式彩漆五龙捧寿盘十件并原样盘一件,柏唐阿李六十交首领太监徐进朝持去讫。

雍正九年

1. 木作

正月

初五日,首领太监马温良来说,宫殿监督领侍陈福,副侍苏培盛、刘玉传:做斗香供器一份、红油高桌二张 随围、锡里方盘一个、踏跺一个 随套、小杌子一个 随砖、铁八卦焚炉一个、铁引灯一个、铁条二个、拜垫二个 随挖单二个、黑毛毡见方二尺七寸二块。记此。

于二月二十日,做得斗香供器一份,交太监马温良持去讫。

二月

十一日,敬事房太监崔崇贵来说,宫殿监督领侍陈福等传:挡香桌着做高五尺、宽一尺八寸,壁子围屏五扇,二面俱糊绢。若应画者酌量画画,随布套油单套。记此。

于本月二十八日,照尺寸做得壁子围屏五扇随套,交太监崔崇贵持去讫。

二十二日,宫殿监副侍苏培盛传:照写字桌款式放长六尺做一张,其宽高俱照旧桌尺寸。记此。

于七月初三日,照旧桌尺寸做得桌一张,首领太监萨木哈持去交苏培盛收讫。

二十五日,太监赵朝凤交来红油木箱一个、黄油木箱一个,说宫殿监副侍苏培盛传:着将黄油木箱改做屉子四个盛在红油箱内,将红油箱里并屉子四个俱用黄纸糊裱。记此。

于本月二十六日,将黄油箱改做得屉子四个裱糊完并红油木箱一个,交太监赵朝凤讫。

七月

初十日,首领太监马温良来说,总管太监李英传:做遮风大小九个、黄油一字桌五张、桌帏五个。说总管太监李英传:着将遮火铅底做重些。桌五张内二张大了,改做小些。桌帏亦改做。记此。

于十月二十八日,改做得一字桌五张、桌帏五个、遮风大小九个,交首领太监马温良持去讫。

二十日,首领太监程国用来说,宫殿监副侍刘玉传:如意床上着照先做过的礓磜靠背再做二份。记此。

于本月二十日,做得礓磜靠背二份,太监程国用持去,交副侍刘玉讫。

八月

初二日,头等侍卫保德奉旨:着做余暇静室围屏一架。记此。

于十月二十五日,做得围屏一架,交郎中保德讫。

九月

十七日,首领太监潘凤传:养心殿后殿东边两边床六张、床板十二块,着漆抹头。记此。

于本月十九日,常保带领匠人进内添抹头完讫。

十月

二十七日,首领太监萨木哈来说,宫殿监督领侍陈福、副侍李英传旨:造办处有做成像书桌样香几查一二件,送进陈设用。钦此。

于本日,将做得书桌样香几一件,首领太监萨木哈交副侍李英讫。

二十七日,司库常保来说,宫殿监督领侍陈福、副侍刘玉传旨:板房佛堂南小院着接盖板房一小间,其房顶苫锡片,锡片上盖竹席。钦此。

于十一月二十日,司库常保、催总张四带匠人材料进内收拾讫。

2. 玉作

九月

二十三日,内大臣海望传:做黄蜡石长春花水丞一件、紫玛瑙福禄寿匙箸瓶香盒一件、黄玛瑙双喜压纸一件、牛油石桃盒二个、玻璃供花砚盒八方。记此。

于十月二十八日,做得黄蜡石长春花水丞一件,内大臣海望带领司库常保呈进讫。

于十月二十八日,做得玛瑙福禄寿匙箸瓶香盒一件,内大臣海望带领司库常保呈进讫。

于十月二十八日,做得玛瑙双喜压纸一件、牛油石桃盒二个,内大臣海望带领司库常保呈进讫。

于十月二十八日,做得玻璃砚盒八方,司库常保呈进讫。

十月

十四日,常保、萨木哈持来永昌玛瑙石根盆一件、绿苗石洗一件、绿苗石花插四件、云产石数珠四十盘、大理屏石九块 系鄂尔泰进,说太监王常贵传旨:交造办处永昌玛瑙石根盆、绿苗石洗、花插,应做何物即做何物,有收拾处即收拾。云产石数珠,装严赏用。大理石有用处用。钦此。

于九年七月初四日,将翡翠色数珠十盘、米色数珠十盘、珊瑚记念,赏祖坦、张尔洪讫。

于十年正月初四日,将云产石数珠五盘、云产石佛头、玻璃记念、背云、坠角交太监庞显玉持去讫。

于十一年五月初一日,将云产石数珠十五盘、珊瑚记念、碧玺坠角、玻璃背云,司库常保呈进讫。

于十三年十一月二十七日,将绿苗石花插四件、绿苗石洗一件,司库常保、首领萨木哈交太监毛团呈进讫。大理屏石九块、永昌玛瑙石根盆一件现存库。

十八日,常保、萨木哈持出碧玉一块、大理屏石九块、云产石数珠四十盘 系巡抚张允随进,说宫殿监督领侍陈福、副侍李英、太监王常贵传旨:交造办处,碧玉收贮,云产石数珠配赏用装严,大理石有用处用。钦此。

于十三年十一月二十四日,将云产石数珠四十盘,司库常保、首领萨木哈交总管李英收贮。碧玉一块、大理石九块,现存库。

3. 杂活作 附眼镜作、锭子药作、绣作

正月

十三日,内务府总管海望奉旨:着画围棋几张。钦此。

于本月十六日,画得花卉围棋二张、象牙枚马十二件、象牙骰子四件,内务府总管海望呈进。奉旨:此围棋甚大,层数亦甚多,花卉亦甚大,着做见方一尺四寸五分折叠式样,一面象棋一面着画三层花卉围棋。钦此。

于本月十九日,做得合牌胎折叠一面象棋一面画三层花卉围棋一件,催总常保交太监张玉柱呈进讫。

于正月二十三日,画得三层绢花卉围棋一张、象牙骰二件,催总常保交太监王福隆持去,交太监张玉柱呈进讫。

于正月二十四日,做得折叠象棋三层围棋盘一件、象牙骰子二件、枚马六件,催总常保交太监张玉柱呈进讫。

八月

初七日,催总刘山久来说,内大臣海望传:斗坛内应用供器等类办理一份。记此。

坛内应用供器等类物件开列于后:

南音座鼓一架、陈设桌六张、铺地平花毡一块、帑炉一件、十柱香炉一件、香色漆圆盘四件、红漆腰圆盘二件、十供一份 计香、花、灯、图、果、茶、食、宝、珠、衣、法器一份,计开:磬一口 随衣钟、朝钟一口 随衣钟、扇器一面、铛子一架、大小木鱼二个、锅子一副、帝钟二把、手磬一个、牌墩二个。记此。

于九月十六日,催总刘山久来说司库常保的话,此法器一全份,不必做罢。

于十二月二十六日,做得南音座鼓一架、陈设桌六张、铺地平花毡一块、帑炉一件、十柱香炉一件、香色漆围盘四件、红漆腰圆盘二件、十供一份香、花、灯、图、果、茶、食、宝、珠、衣,催总刘山久持进安讫。

十一月

初一日,司库常保来说,内大臣海望、员外郎满毗传:做备用象牙葫芦式抽长帽架二件、太平如意玻璃插屏一件。记此。

于十二月二十八日,做得象牙雕刻葫芦抽长帽架一件、象牙雕刻花插式帽架一件,司库常保,首领太监萨木哈、李久明呈进讫。

4. 皮作

三月

二十四日,据圆明园来帖内称,首领太监李久明持来金辉玉轸足黑漆琴一张、银母辉玉轸足黑漆琴一张,说总管太监陈福、刘玉传:着换琴弦绒扣,做琴垫十份,不要黄色。记此。

于本月二十六日,将琴弦绒口二份并琴二张,首领太监李久明持去,交苏培盛讫。

于二十七日,做得大红缎琴垫二份、锦琴垫二份,太监范国用持去,交苏培盛讫。

5. 镶嵌作　附自鸣钟

四月

二十二日,据圆明园来帖内称,本月十九日,内务府总管海望传:做备用端阳节镶嵌帽架座二件。记此。

于五月初四日,做得镶嵌帽架座二件,司库常保呈进讫。

6. 牙作　附砚作

五月

初四日,内务府总管海望奉上谕:尔照先交出圆形洋漆藏盒式样收小,或二三寸高,或四五寸高;或用象牙,或木胎做漆。周围雕透花,顶上亦做透花,或用银母雕透花糊纱,盛花用。钦此。

于六月初六日,做得雕刻象牙盒一件,内务府总管海望呈进讫。

初六日,据圆明园来帖内称,内务府总管海望传:做备用各式石盒砚二十方。记此。

于八月十四日,做得各式石盒砚十八方,常保呈进讫。

二十二日,内务府总管海望奉上谕:此黄圆香袋略大些,做一象牙雕花透地花囊,盛鲜花用亦可,盛香袋用亦可,若香袋无味可以换得。钦此。

于六月初六日,做得象牙透地香袋二件,首领太监萨木哈呈进讫。

于六月十九日,做得象牙透地香袋三件,首领太监萨木哈呈进讫。

二十四日,据圆明园来帖内称,本月初七日,内务府大臣海望奉上谕:着照现在挂的香袋式样,用象牙雕刻透花做一对象牙墙像火镰包的掐簧二面盖透花糊纱,或盛鲜花,或盛香,皆用得。香袋边不必做,挑出去的丝子挂珞底下要钟形,上边要宝盖形,中间或连环方胜俱可。钦此。

于六月二十六日,据圆明园来帖内称,本月二十日,内务总管海望奉旨:着照前做过象牙透花香袋再做几件。钦此。

于七月二十九日,司库常保做得象牙透花圆香袋四件、大挂珞香袋一对呈进,奉旨:圆香袋留下,挂珞香袋不应时,俟明岁应用之时再呈进。钦此。

于十年四月二十九日,做得挂珞香袋一对,内大臣海望带领司库常保呈进讫。

十一月

初四,内大臣海望、员外郎满毗传:做黄蜡石双凤交泰盒一对、黄蜡石双管喜圆盒一对、黄蜡石五福捧寿圆盒一对。记此。

于十二月二十八日,做得黄蜡石双喜盒一对,司库常保,首领太监萨木哈、李久明呈进讫。

于十年正月十四日,将双凤交泰盒一对,首领萨木哈持进,交总管太监陈福讫。

于十年二月二十八日,将黄蜡石五福捧寿盒一对,首领李久明持去,交太监刘沧洲讫。

7. 雕銮作

正月

十三日,太监王进孝持来珐琅乳炉一件,说宫殿监督领侍陈福传:着做紫檀木座。记此。

于本日,配做得紫檀木座一件并珐琅乳炉一件,太监王进孝持去,交宫殿监督领侍陈福收讫。

二十九日,首领太监王杰交来湘妃竹药筒大小二件,传:着照大的做四件,照小的做二件。记此。

于本年二月十四日,做得湘妃竹药筒大小六件,交首领太监王杰持去讫。

三月

初九日,员外郎满毗传:做备用香斗二十份。记此。

于五月初一日,太监李兴泰持去香斗一份随白檀降香各八两。
于五月十五日,太监李兴泰持去香斗一份随白檀降香各八两。
于六月初一日,太监李兴泰持去香斗一份随白檀降香各八两。
于六月十五日,太监李兴泰持去香斗一份随白檀降香各八两。
于七月初一日,太监李兴泰持去香斗一份随白檀降香各八两。
于七月十五日,太监李兴泰持去香斗一份随白檀降香各八两。
于八月初一日,太监李兴泰持去香斗一份随白檀降香各八两。
于八月十五日,太监李兴泰持去香斗一份随白檀降香各八两。
于九月初一日,太监李兴泰持去香斗一份随白檀降香各八两。
于九月十五日,太监李兴泰持去香斗一份随白檀降香各八两。
于十月初一日,太监李兴泰持去香斗一份随白檀降香各八两。
于十月十五日,太监李兴泰持去香斗一份随白檀降香各八两。

于十一月初一日,太监李兴泰持去香斗一份随白檀降香各八两。

于十一月十五日,太监李兴泰持去香斗一份随白檀降香各八两。

于十二月初一日,太监李兴泰持去香斗一份随白檀降香各八两。

于十二月十五日,太监李兴泰持去香斗一份随白檀降香各八两。

于十年正月初一日,太监李兴泰持去香斗一份随白檀降香各八两。

于正月十五日,太监李兴泰持去香斗一份随白檀降香各八两。

于二月初一日,太监李兴泰持去香斗一份随白檀降香各八两。

四月

二十三日,内务府总管海望传:着做斑竹药筒四件,象牙下底盖,通长三寸七分、径过五分五厘。记此。

于五月十三日,照尺寸做得药筒四件,交太监赵国泰持去讫。

九月

二十六日,药房太监魏久贵来说,首领太监邓荣贵传:做斑竹药筒三件。记此。

于十月初三日,做得斑竹药筒三件,交太监魏久贵持去讫。

十月

十六日,药房太监赵国泰交来斑竹药筒一件,说首领太监邓荣贵传:着照样做一件,比原样长出四分。记此。

于本月十九日,做得斑竹药筒一件并原样一件,交太监赵国泰持去讫。

十一月

初十日,药房太监魏久贵持来斑竹药筒一件,说首领太监王杰传:着照样做一件。记此。

于本月十三日,做得斑竹药筒一件并原样一件,交太监魏久贵持去讫。

8. 漆作

二月

初十日,内务府总管海望持出黑色洋漆四层盒一件、红色洋漆四层盒一件,奉旨:此漆盒款式甚好,照样做几件,但花样不好,另改画。其盒送至圆明园深柳读书堂。钦此。

于本日,内务府总管海望传:着照黑红漆盒样每样做一对。记此。

于二月十四日,将黑红二色洋漆盒二件送至圆明园档子房,交笔帖式石图收讫。

于十年四月二十九日,做得黑洋漆四层套盒一对,司库常保呈进讫。

于十年四月二十九日,做得红洋漆五层套盒一对,司库常保呈进讫。

三月

二十一日,万字房太监陈国宗交来洋漆书格一架,说首领太监杨忠传:着收拾。记此。

于五月十一日,收拾得洋漆书格一架,司库常保交太监陈国宗持去讫。

二十八日,太监李进义交来洋漆香几一件、洋漆莲花圆盒一件,说总管太监王进玉传:着收拾。记此。

于十一年五月初一日,将洋漆香几一件,司库常保持去呈进讫。

于五月初四日,收拾得洋漆莲花圆盒一件,司库常保交太监李进义持去讫。

四月

二十三日,据圆明园来帖内称,本日,内务府总管海望奏,为看得寿皇殿恩佑寺等处珐琅供器,今改做铜供器香几石托泥座子,原有香几系楠木的,今仍前用楠木唯恐不能结实,意欲漆,或用黑漆或用红漆之处等因具奏。奉旨:香几做红彩漆画金龙。钦此。

二十六日,内务府总管海望持出无釉白瓷碗四件,奉上谕:着将无釉白瓷器上做洋漆。半边或画寸龙,或梅,或竹,或山水;半边着戴临写诗句。钦此。

于五月初一日,画得久安长治碗一件、飞鸣宿食芦雁碗一件、绿竹猗猗碗一件、红梅碗一件,内务府总管海望呈进讫。

二十八日,内务府总管海望、宫殿监督领侍陈福、副侍刘玉奉上谕:尔等仿黑漆敞床样敞床做二份,每份二张。尺寸照朕所指将床腿做空,安帐、架柱子、上罩纱帐。钦此。

于本日,量得长六尺二寸、宽三尺七寸五分、高一尺四寸五分、帐架高五尺宽可床。

于本日,内务府总管海望传:床上褥子夹板周围俱做出褥面高二三寸或板墙或栏杆。记此。

于五月初十日做完,常保交讫。

五月

十三日,太监刘进忠交来红漆夔龙式椅子四张,说总管太监王玉传:着粘补收拾。记此。

于十年七月二十五日收拾完,交太监王进忠持去讫。

十四日,太监徐进朝交来金漆皮分盆一件,说总管李英传:着粘补收拾。记此。

于六月初十日收拾完,交太监徐进朝持去讫。

七月

十五日,据圆明园来帖内称,本日内大臣海望传:红漆琴套三件,着另漆做。记此。

据漆作柏唐阿六达子来说,红漆琴套三件现存库。

二十六日,据圆明园来帖内称,三月十六日,内大臣海望持出木胎黑漆抬盆一件,奉旨:着照此样式放大些做几件。做卷胎,把用硬木做,镶兜底拉扯。里外俱漆黑退光漆,另镶银里。钦此。

于八月初二日,将样木胎黑漆抬盆一件,太监马进忠持去,交总管太监陈福讫。

八月

初三日,太监陈起勋交来黑漆彩金琴桌大小二张、素红漆彩金黄漆琴桌二张,说总管太监王子玉传:着收拾。记此。

于十年七月二十五日,俱收拾完,交太监王进忠持去讫。

初四日,首领太监马温良交来黄油供桌五张、月光架子一座、月饼托板全份,传:着将托板圈糊纸,桌子架子见新。记此。

于八月十四日,俱收拾完,交首领太监马温良持去讫。

十四日,司库常保、首领太监萨木哈持出五龙捧寿茶盘一件,奉旨:着做大些,比先年旧样做矮些,比此样做高些,不必用寿字,其瓣收小些。钦此。

于十年六月十一日,做得四件,交首领太监萨木哈持进,交太监刘沧洲讫。

十一月

初十日,宫殿监督领侍陈福、副侍刘玉交来黑漆琴桌一张 高二尺五寸、长三尺二寸五分、宽一尺二寸五分、洋漆琴桌一张 高九寸、长二尺六寸,传旨:着照黑漆琴桌尺寸样式做黑漆桌二张,内一张做弯枨,内二张离弯枨下落一寸做屉板。再照黑漆琴桌样式收短一寸,做黑漆桌二张,内一张做弯枨,内一张离弯枨下落一寸做屉板。钦此。

于十年十一月初二日,照黑漆琴桌样式做得弯枨黑漆桌一张、离弯枨下落一寸安屉板黑漆桌一张。又照黑漆琴桌样式收短一寸做得弯枨黑漆琴桌一张、离弯枨下落一寸有屉板黑漆琴桌一张。柏唐阿六达子交太监赵朝凤持去讫。

十三日,首领太监马温良来说,宫殿监副侍李英交冬至所用彩亭一座、香几三件,传:着见新油黄油。记此。

于本月十五日油饰完,交太监马温良持去讫。

9. 记事录

五月

十九日,据圆明园来帖内称,本月十八日,内务府总管海望奉上谕:造办处所做仿洋漆活计甚好,着将做洋漆活计之人每人赏给银十两;做的荷叶臂搁亦好,亦赏给银十两。钦此。随又奏称,做洋漆活计还有柏唐阿左世恩、佛保、六达子三人管理,再有做砚台、做牙活的南匠施天章、顾继臣、叶鼎新等几人俱在圆明园长住应差,做活甚勤等语,奏闻。奉旨:着将柏唐阿佛保等三人每人赏官用缎一匹,其余人尔酌量按等次赏给。钦此。

于本日,内务府总管海望定得匠役花名银两数。

计开:洋漆匠李贤,洋金匠吴云章,牙匠施天章、屠魁胜、叶鼎新、顾继臣,以上六人每名银十两;牙匠封岐一名银六两;玉匠邹学文,牙匠陆曙明,彩漆匠孙盛宇,砚匠黄声远、王天爵、汤褚刚,彩漆匠王维新、秦景严,家里漆匠王四、柳邦显,以上十人每名银五两;广木匠罗元、林彩、贺工、梁义、杜志通、姚宗仁,以上六人每名银四两;家内漆匠达子、段六,玉匠鲍有信、王斌、陈宜嘉,以上五人每名银三两。以上柏唐阿三人、匠役二十八名,共用官用缎三匹、银一百五十五两。记此。

六月

初二日,据圆明园来帖内称,本月初一日,内务府总管海望将做得御花园澄瑞亭改为佛亭,前接抱厦三间内里桌张并陈设装修烫胎小样一件呈览,奉旨:照样盖造。钦此。

今将烫胎样一件着柏唐阿苏尔迈送去抱厦三间已交总理监修处照样接盖内装修并陈设桌张。今交造办处司库三音保、催总刘山久,用光明殿匠役需用工料银两,俟得实用数目向总理监修处取领可也。

于八月初二日,司库三音保、催总刘山久、笔帖式清宁为造供桌三张、佛柜一张、香桌三张、琴桌六张呈明内务府总管海望,着用造办处绸缎物料,其飞金木料银两向总理监修处取用。记此。

初三日,员外郎满毗因催总常保升为司库,减却伊每月原恩加赏马银二两事回明,奉内务府总管海望谕:原系恩赏不必减却,仍照例发给。记此。

二十二日,据圆明园来帖内称,内务府总管海望谕:前月外厂偷铁一事,员外郎马尔汉每斤铁罚银一两,共铁十四斤,罚银十四两;柏唐阿默尔参载、领催福禄每斤铁罚银五钱,每人各罚银七两。如不愿罚者,可责十四板,匠役头目每人责二十板,披甲人等责二十七鞭。将偷铁匠役俟秋后另行治罪。帖到即将罚银催收。记此。

于本月二十五日,员外郎马尔汉交罚银十四两,柏唐阿默尔参载、领催福禄每人交罚银七两。

于七月初三日,内务府总管海望着赏催总吴花子银十四两,番子头目邓安太银十两等语,员外郎满毗随将罚银赏与二人讫。下存银四两交库使七十五收讫。

七月

初九日,内务府总管海望奉旨:将胡常保名字三字,从今去此胡字,叫常保。钦此。

十月

初九日,旋得影子木直口小钟一件,常保持去交总管太监李英呈览,奉旨:准做。但此钟花纹平常,颜色亦白,略着些黄色,俟得好花纹六道木根、影子木根,再换做随小红漆盘二件。钦此。

常保又来说,总管太监李英传旨:着海望向巡抚石麟将五台山的好花纹六道木根要些来。钦此。

于本月十一日,交山西巡抚石麟之弟内阁中书雅尔哈善抄去讫。

十二月

二十八日,做得年节活计司库常保等呈进,奉旨:玻璃盘、珐琅盘,俟后不必做成套的,只可做一二件。再套红玻璃砚盒、高足玻璃杯与象牙雕刻帽架俟后亦不必做。钦此。

10. 库贮

二月

初三日,大学士公马尔赛交来湘阴县灵芝十一本 广东巡抚赵弘恩进,传旨:交养心殿造办处。钦此。

于本月,交库使葛尔布讫。

初三日,大学士公马尔赛交来灵芝二本 系苗子进,传旨:交养心殿造办处。钦此。

于本日,交库使葛尔布讫。

三月

初六日,首领太监萨木哈持出楠木匣八件、黄油木匣二十件,说太监王太平传:着交造办处收贮,有用处用。记此。

于本日,交库使八十三收讫。

四月

二十八日,王常贵交来玻璃围屏二架 计二十四扇,说系祖秉圭进,着交内务府总管海望。记此。

于本日,交库使葛尔布收库讫。

十月

十四日,常保、萨木哈持来大理屏石四块 提督哈元生进,说宫殿监督领侍陈福、副侍李英、太监王常贵传旨:交造办处有用处用。钦此。

交库使四达子收库。

十一月

二十六日,首领太监萨木哈来说,太监王常贵交扎布扎牙木碗一件 朱尔马忒策布登进、拉固里木碗一件 土尔古忒胡图克图进、扎布扎牙木碗一件 台吉高查你进、拉固里木碗一件 囊苏马呢图巴进、扎布扎牙木碗一件 顾罗鼐进、拉固里木碗一件,传旨:着交造办处收拾。钦此。

于本日,随交太监杨文杰领去讫。

11. 画作

正月

二十四日,内务府总管海望奉旨:着唐岱画围棋一张。钦此。

于二月初八日,画得围棋一张,内务府总管海望呈进讫。

二月

初三日,内务府总管海望奉旨:着郎世宁画各样果子围棋大小二份。钦此。

于本月二十日,画得各样果子围棋二份,内务府总管海望呈进讫。

12. 铜作

二月

二十一日,催总刘山久来说,宫殿监督领侍陈福、副侍刘玉传:做有把铜熏炉一件。记此。

于本月二十二日,做得红铜烧古熏炉一件紫檀木把,催总刘山久交宫殿监督领侍陈福、副侍刘玉收讫。

二十二日,催总张四来说,宫殿监督领侍陈福传:将有把熏炉再做二件。记此。

于二月二十五日,做得铜烧古熏炉二件紫檀木把,催总刘山久交首领太监萨木哈持去讫。

二十五日,太监胡国泰交来云竹把铜络子一件、斑竹把铜络子三件,说内务府总管海望传:着应收拾处收拾,应换做处换做。记此。

于本月二十九日,将此铜络四件照样新配做云竹把长四尺一根,斑竹把长四尺一根,长五尺二根并换下的旧云竹把一根、斑竹把三根,俱交太监胡国泰持去讫。

三月

初二日,司房太监蔡玉交来斑竹把铜络子二件,说宫殿监副侍刘玉传:着另换斑竹把收拾。记此。

于本月初三日,另换得斑竹把收拾完,催总吴花子交太监蔡玉持去讫。

四月

初二日,据圆明园来帖内称,本日内务府总管海望传:做备用端阳节黄铜帽架二件。记此。

于五月初四日,做得黄铜帽架二件,司库常保呈进讫。

十一月

十九日,首领太监夏安持出铜烧古一统樽炉一件 随紫檀木座。记此。

于十二年三月二十五日,将铜烧古一统樽炉一件,交太监左玉持去讫。

13. 炉作

二月

初二日,内务府总管海望奉上谕:忌辰日与遣官斋戒祭祀日所用上香炉,照做过桶子炉做些,不必烧古,俱镀金。钦此。

于本日,将做下铜烧古马蹄炉一件随花梨木座,内务府总管海望着太监吕进朝持去,交宫殿监副侍刘玉收讫。

雍正十年

1. 木作

十二月

初二日,太监赵朝凤来说,宫殿监督领侍苏培盛、首领李统忠传:做藤箍竹筒十件。记此。

于本月十二日,做得藤箍竹筒十件,柏唐阿富拉他交太监赵朝凤持去讫。

2. 玉作

正月

三十日,司库常保,领李久明、萨木哈来说,太监刘沧洲交玛瑙高圆水丞一件,传旨:此水丞甚文雅,可用牛油石照原样做蟠夔龙水丞几件,再将或腰圆形或好款式也做几件。钦此。

本日,柏唐阿曹佛保回明员外郎满毗:拟做各式牛油石水丞十八件、各式寿山石水丞二件。记此。

本日,将原交玛瑙高圆水丞一件,司库常保交太监陈璜持去讫。

于三月初七日,做得牛油石三足圆水丞一件、高圆形水丞一件、圆水丞一件、高圆形蟠夔龙水丞二件、腰圆形双喜水丞二件、寿山石方形双喜水丞一件、腰形双喜水丞一件,俱随象牙茜紫色座铜镀金匙,司库常保、首领萨木哈交太监刘沧洲呈进讫。

于三月二十日,做得牛油石双喜水丞一件、腰圆水丞一件、螭虎水丞一件,俱随象牙茜紫色座铜镀金匙,司库常保,首领李久明、萨木哈呈进讫。

于四月二十九日,做得牛油石海棠水丞笔洗一件 紫檀木座、双喜水丞花插一件 紫檀木座,镀金匙、三足圆水丞一件 象牙茜紫色座,铜镀金匙、梅花水丞一件、双桃水丞一件、三元水丞一件、双喜水丞一件,俱随象牙茜红座铜镀金匙,内大臣海望带领司库常保、首领萨木哈呈进讫。

于十月二十八日,做得牛油石圆形水丞一件 象牙茜紫色座,铜镀金匙,司库常保,首领萨木哈、李久明呈进讫。

二月

初一日,司库常保,首领李久明、萨木哈持出关东石长方形年年如意压纸一件、湖广石腰圆形年年如意压纸一件,说太监刘沧洲传旨:照样用乌拉石做些或用湖广石并牛油石、关东石每样亦做些。钦此。

本日,领催周维德、傅有回明员外郎满毗:拟做牛油石压纸四件、关东石压纸四件。记此。

于三月初七日,做得牛油石长方形年年如意压纸二件、关东石长方形年年如意压纸二件、牛油石腰圆形年年如意压纸二件、关东石腰圆形年年如意压纸二件并原交做样压纸二件,司库常保、首领萨木哈持进,交太监刘沧洲呈进讫。

三月

初七日,司库常保、首领萨木哈来说,太监刘沧洲传旨:今日进的压纸,俟后不必独照此样做,另将别样好款式牛油石压纸做些。钦此。

据领催周维德诉称,因做别活计,此项压纸未暇造做等语,据此声明。理合声明。

七月

二十四日,据圆明园来帖内称,本日,司库常保、首领萨木哈持出雕梅树犀角笔架陈设一件 随座一件,奉旨:照此样或用牛油石或用英石或用黑白花石做几件,其大小照此笔架一半放大些,式样做苍龙训子形,不必明显。搁笔处要当陈设用,亦要搁得笔,其峰高处可做尖些,使笔帽套在上,亦使得方好。钦此。

本日,司库常保回明内大臣海望:拟做得山峰式笔架三件。遵此。

于八月初六日,做得牛油石山峰式笔架一件、寿山石山峰式笔架一件,司库常保、首领萨木哈持进,交太监刘沧洲呈进讫,奉旨:山峰式笔架照前指示做法再做几件。钦此。

本日,司库常保回明内大臣海望:拟做山峰式笔架六件。遵此。

于九月初一日,做得寿山石山峰式笔架四件、犀角山峰式笔架一件、英石山峰式笔架一件,司库常保、首领萨木哈持进,交太监刘沧洲呈进讫。

于九月初二日,据圆明园来帖内称,本日,司库常保、首领萨木哈奉旨:将各样洞石并犀角山峰式笔架再做几件,上面要戳得笔、盛得砚水、放得墨。钦此。

本日,司库常保回明内大臣海望:拟做山峰式笔架水丞九件。遵此。

于九月二十一日,做得寿山石山峰式笔架水丞二件、牛油石山峰式笔架水丞二件、寿山石山峰式笔架圆水丞一件并原交雕梅树犀角笔架陈设一件,司库常保,首领李久明、萨木哈呈进讫。

于十月初六日,做得牛油石山峰式笔架水丞一件、单耳有环水丞一件、英石山峰式笔架水丞一件、寿山石山峰式笔架圆水丞一件,司库常保,首领李久明、萨木哈呈进讫。奉旨:俟后不必做了。钦此。

九月

十六日,据圆明园来帖内称,本日,内大臣海望传:做备用乌翅玛瑙砚山一件、白玛瑙砚山一件、鹿角根形白玛瑙节节双寿水丞一件、青色玛瑙双喜圆水丞一件、黄玛瑙五灵芝水丞一件。遵此。

于十月二十八日,做得鹿角根形白玛瑙水丞一件、青色玛瑙笔架式双喜圆水丞一件、黄玛瑙五灵芝水丞一件俱象牙茜色座,司库常保,首领李久明、萨木哈呈进讫。

于十一年四月二十九日,做得玛瑙砚山二件,司库常保、首领太监萨木哈呈进讫。

十一月

初八日,员外郎满毗、三音保同传:做备用黄蜡石香盘一对、黄蜡石年年吉庆盒一对、黄蜡石素圆盒一对。记此。

于十二月二十八日,做得黄蜡石福寿香盘一对、黄蜡石年年吉庆盒一对、黄蜡石素圆盒一对,司库常保,首领李久明、萨木哈呈进讫。

3. 杂活作

二月

初十日,首领萨木哈持来大棋子十盘 每盘计黑白二色,大棋子三百六十个,呈内大臣海望看过,随谕:着装大棋盒用,余者交库。遵此。

于四月初四日,将二月初二日交出黑漆画金花大棋盒二件内盛黑白二色大棋子一盘 计三百六十个,首领萨木哈持进,交宫殿监督领侍陈福收讫。

十月

二十一日,太监王国泰来说,奏事太监王常贵传:垂恩香四十支。记此。
本日,将旧存垂恩香四十支,员外郎满毗交太监王国泰持去讫。

二十一日,员外郎满毗、三音保传:做备用大垂恩一料、小垂恩一料。

记此。

于十二月二十六日,做得大垂恩香四十支、小垂恩香四十支,员外郎三音保交太监王国泰讫。

二十一日,司库常保来说,内大臣海望谕:着做备用象牙雕透盒式帽架一对。遵此。

于十月二十八日,做得象牙雕透盒式帽架一对,系铜镀金托象牙茜绿桫紫檀木镶嵌座,盒内盛香袋,司库常保,首领萨木哈、李久明呈进讫。

十二月

十四日,司库常保来说,内大臣海望谕:着做备用玻璃衬色石榴子式面银长方盒一对。遵此。

于十二月二十八日,做得玻璃衬色石榴子式面银长方盒一对内安玻璃镜,司库常保,首领萨木哈、李久明呈进讫。

4. 牙作

正月

三十日,司库常保,首领李久明、萨木哈持来荷叶式西山石砚一方 合牌锦盒盛,说太监刘沧洲传旨:此砚甚文雅,照样大小做几方。钦此。

本日,领催傅有回明员外郎满毗:拟做荷叶式西山石砚七方。记此。

于八月十四日,做得荷叶式西山石砚三方、盒三件并原交荷叶式西山石砚一方随盒一件,司库常保、首领萨木哈呈进讫。

于十月二十八日,做得荷叶式西山石砚四方、盒四件,司库常保,首领李久明、萨木哈呈进讫。

二月

初一日,司库常保、首领萨木哈持来湖广石雕刻流云双凤长方盒绿端石砚一方,说太监刘沧洲传旨:此盒砚甚好,系尔造办处元二年间呈进的,何不照此样将好些的做些,次些的亦做些。钦此。

于二月初二日,将原湖广石雕刻流云双凤长方盒绿端石砚一方,司库常保、首领萨木哈交太监刘沧洲收讫。

四月

十一日,据圆明园来帖内称,本日,司库常保、首领萨木哈持出红玛瑙缸式水丞一件、红玛瑙天鸡式压纸一件,说太监刘沧洲传旨:此水丞压纸座子俱不好看,着另配座子。钦此。

于四月二十二日,将原交玛瑙缸式水丞一件配做得象牙茜绿座一件,司库常保持出交太监刘沧洲收讫。

于五月十四日,将原交玛瑙天鸡式压纸一件配做得象牙茜绿座一件,司库常保呈进讫。

十月

十三日,据圆明园来帖内称,司库常保、首领萨木哈持出洋漆长方盒一对,说太监刘沧洲传旨:着盒内配砚。钦此。

于十二月二十八日,配做得绿端石砚二方并原交洋漆长方盒二件,司库常保,首领李久明、萨木哈呈进讫。

十一月

十五日,员外郎满毗、三音保传:做备用龙油珀帽架一对、龙油珀长如意合卺觥一件、龙油珀圆盒一对、龙油珀年年长如意盒一对、龙油珀长方圆角盒一对。记此。

于十二月二十八日,做得龙油珀帽架二件、龙油珀长如意合卺觥一件象牙茜色座、龙油珀圆盒一对、龙油珀年年长如意盒一对、龙油珀长方圆角盒一对,司库常保,首领李久明、萨木哈呈进讫。

5. 匣作

二月

初二日,司库常保,首领李久明、萨木哈来说,宫殿监督领侍陈福交黑漆画金花大棋盒一对,传旨:着配大棋子、合牌折叠棋盘。钦此。

于四月初四日,配做得白云凤绫面合牌折叠棋盘一件并原交黑漆画金花大棋盒一对内配黑白二色大棋子三百六十个,首领萨木哈持去,交宫殿监督领侍陈福收讫。

六月

二十三日,据圆明园来帖内称,本日,太监刘沧洲交藤萝茶圆一对,传旨:着配做锦匣。钦此。

于本月二十九日,配做得高二寸七分、见方三寸七分糊锦面杭细里隔断合牌匣一件并原交藤萝茶圆一对,首领萨木哈持去,交太监刘沧洲呈进讫。

十一月

十三日,太监李良持来扇子一柄、象牙花囊一件、瓷香炉一件、龙油珀道冠一件 有破处、镶碧玺绿英石如意一柄 象牙茜红梃,说宫殿监督领侍苏培盛、副侍刘玉传:着各配锦纸面红纸里合牌匣一件。记此。

于十一月十六日,做得锦纸面红纸里合牌匣大小五件并原交镶碧玺绿英石如意等五件,副领催韩国玉交太监李良持去讫。

6. 油漆作

正月

二十四日,内大臣海望谕:着做备用船上宝座一座,漆黑退光漆,上画彩漆五福流云夔龙捧寿。遵此。

于十一年三月十二日,做得黑退光漆画五福流云夔龙捧寿宝座一张,交首领太监荣望讫。

二月

初一日,司库常保,首领李久明、萨木哈持出黑漆画金花竹节式盒一件 口有裂处,说太监刘沧洲传旨:此盒里甚厚,将里子旋些去,另漆。其盒盖上酌量收拾,做香盒用。钦此。

于八月初一日,收拾得黑漆竹节式盒一件,首领太监萨木哈持去,交太监刘沧洲讫。

十六日,太监刘沧洲传旨:着将漆道冠做些,随簪子。钦此。

于本月二十一日,做得红漆道冠木样一件、黑漆道冠木样一件,司库常保、首领萨木哈交太监刘沧洲呈览。奉旨:照样准做。其背面无花,着漆花,俱往精细里画。再将月牙形道冠黑红漆,每样做几件。钦此。

于三月初三日,做得黑漆画五岳图月形道冠木样一件、黑漆画番花道冠木样一件、红漆画双喜月牙形道冠木样一件、红漆画五福捧寿道冠木样一件,司库常保、首领萨木哈交太监刘沧洲呈览。奉旨:黑漆月牙形道冠上五岳图花纹画的甚粗,往精细里画。余者准做。钦此。

本日,柏唐阿六达子回明员外郎满毗拟做漆道冠十二件。记此。

于四月二十八日,做得洋漆彩金道冠三件随簪子三支,司库常保持去,交太监刘沧洲呈进讫。

于五月二十日,做得黑洋漆道冠二件、红洋漆道冠一件随簪子三支,司库常保、首领萨木哈交太监刘沧洲呈进讫。

于六月二十四日,做得漆道冠三件随簪子三支,司库常保、首领萨木哈交太监刘沧洲呈进讫。

于七月十四日,做得漆道冠三件随簪子三支,司库常保、首领萨木哈持进,交太监刘沧洲呈进讫。

十六日,司库常保、首领萨木哈持出西洋蓝玻璃金花座二件、西洋绿玻璃金花座二件,说宫殿监督副侍刘玉传旨:着交与常保、萨木哈配做蜡扦用。钦此。

于六月十九日,配做得彩金漆盘铜镀金接油蜡扦二对并原交西洋蓝绿玻璃金花座四件,司库常保、首领萨木哈交太监刘沧洲呈进讫。

十七日,首领萨木哈持出亮白玻璃座二件,说宫殿监督领侍陈福传旨:着配做蜡扦交进,做赏用。钦此。

于六月十九日,配做得彩金漆盘铜镀金接油蜡扦一对并原交亮白玻璃座一对,司库常保、首领萨木哈交太监刘沧洲呈进讫。

十七日,首领萨木哈持出圆形三足黑漆盒一件、竹节式洋漆双笔筒一件、黑漆面红漆里碗托一件、鼓墩式洋漆盒二件 内盛小盘二件、小盒十二件,说宫殿监督领侍陈福传旨:着将有不齐全之处粘补收拾,随至圆明园交进。钦此。

于五月二十九日,收拾得竹节式洋漆双笔筒一件、圆形三足黑漆盒一件、鼓墩式洋漆盒二件内盛小盘二件、小盒十二件,首领萨木哈持去,交宫殿监督领侍陈福讫。

十七日,首领萨木哈持出洋漆包袱式盒二件 口上有坏处,说宫殿监督领侍陈福传旨:此盒样式甚好,照样将黑红漆盒做些;画花卉漆盒亦做些。再,盒一件底上有窟窿,不必照此样做。钦此。

于十一年五月初一日,照样做得漆盒二对并原样一对,司库常保、首领萨木哈呈进讫。

五月

十一日,据圆明园来帖内称,本日,司库常保,首领李久明、萨木哈持出香色彩漆皮碗一件,奉上谕:着配香色彩漆座。钦此。

于八月十二日,又据圆明园来帖内称,本日,将香色彩漆皮碗一件配做得香色彩漆座一件,司库常保,首领李久明、萨木哈呈览。又交下香色彩漆皮碗十二件并原样香色彩漆皮碗一件随香色彩漆匣一件,奉旨:着照原样配香色彩漆座十二件。钦此。

于十一年八月十三日,将漆皮碗十二件配漆座十二件并原样碗座二件,司库常保呈进讫。

十三日,据圆明园来帖内称,本月十一日,司库常保、首领萨木哈奉上谕:造办处做的方形漆盒内安玻璃镜盒面上画竹子。钦此。

于八月十二日,做得黑漆画金竹子银口安玻璃镜盒子一对,司库常保、首领萨木哈呈进讫。

闰五月

初五日,据圆明园来帖内称,九年八月十四日,司库常保、首领萨木哈持出五龙捧寿茶盘一件,奉旨:照样做几件,比先做过的旧样收矮,比此样放高,盘内不必用寿字,其菊花瓣收小。钦此。

本日,柏唐阿六达子回明员外郎满毗:拟做茶盘四件。记此。

于六月十一日,做得五龙捧寿茶盘一件并原样茶盘一件,首领萨木哈持去,交太监刘沧洲呈进讫。

本日,太监刘沧洲传旨:今日呈进的红漆茶盘略宽大,再做时,做秀气。着其茶盘边瓣放奢些,外边添画龙。再漆水颜色,红些方好。钦此。

本日,柏唐阿六达塞回明内大臣海望,员外郎满毗、三音保:拟做红漆五龙茶盘十二件。遵此。

于十二年五月初二日,做得红漆五龙茶盘十二件,首领太监萨木哈呈进讫。

九月

初三日,据圆明园来帖内称,本日,司库常保、首领萨木哈持出彩漆寿字桌一张　长二尺七寸九分、宽一尺七寸九分、高八寸六分、边宽八分、束腰厚七分、面厚一寸一分,说宫殿监副侍李英传旨:着照样做一张。钦此。

于十一年九月二十五日,做得彩漆寿字桌一张并原样桌一张,司库常保交监副侍李英讫。

初八日,据圆明园来帖内称,本日,太监马进忠持出棕竹洋漆隔一对说,宫殿监副侍苏培盛传:着粘补收拾。记此。

于九月二十日,收拾得棕竹洋漆隔一对,太监马进忠持去,交宫殿监副侍苏培盛收讫。

初九日,据圆明园来帖内称,本日,首领马温良持来供桌二张、踏跺一件,说宫殿监副侍苏培盛传:爆裂处油饰见新。记此。

于九月十一日,油饰得供桌二张、踏跺一件,柏唐阿六达子交首领马温良持去讫。

十五日,据圆明园来帖内称,本日,司库常保、首领萨木哈持出黑漆竹节式画花卉竹子双笔筒一件,说太监刘沧洲传旨:着照此笔筒样式做法做笔筒几件,上不必画花卉,单画竹子。钦此。

本日,柏唐阿六达子回明内大臣海望,员外郎满毗、三音保:拟做黑漆竹节式画竹子双笔筒二件。遵此。

于本月十六日,将原交黑漆竹节式画花卉竹子双笔筒一件,太监王进孝持进,交太监刘沧洲收讫。

于十二月二十八日,做得漆笔筒一件,首领萨木哈交太监刘沧洲讫。

于十一年十月二十八日,做得乳金双圆笔筒一件,司库常保、首领萨木哈呈进讫。

二十四日,据圆明园来帖内称,本日,司库常保来说,内大臣海望传:做洋漆长方圆角银口盒二对备用。遵此。

于十二月二十八日,做得洋漆长方圆角银口盒二对,司库常保,首领萨木哈、李久明呈进讫。

十月

二十八日,司库常保,首领李久明、萨木哈持出洋漆盒一件,奉旨:此盒花纹甚好,俟后造办处如做漆盒可照此花纹做,其款式不必独照此盒款式。再,尔等进的漆盒,其漆水虽好,但花纹不能入骨,可使匠役小心加功仿做,务期入骨。钦此。

于十二月二十八日,将原洋漆盒一件,司库常保,首领萨木哈、李久明呈进讫。

据柏唐阿六达子诉称,此洋漆盒一件原系交下做样之物,亦照样仿做过,其应用材料等件,于八年六月十四日,传做仿洋漆活计之题头行用,即在原题头下注销等语,据此诉称,故不重入注销。理合声明。

十一月

十二日,司库常保来说,内大臣海望谕:圆明园后土佛像装香,着做径四寸香色彩漆盘四件。遵此。

于十一月二十七日,做得香色彩漆香盘四件,催总刘山久持赴圆明园后土佛像处供讫。

十二月

初八日,司库常保,首领李久明、萨木哈奉上谕:着做红漆圆盘一件、腰圆盘一件。钦此。

本日,柏唐阿六达塞回明内大臣海望,员外郎满毗、三音保:除现着做盘三件之外,拟做备用红漆圆盘一件、红漆腰圆盘一件。遵此。

于十一年三月十一日,做得红漆圆盘一件、腰圆盘一件,首领萨木哈持去,交太监刘沧洲呈进讫。

7. 旋作

五月

初七日,圆明园来帖内称,本月初七日,司库常保、首领萨木哈来说,太监刘沧洲传旨:着西洋旋床,将好款式花纹象牙盒旋些。钦此。

本日,太监杨文杰回明员外郎满毗,拟做各式象牙盒十对。记此。

于五月二十八日,做得象牙八仙庆寿腰圆盒一对、象牙九螭盒一对、象牙四海清平盒一对、象牙竹子盒一对、象牙八樽盒一对,首领萨木哈持去,交太监刘沧洲呈进讫。

于闰五月二十九日,做得象牙仙鹤不老松盒一对、象牙蟠桃盒一对、象牙寿天同齐盒一对、象牙九螭虎盒一对、象牙寿桃盒一对,首领萨木哈持去,交太监刘沧洲呈进讫。

六月

初十日,圆明园来帖内称,本月初十日,首领萨木哈来说,太监刘沧洲传旨:将象牙菊花式分瓣鼓墙盒做几件。钦此。

本日,太监杨文杰回明员外郎满毗,拟做各式象牙盒十对。记此。

于七月初四日,做得象牙鹿盒一对、象牙仙鹤不老松盒一对、象牙石榴盒一对,首领萨木哈持去,交太监刘沧洲呈进讫。

于八月十四日,做得象牙蟠桃献寿盒一对、象牙腰圆倒装盒一对、象牙菊花葡萄罐盒一对、象牙有桃倒装盒一对、象牙仙鹤不老松菊花盒一对、象牙麻姑献寿盒一对,司库常保,首领萨木哈、李久明呈进讫。

八月十七日,太监杨文杰回明员外郎满毗、三音保,拟做各式象牙盒六对备用。记此。

于十月二十八日,做得象牙菊花式圆盒二对、象牙竹叶式盒一对、象牙八仙人物盒一对、象牙寿字盒一对、象牙松鹤盒一对,司库常保,首领萨木哈、李久明呈进讫。

十一月十一日,太监杨文杰回明员外郎满毗、三音保,拟做象牙菊花盒二对备用。记此。

于十二月二十八日,做得象牙菊花盒二对,司库常保,首领萨木哈、李久明呈进讫。

8. 香袋作

四月

二十二日,据圆明园来帖内称,三月二十三日,内大臣海望传:做备用象牙圆形透地香袋十件。遵此。

于四月二十九日,做得象牙圆形透地香袋五件,内大臣海望带领司库常保,首领李久明、萨木哈呈进讫。

于五月初十日,做得象牙圆形透地香袋五件,首领太监萨木哈呈进讫。

八月

十七日,据圆明园来帖内称,本日,司库常保来说,太监刘沧洲传旨:鼻烟壶口袋甚华丽,将朴素文雅些的做几件。钦此。

本日,柏唐阿老格回明员外郎满毗:拟做绣缎鼻烟壶口袋十件。记此。

于十月十四日,做得绣缎面鼻烟壶口袋四件,太监吕进朝持去,交太监王延勋收讫。

于十二月二十九日,做得绣缎鼻烟壶口袋四件,柏唐阿老格交太监吕进朝持去,交太监王延勋收讫。

九月

初十日,柏唐阿老格来说,内大臣海望,员外郎满毗、三音保同传:着照六年五月初四日交各样款式香袋二十样做二百个,照造办处新画香袋二十样做二百个,再照年例备赏用黄圆、红圆、白圆每样各做二百五十个,再备上用做绕绒符香袋四十个、川椒香袋二十个。遵此。

于十一年四月二十九日，做得各式绣香袋二百个、新样绣香袋二百个、赏用黄圆二百五十个、红圆二百五十个、白圆二百五十个、绕绒符香袋四十个、川椒香袋二十个，司库常保、首领萨木哈交监督领侍苏培盛讫。

雍正十一年

1. 木作

正月

初四日,司库常保持来斑竹拆卸烘笼一件,说宫殿监副侍陈福、刘玉传:着照样做四件。记此。

于本月二十三日,做得斑竹拆卸烘笼四件并原样一件,司库常保持进,交宫殿监副侍陈福、刘玉收讫。

2. 油作

二月

初四日,太监吕进善持来方盘桌二张,说总管太监王太平传:着油银朱油。记此。

于三月初六日,油得方盘桌二张,交太监吕进善持去讫。

三月

二十九日,首领太监夏安持来安宁宫陈设黑退光漆桌一张,说太监刘沧洲传旨:有磕坏处,着粘补收拾。钦此。

于四月二十七日,收拾得黑退漆桌一张,司库常保交太监夏安持去讫。

五月

初一日,据圆明园来帖内称,司库常保、首领太监萨木哈持来红洋漆画洋金拱花长方数珠盒一对,奉旨:着收拾。钦此。

于八月十三日,收拾得洋漆画洋金拱花长方数珠盒一对,司库常保、首领太监萨木哈呈进讫。

3. 雍正十一年三月杂项买办库票

环字二百十一号

广木作。领三月份钱粮人:牙匠陈祖章,木匠罗元、梁义、林彩、霍五,以上每人每月银三两,共银十五两。

三十日,左世恩领银十五两,李元发。

4. 雍正十一年五月杂项买办库票

指字二百五十七号

广木作。领五月份钱粮人:牙匠陈祖章,木匠罗元、梁义、林彩、霍五,以上每人每月银三两,共银十五两。

本日,左世恩领银十五两,李元发。

5. 雍正十一年六月杂项买办库票

圆明园一百十六号
薪字二百二十七号

广木作。领六月份钱粮人：牙匠陈祖章，木匠罗元、梁义、林彩、霍五，以上每人每月银三两，共银十五两。

本日，左世恩领银十五两，李元发。

6. 雍正十一年七月杂项买办库票

圆明园
修字一百九十八号

广木作。领七月份钱粮人：牙匠陈祖章，木匠罗元、梁义、林彩、霍五，以上每人每月银三两，共银十五两。

二十九日，左世恩领银十五两，李元发。

7. 雍正十一年九月杂项买办库票

圆明园
永字十六号

各为领南匠口粮银两：谭荣、邹学文、顾继成、叶鼎新、金汉如、胡章、杨起盛、施天章、梅士玉、徐和、李毅，以上每人每月银十二两。袁达、陆曙明、徐尚英、王天爵、陈宜嘉、陈德、余熙璋、黄声远、鲍友新、沈元、叶兴、王斌，以上每人每月银六两。汤褚纲、孙盛宇、毕宪章、林文魁、郑子玉、徐国政、王维新、傅起龙、封岐，以上每人每月银五两。黄端揆、陈老格、赵明山、戴贵、陈君宪、杨成李、周世德、邓连芳、林芳贵,以上每人每月银三两。邹文玉银七两。宋三佶、胡鈜,以上二名每人每月银四两。李元查收。

永字二百十五号

广木作。领九月份钱粮人:牙匠陈祖章,木匠罗元、梁义、林彩、霍五,以上每人每月银三两,共银十五两。

三十日,左世恩领银十五两,李元发。

8. 记事录

二月

初七日,司库常保、首领太监萨木哈奉旨:尔造办处先有怡贤亲王总理之时,凡事甚属严紧,亦无擅自传做活计等事,而出入人等亦不致混杂;即海望在京时,亦甚严谨。近来,朕看得总管、太监等传做活计亦不奏明,往往擅自传做,尔等即应承做,给以致耗费钱粮。俟后,凡有一应传做活计等项,不可即做。如有传旨着做,尔等亦宜请旨,准时再做。再造办处所管匠役不可私做活计,当严加申饬禁止。钦此。

五月

初一日,据圆明园来帖内称,司库常保、首领太监萨木哈奉旨:今日进的金錾西洋花水盂一件、白瓷胎画珐琅青山水酒圆一对,俱做得甚好。钦此。司库常保随奏称,西洋番花水盂系雍和宫随来的錾花匠胡鈜所做,画珐琅山水酒圆系造办处画珐琅人邹文玉所画,此二人技艺甚好,当差亦勤慎,但伊等家道贫寒,所食钱粮不敷养赡家口之用等语具奏。奉旨:胡鈜、邹文玉所食钱粮既不敷养赡家口之用,尔降旨与海望,应如何加赏钱粮之处,酌量加赏。钦此。

本日,内大臣海望遵旨将胡鈜、邹文玉二人每月所食钱粮外加添银一两,自本年六月起,按月官领。记此。

二十四日,内大臣海望奉旨:里边做活计的匠役,着赏给好饭吃。钦此。

9. 匣作

十二月

二十日,内大臣海望传:圆明园西峰秀色处含韵斋门二扇,着两面画假书格画随拨浪二份。记此。

于十三年七月十一日,画得假书格画随拨浪二份,司库常保持进安讫。

雍正十二年

1. 木作

三月

二十一日,据圆明园来帖内称,司库常保、首领太监萨木哈来说,宫殿监副侍李英传旨:九洲清晏西暖阁仙楼下假书格门三扇边框坏了,着收拾,仍糊假书格画。钦此。

于五月十二日,司库常保将假书格门三扇俱收拾糊饰讫。

五月

二十七日,内大臣海望传:做安宁居安供方佛龛三座、供桌二张、地平四件。记此。

于九月二十五日,做得方佛龛三座、供桌二张、地平四件,司库常保持进安在安宁居讫。

2. 玉作

五月

十三日,据圆明园来帖内称,司库常保、首领太监萨木哈来说,太监高玉交象牙菊瓣盒一件、洋漆高足盒一件,传旨:此象牙菊瓣盒盖子不好,照洋漆罐盖子款式另做菊瓣盖。底下漆足,照样各色玻璃的做几件。再,洋漆罐高足不好,改做碗式足,罐口尺寸不必动,罐身子再放高些。各色玻璃的亦做几件。以前做过的玻璃鼻烟壶甚多,无用处。俟后将做鼻烟壶的材料做盒、罐用。钦此。

于七月二十三日,做得葡萄色菊花瓣盒一对、呆绿菊花瓣盒一对、葡萄色高足罐一对、呆绿高足罐一对并原样二件,首领太监萨木哈持进,交太监高玉讫。

九月

初三日,据圆明园来帖内称,司库常保传:做万寿节活计:绿苗石福禄花插一件、玛瑙福寿花囊一件、玛瑙三多水丞一件、玛瑙九如笔洗一件、玛瑙福寿笔洗一件、白花石长方盒一件。记此。

于十月二十七日,做得玛瑙百福花囊一件、玛瑙三多水丞一件、玛瑙九如笔洗一件、玛瑙福寿笔洗一件、白花石长方盒一件,司库常保、首领太监萨木哈呈进讫。

十月

十二日,据圆明园来帖内称,懋勤殿太监赵朝凤持来汉字帖一张内开,宫殿监督领侍苏培盛、首领太监李统忠传:做呆玻璃笔架三十个,内天蓝十个、豆绿五个、大红十个、黄色五个。记此。

于十二月二十八日,做得呆绿玻璃背式骨笔架一件、呆青玻璃背式骨一件、呆红玻璃背式骨二件,交太监赵朝凤持去讫。

于正月二十五日,做得呆蓝玻璃夫金笔架四个、呆绿玻璃夫金笔架四件,交太监赵朝凤持去讫。

十一月

十一日,监察御史沈崙,员外郎满毗、三音保,司库常保同传:做年节玛瑙双喜笔架一件、玛瑙瓜瓞绵绵水丞一件、玛瑙秋蟾水丞一件、玛瑙福圆水丞一件、玛瑙福寿水丞一件。记此。

于十二月二十八日,做得梅寿双喜笔架一件、玛瑙瓜瓞绵绵水丞一件、玛瑙秋蟾水丞一件、玛瑙福圆水丞一件、玛瑙福寿水丞一件,司库常保、首领太监萨木哈呈进讫。

3. 杂活作

四月

二十三日,据圆明园来帖内称,司库常保传:做备用錾西番花面长方银盒一对、入角银盒一对、腰圆银盒一对。记此。

于五月初二日,做得錾西番花入角盒一对、錾西番花腰圆盒一对,司库常保持去呈进讫。

于八月十四日,做得银錾花长方盒一对,司库常保持去呈进讫。

十月

十八日,据圆明园来帖内称,司库常保传:做银錾花长方圆角盒一对、洋漆银口盒二对、洋漆勋冠帽架二对。记此。

于本月二十八日,做得洋漆勋冠帽架一对、银錾花盒一对,司库常保、首领太监萨木哈呈进讫。

于十二月二十八日,做得银錾花长方盒一对,司库常保,首领太监李久明、萨木哈呈进讫。

于十三年闰四月三十日,做得洋漆银口盒一对,司库常保,首领太监萨木哈、李久明呈进讫。

十一月

初七日,监察御史沈嵛,员外郎满毗、三音保,司库常保同传:做镶嵌洋漆片铜錾花长方入角盒一对、铜镀金錾花长方盒一对。钦此。

于十二月二十八日,做得铜錾花长方盒一对,司库常保、首领太监萨木哈呈进讫。

于十三年闰四月三十日,做得铜錾花嵌洋漆片长方盒一对,司库常保,首领太监萨木哈、李久明呈进讫。

4. 牙作 附砚作

正月

初七日,内务府总管年希尧家人郑天锡送来,十年八月十五日,内大臣海望奉上谕:尔传年希尧将各色漆水好、款式小砚盒做些来,其石砚不必令伊配做,俟送到时,令造办处配绿端石砚。钦遵在案。今送到各式漆砚盒三十六件,呈内大臣海望:着配绿端石砚。记此。

于五月初二日,将黑漆砚盒十八方内配绿端砚十八方,司库常保,首领太监李久明、萨木哈呈进讫。

于八月十四日,将黑漆盒十八方内配绿端砚十八方,司库常保,首领太监李久明、萨木哈呈进讫。

初八日,员外郎满毗、三音保,司库常保同做端阳节各色石盒砚十八方。记此。

于五月初二日,做得各色石盒砚九方,司库常保、首领太监萨木哈呈进讫。

于八月十四日,做得各色石盒砚九方,司库常保、首领太监萨木哈呈进讫。

二月

三十日,员外郎满毗、三音保同传:做端阳节象牙盒三对。记此。

于五月初二日,做得象牙菊瓣式盒三对,司库常保、首领太监李久明呈进讫。

5. 油漆作

七月

三十日,首领太监马温良来说,宫殿监督领侍苏培盛交黄油供桌四张、黄油小供桌三张、插屏一座、月饼托圈一份、小支架九件、小月饼圈九件,传:着收拾见新。记此。

本日,俱见新收拾完,柏唐阿六达子交首领太监马温良持去讫。

八月

十四日,据圆明园来帖内称,司库常保奉旨:赏给额驸策凌彩漆膳桌一张,着做一张补给茶房。钦此。

于十月二十五日,做得彩漆膳桌一张,司库常保持进,交总管太监赵金斗讫。

十月

二十六日,奏事太监王常贵、高玉交景陵宝城所产瑞草九本,传旨:着照配匣盛装。得时,奏闻。钦此。

二十八日,司库常保来说,宫殿监副侍李英传旨:着照膳房桌样做黑漆膳桌二张,其包角金叶做铜镀金包角。钦此。

于元年六月二十八日,做得铜镀金包角黑漆膳桌二张,司库刘山久、首领太监李久明持进,交宫殿监副侍李英收讫。

6. 库贮

七月

十七日,广东副都统毛克明家人姚弘送来槟榔木盘、碗、痰盂、香盒二十一件,粗坯七件,棕竹根盘、碗、香盒五件,内大臣海望着交库收贮,有用处用。记此。

本日,交司库关福盛、库使马清阿收库讫。

九月

二十四日,据圆明园来帖内称,笔帖式达素来说,广东总督鄂弥达恭进棕竹根盘、碗、香盒、痰盂坯二百八十八件;广东副都统毛克明、员外郎郑五塞恭进棕竹根盘、碗、痰盂、香盒坯二百三十二件,缮折片二件,于本月二十四日具奏。奉旨:所进之数太多,俟后不必再进。钦此。

于二十八日,司库关福盛、库使马清阿收库讫。

雍正十三年

1. 玉作

正月

二十一日，监察御史沈嵛，员外郎满毗、三音保，司库常保传：做端阳节玛瑙松寿同庚花插一件、玛瑙一把莲水丞一件、玛瑙福寿笔洗一件、玛瑙福圆水丞一件、玛瑙福如东海笔洗一件、玛瑙福寿水丞一件。记此。

于四月三十日，做得玛瑙福寿笔洗一件、玛瑙福圆水丞一件、玛瑙一把莲水丞一件、玛瑙福寿水丞一件，司库常保、首领太监萨木哈呈进讫。

于八月十六日，做得玛瑙松寿同庚花插一件、玛瑙福如东海笔洗一件，司库常保、首领太监萨木哈呈进讫。

二十四日，内大臣海望奉旨：造办处所做的各色石砚太多，俟后少做些。如有余暇，将库内收贮平常玉或牛油石做如意几件，不必过于精细。再年例做的八宝，其内白玉、碧玉俱系甚好之玉，俟做时用平常玉做一二份。钦此。

于四月三十日，做得青玉如意四件、牛油石如意四件、月白色玻璃如意一件，司库常保、首领太监萨木哈呈进讫。

2. 杂活作

五月

十七日,司库常保、首领太监萨木哈持来洋漆磨金包袱式盒一对,说太监刘沧洲传旨:着配做火镰包。钦此。

于六月初七日,将洋漆磨金包袱式盒一对配做得六十岁水晶眼镜一副、七十岁水晶眼镜一副、银卡玉火镰包二件,司库常保、首领太监萨木哈交太监刘沧洲讫。

八月

初一日,据圆明园来帖内称,司库常保传:做中秋节银錾花长方圆盒一对、楠木胎银口安面叶长方圆角盒一对。记此。

于十二月二十八日,做得银錾花长方盒二对,司库常保、首领太监萨木哈呈进讫。

初二日,据圆明园来帖内称,司库常保传:做中秋节红铜镀金錾花长方盒一对。记此。

于十二月二十八日,做得铜錾花长方盒一对,司库常保、首领太监萨木哈呈进讫。

十三日,据圆明园来帖内称,司库常保传:做备用银錾花长方盒四对、铜錾花长方盒二对。记此。

于乾隆元年十二月二十八日,做得银錾花盒一对,司库常保、首领太监萨木哈呈进讫。

于乾隆元年五月初二日,做得银錾花盒一对,交太监毛团呈进讫。

于乾隆二年八月十二日,做得银錾花盒一对,交太监毛团呈进讫。

十六日,据圆明园来帖内称,司库常保传:做备用银錾花嵌洋漆片安玻璃镜入角盒一对。记此。

3. 漆作

五月

十八日,据圆明园来帖内称,司库常保传:做黑洋漆银口长方圆角盒二对 内安玻璃镜、黑洋漆银口包袱式盒二对。记此。

于四月三十日,做得黑洋漆画洋金山水内安玻璃镜盒一对、黑洋漆磨金画竹子内安玻璃镜入角盒一对,司库常保、首领太监萨木哈呈进讫。

七月

二十五日,司库常保、首领太监萨木哈来说,宫殿监副侍李英交温都里那石荷叶洗二件,传旨:着各配做漆座一件,荷叶上"福"不好,着收拾。钦此。

八月

十六日,据圆明园来帖内称,司库常保传:做备用洋漆盒砚四方。记此。

4. 鋄作 附皮作

正月

二十五日,宫殿监副侍李英传旨:着做黄纺丝面杭细里四面供桌帏一件、三面供桌帏二件。钦此。

于正月二十八日,做得供桌帏三件,首领太监李久明持进,交总管太监李英讫。

5. 花儿作 <small>附画作</small>

三月

初十日,圆明园来帖内称,内大臣海望传旨:乐志山村正殿后游廊门一扇二面,着画假书格,安波浪玻璃窗户眼。钦此。

于本月二十四日,做得假书格合牌小门样一件,内大臣海望呈览,奉旨:照样准做。钦此。

于四月初六日,做得画假书格安波浪玻璃窗户眼门一件,司库常保持进安讫。

再版赘语

　　《雍正家具十三年——雍正朝家具与香事档案辑录》自出版以来，收到不少国内外读者的来信，也有读者当面和我讨论家具的概念与范畴，认为此书所辑史料并不全面，一些与家具相关的重要史料未辑录，特别是未将文房用具纳入家具的范畴之中，仍有错别字或标点符号使用不规范等问题。读者的意见与建议，便是本书重新整理出版的直接原因。

　　新版《雍正家具十三年——雍正朝家具与香事档案辑录》，除全面核查、校订文字外，最重要的工作是增补了近八万字的史料，主要内容为文房用具，其次为工匠管理、西洋人与宫廷家具、香料与香药等。此次增补之内容，对于完整、全面地研究雍正朝家具，将会起到积极的作用。

　　雍正朝家具原始档案的整理与研究，如入万山之中，山岭相连，重重叠叠，似乎永远走不出去。如宋人杨万里在《过松源晨炊漆公店·其五》中所描绘的那般："莫言下岭便无难，赚得行人空喜欢。正入万山圈子里，一山放过一山拦。"能够确定为雍正时期所成造的家具，现存数量十分稀少，对于理解、把握雍正朝家具造成了不少困惑。而研究原始档案更大的困难则是一些器物的名称、名词与今日习惯用语已有天壤之别，乃至制作工艺与使用的材料，也有不少有待破解与研究的课题。虽然雍正王朝只有短短的十三年，但其作为中国艺术发展史上的转折点，其作用不可小觑。如果不能深入地研究雍正朝十三年的家具，对于中国古代家具发展史的研究及清代家具的研究,将是苍白无依且无立言之地的。故这一时期有关家具的原始档案的整理与研究,显得尤其重要。

雍正曾言:"朕素性实不喜华靡。一切器具,唯以雅洁实用为贵。此朕撙节爱惜之心,本出于自然,并非勉强。"(《清世宗实录》卷57,雍正五年五月己未)。"出于自然""唯以雅洁实用为贵",也是雍正朝家具根本的特征。当然,大量运用新的材料,雍正钟情于西方艺术与绘画,则对清式家具的全面兴起起到了推波助澜的作用。本书大量辑录了这方面的史料,对于清代家具艺术发展之脉络或古代家具转折时期的各个方面的研究,也是必不可少的。

如何看待和评价雍正朝家具,恩师朱良志教授在《为文人家具立言》一文中已有明晰的解读,从雍正本人的文人情韵谈至家具发展的种种精神性因素,并详细探讨了"文人家具"的概念与特征。此文应为"文人家具"研究的开山之作。

自序《返本开新》,未加任何修改,保持原貌,当然还有不少值得探讨的地方,待读者批评指正。

本书能够再版,首先应感谢江苏凤凰出版集团的陈敏社长及郭渊老师,从重新整理及内容的增补等方面给予了不少具体的建议与指导。编辑孙雅惠老师、孙悦老师从文字录入、校订等最枯燥、琐碎的基础工作入手,发现与更正了不少不应有的错误,使内容更加规范、饱满。最初的文字录入、增补等工作,由易文英老师、崔憶老师及大弟周畅、苏琢分别完成。没有这些老师与家人的支持、鼓励,重新整理与出版本书,是一件不可能完成的事。

著名考古学家徐天进教授重新题写了书名,他曾数十次反复书写,挑出其中最好的几幅给我,书体与本书内容合为一体,使《雍正家具十三年——雍正朝家具与香事档案辑录》萌发生机,增色添新。

有人问佛:如何能静? 如何能常?

佛曰:寻找自我。

"静""常"是不生不灭之境,佛所说"寻找"不是向外追寻,而是返归——让"自我"这一真性自然呈露,归于本真。整理与研究古代家具的原始档案，从某种意义上说也是"寻找自我"之历程。当我们终于能站在历史的表象之外，一直被我们所忽略的文化基因或能自然呈现。这个"我"已嵌入中国古代家具发展的整个历程之中，原本即存，无需寻找，我们所能做的只是"接续古人心"的学问，亦是生命精神的接续。这可能是"寻找自我"的终点，抑或是另一个起点。

周　默

2021 年 11 月 1 日